新工科建设之路·计算机类专业系列教材

计算机网络理论与实践

张　举　**主编**

耿海军　尹少平　吴　勇　**副主编**

電子工業出版社

Publishing House of Electronics Industry

北京·BEIJING

内 容 简 介

本书旨在对计算机网络的基本原理进行较为系统的介绍。全书共 8 章，主要内容包括计算机网络概述、物理层、数据链路层、网络层、运输层、应用层、无线网络及计算机网络新技术。本书配套有授课用 PPT、习题答案等，可在华信教育资源网（https://www.hxedu.com.cn）下载使用。

本书的特点是以五层的体系结构为主，采取自底向上的顺序进行描述，深入浅出，图文并茂。在讲解理论知识的基础上设计了丰富的实验内容，更符合教学规律，力求使读者进一步加深对计算机网络原理的理解。

本书适合普通高等院校使用，也适合从事计算机网络相关工作的工程技术人员参考。

图书在版编目（CIP）数据

计算机网络理论与实践 / 张举主编. —北京：电子工业出版社，2023.12

ISBN 978-7-121-46543-7

Ⅰ. ①计… Ⅱ. ①张… Ⅲ. ①计算机网络 Ⅳ. ①TP393

中国国家版本馆 CIP 数据核字（2023）第 199870 号

责任编辑：郝志恒
印　　刷：三河市鑫金马印装有限公司
装　　订：三河市鑫金马印装有限公司
出版发行：电子工业出版社
　　　　　北京市海淀区万寿路 173 信箱　　　　邮编：100036
开　　本：787×1092　1/16　　印张：17.25　　字数：497 千字
版　　次：2023 年 12 月第 1 版
印　　次：2023 年 12 月第 1 次印刷
定　　价：69.00 元

凡所购买电子工业出版社图书有缺损问题，请向购买书店调换。若书店售缺，请与本社发行部联系，联系及邮购电话：（010）88254888，88258888。

质量投诉请发邮件至 zlts@phei.com.cn，盗版侵权举报请发邮件至 dbqq@phei.com.cn。

本书咨询联系方式：QQ 1098545482。

前言

当前，互联网的发展给社会、人们的工作及生活带来了前所未有的变化。“互联网+”的概念深入各行各业，各种 App 及网络应用软件的发展如火如荼，但所有这些应用都离不开计算机网络所提供的服务。无论是对于高校学生，还是对于从事 IT 行业的技术人员以及其他行业的职业经理来说，计算机网络的基本原理及应用都是必须掌握的基本知识。因此，“计算机网络”已成为各高等院校信息技术相关专业的一门专业基础课程。

本书的特点是以五层的体系结构为主，采取自底向上的顺序进行描述，深入浅出，图文并茂。本书内容安排符合当前网络技术的实际需要，知识点分布合理，难易适度，注重基础知识与技能培养。在讲解理论知识的基础上设计了丰富的实验内容，更符合教学规律，力求使读者进一步加深对计算机网络原理的理解。

本书适合普通高等院校使用，也适合从事计算机网络相关工作的工程技术人员参考。

本书共 8 章，其中第 1 章和第 7 章由张举编写，第 2 章和第 6 章由吴勇编写，第 3 章和第 5 章由尹少平编写，第 4 章和第 8 章由耿海军编写。本书建议安排 64 课时，教师可根据教学目标、学生基础和实际教学需求等情况对课时进行适当增减（带*章节为可选部分）。具体的课时分配建议如下。

第 1 章	计算机网络概述	6 课时
第 2 章	物理层	8 课时
第 3 章	数据链路层	12 课时
第 4 章	网络层	12 课时
第 5 章	运输层	8 课时
第 6 章	应用层	6 课时
第 7 章	无线网络*	6 课时
第 8 章	计算机网络新技术*	6 课时
合计：		64 课时

本书是教学团队教学经验的总结，感谢教学团队成员的支持和帮助，感谢贾新春、郝践、王琦教授等对本书给出的很多重要参考意见，这里还要特别感谢郝志恒、牛晓丽两位编辑，在两位编辑的大力鼓励和支持下才促成此书的出版。

由于编者水平有限，疏漏和不当之处在所难免，恳请广大读者和专家提出宝贵意见。编者 E-mail：445387453@qq.com。

编　者

目录

第 1 章 计算机网络概述

本章将对计算机网络进行概要性描述。首先介绍计算机网络的定义、分类及性能；其次介绍计算机网络的形成与发展；然后介绍计算机网络的体系结构，包括 ISO/OSI 的体系结构、TCP/IP 体系结构及五层的体系结构；最后介绍计算机网络在我国的发展。

本章内容的重点和难点在于对计算机网络体系结构的理解，该部分内容对于初学者来说较为抽象，但是先对体系结构有一个整体的了解是有必要的。全书的内容组织是基于计算机网络的体系结构，由下而上逐层描述，随着对后续各章节的学习，读者对网络的体系结构会有更为深入的理解。

1.1 计算机网络概述

21 世纪，IT 技术的重要特征就是数字化、网络化和信息化，这是一个以计算机网络为核心的信息时代。要实现信息化就必须依靠完善的计算机网络。因此，计算机网络现在已经成为信息社会的命脉和发展知识经济的重要基础。计算机网络对社会生活的方方面面，以及对社会经济的发展已经产生不可估量的影响。

计算机网络是计算机技术与通信技术相结合的产物。计算机网络是信息收集、分配、存储、处理、消费的重要的载体，是网络经济的核心，其深刻地影响着经济、社会、文化、科技，是工作和生活的重要工具之一。掌握网络的基础知识是进行计算机网络应用的基础。通信技术是负责数据信号在底层的传输。

1.1.1 计算机网络的定义

计算机网络是一个将分散的、具有独立功能的多台计算机，通过通信设备与通信线路连接起来，在网络操作系统、网络管理软件及网络通信协议的管理和协调下实现资源共享的系统。

计算机网络也称计算机通信网。若按此定义，早期的面向终端的网络都不能算是计算机网络，而只能称为联机系统（因为那时的许多终端不能算是自治的计算机）。实际上，对计算机网络的精确定义并未统一。特别是现在的计算机网络连接着多种类型的终端产品，而这些终端中的许多产品都有一定的智能，虽然不属于完全的自治计算机，但却是计算机网络的组成部分，终端和自治的计算机也逐渐失去了严格的界限。

对计算机网络，可以从以下角度理解。

（1）从广义角度来看，只要是能实现远程信息处理的系统或进一步能达到资源共享的系统都可以称为计算机网络。

（2）从资源共享角度来看，计算机网络必须是由具有独立功能的自治的计算机组成的，并能够实现资源共享的系统。

（3）从用户透明角度来看，计算机网络就是一台超级计算机，资源丰富、功能强大，其使用方式对用户透明，用户使用网络就像使用单一计算机一样，无须了解网络的存在、资源的位置等信息。

1.1.2 计算机网络的组成

从不同的角度来看，对计算机网络的组成有以下的理解。

物理组成：

（1）硬件：主要指组成计算机网络的硬件设备，如主机、各种路由交换设备、通信处理机、通信媒介（包括有线线路和无线线路）等。

（2）软件：主要指使用网络功能的各种软件。

（3）协议：指为计算机网络中进行数据交换而建立的规则、标准或约定的集合。如同汽车在道路上行驶必须遵循交通规则一样，数据在线路上传输也必须遵循一定的规则。从某种意义上来说，学习计算机网络各层的功能，也就是在学习各层所包含的协议。

工作方式：

（1）边缘部分：由所有连接在网络上，供用户直接使用的主机组成，用来进行通信和资源共享，其工作方式主要为 C/S 方式和 P2P 方式。

（2）核心部分：由大量的网络和连接这些网络的路由器组成，它为边缘部分提供连通性和交换服务，如图 1-1 所示。

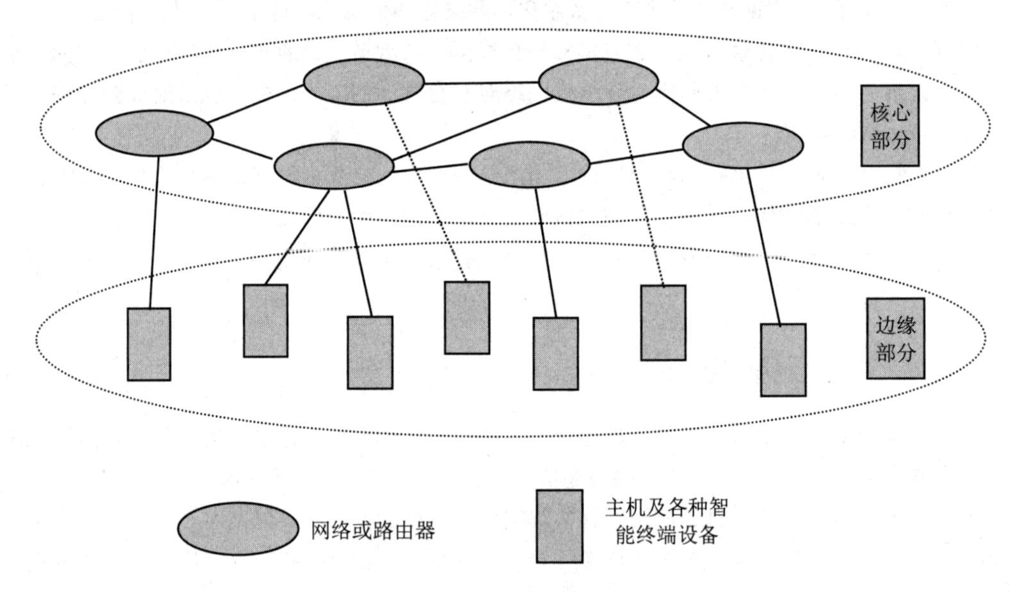

图 1-1 边缘部分与核心部分

主机之间的工作方式主要分为三种：客户-服务器（Client/Server，C/S）方式、对等连接（Peer To Peer，P2P）方式和 C/S-P2P 混合方式。P2P 亦称“点对点方式”或“点到点方式”。

1. 客户-服务器方式

客户-服务器方式（简称客服方式）涉及两个应用进程，分别为服务器端应用进程（简称服务器进程）和客户端应用进程（简称客户进程）。客户进程向服务器进程提出服务请求，服务器进程做出响应，向客户进程提供服务，客户进程是服务请求方，服务器进程是服务提供方。在这个过程中，客户进程是通信的主动方，而服务器进程则是等待客户端的服务请求，总是处于运行状态。

客服方式是最常用的方式，万维网、电子邮件等许多应用都使用 C/S 方式，具体将在应用层详细讲解。如图 1-2 所示，当某一台主机访问百度 Web 站点时就使用了 C/S 方式。

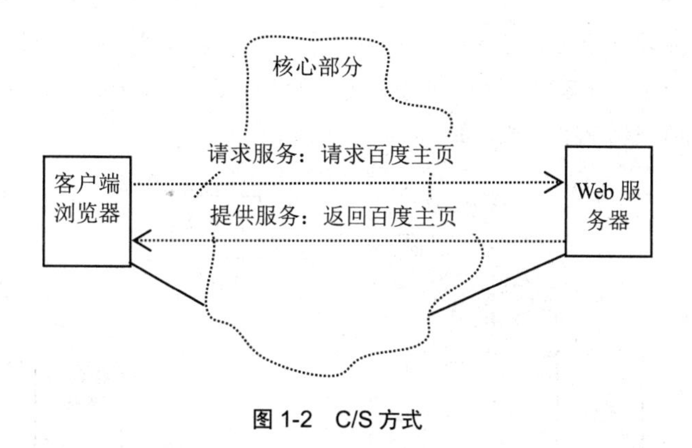

图 1-2 C/S 方式

在这种工作方式中，服务器进程要为许多客户端提供服务，也因此需要更加强大的硬件能力和服务器操作系统，而对客户进程来说，对硬件和操作系统的要求没有服务器进程的要求高，但客户端是服务的主动发起请求方，所以需要知道服务器的必要的地址信息。

2. 对等连接方式

在 P2P 方式中，没有固定的服务请求方和服务提供方，分布在网络边缘各端系统中的应用进程是对等的，被称为对等方，对等方相互之间直接通信，每个对等方既是服务的请求方，也是服务的提供方，如图 1-3 所示。

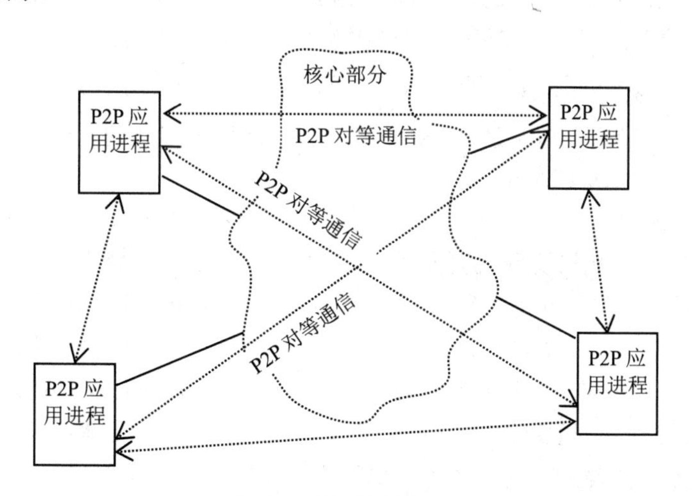

图 1-3 对等连接方式

目前在一些文件共享、流媒体及分布式存储等应用中采用了 P2P 对等连接方式。

不同于 C/S 方式，P2P 方式中的服务是分散的，P2P 进程主要分布在个人主机中，而 C/S 中的服务器则大多属于某个运营商。

在 C/S 方式中，增加客户端的数量会增加对服务器的访问量，加重服务器的负荷，进而影响通信质量。P2P 方式则不同，增加 P2P 进程的数量，不仅不会降低通信质量，反而会因为增加了服务的提供方而提高了通信效率，对整体是有好处的。

运行 P2P 进程的主机不需要强大的配置，也是 P2P 方式的一个优势。

P2P 方式的主要缺点在于服务不够稳定。由于 P2P 方式的对等方往往都属于个人，缺乏有效的管理，当 P2P 进程被关闭后，网络中就减少了 P2P 方式的对等方的数量，降低了规模优势。

3. C/S-P2P 混合方式

某些应用需要从服务器获得信息，但这些应用个体彼此通信时则不需要通过服务器，如一些即时通信软件。在需要从服务器获得用户列表等信息，此时采用 C/S 方式；而在彼此聊天通信时则不需要经过服务器，此时采用 P2P 方式，如图 1-4 所示。

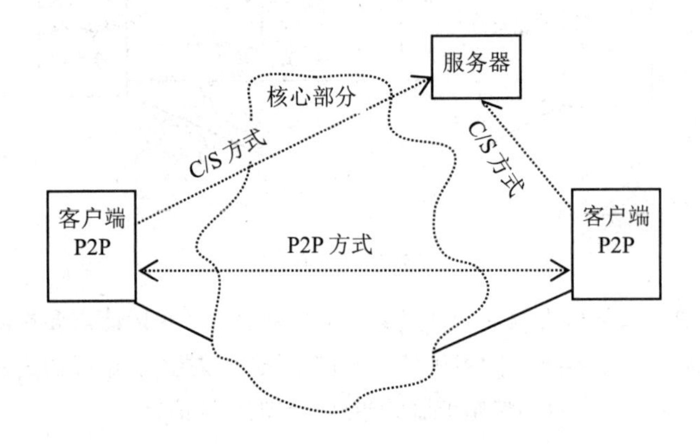

图 1-4 C/S-P2P 混合方式

1.1.3 计算机网络的分类

计算机网络可以按不同的方法进行分类，常用的有：按网络覆盖的地理范围、网络的拓扑结构、网络协议、传输介质、所使用的网络操作系统和传输技术共 6 种分类方法。

1. 按网络覆盖的地理范围分类

按网络覆盖的地理范围分类是最常用的分类方法，按照地理范围的大小，可以把计算机网络分为局域网、城域网和广域网 3 种类型。

1）局域网（LAN）

局域网通常指覆盖范围比较小（方圆几千米之内），可以是一栋楼内部，或几栋楼相连，也可以是一个办公室内部，或几个办公室连接，是我们最常见、应用最广的一种网络。

局域网一般归一个部门所有，其具备安装便捷、成本节约、扩展方便等特点，且通信延迟短、可靠性较高，被广泛用于连接个人计算机和消费类电子设备，使它们能够共享资源和交换信息。局域网可以实现文件管理、应用软件共享、打印机共享等功能，在使用过程中，通过维护局域网网络安全，能够有效地保护资料安全，保证局域网网络能够正常稳定地运行。

局域网的类型有很多，若按网络使用的传输介质分类，可分为有线网和无线网；若按网络拓扑结构分类，可分为总线型、星型、环型、树型、混合型等；若按传输介质所使用的访问控制方法分类，又可分为以太网、令牌环网、FDDI 网和无线局域网等。其中，以太网在当前局域网中占据了统治地位。

局域网自身的组成大体由计算机设备、网络连接设备、网络传输介质 3 大部分构成，其中，计算机设备又分为服务器与工作站，网络连接设备则包含了网卡、集线器、交换机等，网络传输介质包括同轴电缆、双绞线及光缆等。

随着整个计算机网络技术的发展和提高，大多数企业和单位都建立了自己的局域网，有的甚至在家庭中都建立了内部的小型局域网。

2）城域网（MAN）

城域网（Metropolitan Area Network）是在一个城市范围内所建立的计算机通信网，简称 MAN。这是上世纪 80 年代末，在 LAN 的发展基础上提出的。

这种网络的连接距离可以是 10～100km，与 LAN 相比覆盖的范围更广，连接的计算机数量更多，在地理范围上可以看作是局域网的延伸。MAN 的一个重要用途是用作城市骨干网，通过它将位于同一城市内不同地点的主机、数据库和 LAN 等互相连接起来，如政府机构的 LAN、医院的 LAN、学校的 LAN、公司企业的 LAN 等。这与广域网（WAN）的作用有相似之处，但两者在实现方法与性能上有很大差别。

随着高速以太网的发展，其技术被越来越多地应用在城域网中，为高速路由和交换提供传输保障。高速以太网技术在宽带城域网中的广泛应用，使骨干路由器的端口能高速有效地扩展到以太网交换机上，再通过光纤、网线到用户桌面，使数据传输速率达到 100Mb/s、1000Mb/s 甚至更高。

3）广域网（WAN）

广域网（Wide Area Network，缩写为 WAN），是连接不同地区局域网或城域网计算机通信的远程网，通常跨接很大的物理范围，所覆盖的范围从几十千米到几千千米，它能连接多个地区、城市和国家，甚至横跨几个洲提供远距离通信，形成国际性的远程网络，这种网络也被称为远程网。

需要注意的是，广域网并不是互联网（Internet），同局域网一样，广域网是一种独立的网络，是特指远程通信的网络技术，而互联网（Internet）不是一种独立的网络，它将同类或不同类的网络（局域网、广域网与城域网）互联，并通过高层协议实现各种不同类型网络间的通信。

当前的广域网技术包括帧中继、ATM、ISDN 及 PSTN 等。

2．按网络的拓扑结构分类

按网络的拓扑结构，可以分为：总线型网络、环型网络、星型网络、树型网络、网状型网络和混合型网络。

1）总线型

总线型拓扑由一条高速公用主干电缆（即总线）连接若干个节点构成网络。网络中所有的节点通过总线进行信息的传输。这种结构的特点是结构简单灵活，建网容易，使用方便，性能好。其缺点是主干总线对网络起决定性作用，总线故障将影响整个网络。总线型拓扑如图 1-5 所示。

2）星型

星型拓扑由中央节点集线器与各个节点连接组成。这种网络的各节点必须通过中央节点才能实现通信。星型结构的特点是结构简单、建网容易，便于控制和管理。其缺点是中央节点负担较重，容易形成系统的“瓶颈”。星型拓扑如图 1-6 所示。

3）环型

环型拓扑由各节点首尾相连形成一个闭合环型线路，如图 1-7 所示。环型网络中的信息传送是单向的，即沿一个方向从一个节点传到另一个节点；每个节点需安装中继器，以接收、放大、发送信号。这种结构的特点是结构简单，建网容易，便于管理。其缺点是当节点过多时，将影响传输效率，不利于扩充。

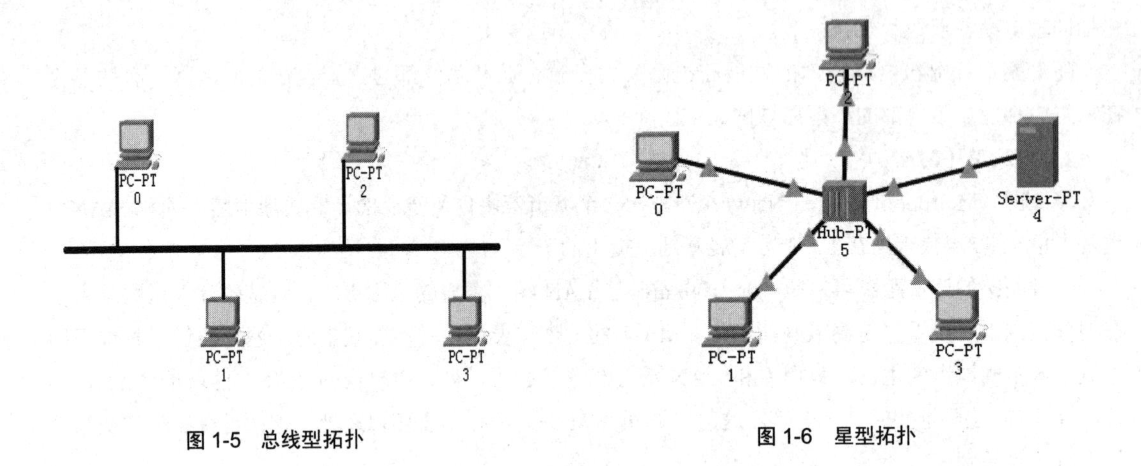

图 1-5 总线型拓扑　　图 1-6 星型拓扑

4）树型

树型拓扑是一种分级结构，如图 1-8 所示。在树型结构的网络中，任意两个节点之间不产生回路，每条链路都支持双向传输。这种结构的特点是扩充方便，成本低，易推广，适合于分主次或分等级的层次型管理系统。

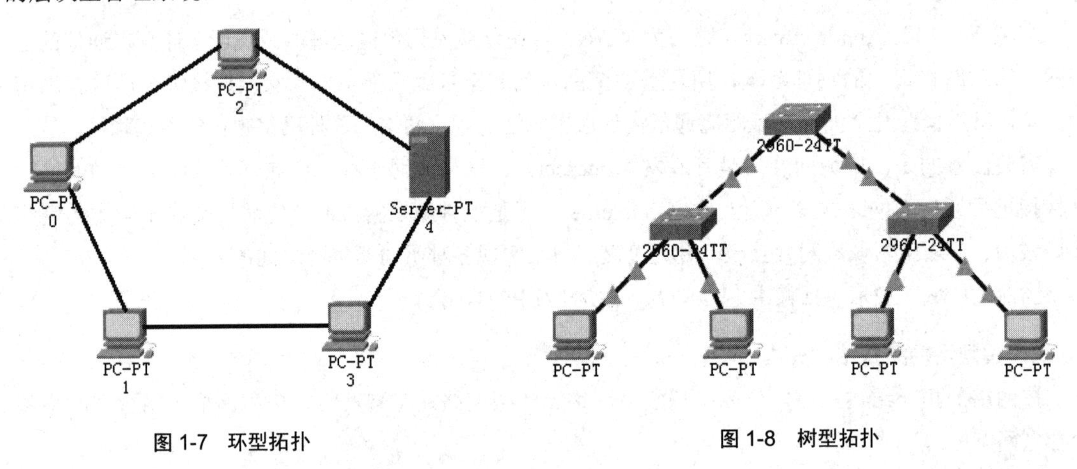

图 1-7 环型拓扑　　图 1-8 树型拓扑

5）混合型

混合型结构是综合性的一种拓扑结构，即以上几种拓扑结构利用网络中间件互联在一起所组成的混合结构，如图 1-9 所示。组建混合型拓扑结构的网络有利于发挥各网络拓扑结构的优点，克服单一拓扑结构相应的局限性。混合型拓扑可以是不规则型的网络，也可以是点-点相连结构的网络。

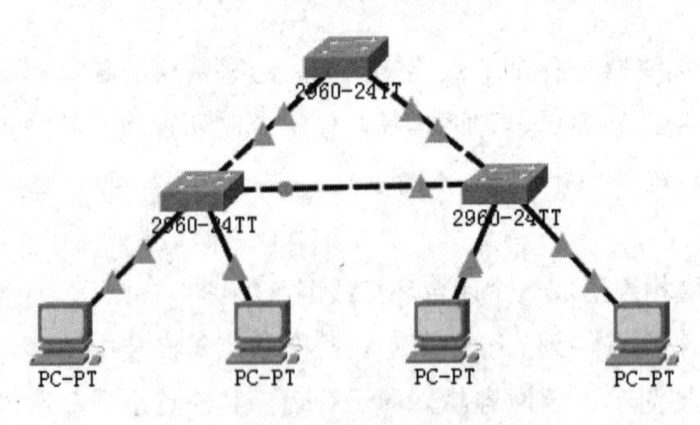

图 1-9 混合型拓扑

3．按传输介质分类

根据网络使用的传输介质，可以将网络分为两种。

1）有线网络

有线网络指采用有线传输介质来进行数据传输的网络，介质包括双绞线、同轴电缆、光纤等。

有线传输介质可靠性较高，其承载的信号沿着有线传输介质从一端传输到另一端，不同传输介质的特性不同，其最大数据传输速率也不同。

2）无线网络

无线网络指采用无线介质进行数据传输的网络，如微波、卫星、激光和红外线等。由于其不需要架设有线介质，而是通过大气传输，使得无线网络在一些不易布线的环境下更有优势。

传输介质不稳定是其主要缺陷。

4．按传播技术分类

根据所使用的传播技术，可以将网络分为：广播式网络和点到点网络。

在广播式网络中仅使用一条公共通信信道，把各个计算机连接起来。该信道由网络上的所有站点共享，因而控制信道访问冲突是关键。主要形式有以同轴电缆连接起来的总线型以太网，以微波、卫星方式传播的无线广播式网络等。

点到点网络与广播式网络相反，在每对机器之间都有一条专用的通信信道，不存在信道共享与复用的情况。广域网由于信道距离长，较难控制信道访问冲突，所以都采用点到点的方式。

1.1.4　计算机网络的性能

计算机网络的性能通常依靠一些性能指标来衡量。但也有一些非性能指标与网络的性能有很大的关系，本小节将从这两方面进行描述。首先介绍几种常见的性能指标，可以从不同的角度来衡量计算机网络的性能。

1．几种常见的性能指标

1）速率

网络技术中的速率指的是连接在计算机网络上的主机在数字信道上传送数据的速率，也称为数据率（data rate）或比特率（bit rate）。

比特（bit）是计算机中数据量的单位，也是信息论中使用的信息量的单位，来源于 binary digit，意思是“二进制数字”，一比特就是二进制数字中的一个 1 或 0。

速率的单位是 b/s（bit per second），但单位比较小，所以实际中常使用 kb/s、Mb/s、Gb/s，甚至 Tb/s 等。其中：

$k=10^3$，记作千；

$M=10^6$，记作兆；

$G=10^9$，记作吉；

$T=10^{12}$，记作太。

现实中对速率的描述有时并不严格，如人们常说的 100M 的以太网，意思是速率为 100Mb/s 的以太网，省略了单位中的 b/s。另外，当提到网络的速率时，往往是指额定速率或标称速率，而并非实际运行的速率。

2）带宽（BandWidth）

带宽在网络技术和通信技术领域有着不同的含义。

网络带宽是指在单位时间内网络中的某信道所能通过的最高数据率，单位为 bit/s。带宽表示的是某信道传送数据的能力，因此用最高数据率来表达，为便于描述，单位的前面也常常加上千（k）、兆（M）、吉（G）或太（T）这样的倍数。

在底层通信技术中，带宽指某个信号具有的频带宽度，单位是赫（或千赫、兆赫、吉赫等）。不同类型的信号，其带宽不尽相同，而不同的信道，其所能承载的频带宽度也是有限的。例如，在传统的电话通信线路上传送的电话信号的标准带宽是 3.1kHz，即从 300Hz 到 3.4kHz 的范围，这也是人类话音的频率范围。

带宽是宝贵的资源，在提高信息传输速率中有着重要的意义，这一点将在后面章节详细讲解。

3）吞吐量

吞吐量（Throughput）表示在单位时间内通过某个网络（或信道、接口）的数据量。吞吐量更侧重于对网络的一种测量，以便知道实际上到底有多少数据量能够通过网络。在一个局域网中，其通向外网的接口带宽或速率更能体现该网络对外的吞吐量。显然，吞吐量受网络的带宽或网络的额定速率限制。例如，对于一个 100Mb/s 的以太网，其额定速率是 100Mb/s，那么这个数值也是该以太网的吞吐量的绝对上限值。因此，对 100Mb/s 的以太网，其典型的吞吐量可以是 70Mb/s。

注意：有时吞吐量还可用每秒传送的字节数或帧数来表示。

4）时延

时延（Delay 或 Latency）是指数据（一个报文或分组，甚至比特）从网络（或链路）的一端传送到另一端所需的时间。时延是个很重要的性能指标，有时也称为延迟。

在此过程中，会产生四种时延，如图 1-10 所示。

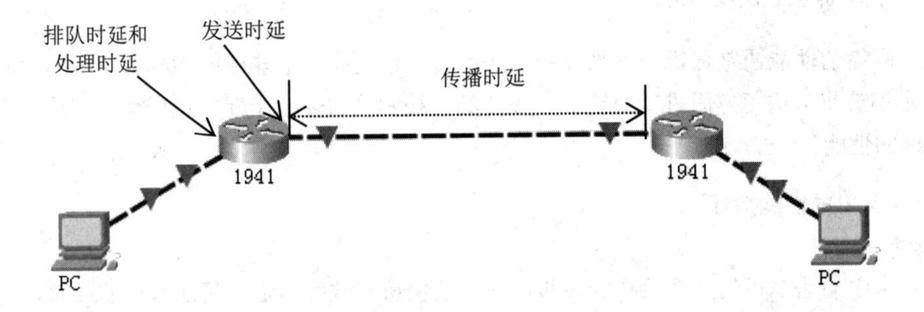

图 1-10　时延

发送时延：发送时延（Transmission Delay）是主机或路由交换设备将数据从设备内部发送到网络线路上所花费的时间，也就是从发送数据帧的第一个比特算起，到该帧的最后一个比特发送完毕所需的时间。发送时延也称为传输时延。发送时延的计算公式为

$$发送时延=\frac{数据帧长度(b)}{发送速率(b/s)}$$

发送时延与发送的帧长成正比，与发送速率成反比。为减小发送时延，应增加发送速率。

传播时延：传播时延（Propagation Delay）是电磁波在信道中传播一定的距离需要花费的时间。传播时延的计算公式为

$$传播时延=\frac{信道长度(m)}{电磁波在信道上的传播速率(m/s)}$$

下面是几种常见的信号传播速率。

电磁波在自由空间的传播速率是光速，即 3.0×10^5 km/s；电磁波在有线传输媒体中的传播速率

比在自由空间要略低一些，在铜线电缆中的传播速率约为 2.3×10^5 km/s，在光纤中转换为光的传播速率约为 2.0×10^5 km/s。这样，长度为 1000km 的光纤产生的传播时延大约为 5ms。

处理时延：主机或路由交换设备在收到分组时要花费一定的时间进行处理，例如，分析分组的首部，从分组中提取数据部分，进行差错检验或查找适当的路由等。这个过程花费的时间称为处理时延。

排队时延：数据在网络传输过程中，要经过一些路由交换设备。在进入这些网络设备后要先在输入队列中排队等待处理，在设备确定了转发接口后，还要在输出队列中排队等待转发，这个过程花费的时间就属于排队时延。

排队时延与网络状况、队列长度及网络设备的处理能力有关。例如，当网络的通信量很大时，会短时间进入大量数据分组，从而增加排队时延，甚至发生队列溢出，使分组丢失，这相当于排队时延为无穷大。

数据在网络中经历的总时延就是以上 4 种时延之和，即

$$总时延=发送时延+传播时延+处理时延+排队时延$$

其中，处理时延和排队时延很难进行定量计算。

一般来说，小时延的网络要优于大时延的网络。在某些情况下，一个低速率、小时延的网络很可能要优于一个高速率但大时延的网络。

对时延的理解有时会产生出一些想当然的错误，比如，很多人认为“用光纤上网快，因为光纤比铜线传播得快”，但事实上，前面也提到，光在光纤中的传播速率要低于电磁波在铜线中的传播速率。那为什么却给人以光纤的网络传输更快的感觉呢？下面举个例子。

例 1–1：将大小为 100MB 的数据块用光纤传送到 1000km 远的目的主机，已知发送方发送速率为 2Mb/s，忽略处理时延和排队时延及接收方的接收时延，计算过程中的总时延。

解答：发送时延为（$100\times2^{20}\times8$）b/（2×10^6）b/s=419.4s

传播时延为 1000km/（2×10^5）km/s=0.005s

总时延为 419.4s + 0.005s = 419.405s

可以看到，在此过程中，传播时延占总时延的比例微乎其微，总时延主要是由发送时延构成的。这里也可以解释为什么感觉用光纤上网快，那是因为将数据发送到光纤上的发送速率快，带来很少的发送时延，而并非光在光纤中的传播速率快。另外，此处需要注意换算，1B=8b（1Byte=8bit），在计算机存储中，$M=2^{20}$，并非 10^6，在数据传输速率中，$M=10^6$。

假如在例 1 中发送的不是 100MB 的数据，而只是 1 字节呢？显然，这种情况下，传播时延又转变为一个主导时延。

5）时延带宽积

时延带宽积又称为以比特为单位的链路长度，即

$$时延带宽积 = 传播时延 \times 带宽$$

可以把链路想象成一条管道，带宽是单位时间内注入管道中的比特数，则随着时间的流动，管道中的比特数也在流动，这就是以比特为单位的链路长度，如图 1-11 所示。

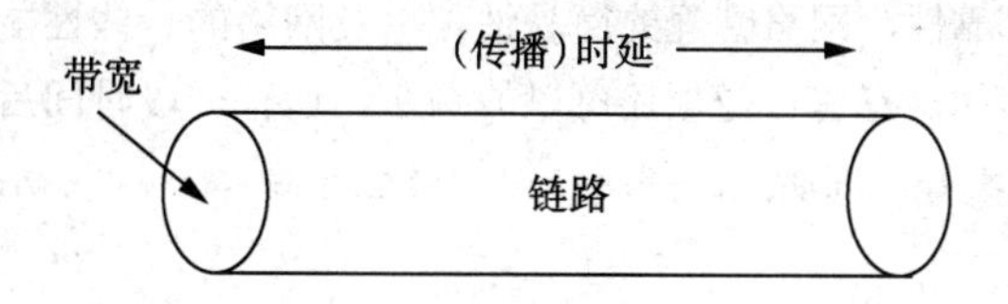

图 1-11　时延带宽积示意图

管道中的比特数表示在发送端发出的但尚未到达接收端的比特。当时间等于端到端的传播时延时，相当于整条链路中按当前带宽注满了比特。当传播时延一定时，高的带宽带来更大的时延带宽积，显然，也带来更充分的链路利用率。

6）往返时间 RTT

往返时间 RTT（Round-Trip Time）表示从发送方发送数据开始，到发送方收到来自接收方的确认（接收方收到数据后便立即发送确认），总共经历的时间。显然，往返时间涵盖了各中间节点的处理时延、排队时延以及转发数据时的发送时延。

往返时间是一个很重要的性能指标，利用它可以判断当前网络的状态，在运输层的 TCP 协议中，有 RTT 的具体运用。

7）利用率

利用率有信道利用率和网络利用率两种。信道利用率指某信道有百分之几的时间是被利用的（有数据通过）。完全空闲的信道的利用率是零。网络利用率则是全网络的信道利用率的加权平均值。信道利用率并非越高越好。如同公路上面的汽车流，当公路利用率达到 1 时，意味着公路上布满了汽车，结果是堵车，导致谁也走不了。

如果令 D_0 表示网络空闲时的时延，D 表示网络当前的时延，那么在适当的假定条件下，可以用下面的简单公式来表示 D。D_0 和网络利用率 U 之间的关系为

$$D=\frac{D_0}{1-U}$$

这里 U 的取值范围为 0～1。当网络的利用率达到其容量的 1/2 时，时延就要加倍。当网络的利用率接近最大值 1 时，网络的时延就趋于无穷大。一些拥有较大主干网的 ISP（网络服务提供商）通常控制他们的信道利用率不超过 50%，如果超过了就要注意扩容，增大线路的带宽。

8）误码率

数据在信道中传输时，受到各种因素的影响，传递的信息不可能完全正确，总会有一定的差错出现。通常把信号传输中的错误率称为误码率，它是衡量差错的标准。在传输时，误码率等于二进制码元在传输中被误传的比率，即用接收错误的比特数除以被传输的比特总数所得的值就是误码率，即

误码率 = 接收的错误比特数 / 传输的总比特数

2．计算机网络的非性能特征

计算机网络还有一些非性能特征也很重要，这些非性能特征与前面介绍的性能指标有很大的关系。下面进行简单的介绍。

1）费用

网络的价格（包括设计和实现的费用）必须要考虑，因为网络的性能与其价格密切相关。一般来说，网络的速率越高，其价格也越高。

2）质量

网络的质量取决于网络中所有构件的质量，以及这些构件是怎样组成网络的。网络的质量影响到很多方面，如网络的可靠性、网络管理的简易性，以及网络的一些性能等。但网络的性能与网络的质量并不是一回事。例如，有些性能也还可以的网络，运行一段时间后就出现了故障，变得无法再继续工作，说明其质量不好。高质量的网络往往价格也较高。

3）标准化

网络的硬件和软件的设计既可以按照通用的国际标准，也可以遵循特定的专用网络标准。最好

采用国际标准的设计，这样可以得到更好的互操作性，更易于升级换代和维修，也更容易得到技术上的支持。

4）可靠性

可靠性与网络的质量和性能都有密切关系。速率更高的网络可靠性不一定会更差。但速率更高的网络要可靠地运行，则往往更加困难，同时所需的费用也会更高。

5）可扩展性和升级性

在构造网络时就应当考虑到今后可能会需要扩展（即规模扩大）和升级（即性能和版本的提高）的问题。网络的性能越高，其扩展费用往往也越高，难度也会相应增加。

6）易于管理和维修

网络如果没有良好的管理和维护，就很难达到和保持所设计的性能。

1.1.5　计算机网络的形成与发展

1946 年，世界上第一台计算机研制成功，其后计算机得到迅速普及与发展，使人类开始走向信息时代。计算机网络是计算机技术和通信技术相结合的结晶，它的产生和发展同时也使计算机的应用发生了巨大的变化。

通信技术是一门有较长历史的技术，19 世纪 30 年代发明了电报，19 世纪 70 年代发明了电话，20 世纪 40 年代发明了世界上第一台电子数字计算机 ENIAC。当时，计算机技术与通信技术并没有直接的联系。20 世纪 50 年代初，由于美国军方的需要，美国对半自动地面防空系统（SAGE）的研究开始了计算机技术与通信技术相结合的尝试。随着计算机应用的发展，出现了多台计算机互联的需求，早期的计算机网络通过通信线路将远方终端资料传给主计算机处理，只是简单的联机系统。但计算机技术和网络技术的不断发展和相互结合，使得计算机网络也在不断地发展，用户希望通过网络实现计算机资源共享的愿望成为现实。

计算机网络的发展主要经历以下 3 个阶段。

1. 面向终端的单计算机联机系统网络

计算机网络发展的第一阶段是在 20 世纪 50 年代。第一代计算机网络是以单计算机为中心的联机系统，又称为面向终端的计算机网络。它是由一台主机和若干个终端组成的，主机是网络的中心和控制者，分布在各处的终端通过公共电话网及相应的通信设备与主机相连，登录到主机上，使用主机上的资源。这是计算机网络的初级阶段，虽然还不是真正的网络，但它将计算机技术和通信技术相结合，用户可以使用终端方式与远程主机进行通信。如 20 世纪 50 年代初美国的 SAGE 系统。

为减轻中心计算机的负载，在通信线路和计算机之间设置了一个前端处理机（Front End Processor，FEP）或通信控制器 CCU，专门负责与终端之间的通信控制，使数据处理和通信控制分工。在终端机较集中的地区，采用了集中管理器（集中器或多路复用器）用低速线路把附近群集的终端连起来，通过 Modem 及高速线路与远程中心计算机的前端机相连。这样的远程联机系统既提高了线路的利用率，又节约了远程线路的投资，如图 1-12 所示。

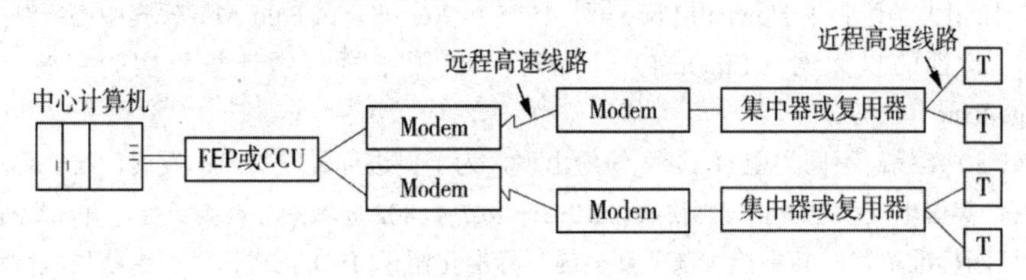

图 1-12　以单计算机为中心的远程联机系统

2. 计算机-计算机网络及分组交换网阶段

第二阶段是20世纪60年代中期到20世纪70年代早期，出现了多台计算机互联的系统，开创了"计算机-计算机"通信时代。这是真正意义上的计算机网络，通过通信线路将若干台独立的计算机连接起来，为用户提供服务，实现资源共享。这个时期的网络产品是相对独立的，没有统一标准。

1969年，美国国防部高级研究计划署（DARPA）建成的ARPANET标志着现代意义上的计算机网络的诞生。该网络横跨美国东西部地区，主要连接政府机构、科研教育等部门，由子网和主机组成，子网由多个接口信息处理机（Interface Message Processor，IMP）相互连接组成，当一条链路中断时，还可通过其他链路进行分组的转发，在主机-主机之间、IMP-IMP之间运行特定协议，保证数据进行可靠有效的传递。ARPANET网络示意图如图1-13所示。

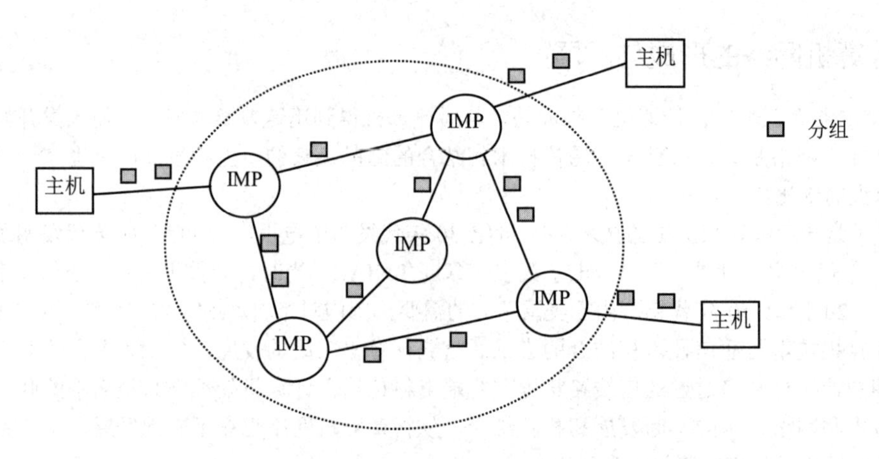

图1-13　ARPANET网络示意图

广域网的发展由此开始，今天的Internet也是由此演化和发展而来的。

3. 计算机网络体系结构标准化阶段

此阶段，各计算机厂商纷纷发展自己的计算机网络产品，并制定自己的计算机网络体系结构，如1974年IBM推出了系统网络体系结构SNA，1975年DEC提出了分布式网络体系结构DNA。

国际标准化组织ISO（International Standards Organization）于1983年形成了开放系统互联参考模型的正式文件，即著名的国际标准ISO 7498，简称OSI/RM。OSI规定了可以互联的计算机系统之间的通信协议，网络产品有了统一标准，促进了企业的竞争，计算机网络进入了国际标准化网络阶段。

4. 局域网标准化发展阶段

20世纪70—80年代，随着计算机硬件技术的发展及价格的下降，计算机在一些单位如公司、学校、政府部门等得到了广泛的应用，这催生了局域网技术的发展，各种类型的局域网技术纷纷出现，1972年美国加州大学研制了Newhall Loop网，1975年Xerox公司Palo Alto研究中心研制了第一个总线结构的实验性的以太网（Ethernet），1974年英国剑桥大学计算机实验室建立了剑桥环（Cambridge Ring）网等。

20世纪80年代，不同类型的LAN纷纷出现，为了促进局域网技术的发展，统一局域网标准，1980年2月，美国电气和电子工程师协会（IEEE）成立了802局域网标准委员会，并相继提出802.1～802.6等局域网标准草案，其中绝大部分都被国际标准化组织ISO正式认可。这些局域网协议及标准化的确定，为局域网技术的发展奠定了坚实的基础。

5. 互联网蓬勃发展阶段

Internet 是从 ARPANET 逐步发展而来的，是世界上最大的互联网络，称为互联网或因特网，它使用的是 TCP/IP 协议。早在 1969 年 ARPANET 的实验性阶段，研究人员就开始了 TCP/IP 协议雏形的研究，TCP/IP 协议的成功促进了 Internet 的发展，Internet 的发展又进一步扩大了 TCP/IP 协议的影响。

美国国家科学基金会（NSF）在 1986 年组建了 NSFNET，与 ARPANET 实现了互联，成为了 Internet 的主干，连接了 6 个超级计算机中心，数以千计的大学、实验室和图书馆。1990 年 ARPANET 作为实验网络终止运行后，NSFNET 就成为连接美国境内区域和其他国家网络的主干网络。

进入 20 世纪 90 年代后，接入互联网的网络、主机及用户数每年都以指数级增长，网络规模大概每年都翻一番。随着网络通信量的急剧增加，作为主干的 NSFNET 也不堪重负，最终美国政府决定，将 NSFNET 私有化，逐步交给一些私营企业来运营，由这些私营企业来提供主干网络的互联网服务，被称为互联网服务提供商（Internet Service Provider，ISP）。任何单位和个人可以交纳一定的费用，通过 ISP 的服务来接入互联网。如今的互联网主干网也并非一个单一的主干网络，这些互联网服务提供商出于市场商业行为，也都各自组建了自己的主干网络，这些主干网络通过网络接入点（Network Access Point，NAP）连通。目前的互联网已经发展为多级 ISP 结构的网络，如图 1-14 所示。

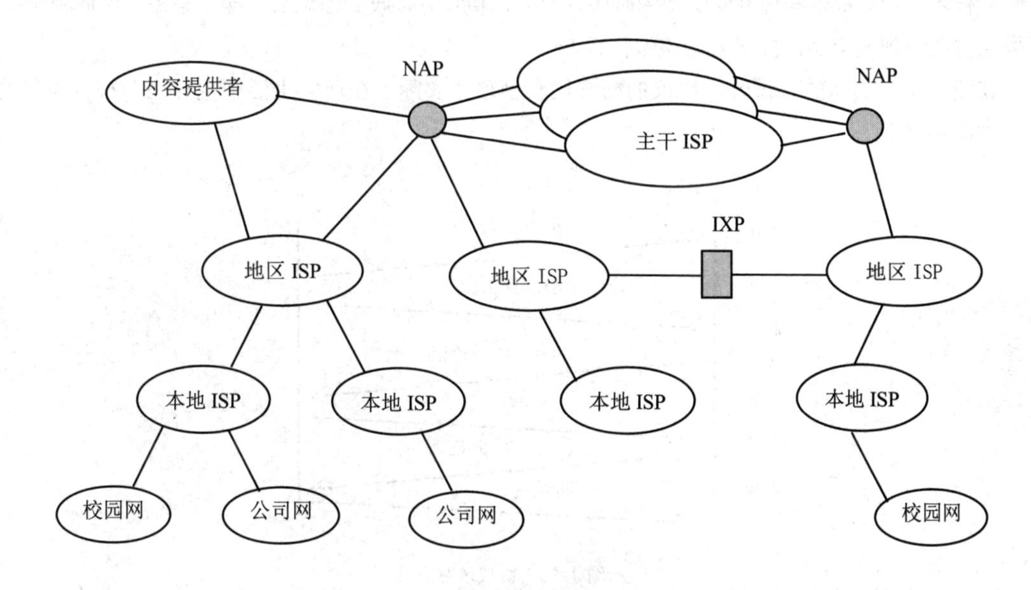

图 1-14　多级 ISP 结构的互联网

为了更快、更有效地转发分组，出现了互联网交换点（Internet eXchange Point，IXP），互联网交换点用来直接连接两个网络，并交换分组，不必再通过第三个网络，这极大地提高了分组的转发效率。如图 1-14 所示，两个地区 ISP 原本需要经过主干 ISP 提供的网络才能进行通信，但双方经过 IXP 连接起来后，就可以直接进行分组交换了，这使得互联网上的流量更加均衡，分布更加合理。

鉴于互联网中有大量的视频数据流量，提供这些视频文件的公司被称为内容提供商（Content Provider），这些流量挤占了较大的链路带宽资源，会造成网络的拥塞，降低网络的性能。一些有实力的内容提供商会自己架设专线，连接到各级 ISP 或 IXP。这些内容提供商的视频数据通过自己的专线直接到达各级 ISP，一方面提升了用户观看视频的体验，另一方面也使互联网的流量分布更合理。内容提供商虽然也有自己的专线，但不同于 ISP，其并不提供数据的转接服务。

随着互联网的发展，数据越来越集中在互联网数据中心（Internet Data Center，IDC），IDC是电信部门利用已有的互联网通信线路、带宽资源，建立标准化的电信专业级机房环境，为企业、政府提供服务器托管、租用及相关增值等方面的全方位服务。随着 IDC 的发展，一大批有实力的公司纷纷加入 IDC 业务中，一些 IDC 租用或拥有自己的专线，为用户提供更为丰富和高性价比的服务。

1.2 计算机网络的体系结构

1.2.1 网络协议

在计算机网络中要进行大量的数据传输和交换，这些行为必须遵守事先约定好的规则，为进行网络中的数据交换而制定的规则、标准或约定称为网络协议，简称协议。从这个角度上来说，学习计算机网络就是要学习网络中的许多协议。

网络协议由以下三个要素组成：

1. 语法，指传输或交换数据及其控制信息的格式。

2. 语义，指控制信息中各部分的含义。

3. 同步，指完成数据传输或交换的时序，比如，接收方接收到信息后，接下来需要做何种响应，而发送方在收到响应后，接下来又该做什么。

在没有学习具体的协议时，协议的概念比较抽象，实际上在现实生活中也存在着很多类似的概念，如图 1-15 所示。

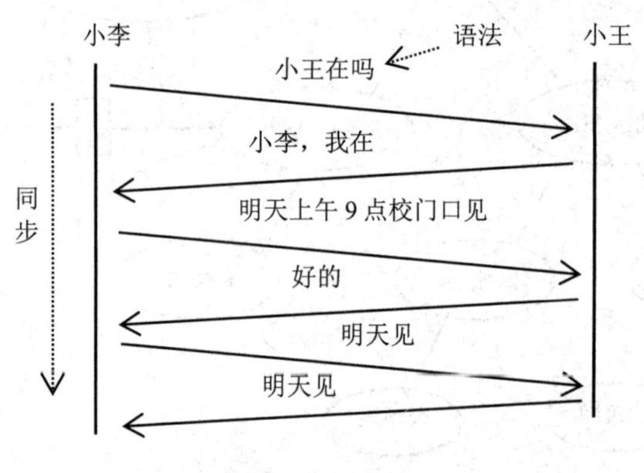

图 1-15 协议示意图

小李和小王打电话先确认对方在线，通话最后使用“明天见”结束本次通话，这相当于双方的一个协议，包含有语法、语义和同步。当然，就这个例子来说，这并不是一个好的协议，比如，当小王没有如期到达校门口，协议没有约定该怎么办。

1.2.2 网络的分层结构

从表面看，计算机网络是由一些网络设备和通信线路组成的，但要完成通信功能，却是一个非常复杂的过程，面临许多需要解决的问题，例如：

（1）如何激活通路，使得收发双方可以正确发送和接收数据；

（2）网络上有多台主机，如何识别某一台具体的主机；

（3）收发双方可能相隔很远，通信期间要经过很多网络设备的转发，如何到达接收方；

（4）如何识别接收方接收到的数据是正确的，若数据在传输过程中出现错误如何处理，是否需要重传；若重传，又会带来哪些问题；

（5）由于收发双方可能存在不同的文件管理程序及不同的文件格式等问题，如何协调处理。

面对一个复杂系统，在设计时通常会将其分解为若干个模块，这样可以将复杂系统转化为一些较容易实现的模块，以此来降低系统的复杂性，使系统结构更合理，更容易实现。鉴于计算机网络通信系统的复杂性及特点，这里用分层的方法来解决。也就是将模块按照上下关系划分为若干个层。这种思想也被用在社会事务中，如邮件快递系统，如图 1-16 所示。

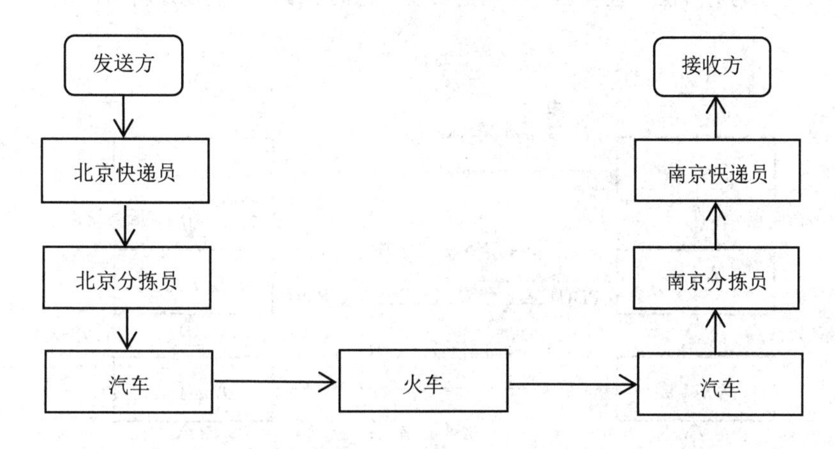

图 1-16　分层结构示意图

邮件快递系统使用了分层的服务结构，发送方只需将物品打包，并填写地址信息，然后将包裹交给北京快递员，其他的工作由下面各层机构来完成即可。而北京快递员也无须亲自送达接收方，只需将包裹交给北京相关分拣员即可，剩下的工作由运输系统送抵南京分拣处，再由南京快递员送给接收方，完成一次快递工作。

假如不采用分层结构，那么发送方需要自己亲自送到接收方来完成包裹的传递，这个过程就不是一个好的体系结构。当这样的发送方和接收方数量很大时，不合理的结构就会降低系统的效率。

计算机网络中使用了类似的分层方法，每一层都按照本层协议的要求完成自己的功能，并交给接收方的对等层，每一层为完成本层的功能，需要调用下一层的服务。另外，本层也要向上一层提供服务，以便上一层完成其功能。如在同一主机上，第 3 层要调用第 2 层的服务，但第 3 层也要向第 4 层提供服务。层与层之间可以通过接口传递数据和控制信息。

从上述简单例子可以较好地理解分层带来的好处：

（1）各层之间是独立的。某一层并不需要知道它的下一层是如何实现的，而仅仅需要知道该层通过层间的接口（即界面）所提供的服务。由于每一层只实现一种相对独立的功能，因而可将一个难以处理的复杂问题分解为若干个容易处理的更小的问题。这样，整个问题的复杂程度就下降了。

（2）灵活性好。当任何一层发生变化时（如由于技术的变化所导致），只要层间接口关系保持不变，则在这层以上或以下均不受影响。此外，对某一层提供的服务还可以进行修改，甚至当某层提供的服务不再需要时，还可以将这层取消而不会影响到其他层。

（3）结构上可分割开。各层都可以采用最合适的技术来实现。

（4）易于实现和维护。这种结构使得实现和调试一个庞大而复杂的系统变得易于处理，因为整个系统已被分解为若干相对独立的子系统。

（5）能促进标准化工作，因为每一层的功能及其所提供的服务都已有了精确的说明。

1.2.3 数据在各分层间的传递及相关概念

1. 实体与对等实体

不同主机上的同一层称为对等层，对等层实现相同的功能，运行相同的协议，实现协议的元素称为实体，实体既可以是软件，也可以是硬件，对等层内的相同实体称为对等实体。如图 1-17 所示，双方主机的第 n 层互为对等层，包含若干相同的协议，相同协议间可实现逻辑通信，它们是对等实体。

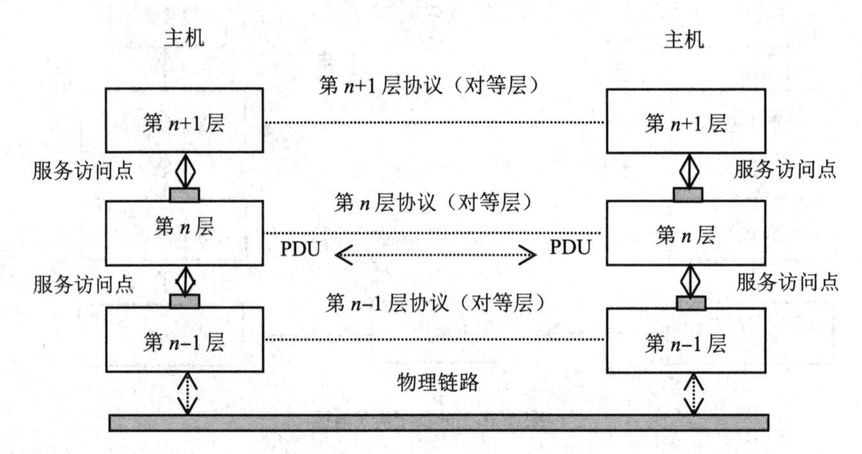

图 1-17 对等实体示意图

2. 协议数据单元（Protocol Data Unit，PDU）

协议数据单元是针对某一个协议的，指协议要传输的单元名称。不同协议有各自数据单元的名称，比如 IP 协议要传输的 PDU 叫作 IP 数据报。因为协议是水平的，该 PDU 会被传送给对等层的相应实体，比如对等层的 IP 协议来处理。

3. 数据在层间的传递及封装与解封装

数据在各分层间的传递使用了封装与解封装的过程，这类似于传统写信的过程。当发信方写好信以后，需要将其封装在一个信封里，而接收方在收到信以后，需要解封装信封，将里面的信件取出。这其中，信件是要传送的内容，而信封是为了将信件传送给对方而进行的封装。

对等层运行相同的协议，发送方会按照协议的语法标准将要传递给对方的数据内容进行封装（加头部），从而形成自己的 PDU，接收方的协议会对 PDU 进行解封装（去掉头部），从而得到里面的数据内容。

如图 1-18 所示，发送端的第 n 层在收到用户的数据后，按照双方在第 n 层所使用的协议要求，将其封装为第 n 层的 PDU_n，即在数据前封装第 n 层的头部 H_n，然后调用第 n−1 层的功能，将自身的 PDU_n 传递给第 n−1 层。同理，第 n−1 层在第 n 层传递下来的 PDU_n 前封装自己的头部 H_{n-1}，形成自己的 PDU_{n-1}，并将其继续传递给下一层。这样在发送端层层封装，最后通过物理链路传递给接收端。接收端的对等层将其解封装后，将里面被发送端对等层封装的上一层 PDU 上交给接收端的上一层。例如，接收端的第 n−1 层进行解封装后，将发送端的第 n 层 PDU 上交给接收端的第 n 层，实现收发双方第 n 层的一个水平的逻辑通信。

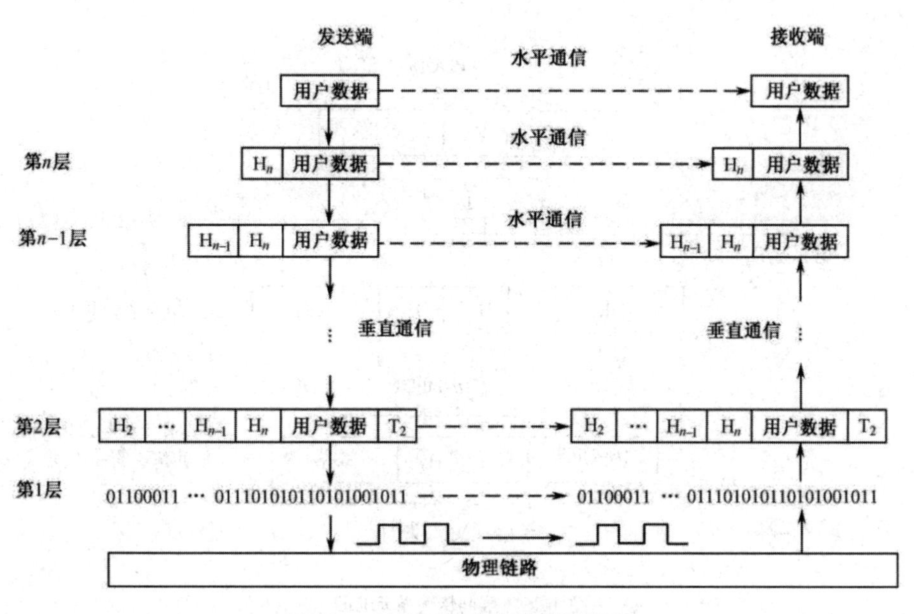

图 1-18 封装及数据层间传递示意图

需要注意的是，有的层次进行封装时，不仅封装头部，还会封装尾部，在解封装时，需进行相应的解除。

4. 服务访问点（Service Access Point，SAP）

在分层结构中，上层需要调用下层的服务，下层为上层提供服务，层与层之间的数据交换是通过服务访问点来实现的。

SAP 的作用类似于邮箱的投入口，当把信件投入信箱后，相当于调用了邮局的服务。对于上层协议来说，其目的是把自己的 PDU 传递给对等层协议实体，但在调用下层服务时，却不能只传递自己的 PDU，就如同在寄信时，不能只把信封里的信件投入邮箱一样。除了自己的 PDU，还需要告诉下层一些必要的接口控制信息（Interface Control Information，ICI），比如 PDU 的长度，所要去的目的地址等。事实上，层与层间交换的数据单位称为服务数据单元（Service Data Unit，SDU），第 n 层的 PDU 就是第 n–1 层的 SDU。SDU 也可以与 PDU 不一样，比如几个 PDU 合成为一个 SDU。加了下一层 ICI 的 PDU 被称为接口数据单元（Interface Data Unit，IDU）。这样，真正传递给下一层的是本层的 IDU，如图 1-19 所示。

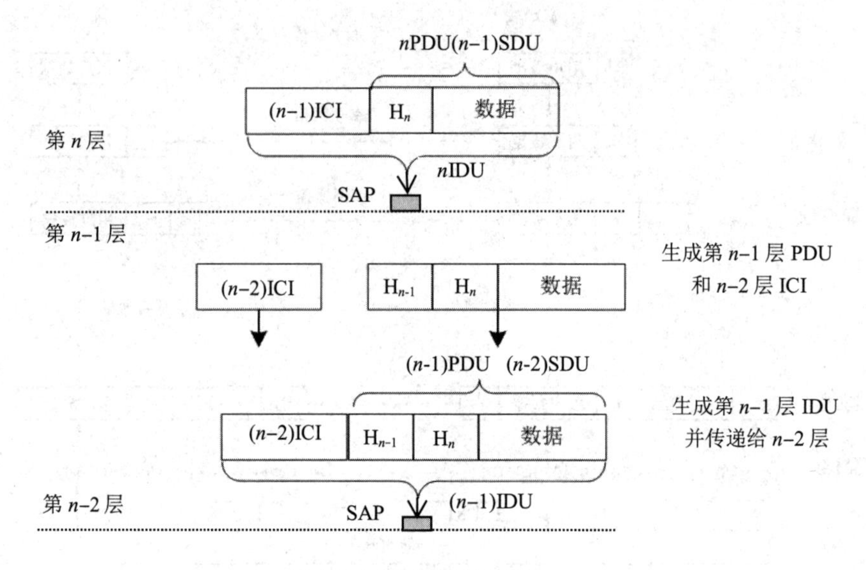

图 1-19 层间传递单元 IDU

如图 1-18 所示，n−1 层收到 n 层的 IDU 后，会生成自己的首部 H_{n-1}，并和 n 层的 PDU 组成自己的 PDU，即(n−1)PDU，同时生成（n−2）ICI，然后将（n−2）ICI 和(n−1)PDU 组合成(n−1)IDU，这样就可以将(n−1)IDU 通过和 n−2 层的 SAP 传递给 n−2 层，调用 n−2 层的服务了。

5. 服务原语

上层调用下层的服务，下层为上层提供服务，这种服务与被服务的关系是通过一组服务原语（Primitive）来描述的，这些原语供用户和其他实体访问服务，通知服务提供方采取某些行动或报告某个对等实体的活动。服务原语被分为如下 4 类。

- 请求（Request）：由服务用户发往服务提供方，请求它完成某项工作。
- 指示（Indication）：由服务提供方发往服务用户，指示发生了某些事件。
- 响应（Response）：由服务用户发往服务提供方，对前面发生的指示进行响应。
- 证实（Confirmation）：由服务提供方发往服务用户，对前面发生的请求进行证实。

6. 服务、协议与接口

协议和服务在概念上是不一样的。首先，协议是“水平的”，即协议是控制对等实体之间通信的规则，发送方和接收方在对等层上进行 PDU 的传递，就好像对等实体在直接通信一样，但实际上却是调用了下层的功能来完成的，所以，服务是“垂直的”，即服务是由下层通过层间接口向上层提供的。

只有服务建立在协议的基础上，本层协议的实现才能保证向上一层提供服务，本层服务用户无法看见下面的协议，即下层的协议对上层的服务用户是透明的。

另外，并非在一层内完成的全部功能都称为服务，只有那些能够被高一层实体“看得见”的功能才称为服务。

接口定义了上下层之间如何进行访问，类似于编程中函数的声明，包括了函数名、参数及返回值。协议相当于函数内部的实现，而服务则更像是函数功能的说明，方便其他函数来调用。

1.2.4 OSI 参考模型

经过 20 世纪 60 年代、70 年代前期的发展，人们对组网技术、组网方法和组网理论的研究日趋成熟。为了促进网络产品的开发，各大计算机公司纷纷制定了自己的网络技术标准。1974 年，IBM 公司首先提出了系统网络体系结构（System Network Architecture，SNA）标准。1975 年，DEC 公司也公布了数字网络体系结构（Digital Network Architecture，DNA）标准。这些标准只在一个公司范围内有效。遵从一个标准、能够互联的网络通信产品，只是同一公司生产的同构型产品。网络市场的这种状况使得用户在投资方向上无所适从，也不利于厂商之间的公平竞争。人们迫切要求制定一套标准，各厂商遵从这个标准生产网络产品，使各种不同型号的计算机能方便地互联成网。为此，1977 年国际标准化组织（ISO）的 SC16 分技术委员会着手制定开放系统互联参考模型（Reference Model of Open System Interconnection，OSI/RM）。1981 年正式公布了这个模型，并得到了国际上的承认，被认为确立了新一代网络结构。所谓开放系统是指，只要网络产品（软件、硬件）符合 OSI 标准，任何型号的计算机都可以互联成网。

OSI 划分的七个层次由高到低依次为：Application（应用层）、Presentation（表示层）、Session（会话层）、Transport（运输层）、Network（网络层）、Datalink（数据链路层）和 Physical（物理层）。

1. 应用层

应用层是 OSI 模型中的最高层，是直接面向用户的一层，用来实现特定的应用。应用层中包含了若干独立的用户通用服务协议模块，为网络用户之间的通信提供专用的程序服务。应用层并不是应用程序，而是为应用程序提供服务的。

2. 表示层

表示层为在应用进程之间传送的信息提供表示方法的服务。表示层的主要功能是处理在两个通信系统中交换信息的表示方式，主要包括：

（1）数据加密与解密。数据加密服务是重要的网络安全要素，其确保了数据的安全传输，也是各种安全服务最为重视的关键。

（2）数据压缩与解压。在网络带宽一定的前提下，数据压缩的越小其传输就越快，所以表示层的数据压缩与解压被视为网络传输速率的重要因素，特别是多媒体数据，经压缩后，会提高传输效率。

（3）数据格式转换。不同的计算机系统可能采用不同的编码系统，比如有的采用 ASCII 码，有的采用 Unicode 码，表示层会使用公共的编码完成收发双方的对接。发送方将编码转换为公共的编码，接收方再将公共的编码转换为接收方使用的编码。

3. 会话层

会话层在应用进程中建立、管理和终止会话，维护两个节点之间的传输连接，确保点到点传输不中断，以及管理数据交换等功能。会话过程类似一个打电话的过程，约定如何开始一个会话，用何种通信方式，包括全双工通信还是半双工通信、会话如何结束及会话中断后如何恢复等。

4. 运输层

运输层是网络体系结构中高低层之间衔接的一个接口层，主要为用户提供端到端（End-to-End）的服务，这里的端指应用进程。运输层向高层屏蔽了下层数据的通信细节，使用户完全不用考虑物理层、数据链路层和网络层工作的详细情况。运输层的功能由端系统实现，主要包括：

（1）应用进程寻址。运输层负责将自身 PDU 中封装的数据上交给上面的应用层，而端系统中往往运行着多个应用进程，对应着多个应用层协议，运输层必须知道要将数据交给上面的哪个应用层协议。

（2）流量控制。运输层要实现流量控制，当接收方接收能力不够时，发送方要减少注入网络中的流量，这是非常必要的。

（3）连接控制。端到端的通信需要双方进行连接控制，包括如何建立连接，数据发送完毕后，如何释放连接等。

（4）差错控制。运输层要对端到端的数据传输进行差错检测，并纠正错误，为上层提供一条无差错的数据传输通道。

5. 网络层

网络层主要为数据在节点之间传输创建逻辑链路。发送方和接收方往往间隔多个网络，网络层通过路由选择算法为分组选择路径，使分组能够到达接收方，实现拥塞控制、网络互联等功能。

网络层提供的服务有面向连接和面向无连接的服务两种。面向连接的服务是可靠的连接服务，数据在交换之前必须先建立连接，然后传输数据，结束后需要终止之前建立连接的服务。网络层以虚电路服务的方式实现面向连接的服务。面向无连接的服务是一种不可靠的服务，不能防止报文的丢失、重发或失序。面向无连接的服务优点在于其服务方式灵活方便，并且非常迅速。网络层以数据报服务的方式实现面向无连接的服务。

6. 数据链路层

数据链路层是在通信实体间建立数据链路连接，传输的基本单位为“帧”，并为网络层提供差错控制和流量控制服务。

数据链路层由 MAC（介质访问控制子层）和 LLC（逻辑链路控制子层）组成。介质访问控制子层的主要任务是规定如何在物理线路上传输帧。逻辑链路控制子层主要负责在逻辑上识别不同协议类型，并对其进行封装。也就是说逻辑链路控制子层会接收网络协议数据、分组的数据报并且添加更多的控制信息，从而把这个分组传送到它的目标设备。此外，数据链路层还要实现流量控制和差错控制。

7. 物理层

物理层是 OSI 参考模型中的最底层，下面是具体的物理链路。物理层主要定义了系统的电气、机械、过程和功能特性。如电压、物理数据速率、最大传输距离、物理连接器和其他的类似特性。

物理层传输的基本单位是比特，即 0 和 1，通过规定的各种特性，如将比特转化成信号，从物理链路的一端传送到另一端。

尽管 OSI 成为了国际标准，得到了承认，但在市场化方面却失败了。OSI 失败的原因可归纳为：

（1）OSI 的专家们缺乏实际经验，在完成 OSI 标准时缺乏商业驱动力；

（2）OSI 的协议实现起来过分复杂，而且运行效率很低；

（3）OSI 标准的制定周期太长，因而使得按 OSI 标准生产的设备无法及时进入市场；

（4）OSI 的层次划分不太合理，有些功能在多个层次中重复出现。

1.2.5 TCP/IP 参考模型

到 1983 年 1 月，ARPANET 向 TCP/IP 的转换全部结束。在 ISO/OSI 参考模型制定过程中，TCP/IP 协议已经成熟且开始应用，并且赢得了大量的用户和投资。TCP/IP 协议的成功促进了 Internet

的发展，Internet 的发展又进一步扩大了 TCP/IP 协议的影响。IBM、DEC 等大公司纷纷宣布支持 TCP/IP 协议，网络操作系统与大型数据库产品都支持 TCP/IP 协议。相比之下，符合 OSI 参考模型与协议标准的产品却迟迟没有推出，妨碍了其他厂家开发相应的硬件和软件，从而影响了 OSI 研究成果的市场占有率。而随着 Internet 的高速发展，TCP/IP 协议与体系结构已成为业内公认的标准。

TCP/IP 是一组用于实现网络互联的通信协议，Internet 网络体系结构是以 TCP/IP 为核心的协议族，被称为 TCP/IP 参考模型。TCP/IP 参考模型分为四个层次，从上到下分别是应用层、运输层、网际层、网络接口层。

1. 应用层

与 OSI 模型中的应用层功能类似，主要协议包括文件传输协议 FTP、超文本传输协议 HTTP、简单邮件传送协议 SMTP、域名解析协议 DNS 等，这些协议都对应了某种互联网应用，将在第 6 章应用层详细讲解。

2. 运输层

该层主要包含两个协议：TCP 协议和 UDP 协议。TCP 协议向上层提供可靠的端到端的通信，同时还有流量控制和拥塞控制功能，实现较为复杂。UDP 协议比较简单，向上层提供无连接的、尽最大努力的交付，不能保证数据无差错、不丢失，适用于对可靠性要求不高的应用，如音视频数据。

3. 网际层

网际层相当于 OSI 中的网络层，任务是将分组送到目的主机，主要协议是 IP 协议。IP 协议可以给互联网中的端口分配 IP 地址，并将其划归到某个 IP 网络，在路由协议的作用下，可以将 IP 分组从一个网络转发至另一个网络，最终抵达目的 IP 地址，这其中路由器是分组转发的核心设备。

IP 协议是 TCP/IP 模型中的重要基础协议，正是有了 IP 协议，才实现了多个不同网络的互联。

4. 网络接口层

网络接口层相当于 OSI 中的数据链路层和物理层，但 TCP/IP 参考模型并没有对网络接口层进行明确描述，只是指出这是一个与网际层的接口，通过它能够和网际层连接。大多对应于使用硬件地址的各种局域网和广域网。

TCP/IP 参考模型的层次表示示意图如图 1-20 所示。

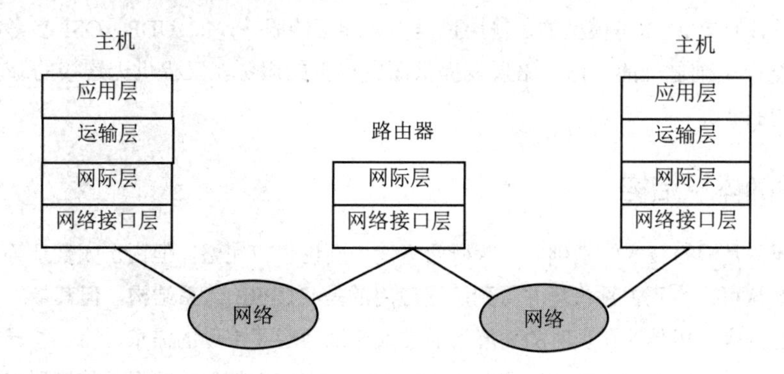

图 1-20　TCP/IP 参考模型的层次表示示意图

TCP/IP 的协议族如图 1-21 所示。

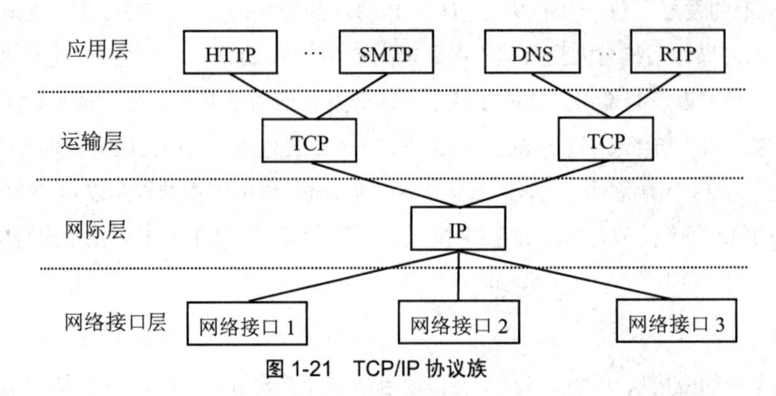

图 1-21 TCP/IP 协议族

从 TCP/IP 协议族来看，是一个细腰的沙漏形结构。网际层的 IP 协议处于一个中枢的位置，突显了 IP 协议的重要性。一方面，上面的诸多协议都是建立在 IP 协议之上的，即所谓的“everything over IP”，没有 IP 协议作为基础，上面的协议都无法实现。另一方面，IP 协议的下面连接着多种异构网络，它们通过和 IP 协议的接口连接到 TCP/IP 中，形成当前的互联网，即所谓的“IP over everything”。没有 IP 协议，就无法连接下面的异构网络。

OSI 参考模型与 TCP/IP 参考模型的主要区别：

（1）OSI 采用的是七层结构，而 TCP/IP 是四层结构。OSI 参考模型的层次过多，有的层次划分意义不大但却增加了复杂性。

（2）TCP/IP 去掉了表示层和会话层，这对多数应用是合适的。

（3）OSI 参考模型是在协议开发前设计的，具有通用性。TCP/IP 参考模型是先有协议集，然后建立模型。

（4）TCP/IP 参考模型的网络接口层并不是真正的一层，只是一些概念性的描述，对下面的网络提供了接口。虽然没什么规定，但却具有最大的包容，满足了当时市场异构网络通信的需要。而 OSI 参考模型不仅分了两层，而且每一层的功能都很详尽，甚至在数据链路层又分出一个介质访问子层，专门解决局域网的共享介质问题。针对这两种方案，显然市场给出了答案。

（5）OSI 参考模型与 TCP/IP 参考模型的运输层功能基本相似，都是负责为用户提供真正的端对端的通信服务，也对高层屏蔽了底层网络的实现细节。所不同的是 TCP/IP 参考模型的运输层是建立在网际层基础之上的，而网际层只提供无连接的网络服务，所以面向连接的功能完全在 TCP 协议中实现，除此之外，TCP/IP 参考模型的运输层也提供无连接的服务，如 UDP。OSI 参考模型的运输层也是建立在网络层基础之上的，但网络层既提供面向连接的服务，又提供无连接的服务，运输层只提供面向连接的服务。

1.2.6 五层的体系结构

OSI 参考模型是网络技术的基础，尽管概念清楚，理论也较完整，但由于太复杂等种种原因，并没有得到市场的认可。真正占领市场并得到广泛应用的是 TCP/IP 体系结构，但其最下面的网络接口层并没有具体的内容，虽然这在当时的环境下非常快速地适应了市场的需求，将一些异构的网络都包容了进来，但缺少了对物理层和数据链路层内容的约定。因而本教材按照五层的模型来阐述计算机网络的体系结构，去掉 OSI 参考模型中的表示层和会话层，将 TCP/IP 参考模型中的网络接口层改为数据链路层和物理层，这样更加清晰、简洁、完整。三种体系结构的层次划分及对应关系如图 1-22 所示。

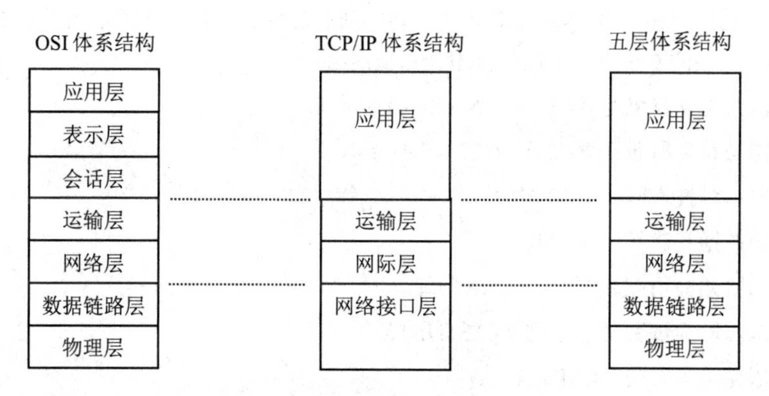

图 1-22　三种体系结构对照图

以五层体系结构对数据在各层间的传递过程的描述如图 1-23 所示，其中包含交换机和路由器两种网络设备。可以看到，在整个数据传递过程中，并非全部从体系结构的最高层到最低层传递，具体能传递到哪一层，取决于设备的功能。比如，在图中的交换机中，数据只传递到数据链路层就不再继续向上层传递，说明该交换机属于数据链路层的设备，它实现了数据链路层的功能。而路由器显然是属于网络层的设备，实现了下面三层的功能。在封装过程中，数据链路层不同于其他层，它既封装头部，也封装尾部。

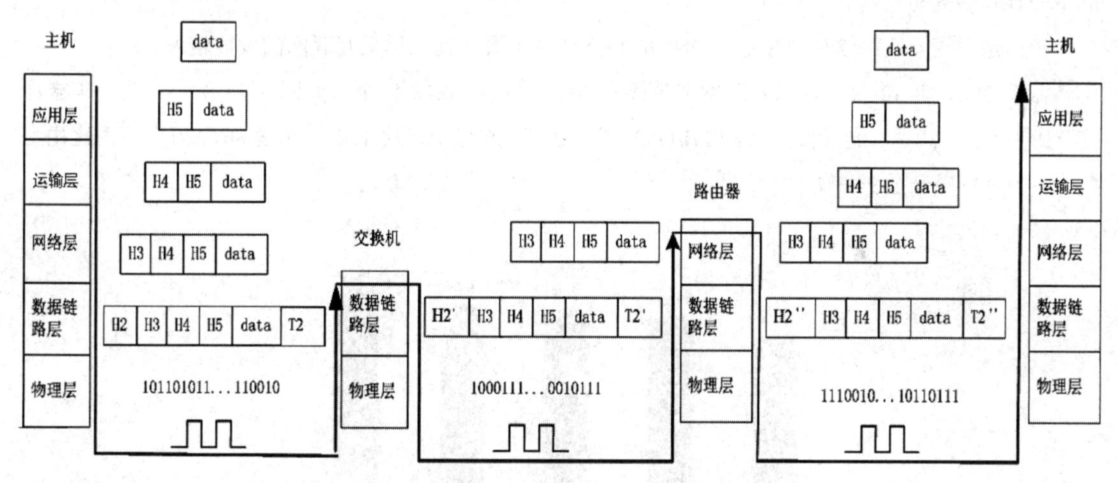

图 1-23　五层结构的数据分层传递图

1.3　计算机网络在我国的发展

我国最早着手建设专用计算机广域网的是铁道部。铁道部在 1980 年即开始进行计算机联网实验。1989 年 11 月我国第一个公用交换网 CNPAC 建成运行。在 20 世纪 80 年代后期，公安、银行、军队及其他一些部门也相继建立了各自的专用计算机广域网，这对迅速传播数据信息起着重要的作用。另一个方面，从 20 世纪 80 年代起，国内的许多单位相继安装了大量的局域网。局域网的价格便宜，其所有权和使用权全都属于本单位，因此便于开发、管理和维护。局域网的发展很快，对各行各业的管理现代化和办公自动化发挥了积极的作用。

1994 年 4 月 20 日，我国用 64kb/s 专线正式连入 Internet。从此，我国被国际上正式承认为接入 Internet 的国家。同年 5 月，中国科学院高能物理研究所设立了我国的第一个万维网服务器。同年 9

月中国公用计算机互联网 CHINANET 正式启动。到目前为止，我国陆续建造了基于 Internet 技术并可以和 Internet 互联的 9 个全国范围的公用计算机网络：

- 中国公用计算机互联网（CHINANET）；
- 中国教育和科研计算机网（CERNET）；
- 中国科学技术网（CSTNET）；
- 中国联通互联网（UNINET）；
- 中国网通公用互联网（CNCNET）；
- 中国国际经济贸易互联网（CIETNET）；
- 中国移动互联网（CMNET）；
- 中国长城互联网（CGWNET）；
- 中国卫星集团互联网（CSNET）。

此外，为研究 Internet 高速网络新技术，中国科学院、北京大学、清华大学等单位在北京中关村地区建设了中国高速互联研究实验网。

2004 年 2 月，我国的第一个下一代互联网 CNGI 的主干网 CERNET2 实验网正式开通，并提供服务。实验网目前以 2.5Gb/s～10Gb/s 的速率连接北京、上海和广州三个 CERNET 核心节点，并与国际下一代互联网相连接。

下面是中国互联网络信息中心（CNNIC）公布的我国最近几年来互联网的发展情况。

截至 2021 年 12 月，我国互联网宽带接入端口数量达 10.18 亿个，如图 1-24 所示，比上年末净增 7180 万个。其中，光纤接入（FTTH/O5）端口达到 9.6 亿个，比上年末净增 8017 万个，占比由上年末的 93.0%提升至 94.3%。

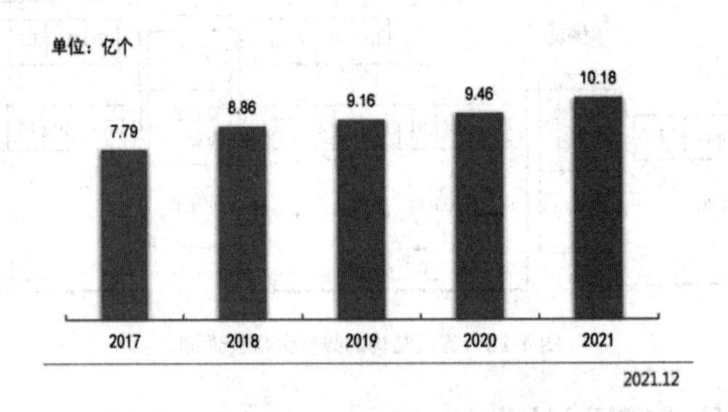

图 1-24　宽带接入端口数量

截至 2021 年 12 月，三家基础电信企业的固定互联网宽带接入用户总数达 5.36 亿户，全年净增 5224 万户。其中，100Mb/s 及以上接入速率的固定互联网宽带接入用户达 4.98 亿户，占总用户数的 92.9%，较上年末提升 3.1 个百分点；1000Mb/s 及以上接入速率的固定互联网宽带接入用户达 3456 万户，比上年末净增 2816 万户，如图 1-25 和图 1-26 所示。

截至 2021 年 12 月，我国网民的人均每周上网时长为 28.5 小时，较 2020 年 12 月提升 2.3 小时，如图 1-27 所示。

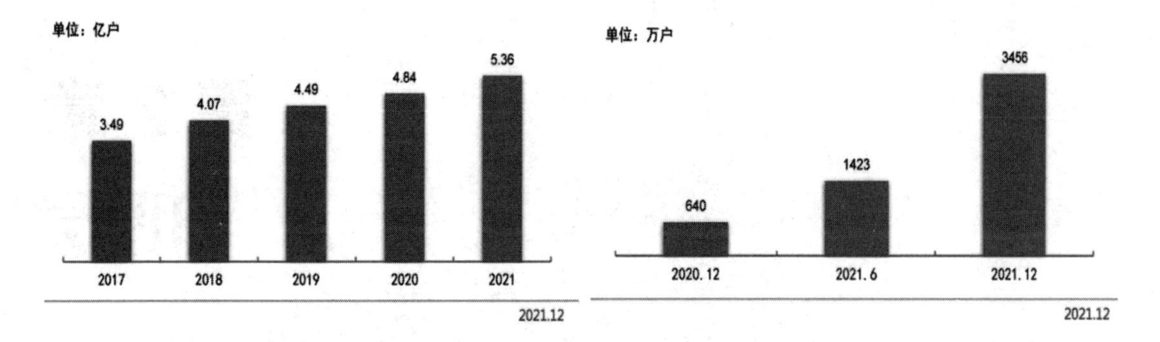

图 1-25　固定宽带接入用户数　　　　图 1-26　1000Mb/s 宽带接入用户数

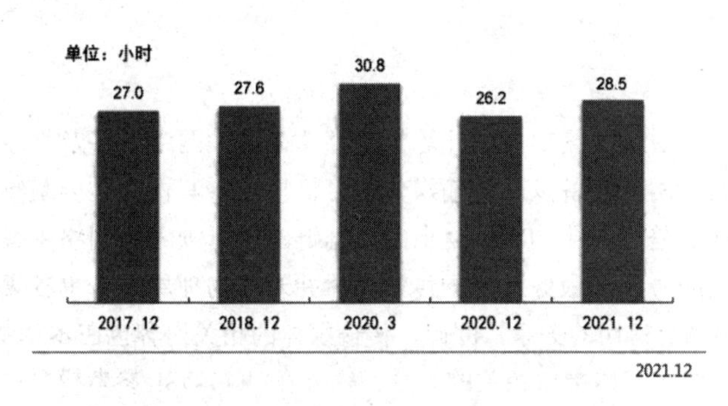

图 1-27　网民平均每周上网时长

从以上数据可以看出，我国互联网多年来得到了飞速的发展，基于互联网+的应用也是层出不穷，网民数量及上网时长都处于高位。

1.4　本章小结

本章是全书的基础，首先介绍了什么是计算机网络、计算机网络的发展历史及计算机网络的分类和各种性能指标。随后介绍了计算机网络的体系结构，包括 OSI 参考模型和 TCP/IP 参考模型，通过对两者的对比，引入了五层的体系结构。全书以五层的体系结构对计算机网络的知识体系进行了描述。

习题

1. 简述计算机网络的形成与发展过程。
2. 计算机网络的功能是什么？请举例说明。
3. 计算机网络由哪些组成部分？
4. 计算机网络可以从哪几个方面分类？按网络覆盖的区域分主要有哪几种，各有何特点？校园网属于哪类网络？
5. 计算机网络的性能指标有哪些？请做进一步解释。
6. OSI 体系结构分几层，分别是什么？
7. 简述五层体系结构中各层的功能。
8. 计算机网络中为什么要采用分层的体系结构，有什么优点？
9. 什么是网络协议，简述其三要素的含义。

第 2 章 物理层

物理层主要解决如何通过双绞线、光纤等传输媒体在各种网络设备及终端间传输数据比特流的问题。物理层不针对具体网络设备以及传输媒体，恰恰相反，其作用是屏蔽物理层之下不同传输媒体和不同通信方法之间的差异，使物理层之上的数据链路层无须考虑网络中具体使用的传输媒体，只需考虑如何实现本层的协议与服务。由于传输媒体并未在物理层之下单独设置层次，而不同传输媒体与数据比特流的传输有密切的关系，因此，传输媒体的相关内容也在本章中进行介绍。

物理层中定义了与传输媒体接口相关的一些特征。在 IOS/OSI 参考模型中，对物理层的定义为“物理层提供机械的、电气的、功能和过程的特性，目的是启动、维护和关闭数据链路实体之间的物理连接”。

物理层协议通常被称为物理层规程（procedure）。物理层的规程和协议概念上等价，只是协议这个词出现之前，人们较早使用了“规程”这一名词。数据在计算机内部采用并行传输，这是一种高效的传输方式，但是在通信线路中（数据离开计算机后）转为串行传输。根据物理层之下所使用的传输媒体，物理层会选择不同方法，将 0、1 比特转化为能够在传输媒体中传输的电信号（在铜缆中传输）或光信号（在光缆中传输）。

物理层的主要特性有机械特性、电气特性、功能特性和过程特性，具体如下：

（1）机械特性：指明接口所用的连接器的大小、形状和尺寸、引脚数目以及排列方式、接口固定与锁定方式等。机械特性决定了通信媒体和设备连接的物理形状特征。

（2）电气特性：指明接口中，每条线缆电压的取值范围，决定了数据传输速率和距离。

（3）功能特性：指明传输媒体中，某条线路上出现的某个电平的电压意义，即各线缆的具体功能和确切含义。

（4）过程特性：指明接口线缆在进行数据传输时的具体控制步骤和过程，接口不同，过程特性也不同。

2.1 数据通信的基础知识

2.1.1 数据通信系统模型

通信系统包括发送系统、传输系统和接收系统，如图 2-1 所示。

（1）发送系统：包括信源和发送器。信源即产生数据的设备，比如计算机或者其他终端设备。对传输的数据进行编码的设备称为发送器，通常为调制解调器（Modem），根据 Modem 的谐音，也常称之为“猫”，是一种能够实现通信所需的调制和解调功能的电子设备，一般由调制器和解调器组成。在发送端，将计算机产生的数字信号调制成可以通过传输媒体传输的信号；在接收端，调制解调器把传输媒体传来的信号转换成相应的数字信号输入计算机接口。发送系统利用的是调制解调器的调制功能。

（2）传输系统：是传输数据时使用的通信通道，比如双绞线通信通道、光纤通信通道、微波通信通道和无线电波通信通道等。包括在通信过程中使用的中间设备，比如交换机、路由器等网络设备。

（3）接收系统：包括接收器和信宿。接收器即进行信号译码的设备，通常为调制解调器，译码使用其中的解调功能。信宿即最终接收数据的终端设备，比如计算机等设备。

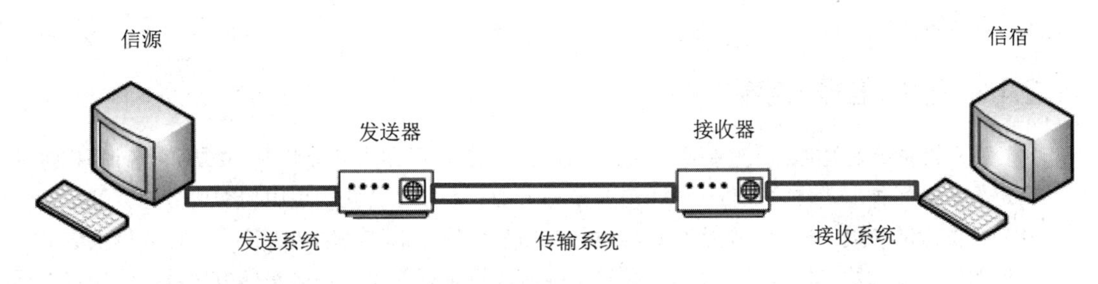

图 2-1　通信系统模型

2.1.2　数据通信基本概念

数据通信的基本概念包括信息、数据、信号和信道。

（1）信息（information）：数据通信主要目的是信息交换，信息是数据经加工处理后得到的有意义的符号序列。1948 年，数学家香农在题为“通讯的数学理论”的论文中指出：“信息是用来消除随机不定性的东西”。

（2）数据（data）：数据是信息的载体，分为模拟数据和数字数据，计算机内部存储的二进制数据是数字数据，是由离散的电信号所表示的。当采用电波表示数据时，则为模拟数据。

信息与数据既有联系，又有区别。数据是信息的表现形式和载体，可以是符号、文字、数字、语音、图像、视频等。而信息是数据的内涵，信息是数据加工处理后得到的，对数据做出具有含义的解释。数据和信息是不可分离的，信息依赖数据来表达，数据则具体表达出信息。

计算机中存储数据，有如下的换算关系：

位（bit）：一个“0”或一个“1”称为 1bit 或 1b。

字节（Byte）：1 字节是由 8 位二进制数表示的，例如 11010011，这组二进制数，就表示 1 字节，称为 1Byte 或 1B。

在计算机和通信领域，数据单位的表达有所不同。在计算机存储中，1KB=1024B(字节）；1MB=1024KB；1GB=1024MB；1TB=1024GB。而在数据通信中，1kB=1000B（字节）；1MB=1000KB；1GB=1000MB；1TB=1000GB。

（3）信号：信号是数据的电子或电磁表现形式，分为模拟信号和数字信号。在电话通信系统中，传输的语音信号属于模拟信号，信号的电平是连续变化的，如图 2-2 所示。而计算机产生的信号取值只有 0 和 1，用高低电平形成的电压脉冲信号表示，称为数字信号，其值是离散变化的，如图 2-3 所示。数字信号又称作基带信号，模拟信号又称为频带信号。

（4）信道：信道是通信双方以传输媒介为基础的传输信息的通道，表示某一个方向上传送信息的媒体。一条通信链路包含发送信道和接收信道。

图 2-2 模拟信号　　　　图 2-3 数字信号

信道分为物理信道和逻辑信道，物理信道是信号传输的物理链路，由传输媒体和通信设备构成。逻辑信道是指实际占用物理信道中的某些子信道，可用来进行信道的复用，详细内容在信道复用部分进行讲解。

2.1.3 模拟信号数字化

计算机系统处理的是二进制比特 0、1 组成的数据，又称为基带信号。数据离开计算机进入通信信道后，以何种形式传输，与传输信道类型有密切关系。按传输信道中传输信号的类型，传输信道分为模拟信道和数字信道。数字信道传输数字信号，模拟信道传输模拟信号。计算机生成、接收、处理的信号即为数字信号。传统电话传输语音，通过电话线路传输的是模拟信号，比如打电话，模拟数据（声波）在经过电话机的话筒后，转变成连续变化的模拟电信号。模拟信号转换为数字信号，即模拟信号的数字化编码。

数字信号的特点：抗干扰能力强、传输误码率低、失真小、数据的传输速率高等，外界声音、图像等需要计算机处理的数据都可通过模数转换将模拟信号转化成计算机能处理的数字信号，这个过程称为模拟数据的数字化编码。

模拟数据数字化编码的常用方式是脉冲编码调制（Pulse Code Modulation，PCM），它在卫星通信，数字微波通信、光纤通信等领域得到广泛应用。

模拟信号数字化流程包括采样、量化以及编码三个环节。

（1）采样（Sample）：采样作为模拟信号数字化的首要环节。每隔一定的时间，把连续变化的模拟信号所对应的电平幅度值抽取出来，作为样本基数，再根据样本基数将原信号表示出来，这个过程称为采样。

$$\text{采样频率为} f\text{：} f \geqslant 2B \text{ 或 } f=1/T>2f_{\max} \tag{2-8}$$

其中 B 是信道带宽，T 为采样周期，$f_{\max}$ 是信道上可以通过信号的最高频率。

为使样本拥有足够可以重建模拟信号的所有信息，需要在 $f \geqslant 2B$ 的条件下，对信号定时采样。比如语音信号的带宽接近 4kHz，那么采样频率 f 就应该大于等于 8000 样本每秒，此时若采用 4 位二进制进行编码，那么信道的数据传输速率为 4×8000b/s=32kb/s。任何一路采样信号称为脉冲振幅调制（Pulse Amplitude Modulation，PAM）。

（2）量化（Quantizing）：即采样获得的样本幅度，依据量化级别进行取值的全过程，即取整。该环节完成之后，脉冲序列就转化为数字信号。

（3）编码（Encoding）：量化后，采样的样本用二进制码表示。N 个量化级对应 $\log_2 N$ 位二进制码。比如语音数据频率在 4000Hz 以下，则每秒 8000 次的采样可以满足表示语音信号特征的需要。使用 4 位二进制来表示每次采样数据，允许 64 个量化级，语音信号需要 8000 次/s×4b/次=56kb/s 的数据传输速率。

2.1.4 编码与调制技术

编码是将一种数字信号转换为另一种数字信号。调制需要载波，载波把基带信号的频率范围提升到较高频段，将数字信号转换成模拟信号。

常用的编码方式有归零码、不归零码、曼彻斯特、差分曼彻斯特编码，如图2-4所示：

（1）归零码（Return to Zero，RZ）：通过编码在发送“0”或“1”时，单位码元时间内返回初始状态（零）的编码方式，正脉冲表示1，负脉冲表示0。

（2）不归零码（Non-Return to Zero，NRZ）：通过编码在发送“0”或“1”时，单位码元时间内，不返回初始状态（零）的编码方式。用正电平表示1，负电平表示0。

（3）曼彻斯特编码（Manchester Encoding）：即自同步码，是指用通过编码发送信息时，时钟同步信号一并传输。按照位周期中心的跳变方向表示0还是1。如向上跳变表示0，向下的跳变表示1。

（4）差分曼彻斯特编码（Different Manchester Encoding）：是曼彻斯特编码的一种变形。该编码方式在每一位中心保持跳变，位起始边界有跳变表示0，位起始边界没有跳变表示1。

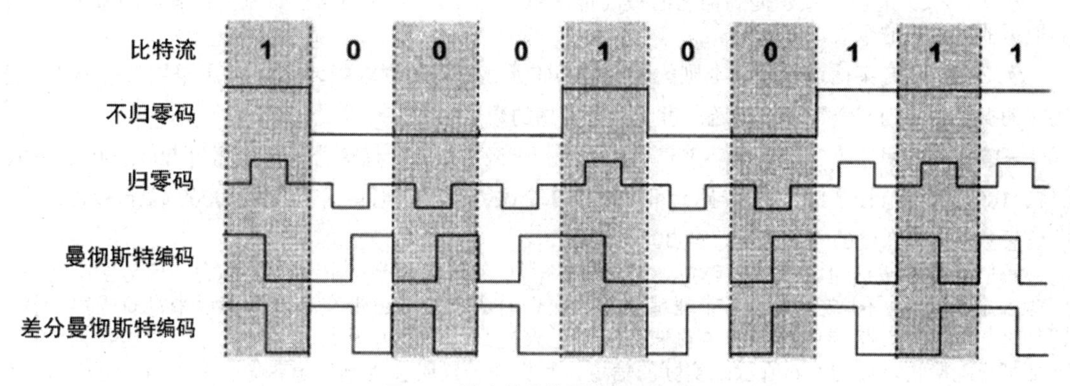

图2-4 数字信号常用的编码方式

常用的调制方法有调幅、调频和调相，如图2-5所示。

（1）调幅(AM)：载波信号的振幅伴随着基带信号的变化而变化。有载波输出对应1，反之对应0。

（2）调频(FM)：载波信号的频率伴随着基带信号的变化而变化。0或1分别对应不同的频率。

（3）调相(PM)：载波信号的初始相位随基带信号的变化而变化。例如0或1分别对应相位0度或180度。

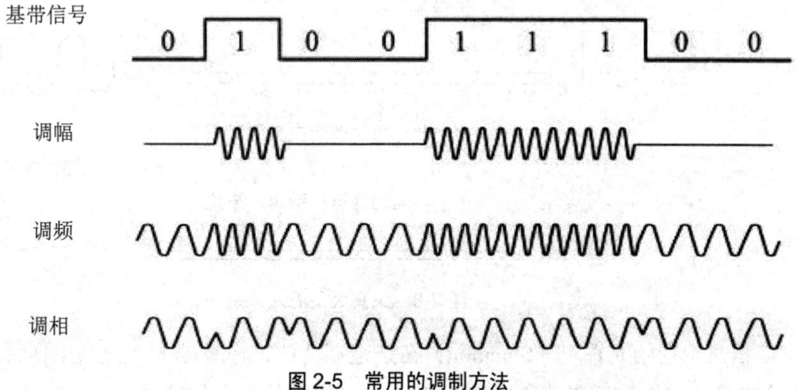

图2-5 常用的调制方法

2.1.5 信道的极限容量

信道容量是衡量信道传输数字信号能力的重要指标，是单位时间内，理论上信道传输数据的最大值，单位是 b/s。而信息传输速率表示信道的实际数据传输速率，两者关系上，信道容量>信息传输速率。

信道容量与极限码元传输速率（码元/秒）有着直接的关系。所谓码元，即在使用时域的波形表示信号时，代表不同离散数值的基本波形，简单形象地理解，一个码元就是一个基本的脉冲信号。码元传输速率受到信道带宽的限制，过高的码元传输速率会造成信道中的码元串扰，码元界限不清晰，相互重叠。奈奎斯特（Nyquist）（简称奈氏）提出信道无噪声干扰的情况下，码元传输速率的最高值与信道带宽的关系，如式（2-1）。

$$B=2\times W \tag{2-1}$$

其中，W 为信道带宽，即信道可以通过信号的频率范围，单位是 Hz。由此给出表示信道传输数据能力的奈奎斯特公式：

$$C=2\times W\times \log_2 N \tag{2-2}$$

其中，N 表示作为数据载体的码元实际能够取得的离散值的个数，C 为信道最高数据传输率。

从式（2-2）看出，要想提高信道的最高传输率 C 值，可以提高信道带宽，或者提高每个码元能够取得的离散值的个数，即 N 值。

例 2–1：假定某信道受奈氏准则的制约最高码元速率为 10000 码元/秒。如果采用调幅方式，把码元的振幅划分为 8 个等级来传送，可以获得多高的数据率？

解答：可以用 3 个二进制数字来表示 8 个不同等级的振幅。这 8 个等级表示为 000、001、010、011、100、101、110、111。一个码元可以表示 3 个比特。所以当码元速率为 10000 码元/秒时，真正的信息数据率是 3 倍的码元速率，即 30000bit/s。

我们总是希望信道容量越高越好，几十年来，专家们也为此付出了许多努力。信道实际容量比信道容量小，实际的数字信道都非理想信道，理想信道不受信道带宽制约，信道中没有噪声干扰，这种理想情况下，信道中比特的传输速率可以无限提升，发送方无论以多快的速率发送数据，接收方都可正确接收，如图 2-6 所示。实际的信道，数据在传输时会受到信道带宽，噪声等因素干扰，信号通过信道会有一定的失真，但还可正确接收，如图 2-7 所示。如果一味地提高信道比特率，会导致接收方收到的信号出现严重的失真，对收到的比特产生误判，无法还原发送方发送的数据，导致数据传输失败，如图 2-8 所示。

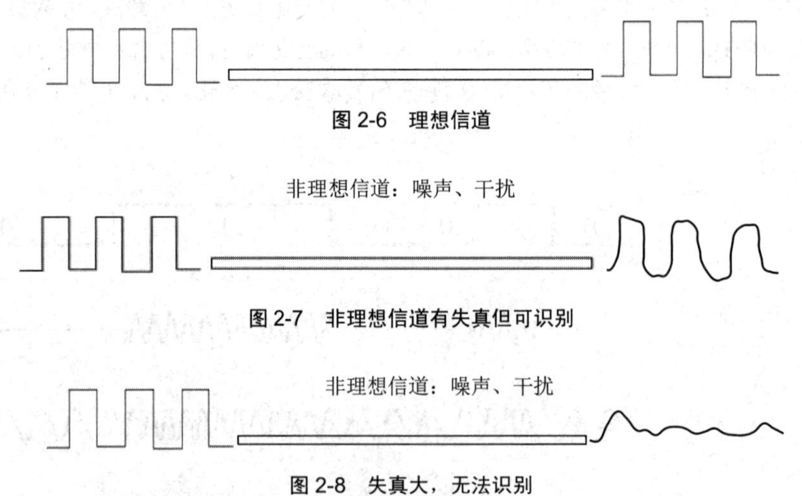

图 2-6　理想信道

图 2-7　非理想信道有失真但可识别

图 2-8　失真大，无法识别

1948 年，信息论创始人香农（Shannon）在奈奎斯特的工作基础上，把奈奎斯特提出的无噪声干扰信道的传输容量，扩展到受噪声干扰情况下，信道的极限信息传输速率，即香农公式，如式（2-3）所示。

$$C=W\log_2(1+S/N) \tag{2-3}$$

其中，W 为信道带宽(以 Hz 为单位）；

S 为信道内传输信号的平均功率；

N 为信道内部高斯噪声功率；

S/N 为信噪比，单位为分贝；

C 为信道的极限信息传输速率。

从香农公式可以看出，信道极限信息传输速率与信道的带宽及信噪比关系很大。香农公式的意义在于，只要信息传输速率不超过信道极限传输速率，就存在某种方法可以完成无比特差错的传输。但是香农没有指明具体实现方法。这需要研究通信的专家去寻找。

如果信道频带宽度已确定，信噪比也无法再提高，码元传输速率已达上限，要想进一步提高信息的传输速率，可通过编码的办法让每一个码元携带更多比特的信息量。例如基带信号是：110101001010000100…，若直接传输，则每个码元携带 1bit 的信息量。现每三个 bit 为一组对信号进行划分，即 110，101，001，010，000，100…。3 个比特可以有 8 种不同排列。可以使用不同的调制方法来表示这样的信号。比如，用 8 种不同的频率、8 种不同的振幅或 8 种不同的相位进行调制。加入使用相位调制，用相位 φ_0 表示 000，φ_1 表示 001，φ_2 表示 010，φ_3 表示 010，φ_4 表示 010，φ_5 表示 010，φ_6 表示 010，φ_7 表示 111。这样原来的 18 个码元信号就转换成了 6 个新的码元（即原来每三个 bit 构成一个新码元）组成的信号：

$$110101001010000100\ldots=\varphi_6\varphi_5\varphi_1\varphi_2\varphi_0\varphi_4$$

此时，以同样的速率发送码元，在同样时间内，传输的信息量就提升了 3 倍。如果将信号中的每 8 个 bit 编为一组，原来的 8 个码元信号就转换为 1 个新码元，则数据传输速率就可以提高 8 倍。8 位二进制有 256 种不同排列，这就需要接收端必须有足够的能力，从收到的有噪声干扰的信号中，能够准确判断出这 256 种码元，这对相关器件的灵敏度及信噪比有较高的要求，会增加硬件成本，影响传输距离。因此，不能简单说，要想提高数据传输速率，就可以让每一个码元表示任意多个比特。

奈氏准则和香农公式的主要区别：奈氏准则规定了码元传输速率是有限的，无法任意提高，不然会由于码元之间的干扰，接收方无法正确识别码元。奈氏准则没有给出信息传输速率（b/s）的具体上限值，只是说明了要想提高信息传输速率，就需要设计更好的编码技术，使得每一个传输中的码元可以携带更多的比特信息，即离散值，从而提高传输速率。香农公式具体给出了传输速率的上限值，即传输速率的上限值是由带宽和信噪比确定的。根据香农公式，想提升信道最高传输速率，只能提高信道带宽或者信噪比。信道的带宽是有限的，信噪比也不可能无限变大，因而信道的极限传输率也不能无限提高。奈氏准则激励工程人员不断探索更加先进的编码方式，使每个码元可以携带更多比特的信息量。香农公式告诫工程人员，在有噪声的实际信道上，无论采用多么复杂的编码技术，都无法突破公式 2-6 给出的信息传输速率的绝对极限，这也是香农公式的重要意义。

2.1.6　信道复用技术

数据通信中，物理信道能提供的通信资源往往远大于通信双方的实际需求，可以采用多路复用技术来提高通信能力。将一条物理信道进一步划分为若干逻辑信道，同时传输多路信号，为多对用户提供服务，接收方和发送方在接收发送信号时互不干扰，更有效地利用了传输媒介，提高了通信效率。在文献中，信道多指逻辑信道，本书后面也使用信道指代逻辑信道。

多路复用技术包括：频分复用、时分复用、波分复用和码分复用。

（1）频分复用（Frequency Division Multiplexing，FDM）：频分复用是将一条物理信道的总带宽划分成若干频带宽度，每条频带宽度形成一条逻辑信道，如图 2-9 所示。逻辑信道在各自固定的频带上传输数据，同一时刻，不同逻辑信道工作在不同的频带上。在整个通信过程中，逻辑信道自始至终占用分配给它的频带，彼此不会互相干扰，从而实现信道的频分多路复用。

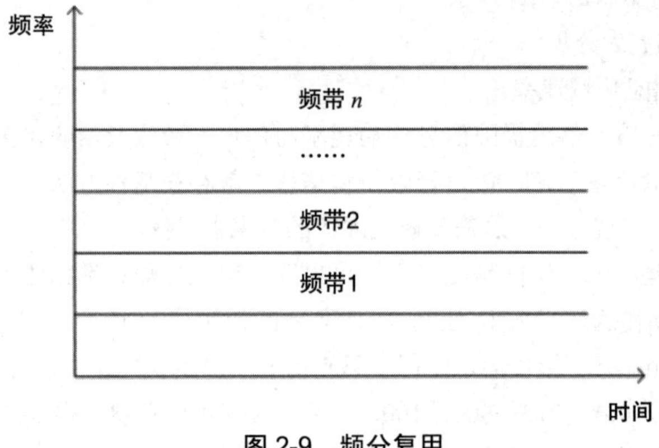

图 2-9 频分复用

当传输媒介能提供的带宽远大于通信双方所需要的带宽时，可使用频分复用技术来提高通信效率。

（2）时分复用（Time Division Multiplexing，TDM）：将共享信道的占用时间，划分成等长时间片，轮流供不同信道使用。每个完整的时间片内的数据称为一个时分复用帧（TDM 帧）。每个信道占据时分复用帧中的一个短时间片，称为时隙。如图 2-10 所示，A、B、C 和 D 为时隙。不同信道在各自分配的时隙内交替、轮流使用共享信道，互不干扰。这种方式下，不需要划分带宽，所有信道占用相同带宽，工作在不同时隙。

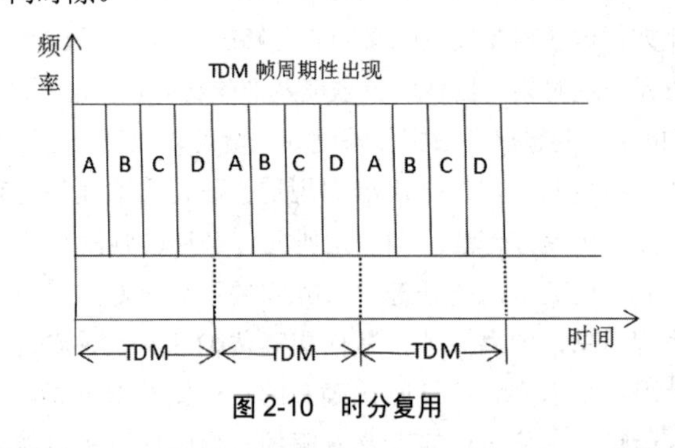

图 2-10 时分复用

（3）波分复用（Wavelength Division Multiplexing，WDM）：光纤作为新型传输媒体，传输能力很强，带宽很大。对于光纤信道，习惯用波长代替频率表示光载波。不同信道在不同波长的子信道中传输数据，如图 2-11 所示。通过波分复用技术，使得在单根光纤上传输单一光载波的光信道，变为能够同时传送多路不同波长光载波的光信道，大幅提升光纤的传输能力。波分复用是光的频分复用。

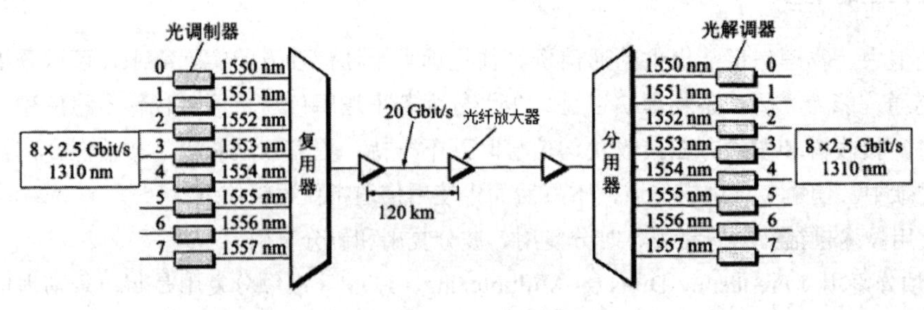

图 2-11 波分复用

（4）码分复用（Code Division Multiplexing，CDM）：码分复用主要用于无线网络、移动通信等领域。使用码分复用技术，不再将信道划分成若干子频带，也不用将信道使用时间分为若干短时间片。每个信道在相同时间，占用相同频带进行通信。码分复用信道为多个不同地址的用户所共享时，就称为码分多址（Code Division Multiple Access，CDMA）。不同用户以不同码型通信，用户之间不会干扰。码分复用技术起初用于军事领域通信。该技术有较强的抗干扰能力，敌人不易察觉。伴随 CDMA 技术发展，CDMA 设备价格大幅下降，可以用在民用的移动通信和无线计算机网络环境中。

在 CDMA 中，将一个比特时间划分成 m 个短的间隔，称之为码片（Chip）。m 的值一般为 64 或 128。为 CDMA 的每个站点分配 m 比特的码片序列（Chip Sequence），当该站点发送比特 1 时发送码片序列本身，当该站点发送比特 0 时，发送该站点码片序列的二进制反码。比如，指派给 S 站的 8bit 码片序列是 00011011。在 S 站发送比特 1 时，它就发送序列 00011011，而 S 站在发送比特 0 时，发送 11100100。

假定 S 站发送速率为 1bit/s。由于每个比特需要转换成 m 个比特的码片，所以 S 站实际上将发送的数据率提高到 m bit/s。同时，S 站所占用的频带带宽也提到原来数值的 m 倍。这种通信方式是扩频（Spread Spectrum）通信中的一种。扩频一般有两类。一种是直接序列扩频（Direct Sequence Spread Spectrum，DSSS），另一种是跳频扩频（Frequency Hopping Spread Spectrum，FHSS）。

CDMA 为每个站分配的码片序列不但都不相同，而且不同站的码片序列还必须互相正交（orthogonal）。在实用的系统中使用的是伪随机码序列。

式（2-4）清晰地表示出码片序列正交关系。设向量 $\boldsymbol{S}$ 表示站 S 的码片向量，$\boldsymbol{T}$ 表示其他站点的码片向量。两个不同站的码片序列正交，是指向量 $\boldsymbol{S}$ 与 $\boldsymbol{T}$ 的规格化内积（Inner Product）都为 0。

$$\boldsymbol{S}\cdot\boldsymbol{T}\equiv\frac{1}{m}\sum_{i=1}^{m}\boldsymbol{S}_i\boldsymbol{T}_i=0 \tag{2-4}$$

将码片序列表示成向量的形式即码片向量，用-1 表示码片序列中的 0，+1 表示码片序列中的 1。例如：给 S 站分配的码片序列是 00011011，将该码片序列表示成向量 $\boldsymbol{S}$ 为(-1-1-1+1+1-1+1+1)，同时设 T 站的码片序列为 00101110，其对应的码片向量 $\boldsymbol{T}$ 为（-1-1+1-1+1+1+1-1）。把向量 $\boldsymbol{S}$ 和 $\boldsymbol{T}$ 代入式（2-4）就可以看出这两个码片序列是正交的。不仅如此，向量 $\boldsymbol{S}$ 与各站码片反码的向量内积也为 0。另外，任何一个码片向量和该码片向量的规格化内积都是 1，如式（2-5）所示。而一个码片向量和其码片反码的向量规格化内积为-1。

$$\boldsymbol{S}\cdot\boldsymbol{S}\equiv\frac{1}{m}\sum_{i=1}^{m}\boldsymbol{S}_i\boldsymbol{S}_i=\frac{1}{m}\sum_{i=1}^{m}\boldsymbol{S}_1^2=\frac{1}{m}\sum_{i=1}^{m}(\pm1)^2=1 \tag{2-5}$$

假设多个站通过 CDMA 系统通信，所有站发送的码片序列同步，即同一时刻所有的码片序列同时发送，全球定位系统 GPS 可以做到这一点。则每个站发出的是数据比特与本站码片序列的乘积，即发送的是本站的码片序列（相当于发送了比特 1）与该码片序列的二进制反码（相当于发送比特 0）的组合序列，或者什么都没发送（即没有发送数据）。

假定站点 X 接收 S 站发送的数据。X 站需要知道 S 站所特有（每个站码片序列不可重复）的码片序列。X 站接收数据时，使用它得到的码片向量 $\boldsymbol{S}$ 与接收到的混合信号进行内积运算。根据式（2-4）、式（2-5）所示，按照叠加原理（假定各种信号经过信道到达接收端是叠加关系），进行内积运算，结果为：其他站的信号被过滤（内积的相关项都为 0），只剩下 S 站发送的信号。X 站计算内积结果为+1 时，说明 S 站发送的是比特 1，X 站计算内积结果为-1 时，说明 S 站发送的是比特 0。

当接收方从多个用户复用的信道中接收数据时，该数据实际为多个用户发送的码片序列，及码片序列反码的叠加。从叠加的信号中区分开不同的用户发送的数据，需要将其与相应站点的码片序列做内积即可。

图 2-12 为 CDMA 的工作原理，S 站传输的数据是三个码元 110。设 CDMA 将每个码元扩展为 8 个码片，S 站的码片序列为(–1–1–1+1+1–1+1+1)，所以 S 站发送 1 就是发送自己的码片序列，而发送 0 是发送自己码片序列的反码。即 S 站发送的扩频信号 $\boldsymbol{S}_{\mathrm{x}}$ 中仅包含互为反码的两种码片序列。T 站选择的码片序列为（–1–1+1–1+1+1+1–1），T 站发送的也是 110 三个码元，而 T 站的扩频信号为 $\boldsymbol{T}_{\mathrm{x}}$。因此所有站均使用相同的频率，每个站均能收到所有站发送的扩频信号。本例中，所有的站收到的都是叠加的信号 $\boldsymbol{S}_{\mathrm{x}}+\boldsymbol{T}_{\mathrm{x}}$。当接收端需要接收 S 站发送的信号时，就用 S 站的码片序列与收到的混合信号做规格化内积。即计算 $\boldsymbol{S} \cdot \boldsymbol{S}_{\mathrm{x}}$ 和 $\boldsymbol{S} \cdot \boldsymbol{T}_{\mathrm{x}}$。可以看出 $\boldsymbol{S} \cdot \boldsymbol{S}_{\mathrm{x}}$ 就为 S 站发送的数据比特，因为在计算内积时，按公式（2-9）和（2-10）相加，各项或者都为+1，或者都为-1；而 $\boldsymbol{S} \cdot \boldsymbol{T}_{\mathrm{x}}$ 一定为零，因为相加的 8 项中+1 和-1 各占一半，所以总和一定为零。

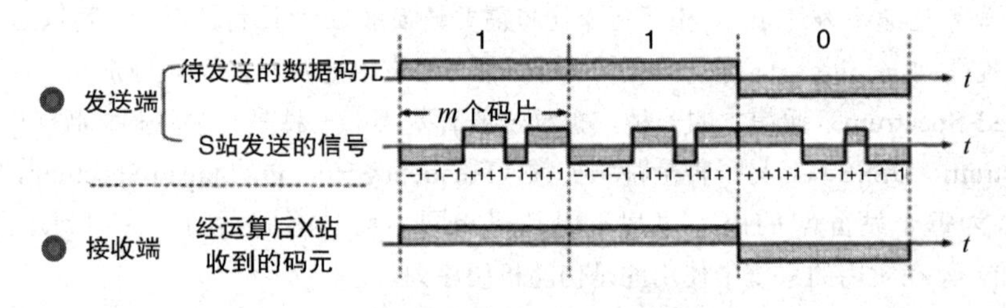

图 2-12 CDMA 的工作原理

2.1.7 数据通信方式

数据通信方式有三种：单向通信、双向交替通信和双向同时通信。

（1）单向通信：又称单工通信，即发送方与接收方之间是一条单向通信信道，数据只能沿一个方向传输。即发送方只能发送而不能接收数据，接收方只能接收而不能发送数据，如图 2-13 所示。例如收听广播，收看电视。

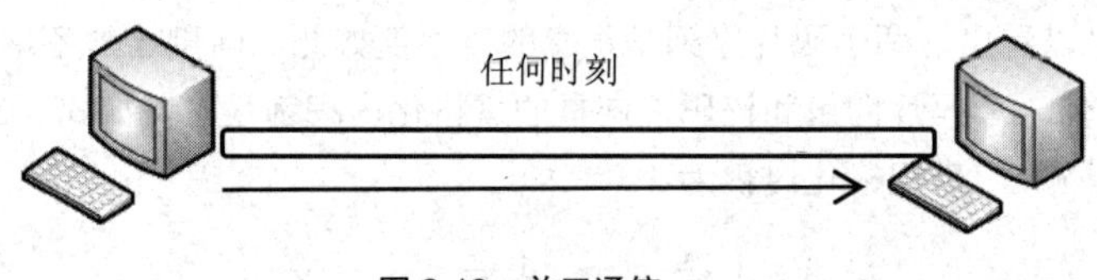

图 2-13 单工通信

（2）双向交替通信：又称半双工通信。指数据信号可在两个方向传输，通信双方都可以发送数据，但在某一个时刻数据仅能沿一个方向传输，即发送方发送数据时，接收方只能接收，反之亦然。如图 2-14 所示。例如对讲机通信。

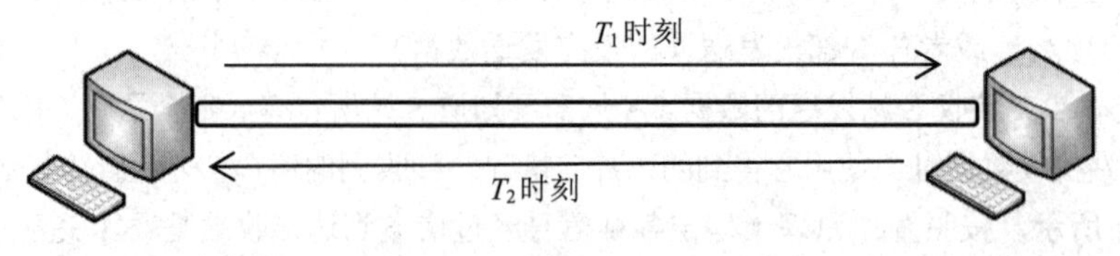

图 2-14 半双工通信

（3）双向同时通信：又称全双工通信，指同时可在两个方向上传输数据，相当于通信双方之间有两个通信信道，一个发送信道，一个接收信道。同一时刻，发送方可以发送数据信号，同时也可以接收数据信号，接收方可以接收数据信号，同时也可以发送数据信号，如图 2-15 所示。例如计算机通信、电话通信。

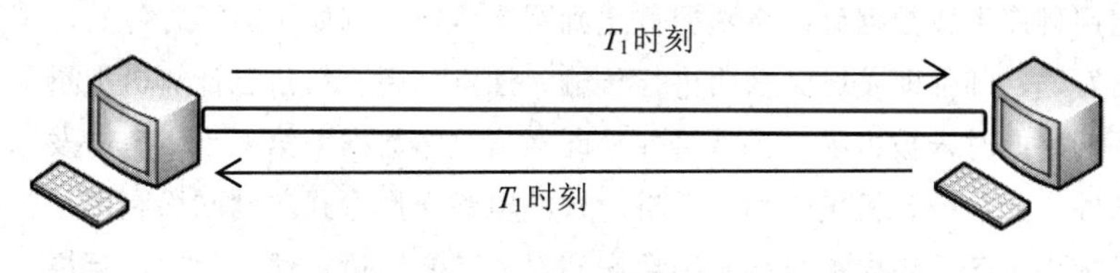

图 2-15 全双工通信

需要注意的是，有些文献说的“单工电台”并不是只能进行单向通信。为了避免混淆，ITU-T 不采用“单工”“半双工”和“全双工”这些容易弄混的术语作为正式名词。

2.1.8 数据交换技术

计算机网络中，数据从源站到目的站，要经过中间节点（如交换机、路由器等）的转发才能实现。这种转发过程就是数据交换过程。从通信资源分配的角度看，交换的本质是按照某种方式动态分配传输线路资源。

常见的数据交换方式有电路交换和存储交换，存储交换又分为报文交换和分组交换。

两部电话仅需要一对电话线就能够互相连接起来。但如果有 5 部电话需要两两相连，则需要 10 对电话线。若 N 部电话要两两相连，需要 $N(N-1)/2$ 对电线。随着电话机数量的增长，使用这种方式连接，需要的电话线的数量巨大（与电话机数量的平方成正比），将所有电话机两两相连是不现实的。可以用一个中间设备即电话交换机将需要通信的电话机连起来，交换机采用交换的方式，使电话用户彼此之间可以通信。电话发明后的一百多年来，虽然电话交换机经过多次更新换代，但交换的方式一直都是电路交换（circuit switching）。电路交换是传统电话网络使用的数据交换技术。电路交换的过程如同电话通信的过程，需要经历三个阶段。即：

（1）（拨号）建立连接，准备占用通信资源。

（2）（接通后进行通话），占用连接，一直占用通信资源。

（3）（通话完毕后挂电话）释放连接，归还通信资源。

根据上述描述，一个完整的电路交换过程分为如下三个阶段。

（1）连接建立。

（2）连接占用。

（3）连接释放。

用户在拨号时，如果电信网资源不足以支持本次呼叫，主叫用户会听到忙音，表示电信网不接受用户呼叫，用户需要挂机，等待一段时间后再重新拨号。电路交换的另一个重要特点就是，通话全部时间内，用户始终占用端到端的通信资源。

报文交换是电报系统使用的数据交换技术。把要发送的整块数据称为一个报文。报文交换采用存储转发的方式，当数据到达中间节点后，中间节点将传输的整块数据报文完整地存储下来，再交给下一个节点转发。该交换方式的特点是每个中间节点必须成功接收完整的报文后，再转发到下一个节点，成本高，效率低。

电路交换与报文交换是否适合用于计算机通信？

计算机与传统电话机不一样，计算机具有智能性，可以安装软件，运行相应的程序。计算机发送出的数据，是其上运行的程序生成的数据。计算机通信时，第一步：启动程序，生成数据，比如要发送 E-mail，需要下载 E-mail 客户端程序，安装并且运行该程序，在客户端程序界面去撰写邮件。第二步：应用程序生成数据后，将数据传送到网络传输。例如撰写好邮件后，填写电子邮件地址，用鼠标单击发送，邮件即发送到网络进行传输。注意：用户在自己计算机上撰写邮件，未单击发送按钮之前，网络此时未被占用，计算机并未向网络发送数据。第三步：单击发送按钮后，计算机向网络发送邮件。如果计算机采用和电话机一样的电路交换方式，则网络利用率会很低。比如要与对方发送电子邮件，若采用电路交换则需要先和对方建立连接，然后使用计算机上的邮件客户端程序撰写邮件，撰写邮件期间，网络处于空闲状态，邮件写完之后进入第二步，单击发送，邮件进入网络开始传输，这段时间很短，在整个占用连接的时间中，比重很小。如写邮件 2 小时，发送就用了几秒。另外，使用电路交换方式，在双方占用连接的过程中，比如双方进行电话通信时，其他人无法拨打进来，若此时拨号，则对方听到的是忙音。而在计算机通信中，如使用微信这种即时通信工具在聊天时，往往不仅与一个用户通信，而是同时与若干用户通信。若采用电路交换，那需要频繁建立连接、占用连接、释放连接，使计算机用户之间无法正常通信，大部分时间都消耗在建立、占用、释放连接的过程中。电路交换不适用于计算机通信，报文交换同样也不适用于计算机通信，由于计算机应用进程往往会产生大量的数据，如果每个网络节点都需要将整个报文接收后，再转发，通信效率会异常低下。因此第三种数据交换方式，分组交换应运而生。

分组交换与报文交换类似采用存储转发方式，但与报文交换有很大区别。分组交换是将一个完整报文分成若干个短报文段（分组），每个报文段都携带报文控制信息（比如目的站点的 IP 地址、该分组在原始报文中的相对位置等），每个分组可以独自在网络中，沿不同路径传输。传输到目的站后，只需要根据报文控制信息，将之前分成的一个个短报文段组合、还原即可。原始报文拆分出的报文段在传输时，逐段占用链路，使报文段之间可以并发传输（组成原始报文的各报文段能同时在链路上传输）。传输效率要比报文交换高。报文交换需要每个节点将完整的报文全部接收后才转发，而分组交换的中间节点收到其中一个报文段即可开始转发。计算机网络通信采用分组交换方式。使用分组交换，在发送数据之前，发送方不需要与接收方事先建立连接，而是有了数据发送需求，直接进行数据分段，然后将每个分段加上控制信息发送到网络，每个分段在网络中，由路由器决定传输路径。在每个分段传输过程中，会遇到诸如没有按序到达目的站，或者长时间没有到目的站，或者传输出错等问题，这些均由网络高层协议解决。

如图 2-16 所示，要连续传输大量数据，并且连接建立的时间远远小于传输时间，则电路交换的数据传输率较快。报文交换和分组交换不需要预先建立连接，在传输突发数据时可提高网络的整体信道利用率。分组交换把大报文分成若干小报文，实现并发传输，时延比报文交换小，灵活性更好。

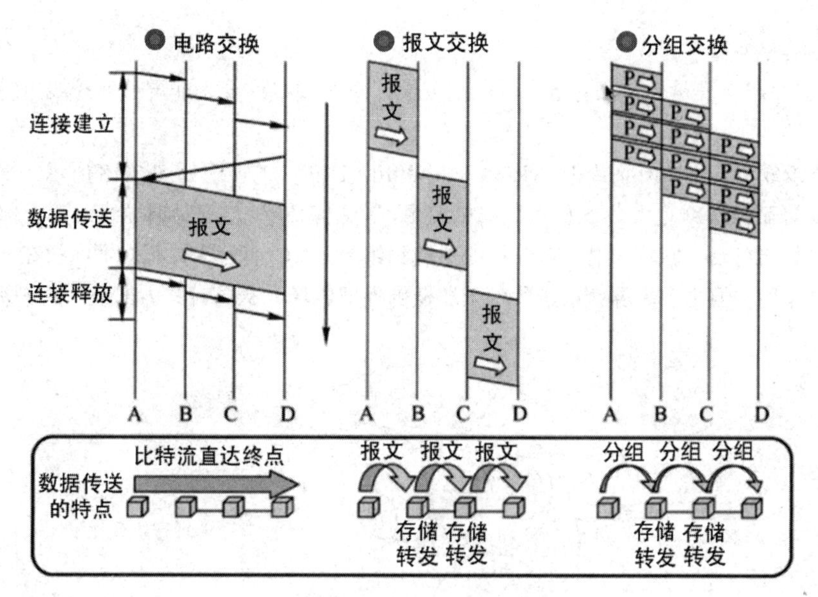

图 2-16　三种交换方式比较

2.2　传输媒体

传输媒体也称传输介质或传输媒介，它是数据传输系统中发送器和接收器之间的物理通道。传输媒体分为导引型传输媒体和非导引型传输媒体（“导引型”的英文是 guided，也可翻译为“导向传输媒体”）。在导引型传输媒体中，电磁波被导引沿固体媒体（铜缆或光缆）传播；非导引型传输媒体是指在自由空间中电磁波的传输，即无线传输。导引型传输媒体包括铜缆和光缆。铜缆（又称为电缆）是指以铜导体作为传输媒体的线缆，主要有双绞线电缆和同轴电缆。光缆是指使用单芯或者多芯光纤制作，满足光学、机械以及环境特性的线缆，又分为多模光纤光缆和单模光纤光缆。非导引型传输媒体用于传输距离较远或地形受限的复杂环境下的通信，比如微波、红外、短波通信等。

2.2.1　双绞线电缆

双绞线电缆（Twisted Pair wire，TP）如图 2-17 所示，是网络通信中常见的导引型传输媒体，比如平常使用的网线，也称为对称双绞电缆、双扭绞线电缆或者平衡电缆。扭绞是指将一对线的两根导线均匀地围绕着一个轴线旋转。双绞线是由带有绝缘保护层的两根铜导线相互缠绕（反时钟方向）扭绞形成。每根铜线外面有一层涂有不同的颜色绝缘层。将一对或多对双绞线包覆在一根绝缘套管中就组成了双绞线电缆。绝缘电缆护套能够提高电缆的物理性能与电气性能，保护电缆内的铜导线免遭外界机械和其他有害物质的损坏。

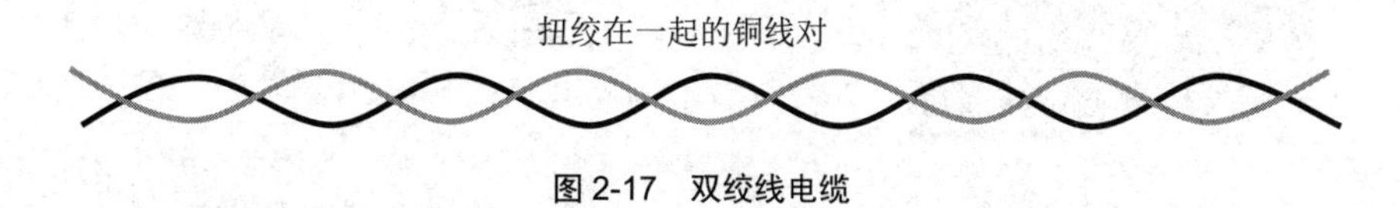

图 2-17　双绞线电缆

两根铜线扭绞在一起，可以将单根铜线产生的电磁干扰与另外一根铜线产生的干扰互相抵消。双绞线电缆适用于距离较近，且非复杂环境下（周围无强电场、强磁场、潮湿的环境等），常用在局域网中传输数字信号，在 20 世纪电信网中常用来作为家庭固定电话的传输媒介，现在已经很少用了。

双绞线电缆分类如下。

（1）按双绞线电缆是否包裹有金属屏蔽层分类，双绞线电缆分为非屏蔽双绞线电缆和屏蔽双绞线电缆。

非屏蔽双绞线电缆（Unshielded Twisted Pair Wire，UTP）的截面如图 2-18 所示，平常使用的普通网线均为非屏蔽双绞线电缆。这种双绞线电缆中，每根铜导线、每对铜导线或者全部双绞线外部均没有金属屏蔽层包裹。它将一对或多对铜线封装到绝缘 PVC 套管中，每对铜线扭在一起，起到消减内部干扰的作用。但由于无屏蔽层，所以无法抵御外部电场、磁场对其内部线对的干扰。

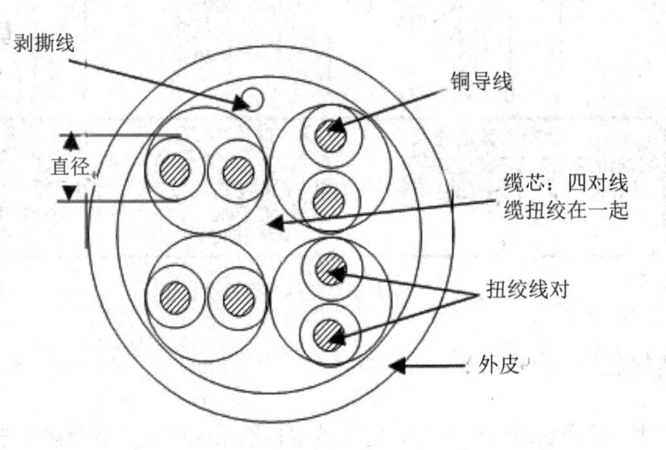

图 2-18 非屏蔽双绞线截面

非屏蔽双绞线重量轻、体积小、弹性好、价格较低，广泛在网络工程中使用。但由于没有屏蔽层，无法抵抗外界电磁干扰，无法满足 EMC（电磁兼容）规定的要求，在安全性方面容易向外产生电磁泄露，不适用于安全要求比较高的场所，比如金融、军队等场所。UTP 适用于周围无强电场、强磁场、不潮湿的环境，以及对安全性要求不高的各种速率的数据传输、语音传输等应用。

屏蔽双绞线如图 2-19 所示，它可提高双绞线电缆的物理性能与电气性能，减少周围环境对线缆传输信号的干扰，同时防止向电缆外辐射电磁波，安全性较高。但屏蔽双绞线电缆也有着体积大、重量重、成本高、施工难度大、成本高的缺点。

屏蔽双绞线电缆中的屏蔽方式主要有三种：对单根导线进行屏蔽，对每对线对进行屏蔽，对整根线缆进行屏蔽如图 2-20 所示。

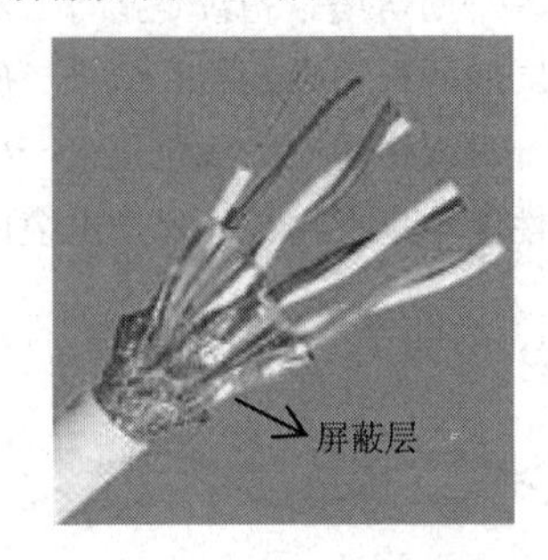

图 2-19 屏蔽双绞线

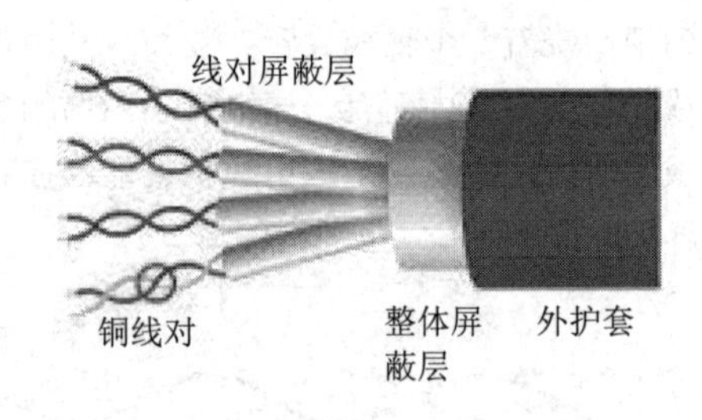

图 2-20 屏蔽双绞线结构

按照防护要求，屏蔽双绞线电缆的屏蔽层分为电缆金属箔屏蔽（F/UTP）、线对金属箔屏蔽（U/FTP）、电缆金属编织网层加金属箔屏蔽（SF/UTP）与电缆金属编织网屏蔽加线对金属箔屏蔽（S/FTP）等。不同屏蔽电缆的屏蔽效果不同，通常认为金属编织网对低频电磁屏蔽效果较好，金属箔对高频电磁屏蔽较好。而 SF/UTP 和 S/FTP 采用双重屏蔽，屏蔽效果最好，它既可以抵御来自线对之间和外部的电磁辐射干扰，也可减少对外部的电磁辐射。

（2）按双绞线电缆性能（带宽）指标分类：双绞线电缆分为 1 类、2 类、3 类、5 类、6 类、7 类、8 类双绞线电缆。

下面介绍双绞线电缆性能等级的划分。EIA/TIA（美国电子工业与电信协会）对双绞线电缆进行等级划分以适应不同应用场合。不同等级的双绞线电缆内铜导线的数量、导线的扭绞密度及双绞线的带宽都不相同。双绞线的等级越高，则双绞线的扭绞越密，带宽越大。一般从双绞线线缆的外皮上可以看到如 CAT5 的字样，就是 5 类双绞线。CAT（Category）x 即几类。如果是增强型的就标注 e，如 CAT6e 即增强型六类，俗称超六类。

双绞线电缆等级从 1 类、2 类一直到 8 类。CAT1 主要在 20 世纪 80 年代初的语音通信中使用，是 ANSI/EIA/TIA 标准中最初的非屏蔽双绞线电缆。CAT2 在语音通信以及传输速率最高可达 4Mbit/s 的数据通信中使用。CAT3 用于语音通信以及最高传输速率 10Mbit/s 的数据通信。CAT4 用于语音通信和最高速率 16Mbit/s 的数据通信。CAT5 的数据传输速率可达 100Mbit/s，也用于语音传输。CAT5e 和 CAT6 即超五类双绞线和 6 类双绞线是市场上的主流产品。超五类双绞线最高带宽为 100MHz，传输速率可达 1000Mbit/s。超五类双绞线中四个线对全部支持全双工通信。6 类双绞线支持的最高带宽为 250MHz，最高数据传输速率达到 1Gbit/s，扭绞密度比 CAT5e 更加密集，内部线缆之间的相互干扰更小。6 类双绞线的结构有两种，一种与 5 类一样。还有一种 6 类双绞线，中间有十字骨架，如图 2-21 所示。作用是进一步减小相邻线对间的电磁干扰。超六类双绞线电缆即 CAT6e，最高带宽是 500MHz，最高传输速率可达 10Gbit/s。7 类双绞线电缆最高带宽达到 600MHz，最高传输速率为 10Gbit/s，主要应用在万兆以太网中。7 类双绞线已不再是非屏蔽双绞线，而是一种屏蔽双绞线。7 类双绞线电缆中，每一对线外面都有一屏蔽层，还有一圈屏蔽层将四对 8 根线缆整体包裹在内。由于 7 类双绞线增加了金属屏蔽层，比其他类别的双绞线拥有更大的线径和物理强度。目前最新的 8 类双绞线电缆的带宽已经达到 2000MHz，最高传输速率可达 40Gbit/s。8 类双绞线与 7 类一样为屏蔽双绞线电缆。

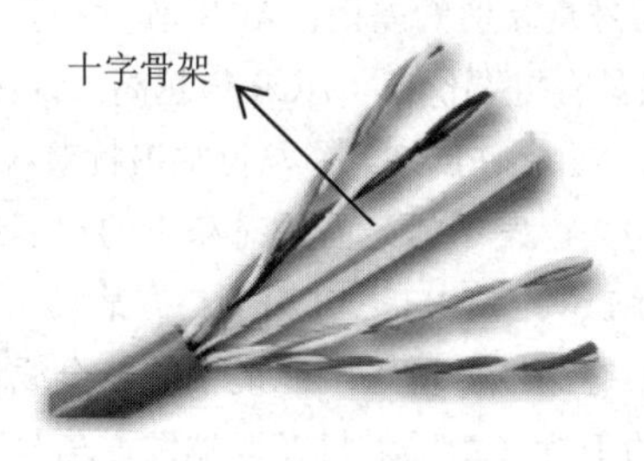

图 2-21　六类双绞线

（3）按双绞线电缆特征阻抗（是一种双绞线电气性能指标）分类：有 100 欧姆、120 欧姆、150 欧姆等几种。

（4）按双绞线电缆所包含的双绞线对数分类：有电话通信中常用的 1 对、2 对双绞线电缆。计算机网络通信常用的是 4 对，以及 25 对、50 对、100 对等大对数双绞线电缆。

4 对双绞线电缆（即通常说的网线），内部线对的颜色编排为蓝色、橙色、绿色和棕色。不同颜色线对的缠绕密度不完全一样，同一根 4 对双绞线电缆中，棕色线对的绞距（电缆的铜芯沿轴线旋转一周的纵向距离称为扭绞间距简称为绞距）最长，扭绞密度最低，蓝色线对的绞距最短，扭绞密度最大，橙色和绿色的扭绞密度居中。

大对数双绞线电缆主要用于建筑物干线子系统中的语音布线，常用的有 3 类双绞线电缆的 25 对、50 对、100 对、200 对与 5 类双绞线电缆的 25 对、50 对、100 对等。25 对双绞线电缆中的 25 对线分为 5 组（分别为白色、红色、黑色、黄色与紫色），每一组又包含 5 对线（分别为蓝色、橙色、绿色、棕色和灰色）。25 对线的颜色分别为蓝白色、橙白色、绿白色、棕白色、灰白色、红蓝色、红橙色、红绿色、红棕色、红灰色、黑蓝色、黑橙色、黑绿色、黑棕色、黑灰色、黄蓝色、黄橙色、黄绿色、黄棕色、黄灰色、紫蓝色、紫橙色、紫绿色、紫棕色、紫灰色。

双绞线的电气性能指标如下所列。

（1）特征阻抗：指额定频率下正常工作的链路，应具备的电阻值。正常情况下，每对线缆的特征阻抗值保持在一个均匀恒定的状态。特征阻抗值包括电阻值，以及在额定频率范围内的容性阻抗值与感性阻抗值。双绞线的特征阻抗主要有 100 欧姆、120 欧姆及 150 欧姆，国内的双绞线电缆主要是 100 欧姆的双绞线电缆。

（2）直流环路电阻：在 20~30℃的环境下，直流环路电阻不超过 30 欧姆。

（3）衰减：指信号在链路中传输一段距离后功率的损耗，单位是分贝（dB）。影响衰减最大的因素是线缆长度，长度越长，衰减越大。电话通信系统中使用的双绞线电缆，通信距离一般是几千米。如果使用较粗的导线，传输距离可以增加到十几千米。如果距离太长，就需增加信号放大器，将衰减的信号放大到合适的数值（对于模拟传输），或者加上中继器，对失真的数字信号进行整形（对于数字传输）。导线越粗，通信距离越远，价格越高。

（4）近端串音：链路中发送线缆的一侧，对同侧的相邻线对，由于电磁感应造成的信号耦合（由发射机在近端发送信号，然后在相邻线对近端测出的不良信号的耦合）称为近端串音（Near End Cross Talk，NEXT）。

（5）近端串音功率和（Power Sum NEXT，PSNEXT）：指在 4 对对绞电缆一侧测量 3 对相邻线对，对第 4 对线缆近端串扰的总和（所有近端干扰信号同时工作时，在接收线对上形成的组合串扰）。

（6）衰减串音比值（Attenuation-to-Crosstalk Ratio，ACR）：指在相邻发送信号线对的串扰线对上，其串扰损耗与本线对传输信号衰减值的差值。ACR 作为衡量系统信号噪声比的唯一标准，对于表示信号和噪声串扰之间的关系具有重要价值。ACR 值越高，说明线缆的抗干扰能力越强。

（7）远端串扰（Far End Cross Talk，FEXT）：与近端串扰对应，远端串扰是信号从本端（近端）发出，然后在链路的另一端（远端），发送信号的线对和它的相邻线对由于电磁耦合而造成的串扰。

（8）等电平远端串音（Equal Level FEXT，ELFEXT)：某线对上的远端串扰损耗值与本线对上传输信号衰减之间的差值。从一条链路或信道近端线缆中的一个线对开始发送信号，由于线路衰减，在链路远端对相邻接收线对造成的干扰（由发射机在远端发送信号，在相邻线对近端测出的不良信号耦合）为远端串音。

（9）等电平远端串音功率和（Power Sum ELFEXT，PS ELFEXT）：4 对双绞电缆同一侧测量 3 对相邻线对，对第 4 对线的远端串扰总和（所有远端干扰信号同时在工作，在接收线对上形成的组合串扰）。

（10）回波损耗（Return Loss，RL）：由于链路或信道特性阻抗值偏离标准值，导致功率反射引起的损耗（布线系统中阻抗不匹配产生的反射能量），回波损耗对于全双工传输的应用很重要。电缆制作过程中的结构变化、连接器类型以及布线安装情况都会影响回波损耗数值。

（11）传播时延：指信号从链路或信道一端传播到另一端所经历的时间。

（12）传播时延偏差：是指以同一缆线中信号传播时延最小的线对作为参考，其余线对与参考线对时延的差值（最快线对与最慢线对信号传输时延的差值）。

（13）插入损耗：是指发射机与接收机之间由于插入电缆或某些元器件而产生的信号的损耗。通常指衰减。

2.2.2　同轴电缆

传统的有线电视又称为闭路电视，传输媒体使用的是同轴电缆。其组成由内向外依次为：铜芯导体（单股实心铜线或多股绞合铜线）、发泡 PE 层、组织屏蔽层和 PVC 外护套层，如图 2-21 所示。类似双绞线的 RJ-45 连接器，同轴电缆常见连接器如图 2-23 至图 2-26 所示。在局域网发展早期，曾广泛使用同轴电缆作为传输媒体。伴随技术进步，在局域网领域已经不再使用同轴电缆而是用双绞线电缆作为传输媒体。目前同轴电缆主要用于有线电视网的居民小区中。同轴电缆的带宽取决于电缆的质量。目前高质量的同轴电缆的带宽已经接近 1GHz。

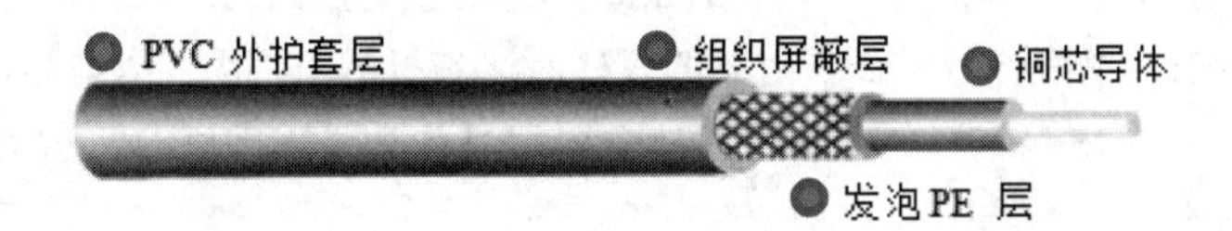

图 2-22　同轴电缆

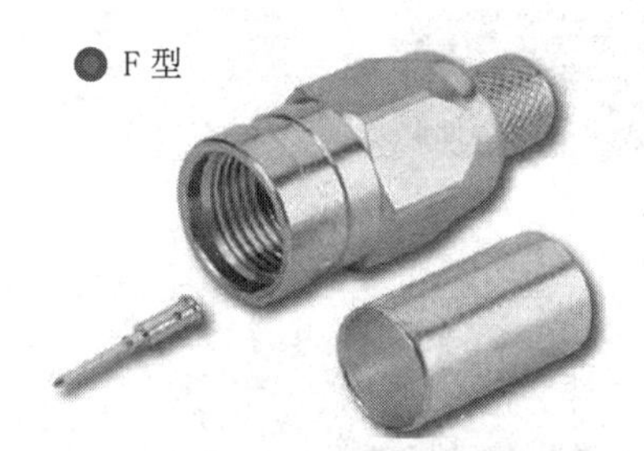

图 2-23　F 型连接器

图 2-24　N 型连接器

图 2-25　T 型连接器

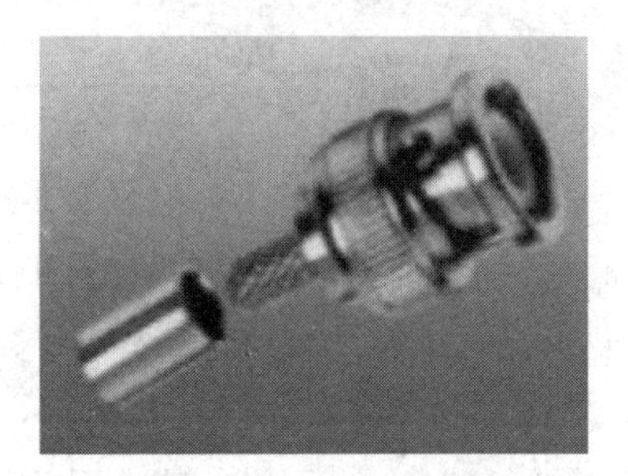

图 2-26　BNC 型连接器

2.2.3　光缆

从 20 世纪 70 年代至今，计算机和通信技术发展异常迅猛。据统计，计算机的运行速度大约每 10 年提高 10 倍。在通信领域，信息传输的速率则提高得更快，从 20 世纪 70 年代的 56Kbit/s（使用铜线）提高到现在的数百 Gbit/s（使用光纤），并且这个速率还在不断提高。所以光纤通信已经成为现代通信技术中的一个十分重要的领域。

光纤即光导纤维的简称，光导纤维是一种质地非常纤细并且非常柔韧的介质，它可以是一根玻璃丝或塑胶纤维。光纤通信中，光纤作为一种传输介质，如同铜缆一般，可传送语音电话或者计算机数据，光纤中传输的是光信号而非电信号，它使用光的全反射原理来传导光，利用光纤传递光脉冲来进行通信，有光脉冲时相当于 1，没有光脉冲相当于 0。由于光的频率非常高，约为 10^8MHz 的量级，因此一个光纤通信系统的传输带宽远远大于目前其他各种传输媒体的带宽。光纤非常细，连包层一起的直径也不到 0.2mm，因此需要将光纤做成很结实的光缆。一根光缆少则只有一根光纤，多则包含数十至数百根光纤，再加上加强芯和填充物就可以大大提高其物理强度。必要时可放入远供电源线，最后加上包层和外护套，就可以使抗拉强度达到几千克，完全可以满足工程施工的强度要求。

网络通信中的光纤主要成分为石英玻璃（SiO2）。光纤的结构如图 2-27 所示由纤芯、包层和涂覆层组成。从里向外依次为纤芯、包层与涂覆层。纤芯很细，其直径只有 8~100μm，它是光的传导部分，光通过纤芯传播。包层（外径一般为 125μm）的功能是把光封闭在纤芯内，它的折射率比纤芯低。当光纤从高折射率的媒体射向低折射率的媒体时，其折射角将大于入射角，如图 2-28 所示。如果入射角足够大，就会出现全反射，即光线碰到包层时就会折射回纤芯。这个过程不断重复，光也就沿着光纤传输下去。

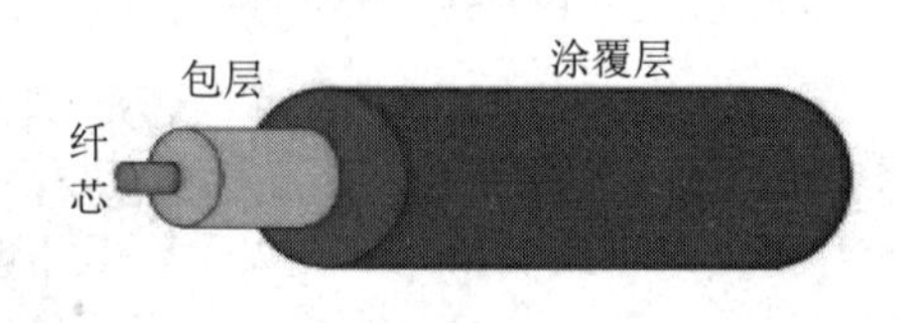

图 2-27　光纤

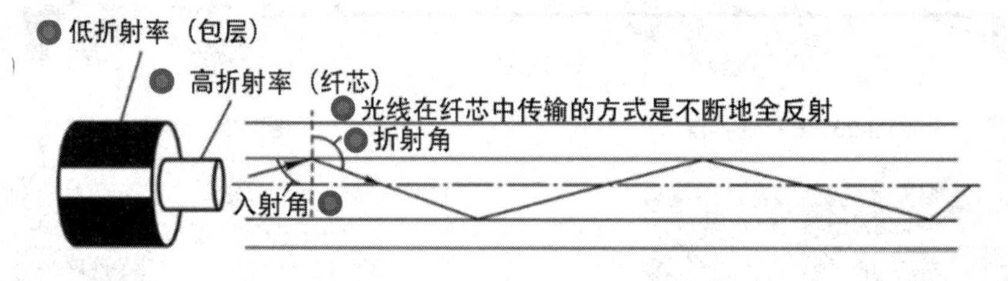

图 2-28　光波在纤芯中的传输

按制作光纤的材料可以分为：玻璃光纤、胶套硅光纤以及塑料光纤。

（1）玻璃光纤（又称为石英系光纤）：纤芯和包层都是玻璃，特点是传输过程中损耗较小、传输距离较长、成本也较高。

（2）胶套硅光纤（又称为塑料包层石英芯光纤）：纤芯的材料是玻璃，包层的材料是塑料，特点是损耗小、传输距离长、成本较低。

（3）塑料光纤：纤芯与包层的材料都是塑料（高度透明的聚苯乙烯或甲基丙酸甲酯），生产成本低，芯径较大，与光源的耦合效率高（能够进入光纤中传播的光功率大），使用方便。但是这种光纤损耗大，带宽较小，因此它只适用于短距离的低速通信、价格是三种光纤中最低的。塑料光纤可以应用于短距离的计算机网络通信、船舶内通信、家电的图像传输等。

按光在光纤中的传输模式可分为：多模光纤和单模光纤。

（1）多模光纤（Multi Mode Fiber，MMF）：多模光纤可以传输多种模式的光。这里的“模”是指光纤中一种电磁场场型结构分布形式，是指以一定入射角角度进入光纤的一束光。多模光纤一般采用发光二极管作为光源，它允许多束光在光纤中同时传输，会形成模分散（光线之间的干扰），模分散限制了多模光纤的带宽和传输距离，光脉冲在多模光纤中传输时会逐渐展宽（在长度相同光纤上，最高次模与最低次模到达终点所用的时间差，就为这段光纤产生的脉冲展宽），从而造成失真，随着距离的增加带宽会降低。与单模光纤相比，多模光纤的纤芯粗、传输速度低、传输距离短、成本比单模光纤低，适合于多接头短距离应用场合。在综合布线系统中，常用纤芯直径为 50μm、62.5μm、包层均为 125μm。多模光纤的光源一般采用 LED（发光二极管），工作波长为 850nm 或 1300nm。多模光纤一般用于建筑物内干线子系统（不同楼层之间的布线）、水平子系统（同楼层的布线）或建筑群之间（不同建筑物之间）的布线。根据国际电信联盟标准规定，室内多模光缆的外护层为橙色。

若光纤的直径减小到只有一个光的波长，则光线会沿光纤一直向前传播，不会产生多次反射。这样的光纤就是单模光纤，如图 2-29 所示。

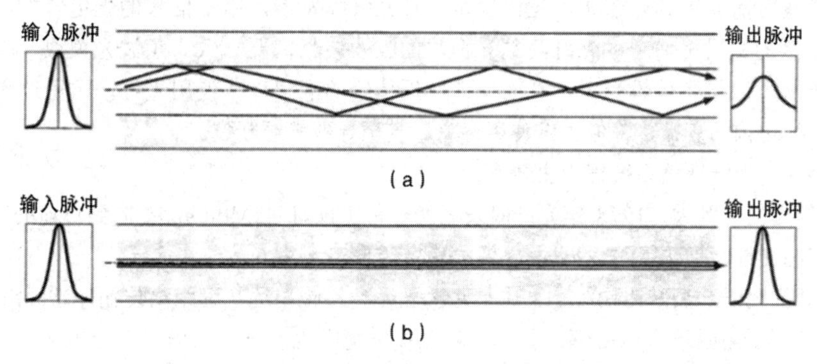

图 2-29　多模光纤 a 和单模光纤 b

（2）单模光纤（Single Mode Fiber，SMF）：一般采用昂贵的半导体激光器作为光源，不使用较便宜的发光二极管，此时入射光的模样为圆光斑，射出端仍能观察到圆光斑，即单模光纤只允许一束光传输（一种模式的光），没有模分散特性，损耗小。单模光纤的纤芯细、传输带宽大、传输容量大，传输距离长。单模光纤的纤芯直径小，大约为 4μm~10μm，包层直径为 125μm。目前常见的单模光纤主要有 8.3μm/125μm、9μm/125μm、10μm/125μm 等规格。单模光纤通常用在工作波长为 1310nm 或 1550nm 的激光发射器中。其中 1310nm 波长区是单模光纤通信的理想工作窗口，也是目前实际上进行光纤通信的主要工作波段。1310 常规单模光纤的主要参数是 ITU-T（国际电信联盟）在 G652 建议中确定的，这种光纤又称为 G652 光纤。单模光纤一般用在建筑物之间或地域分散的环境。根据国际电信联盟标准规定，室内单模光缆的外护层的颜色为黄色。

按光纤横截面上的折射率分布，可以分为均匀光纤和非均匀光纤两种。

（1）均匀光纤：光纤纤芯的折射率 n_1 和包层的折射率 n_2 都是一个常数，且 $n_1>n_2$，即纤芯折射率高于包层折射率，使得光可以在纤芯和包层的交界面处，不断产生全反射，向前传输。在纤芯和包层的交界面处，折射率呈阶梯型变化，这种光纤称为均匀光纤，又称为突变型光纤。但是这种光纤的传输模式较多，且各种模式的传输路径也不一样，经光纤传输后，到达目标的时间也不相同，会产生时延差，使光脉冲受到展宽。均匀光纤的模间色散较高，传输频带较窄，传输速率较低，一般适用于短途低速通信，如工业控制。它是早期开发的一种光纤，现在逐渐被淘汰。

（2）非均匀光纤：为了解决均匀光纤的弊端，人们开发出了非均匀光纤。这种光纤的纤芯折射率 n_1 随着半径的增加按一定规律减小，到纤芯与包层的交界处时，减少为包层的折射率 n_2，纤芯中折射率的变化呈现近似抛物线形状。这种光纤称之为非均匀光纤，又称为渐变型光纤。纤芯到包层的折射率逐渐减小，使得高次模的光按正弦波形式传播，有效减少模间色散，提高光纤带宽，增加传输距离，但成本较高，现在的多模光纤大都为渐变型光纤。高次模与低次模的光线在不同的折射率层面按照折射定律发生折射，从高折射率层进入低折射率层。光的行进方向和光纤轴方向所形成的角度逐渐减少，这样的过程不断重复，一直到光在某一个折射率层产生全反射，使光的方向发生变化，朝着中心较高的折射率层行进。此时，光前进的方向与光纤轴方向所形成的角度，在各折射率层中每折射一次，其值就会增大一次，最后达到中心折射率最大的地方。在这以后，上述过程不断重复，最终实现光波的传输。该方式下，光在渐变光纤中动态调整，最终到达目的地，这个过程称为自聚焦。

按光纤的工作波长分类，有短波长光纤、长波长光纤和超长波长光纤。

短波长光纤是指波长为 800~900nm 的光纤；长波长光纤是指 1000~1700nm 的光纤；超长波光纤是指 2000nm 以上的光纤。

光纤在跳线时需要用到光模块，光模块是一种光纤收发器，用于信号的光电转换，可以直接插入支持光纤连接的交换机使用，光纤两端光模块的收发波长需要一致。短波光模块一般使用多模光纤，长波光模块一般使用单模光纤，从而保证数据传输的准确性。使用光纤，不可过度弯折和绕环，这样会增加光纤传输的衰减，降低光纤使用寿命，甚至导致光纤断裂。

与铜缆相比，光纤通信系统优点主要有：

（1）光纤通信带宽大，1978 年光纤研发之初，带宽仅有 45Mbit/s，提高到目前的 40Gbit/s。一根头发丝粗细的光纤，理论上可以同时传输 100 亿条话路。

（2）光纤损耗低，衰减比铜缆小，中继距离长，传输距离远，远距离传输非常经济。

（3）光纤不受电磁场和电磁辐射影响，甚至核环境中也能正常通信，完全电磁绝缘，抗干扰能力非常强，保密性好，不易被窃听，安全性高。

（4）光纤线径细，重量轻。例如，1km 长的 1000 对双绞线电缆约重 8000kg，同样长度但容量大得多的一对双芯光缆仅重 100kg，对于目前拥塞不堪的电缆管道特别有利。

（5）光纤抗化学腐蚀能力强，适用特殊环境下的布线。

（6）光纤不传输电信号，使用安全，可用于易燃、易爆等场合。由于无电流通过，不产生热与电火花，不怕雷击和静电，不必担心串扰以及回波损耗等。

与铜缆相比，光纤的缺点主要有：

（1）初始投入成本比铜缆高；

（2）光纤连接器比铜缆连接器相对易坏；

（3）端接光纤需要掌握更高的技能和复杂的设备比如对光纤熔接机的操作。

如今，生产工艺的进步，光纤价格不断下降。目前，世界上大部分计算机数据都通过光通信系统传输，光纤被广泛应用于计算机网络、电信网络和有线电视网络的主干网络中。光纤提供高带宽，性价比较高，目前局域网中也在使用。例如：2016 年问世的 OM5 光纤（宽带多模光纤）使用短波分复用（Short WDM，SWDM），可支持 40Gbit/s 和 100Gbit/s 的数据传输。

影响光纤的传输性能的因素主要有光源与光纤的耦合程度、光纤的数值孔径、光纤损耗、光纤的模式带宽、光纤的色散和截止波长。

（1）光源与光纤的耦合程度。

光源发出的光，有多少可被光纤所接收，称为光源与光纤的耦合程度。衡量耦合程度使用耦合效率。发光二极管的光源与多模光纤的耦合率为 5%~15%，激光二极管的光源与单模光纤的耦合率为 30%~50%。而发光二极管的光源与单模光纤的耦合效率非常低，小于 1%。

（2）光纤的数值孔径。

数值孔径是多模光纤的重要参数，并不是所有入射到多模光纤端面的光，全部能被光纤接收，只有某个入射角度范围内的入射光才可被接收。这个角度称为光纤数值孔径（Numerical Aperture，NA）。NA 是衡量光纤捕捉光射线能力强弱的物理量。光纤数值孔径越大，表示光纤捕捉光射线能力越强，同时，多模光纤的色散也会由于光纤同时传输更多的光束而增加。

（3）光纤损耗。

光纤损耗指光信号的能量从发送端经过光纤传输后，到达接收端的衰减程度。

造成光纤损耗的主要因素有：光纤固有特性、弯曲程度、挤压程度、杂质、不均匀性、端接损耗。

a. 固有特性：指光纤的固有损耗，如固有吸收等。

b. 弯曲程度：指光纤被弯曲时，光纤内传输的部分光，由于散射而损失掉所造成的损耗。

c. 挤压程度：指光纤收到外部挤压时，产生微小的弯曲所造成的损耗。

d. 杂质：指光纤内部杂质吸收的光和散射的光，在光纤中传播所造成的损耗。

e. 不均匀性：指因光纤材料的折射率不均匀所造成的损耗。

f. 端接损耗：指光纤端接时产生的损耗，比如不同轴，端面和光纤轴心不垂直，端面不平整，对接芯径不一致，光纤熔接（利用高压电弧将两光纤断面融化，同时用高精度运动机构平缓推进让两根光纤融合成一根光纤的过程，一般使用光纤熔接机）质量较差等原因导致的端接损耗。

光纤损耗很大程度上决定了光纤通信系统的传输距离。多模光纤一般有两个最佳波长窗口，分别是 850nm 和 1300nm。单模光纤也有两个最佳波长窗口，分别是 1310nm 和 1550nm。工作在最佳波长下时，传输距离最远。

（4）光纤的模式带宽。

光纤中，传输信号的速率与其传输长度的乘积表示光纤的带宽特性，用 BL 来表示，单位为 GHz•km 或 MHz•km。例如，在 850nm 波长的情况下，某根光纤最小模式带宽为 160MHz•1km。说明光纤长 1km 时，可以传输最大频率为 160MHz 的信号；长度为 500m 时，最大可传输 160MHz•1km / 0.5km＝320MHz 的信号；而长度为 100m 时，最大可传输 1.6GHz 的信号。

（5）光纤的色散。

色散（Dispersion）是多模光纤的一个重要参数。多模光纤中所传输的光信号是由不同频率和不同模式所组成的，不同频率成分和不同模式成分的传输速率一致，导致信号畸变。在数字光纤通信系统中，色散会使光脉冲发生展宽。色散严重时，光脉冲信号前后相互重叠，造成码间干扰，增加误码率。光纤色散不仅会影响光纤传输容量，而且限制了光纤通信系统的中继距离。

（6）截止波长。

单模光纤通常存在某一波长传输的光，在该波长之上时，光纤只能传输一种模式（基模）的光，在该波长之下，光纤可传播多种模式（包含高阶模）的光，该波长称为截止波长。正常情况，单模光纤传输系统的工作波长必须要大于截止波长，否则在光纤中会形成多个震荡模式，而无法进行单模传输。

在导引型传输媒体中，还有一种是架空明线（铜线或铁线）。20 世纪初被大量使用（电线杆上架设的互相绝缘的明线）。架空明线安装简单，但通信质量差，受气候环境影响较大。很多国家现已经停止铺设架空明线。目前在我国的一些农村和边远地区的通信仍使用架空明线。

2.2.4 无线传输

双绞线、同轴电缆、光纤均属于导引型传输媒体。实际应用中，通信双方之间的物理位置可能比较复杂，如通信双方之间相隔河流湖泊、高山或岛屿，或者虽然相隔不是很远，但直接敷设线缆很困难，铺设成本很高。一种解决方案是利用无线电波在自由空间中传播的特性，实现灵活通信即无线传输。无线传输不需要金属或玻璃纤维作为传输媒体，无须敷设电缆或光缆。无线传输通过大气传输。常见无线传输方式有无线电波、微波、卫星通信、红外线、激光等。

1. 无线电波

无线电波是无线网络中主要的传输媒体。无线电波传输距离远，易于穿越障碍物，传播角度广。无线电波通信依靠大气层的电离层反射实现，电离层不稳定，会受到太阳活动、季节以及昼夜的影响。不稳定的特性导致无线电波信号在传输时出现信号衰减。此外，电离层的反射会产生多径效应，即同样一个信号会经过不同的反射路径到达同一个目的接收点，这些信号的时延和强度也都不相同，最后得到的信号会产生较大失真。无线电波通信不需要发送方和接收方在一条直线上。在无线电波通信中，短波信道的通信质量较差，一般利用短波无线电台进行几十至几百比特/秒的低速数据的传输。

2. 微波

微波频率范围为 300MHz~200GHz，主要使用 2GHz~40GHz 频率。微波与无线电波不同，微波沿直线传播，而地球表面是曲线，传输距离会受限制，一般为 30~50km。微波进行远距离传输需要中继站，将信号增强，接力传输到下一站，一般微波中继站点会建在山顶，两个中继站间的距离大约为 50km，中间不能有障碍物。微波通信又称为微波接力通信，它可以传输数据、语音、图像等，主要特点有：

（1）微波波段频率高，通信信道的带宽非常大，通信容量很大；

（2）微波通信传输质量较高，相比无线电波受气候变化影响较小；

（3）与相同带宽和长度的有线通信比较，微波接力通信建设的投资较少。

微波接力通信的缺点有：

（1）邻站之间一定要能够直视，不能有任何障碍物；

（2）微波通信也会受到恶劣气候环境的影响，比如雨雪天气会对微波产生损耗；

（3）与有线通信系统相比，微波通信易被窃听，保密性及隐蔽性较差；

（4）中继站的维护与使用需要消耗大量的人力物力。

3. 卫星通信

卫星通信是微波通信的一种特殊形式，使用距离地面 36000km 地球同步卫星为中继站。克服了微波通信中的距离限制，在地球赤道上空的同步轨道等距离放置 3 颗人造卫星可将整个地球覆盖。卫星通信的带宽比微波接力通信更宽，通信容量更大，信号受干扰的程度更小，误码率更低，通信更加稳定。

2.3 同步光纤网与同步数字系列

电话网络最初阶段，用户电话机至电话局之间采用便宜的双绞线电缆，长途干线采用频分复用模拟信号传输方式。目前，长途干线采用脉冲编码调制（Pulse Code Modulation，PCM）数字传输方式，比模拟传输方式在通信质量和成本上都有明显优势。如今，电话机用户只在最后一阶段，即电话局到用户话机之间是模拟线路，干线部分都为数字线路。

现今，电信网络开展的业务已经多样化，不再是单一的语音通信，而是包括图像、视频以及各种数据通信的综合业务。当前需要的是能够承载各种业务数据的综合传输网络。在数字化进程中，光纤已经成为数字通信中的主力传输媒体。光纤的高带宽特性使得在其上可以承载各种数据业务（比如远程教育、远程医疗）和低速的语音业务。早期数字传输系统有两个主要的缺点：

（1）速率无统一标准。比如北美和日本的 T1 速率为 1.544Mbit/s 和欧洲的 E1 速率为 2.048Mbit/s。基于光纤的数据传输在国际范围内难以实现。

（2）非同步传输。为了降低传输成本，在过去相当长的一段时间内，各国数字网络主要采用的是准同步传输方式。这种准同步系统中，各支路信号的时钟频率会有偏差，这样给复用和分用带来麻烦。在高速率数据传输时，发送方和接收方的时钟同步问题难以解决。

为了解决上述问题，美国在 1988 年制定出数字传输标准，即同步光纤网（Synchronous Optical Network，SONET）。整个同步网络的各级时钟都来自一个非常精确的主时钟（通常采用昂贵的铯原子钟，其精度优于 $\pm 1 \times 10^{-11}$s）。SONET 为光纤传输系统定义了同步传输的线路速率等级结构。其传输速率以 51.84Mbit/s 为基准，大约与 T3/E3 的传输速率相对应。该速率对电信号称为 1 级同步传送信号（Synchronous Transport Signal），即 STS-1；对光信号则称为 1 级光载波（Optical Carrier），即 OC-1，目前，已经定义了 51.840Mbit/s（即 OC-1）至 39813.12Mbit/s（即 OC-768/STS-768）的标准。

ITU-T 以 SONET（美国标准）为基础，制定出国际标准同步数字系列（Synchronous Digital Hierarchy，SDH）。一般认为 SONET 与 SDH 为同义词，但也有不同之处：SDH 基准速率是 155.52Mbit/s，被称为 1 级同步传输模块，即 STM-1，它相当于 SONET 体系中的 OC-3 速率。

SDH/SONET 定义了波长为 1310nm 和 1550nm 激光源，规定了标准光信号。

SDH/SONET 标准的制定，真正实现了数字传输体制国际性标准，使得在北美、日本和欧洲三个地区三类不同的数字传输体制在 STM-1 等级上实现统一。当前 SDH/SONET 标准已经成为新一代所公认的传输网体制。SDH/SONET 对世界电信网的发展具有里程碑的意义，在微波与卫星传输技术体制里，SDH 标准同样也使用。

2.4 实验

实验 1：制作双绞线

1. 实验目的：制作双绞线跳线

双绞线是结构化布线中最常用的传输媒体之一，是由两根相互绝缘的铜导线按照一定的规格缠绕而成的，根据外部是否有金属屏蔽层分为屏蔽双绞线和非屏蔽双绞线。之所以缠绕在一起是因为可以减小信号之间的干扰，如果外界电磁信号在两条导线上产生的干扰大小相等而相位相反，那么这个干扰信号就会相互抵消。另外，每对线使用不同颜色以便区分，即使每对中的两根线也有不同颜色的区别。

由于双绞线价格便宜、安装方便、传输可靠，因此在短距离数据传输上得到了广泛的应用。

双绞线和 RJ-45 连接器（水晶头）接在一起，就是我们这里所说的双绞线制作。双绞线的制作有两种标准，分别是 EIA/TIA 568A 和 EIA/TIA 568B 标准。当双绞线的两端同时是 568A 或 568B 时，为直连双绞线，用来连接不同设备接口；若两端不一样，则为交叉双绞线，用来连接相同设备接口。实际上，现在绝大多数网卡都可以自适应直连和交叉方式进行通信。因此，本实验仅以直连方式为例，两端都按照 568B 标准制作。

说明

EIA/TIA 568A 标准：绿白、绿、橙白、蓝、蓝白、橙、棕白、棕。
EIA/TIA 568B 标准：橙白、橙、绿白、蓝、蓝白、绿、棕白、棕。

2. 实验步骤

制作网线前，要根据拓扑设计好网线的长度。需要的工具及器件为压线钳（剥线钳）、测线仪、RJ-45 插头、5 类 UTP 双绞线。

（1）用压线钳的剥线刀口将 5 类双绞线的外保护套管划开，注意不要将里面的双绞线绝缘层划破，刀口距 5 类双绞线的端头至少 2cm。

（2）将划开的外保护套管剥去，露出 5 类 UTP 中的 4 对双绞线。

（3）按照 568B 标准和导线颜色将导线按规定的序号排好，导线位置如图 2-30 所示，将 8 根导线平坦整齐地平行排列，导线间不留空隙。

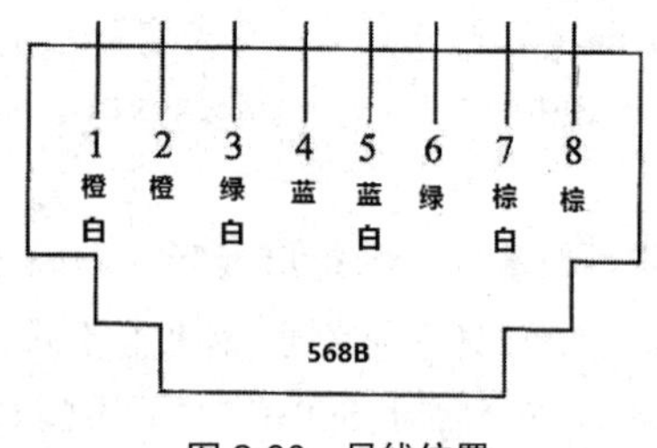

图 2-30 导线位置

（4）用压线钳将 8 根导线剪断，注意要剪整齐。剥开的导线不可太短。可以先留长一些。

（5）一只手捏住水晶头，将有弹片的一侧向下，有针脚的一端指向远离自己的方向，另一只手捏平双绞线，最左边是第 1 脚，最右边是第 8 脚，将剪断的电缆线放入 RJ-45 插头中，注意要插到底，并使电缆线的外保护层在 RJ-45 插头内的凹陷处被压实。

（6）确认正确后，将 RJ-45 插头放入压线钳的压头槽内，双手紧握压线钳的手柄，用力压紧，这样，水晶头上的 8 根针脚切破导线绝缘层，和里面的导体压接在一起，就可以传输信号了。

将双绞线的另一端按同样的方法做好。

（7）测试是否连通。测试时将双绞线两端的水晶头分别插入主测试仪和远程测试端的 RJ-45 端口，将开关调至“ON”（S 为慢速挡），若主机指示灯从 1 至 8 逐个顺序闪亮，则制作成功；若有灯不亮则说明该灯对应的线不通，如图 2-31 所示。

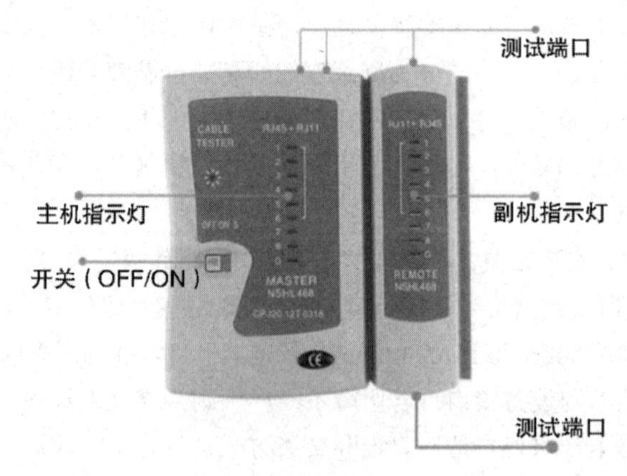

图 2-31 测试

实验 2：交换机初始配置及其 Console 端口配置

1. 实验目的

（1）掌握通过 Console 端口对交换机进行配置的方法。

（2）理解并掌握交换机初始配置。

2. 基本概念

交换机初始配置会进行一些初始的参数配置，如密码、管理 IP 地址等。启动新买的交换机时，NVRAM 为空，会询问是否进行初始配置。也可以后期在特权模式下使用 setup 命令主动进行初始配置。

交换机并不配备专门的输入输出设备，当配置一台新买的交换机时，第一次必须通过 Console 端口来进行。Console 端口是一个串行接口，需要用串行线将其与计算机连接起来，再利用超级终端软件对交换机进行配置，计算机相当于是交换机的输入设备。

其他配置方式包括下列几种：

（1）Telnet 方式。通过 Telnet 方式远程登录到设备进行配置，详见应用层 Telnet 实验。

（2）Web 页面配置。通过一些网管软件或 Web 方式对交换机进行远程配置，这样使用方便，但是有的命令无法在 Web 页面中执行。

（3）通过 TFTP 服务器实现对配置文件的保存、下载和恢复等操作，简单方便。

在 Packet Tracer 中，可以直接在 CLI 选项卡中进行配置。

3. 实验流程

实验流程如图 2-32 所示。

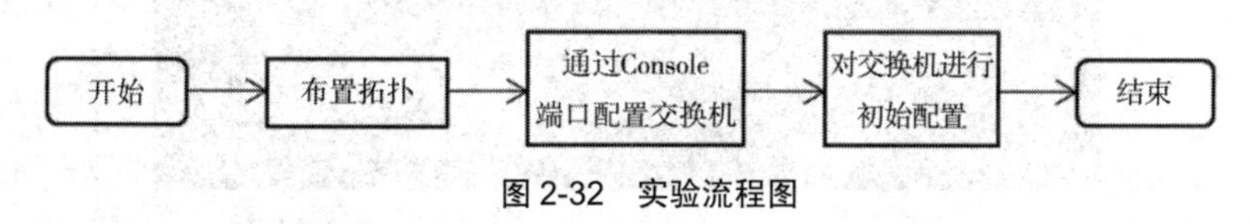

图 2-32　实验流程图

4. 实验步骤

（1）实验拓扑如图 2-33 所示，计算机和交换机通过串行线连接起来。

（2）通过 Console 端口对交换机进行配置。

如图 2-34 所示，在主机的 Desktop 选项卡中，单击 Terminal 选项，在弹出的对话框中单击 OK 按钮，即可以登录到配置界面进行配置，如图 2-35 和图 2-36 所示。

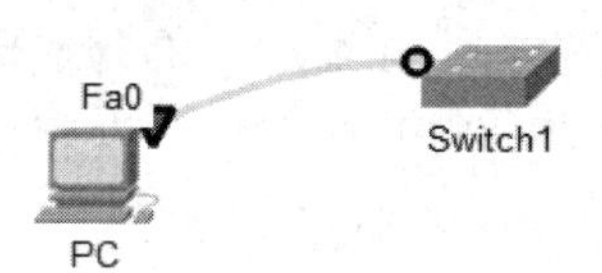

图 2-33　拓扑图

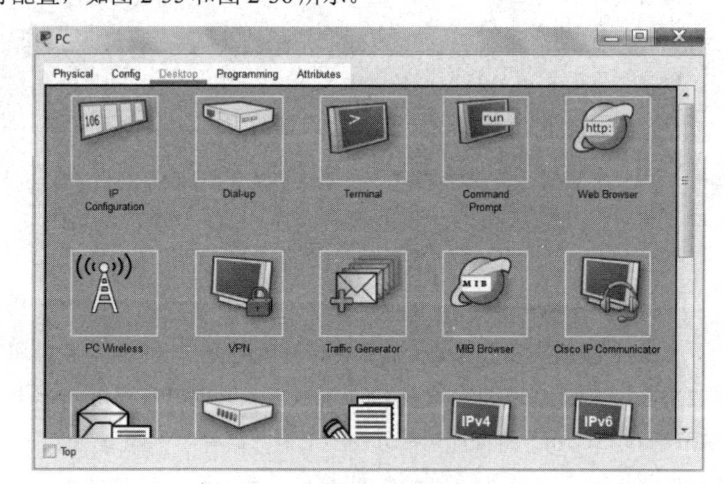

图 2-34　Desktop 选项卡

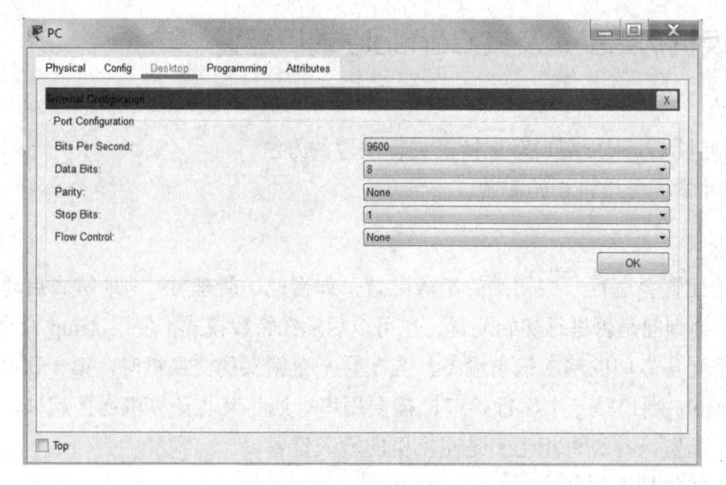

图 2-35 配置界面 1

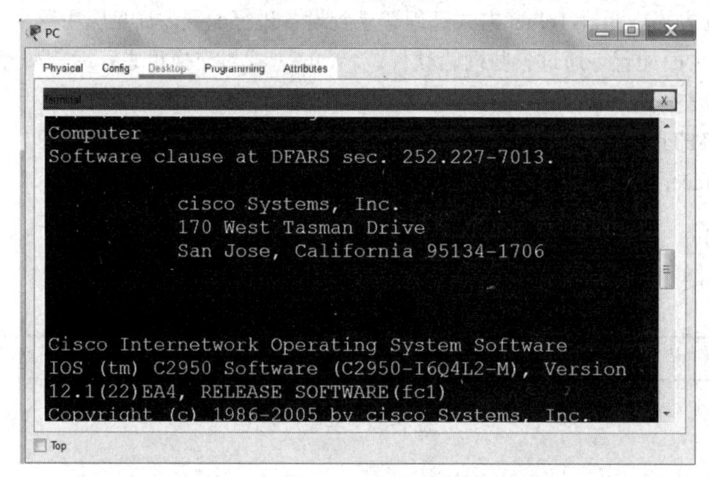

图 2-36 配置界面 2

在交换机的几种操作模式间切换，使用 end 命令可以直接退回到特权模式。

```
Switch>enable
//enable 为进入特权模式命令，此处由于没有设置密码，所以直接进入
Switch#
Switch#configure terminal
// configure terminal 为进入全局配置模式命令，在进入其他更具体的配置模式前，先要进入全局配置模式
Enter configuration commands, one per line. End with CNTL/Z.
Switch(config)#interface f0/1
//进入 f0/1 接口配置模式，在该模式下可对 f0/1 接口进行进一步的配置
Switch(config-if)#exit
//exit 为返回上一级配置模式命令，此处从接口配置模式退回全局配置模式
Switch(config)#exit
//退回特权模式
Switch#
```

（3）对交换机进行初始配置。

在特权模式下输入 setup 命令进行初始配置，这里配置交换机管理端口为 VLAN 1，IP 地址为 192.168.1.1/24，交换机名称为 jiaoxue_1，一般用户密码为 cisco1，特权用户密码为 cisco2，远程登录密码为 ciscovir。下面加黑部分为用户输入内容。

```
Would you like to enter basic management setup? [yes/no]: yes
Configuring global parameters:
```

```
Enter host name [Switch]: jiaoxue_1
//配置设备名称
The enable secret is a password used to protect access to privileged EXEC and configuration modes. This password, after entered, becomes encrypted in the configuration.
Enter enable secret: cisco2
//配置特权用户密码，该密码将被加密
The enable password is used when you do not specify an enable secret password, with some older software versions, and some boot images.
Enter enable password: cisco1
//配置一般用户密码，该密码不加密，用在一些老版本中
The virtual terminal password is used to protect access to the router over a network interface.
Enter virtual terminal password: ciscovir
//配置虚拟终端密码，用于远程登录
Configure SNMP Network Management? [no]:no
Current interface summary
…
Enter interface name used to connect to the management network from the above interface summary: vlan1
//配置端口，二层交换机默认所有端口为 VLAN 1，这里配置为 VLAN 1
Configuring interface Vlan1:
Configure IP on this interface? [yes]: yes
IP address for this interface: 192.168.1.1
//给 VLAN 1 配置一个 IP 地址，可通过这个地址对交换机进行登录管理
Subnet mask for this interface [255.255.255.0]:
//按默认配置，直接回车。
The following configuration command script was created:
!
//创建下面的参数
hostname jiaoxue_1
enable secret 5 $1$mERr$yG9qv7LLYVv0YzwRYtdTM/
enable password cisco1
//secret 密码是加密显示的，password 密码不加密
line vty 0 4
password ciscovir
!
interface Vlan1
no shutdown
ip address 192.168.1.1 255.255.255.0
!
end
[0] Go to the IOS command prompt without saving this config.
[1] Return back to the setup without saving this config.
[2] Save this configuration to nvram and exit.
Enter your selection [2]:
//选默认[2]（保存退出），直接回车
Building configuration...
[OK]
Use the enabled mode 'configure' command to modify this configuration.
jiaoxue_1#
```

2.5　本章小结

本章主要介绍了物理层的功能、作用与特性，即机械特性、电气特性、功能特性、过程特性。讲述了数据通信的基础知识，包括数据通信系统基本模型、信息与数据的概念；模拟数据数字化、编码与调制技术。信道的三种复用方式，即频分复用技术、时分复用技术、波分复用技术和码分复用技术。讲述了数据通信的三种方式，包括单工通信、半双工通信和全双工通信。详细说明了数据交换的三种基本方式，包括电路交换，报文交换和分组交换。具体讲述了计算机网络采用的数据交换方式，即分组交换。详细描述了物理层之下的传输媒体，包括有线传输媒体：双绞线、光纤、同轴电缆；无线传输媒体：无线电波、微波、卫星通信等。而后介绍了每种传输介质的分类、特点以

及性能参数指标。最后介绍了同步光纤网与同步数字系列的概念和特点。

习题

一、选择题

1. 在下列传输媒体中，采用 RJ-45 连接头作为连接器件的是（ ）。

   A．同轴电缆　　B．单模光纤　　C．4 对 8 根 UTP　　D．电话线

2. 在下列传输媒体中，哪一个受到电磁干扰最小（ ）。

   A．屏蔽双绞线　　B．通信卫星　　C．细同轴电缆　　D．光纤

3. 利用载波信号频率的不同来实现信道复用的方法有（ ）

   A．频分复用　　B．时分复用　　C．波分复用　　D．码分复用

4. 局域网中常使用的传输介质为双绞线，UTP 和 STP 分别表示（ ）。

   A．五类双绞线与七类屏蔽双绞线

   B．屏蔽双绞线与非屏蔽双绞线

   C．光纤与同轴电缆

   D．非屏蔽双绞线与屏蔽双绞线

5. （ ）技术，适用于电视广播系统通信。

   A．码分多路复用　　B．频分多路复用　　C．波分多路复用　　D．时分多路复用

6. 以下用以实现电信号与光信号之间相互转换的设备为（ ）。

   A．调制解调器　　B．交换机　　C．光纤收发器　　D．ADSL

7. 在同一个通信信道中，同一个时刻可以进行双向数据发送的信道是（ ）。

   A．全双工　　B．半双工　　C．单工　　D．报文通信

8. 家用音响常使用的传输媒体为（ ）。

   A．双绞线　　B．玻璃光纤　　C．胶套硅光纤　　D．塑料光纤

9. 下列关于数据交换，不正确的叙述是（ ）。

   A．电路交换是面向非连接的不可靠的数据传输方式。

   B．分组交换比报文交换具有更好的传输效率。

   C．报文交换采用存储转发方式。

   D．分组交换是计算机网络采用的数据转发方式。

9. 通过分割信道的占用时间来实现多路复用的技术称为（ ）。

   A．频分复用技术　　B．波分复用技术

   C．码分复用技术　　D．时分复用技术

10. 采用半双工通信的例子是（ ）

   A．电视　　B．广播　　C．手机　　D．对讲机

二、判断题

1. 单工通信是指在一条通信信道中，同一时刻可以双向传输数据的通信方式。（ ）
2. 数据传输速率的单位是 B/s。（ ）
3. 波分复用就相当于时分多路复用在光纤介质上的应用。（ ）
4. 差分曼彻斯特编码用位周期中心向上的跳变表示 0，位周期中心向下的跳变表示 1。（ ）
5. 计算机网络数据交换方式采用的是报文交换。（ ）

6. 国内双绞线的特征阻抗值一般是 120 欧姆。（ ）
7. 屏蔽双绞线屏蔽层作用是减少双绞线的内部干扰。（ ）
8. 微波沿直线传输，需要中继站，所以称为微波接力通信。（ ）
9. 双绞线制作的 568B 标准线序为橙白、橙、绿白、蓝、蓝白、绿、棕白、棕。（ ）
10. 光纤在传输数据过程中没有损耗。（ ）

三、问答题

1. 物理层的功能是什么？其特征有哪些？
2. 如何提高信道的极限传输速率？
3. 常见的信号编码技术有哪些？常见的信号调制技术有哪些？
4. 信道复用技术有哪些？各有哪些特点？
5. 模拟信号数字化的过程是什么？
6. 数据通信方式有哪些？各有什么特点？
7. 数据交换技术有哪几种？各有什么特点？哪种适合计算机网络中的数据交换？为什么？
8. 双绞线电缆的电气性能参数有哪些？举例说明。
9. 为什么双绞线的每对铜导线要扭绞在一起？
10. 无线传输主要有哪几种方式？各有什么特点。

第 3 章 数据链路层

数据链路（data link）又称为逻辑链路，指在物理链路上，增加必要的通信协议来控制数据在物理链路上的传输。

3.1 数据链路层的基本功能

在 TCP/IP 网络体系结构中，数据链路层的基本功能就是把网络层交下来的 IP 数据报封装成帧，发送到物理链路上，也就是将源计算机网络层来的数据可靠地传输到相邻节点的目标计算机的网络层，如图 3-1 所示。

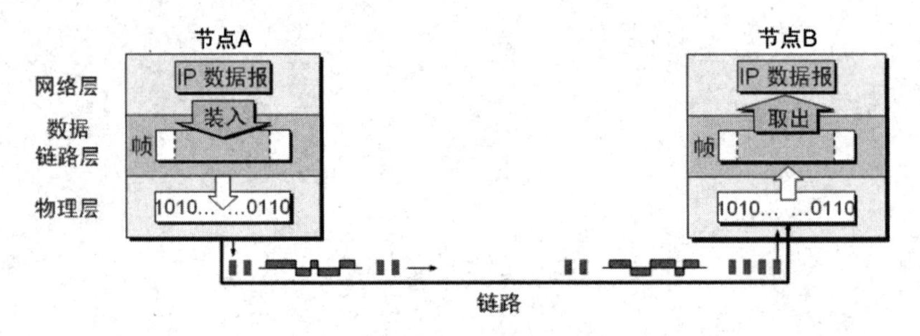

图 3-1 数据链路层的基本功能

国际标准化组织（ISO）定义的数据链路层协议基本功能包括以下几方面。

1. 帧的封装与定界

数据链路层是将数据组合成数据块来实现数据通信的，在数据链路层中将这种数据块称为帧，帧是数据链路层的传送单位。

为了向网络层提供服务，数据链路层必须使用物理层提供的服务。而物理层是以比特流进行传输的，这种比特流并不保证在数据传输过程中没有错误，接收到的位数量可能少于、等于或者多于发送的位数量，而且它们还可能有不同的值，这时数据链路层为了能实现数据有效的控制，就采用了所谓以“帧”为单位的数据块进行通信。

帧的封装与定界的主要任务是定义帧的首部和尾部标识，正确识别帧的起始和结束。有时也称为“帧同步”或“成帧”。

2. 透明传输

透明传输是指不管链路上传输的是何种形式的比特组合，都能够被正确识别，不会影响数据传输的正常进行。当所传数据中的比特组合恰巧与帧首部和尾部标识等控制信息一样时，可采用字节填充法，插入一个转义字符来解决。

3. 链路管理

数据链路层的“链路管理”功能包括数据链路的建立、链路的维持和链路的释放三个主要方面。当网络中的两个节点要进行通信时，数据的发送方必须确知接收方是否已处在准备接收的状态。为此通信双方必须先要交换一些必要的信息，以建立一条基本的数据链路。在数据通信时要维持数据链路，而在通信完毕时要释放数据链路。

4. 寻址

数据链路层的每个帧均携带源和目的站的物理地址。这里所说的“寻址”与下一章将要介绍的“IP 地址寻址”是完全不一样的，因为此处所寻找地址是计算机网卡的 MAC 地址，也称“物理地址”或“硬件地址”，而不是 IP 地址。在以太网中，采用媒体访问控制（Media Access Control，MAC）地址进行寻址，MAC 地址被烧入每个以太网网卡中。

5. 差错检测

在数据通信过程中可能会因物理链路性能和网络通信环境等因素，难免会出现一些传送错误，但为了确保数据通信的准确，又必须使得这些错误发生的概率尽可能低。这一功能也是在数据链路层实现的，就是它的“差错检测”功能。

采用冗余编码技术可以实现差错检测。

基本原理是在有效数据（信息位）被发送前，先按某种关系附加上一定的冗余位，构成一个符合特定运算规则的帧后再发送。接收端根据收到的帧是否仍符合原运算规则，来判断是否出错。

常见的检错编码有奇偶校验码和循环冗余校验码（Cyclic Redundancy Check， CRC）。

6. 可靠交付和流量控制

在双方的数据通信中，如何控制数据通信的流量非常重要。它既可以确保数据通信的有序进行，还可避免通信过程中出现因为接收方来不及接收而造成的数据丢失。这就是数据链路层的“流量控制”功能。

确认与重传技术用来实现可靠交付，流量控制则采用滑动窗口技术。

目前典型的并且最常用的数据链路层协议是本章下面要介绍的对等协议（Point-to-Point Protocol，PPP。或称点到点协议、点对点协议）和以太网 DIX Ethernet V2 规约。数据链路层协议应用在 PPP 协议和以太网时，舍弃了差错纠正、可靠交付和流量控制等功能，因为这些功能在运输层协议中也有定义。简化的协议也减少了很多额外的系统开销，降低了设备成本，不仅没有影响网络性能，反而促进了这些技术的普及应用。

例 3–1：数据链路（即逻辑链路）与链路（即物理链路）有何区别？

解答：所谓链路就是从一个节点到相邻节点的一段物理线路，而中间没有任何其他的交换节点。在进行数据通信时，两个计算机之间的通信路径往往要经过许多段这样的链路。可见链路只是一条路径的组成部分。

数据链路则是另一个概念。这是因为当需要在一条线路上传送数据时，除必须有一条物理线路外，还必须有一些通信协议来控制这些数据的传输（这将在后面几节讨论）。若把实现这些协议的硬件和软件加到链路上，就构成了数据链路。这样的数据链路就不再是简单的物理链路而是逻辑链路了。

例 3–2：试讨论数据链路层做成可靠的链路层有哪些优点和缺点。

解答：在数据链路层实现可靠传输的优点是通过点到点的差错检测和重传能及时纠正相邻节点间传输数据的差错。若在数据链路层不实现可靠传输由高层（如运输层）通过端到端的差错检测和重传来纠正这些差错，就会产生很大的重传时延。

但是在数据链路层实现可靠传输并不能保证端到端数据传输的可靠，如由于网络拥塞导致路由器丢弃分组等。因此，即使数据链路层是可靠的，在高层（如运输层）仍然有必要实现端到端可靠传输。如果相邻节点间传输数据的差错率非常低，则在数据链路层重复实现可靠传输就会给各节点增加过多不必要的负担。

3.2 介质访问控制

介质访问控制是数据链路层的子层，通过采取一定的措施，使共享信道的节点之间通信不会发生相互干扰。常用的介质访问控制方法有：静态划分信道、随机访问和轮询访问方式。

3.2.1 静态划分信道

静态划分信道就是频分多路复用（Frequency Division Multiplexing，FDM）、时分多路复用（Time Division Multiplexing，TDM）、波分多路复用（Wavelength Division Multiplexing，WDM）和码分多路复用（Code Division Multiplexing，CDM）。

1. 频分多路复用

将多路基带信号调制到不同频带载波上，再进行叠加形成一个复合信号的多路复用技术。优点是充分利用了传输介质的带宽，系统效率高；技术成熟，实现容易。

2. 时分多路复用

将一条物理信道按照时间分成若干个时间片，轮流分配给多个信号使用。在某一特定时刻，信道上只传送某一对设备之间的信号，但对于某一时间段而言，传送着按照时间分割的多路复用信号。由于计算机数据的突发性，用户对已经分配的子信道利用率一般不高。统计时分多路复用（STDM，又称异步时分多路复用）是 TDM 的一种改进，按需动态分配时隙，当终端数据要传送时，才会分配到时间片，这样可以提高线路利用率。

3. 波分多路复用

波分多路复用就是指光的频分多路复用，在光纤中传输多种不同波长（频率）的光信号，光信号之间互不干扰。最后利用波长分解复用器将各路波长分解出来。光波处于频谱的高频段，有很高的带宽，因此可以实现和多路的波分复用。

4. 码分多路复用

码分多路复用技术是利用不同的编码来区分各路原始信号的一种复用方式。可以实现时间和空间共享。

静态划分信道需要很高的成本，未被计算机网络数据链路层采用。

3.2.2 随机访问

允许所有用户均可随机发送信息，但如果两个或多个用户在同一时刻发送信息，就会在共享信道上发生冲突（或碰撞），从而导致发送信息的操作失败。这就要采用解决冲突的网络协议。

3.2.3　轮询访问

在轮询方式中，用户不能随机发送信息，而要通过一个集中控制的监控站，以循环方式轮询每个节点来决定信道的分配。典型的轮询访问介质控制协议是令牌传递协议，主要用于令牌环局域网。这种方式既不能实现时间共享也不能实现空间共享，目前在局域网数据链路层很少再被采用。

3.3　传统以太网

DIX Ethernet V2 是世界上第一个局域网产品（以太网）的规约。此外还有 IEEE 的 802.3 标准也是一种以太网标准，但 DIX Ethernet V2 标准与 IEEE 的 802.3 标准只有很小的差别，因此可以将 802.3 局域网简称为“以太网”。

3.3.1　CSMA/CD 协议

以太网采用具有冲突检测的载波监听多路访问（Carrier Sense Multiple Access with Collision Detect，CSMA/CD）。可以概括为先听后发、边听边发、冲突停止、延时重发。

（1）“多路访问”表示许多计算机以多点接入的方式连接在一根总线上。

（2）“载波监听”是指每一个站在发送数据之前先要检测一下总线上是否有其他计算机在发送数据，如果有，则暂时不要发送数据，以免发生碰撞。“载波监听”就是用电子技术检测总线上有没有其他计算机发送的数据信号。

（3）“冲突检测”就是计算机边发送数据边检测信道上的信号电压大小。

（4）当几个站同时在总线上发送数据时，总线上的信号电压摆动值将会增大（互相叠加）。

（5）当一个站检测到的信号电压摆动值超过一定的门限值时，就认为总线上至少有两个站同时在发送数据，表明产生了碰撞。

例 3-3：以太网使用的 CSMA/CD 协议是以争用方式接入到共享信道的。这与传统的时分多路复用 TDM 相比优缺点如何？

解答：当网络负载较轻，各站以突发方式发送数据时，碰撞的概率很小，CSMA/CD 信道利用率和效率比较高，而 TDM 会浪费大量时隙，效率比较低。当网络负载很重时，采用 CSMA/CD 会导致大量碰撞，效率会大大下降，而 TDM 能保证每个站获得固定可用的带宽。

3.3.2　采用集线器的传统以太网

早期传统的以太网属于共享介质方式，采用 CSMA/CD 机制、总线式的拓扑结构，利用电缆（粗缆、细缆）作为传输媒介。

双绞线问世后，最先使用集线器作为互联设备。集线器是使用电子器件来模拟实际电缆线的工作，因此整个系统仍然像一个传统的以太网那样运行。使用集线器的以太网在逻辑上仍是一个总线网，各工作站使用的还是 CSMA/CD 协议，并共享逻辑上的总线。

随着计算机网络规模的扩大，使用集线器的以太网冲突域也增大，信道的利用率进一步降低，网络性能将显著下降。

3.3.3　以太网 MAC 地址

以太网 MAC 地址是分配给每个网络接口卡的唯一标识，在网卡出厂时已经被写入其只读存储器中,也被称为硬件地址或物理地址，不随所连接网段的变化而变化，编址空间由 IEEE 管理，采用 IEEE 的 EUI（Extended Unique Identifier）-48 格式，是一个 48 位二进制的 6 字节数。

（1）IEEE 注册管理委员会为每个网卡生产商分配 Ethernet 物理地址的前三字节，即公司标识，也称为机构唯一标识符；后面三字节由网卡的厂商自行分配。

（2）在网卡生产过程中，将该地址写入网卡的只读存储器（EPROM）。

（3）如果网卡的物理地址是 00-60-08-00-A6-38，那么不管它连接在哪个具体的局域网中，其物理地址都是不变的。

（4）世界上没有任何两块网卡的 Ethernet 物理地址是相同的。

如图 3-2 所示，可以在 DOS 窗口下用 ipconfig /all 命令查看当前计算机网卡的 IP 地址和 MAC 地址，也就是物理地址（Physical Address），示例中网卡 Intel(R) 82579LM Gigabit 的 MAC 地址是 F0-DE-F1-67-D6-01。

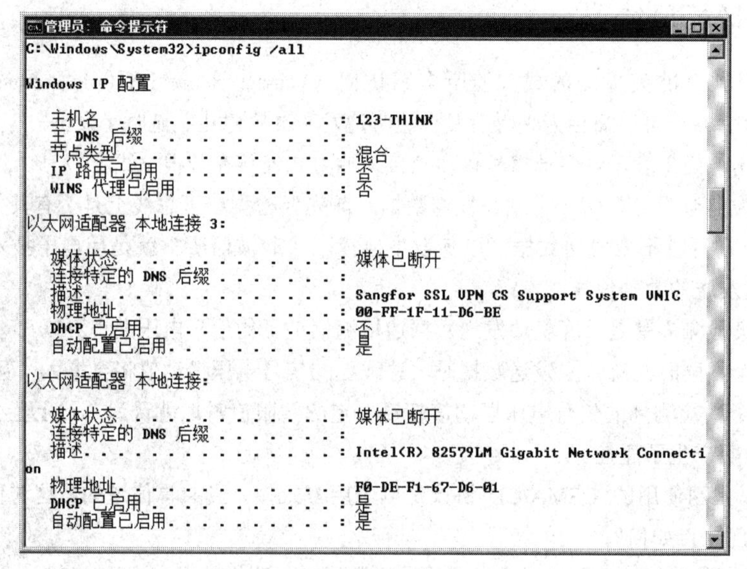

图 3-2 查看计算机 MAC 地址

3.3.4 以太网 MAC 帧格式

常用的以太网 MAC 帧格式有两种标准：

（1）DIX Ethernet V2 标准。

（2）IEEE 的 802.3 标准。

最常用的 MAC 帧是以太网 V2 的格式，如图 3-3 所示。

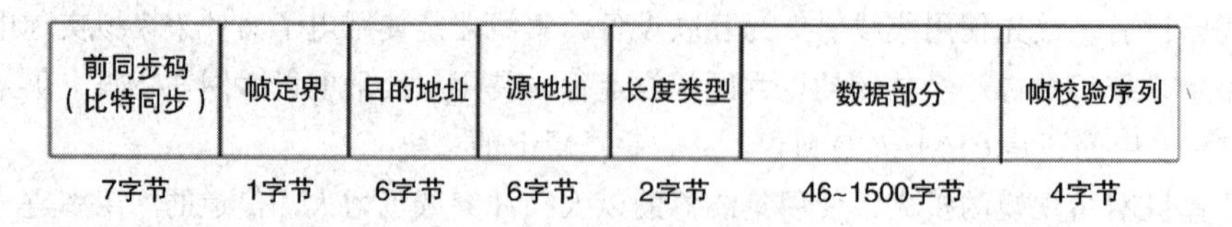

图 3-3 以太网 V2 的 MAC 帧格式

附加的前 8 字节是：

（1）前同步码（Preamble，Pre），7 字节的 1 和 0 交替码序列，比特同步，当物理层采用同步信道时（如 SDH/SONET），不再需要前同步码。

（2）帧定界（Start-of-Frame Delimiter，SFD）。以太网的帧定界符只用于标识帧的开始，不必标识结束。

（3）目的地址：即目的 MAC 地址 DA，6 字节。

（4）源地址：即源 MAC 地址 SA，6 字节。

（5）长度类型（Type）：类型字段，上层协议类型，最常见的如 0x0800 指 IP 协议，把帧的数据部分交给 IP 协议栈处理。

（6）数据部分：长度在 46 字节到 1500 字节之间可变的任意值序列。

（7）帧校验序列：即 FCS，4 字节，采用 CRC 编码，用于差错校验。FCS 校验的计算不包括同步码、帧定界和 FCS 字段本身。

例 3–4：在以太网帧中，为什么有最小帧长的限制？

解答：CSMA/CD 协议的要点是当发送站正在发送时，若检测到冲突则立即中止发送，然后推后一段时间再发送。如果发送的帧太短，还没有来得及检测到冲突就已经发送完了，那么就无法进行冲突检测了。因此，所发送的帧的最短长度应当要保证在发送完毕之前，必须能够检测到可能最晚到来的冲突信号。

3.4　对等协议（PPP）

对等协议（Point-to-Point Protocol，PPP）是因特网的正式标准[RFC 1661]。它提供了将 IP 数据报封装到串行链路的方法。

3.4.1　PPP 协议特点

PPP 协议的基本功能如下。

（1）成帧。

（2）错误检验。

（3）链路管理。

（4）支持多种网络层协议。

（5）因特网接入时协商 IP 地址。

（6）身份认证。

（7）既支持异步链路，也支持同步链路。

PPP 协议不需要的功能如下。

（1）不用于多点之间通信。

（2）不支持确认和重传。

（3）不提供流量控制。

（4）不纠错。

3.4.2　PPP 协议帧格式

（1）PPP 协议的帧格式如图 3-4 所示。

（2）PPP 协议是面向字节的，所有的 PPP 帧的长度都是整数字节。

（3）标志字段 F = 0x7E（符号“0x”表示后面的字符是用十六进制形式表示的。十六进制 7E 的二进制的形式是 01111110）。

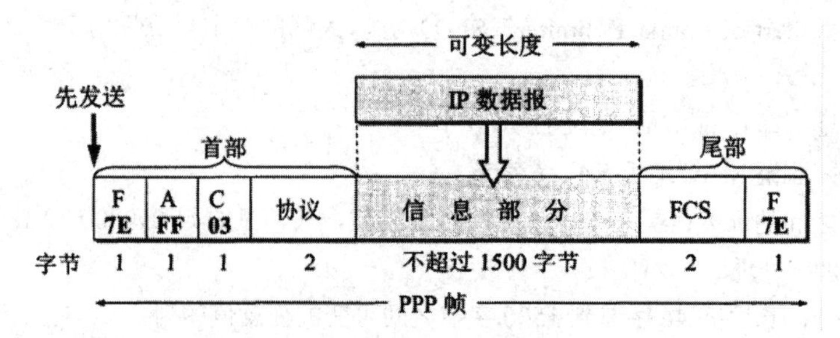

图 3-4 PPP 协议的帧格式

（4）地址字段 A 只置为 0xFF。地址字段实际上并不起作用。

（5）控制字段 C 通常置为 0x03。

（6）协议是一个 2 字节的协议字段。当协议字段为 0x0021 时，PPP 协议帧的信息字段就是 IP 数据报。当为 0xC021，信息字段是 PPP 链路控制数据。当为 0x8021，表示信息字段是网络控制数据。

3.4.3 PPP 协议工作流程

PPP 协议的工作流程如图 3-5 所示。

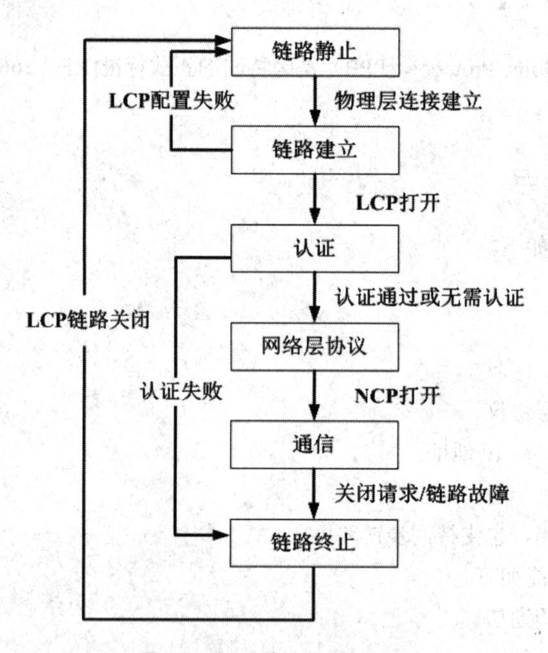

图 3-5 PPP 协议的运行机制

（1）要创建 PPP 链路，首先就要建立物理连接，过去用户用调制解调器通过拨号与 ISP 之间建立物理连接，现在则多用 ADSL 或 FTTx+LAN 方式。

（2）链路管理：LCP（Link Control Protocol），创建、维护和终止链路连接。

（3）NCP（Network Control Protocol），与网络层协调，如 IP 地址分配。常用 IPCP（IP Control Protocol）。

（4）认证采用以下方式：

PAP（Password Authentication Protocol）。

CHAP（Challenge Handshake Authentication Protocol）。

PPP 协议的实例应用

PPP 协议具有广泛的适用性。目前 PPP 协议仍然普遍地应用在 Internet 中，主要包括以下几种应用。

（1）个人用户到 ISP 的虚拟拨号连接。

（2）路由器之间的专线连接。

（3）基于 PPTP 建立 VPN 隧道，实现远程安全访问，PPTP 是用以承载 PPP 协议的安全隧道协议。

以下以中国电信提供的 FTTx+LAN 的 Internet 接入服务为例认识 PPP 协议的应用。

FTTx+LAN 是光纤加超五类双绞线方式，是采用以太网技术提供宽带接入服务的一种方案，具有可扩展性、可升级、投资规模小、性能稳定和安装便捷等优点。

在以太网上传输 PPP 协议，即 PPPoE。PPP 协议可以利用 PPP 协议所具备的身份认证的功能，实现用户上网的计费和管理。

图 3-6 是用协议分析软件捕获的 PPPoE 数据包，可以帮助我们理解 PPP 协议的工作过程，包括前面讲到的 LCP 链路控制、PAP 身份认证和 IPCP（即 NCP）网络地址协商。

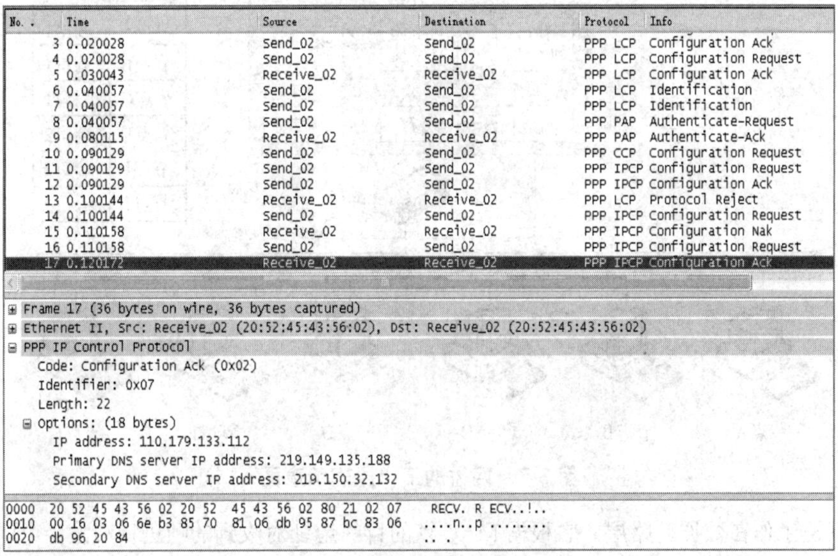

No.	Time	Source	Destination	Protocol	Info
3	0.020028	Send_02	Send_02	PPP LCP	Configuration Ack
4	0.020028	Send_02	Send_02	PPP LCP	Configuration Request
5	0.030043	Receive_02	Receive_02	PPP LCP	Configuration Ack
6	0.040057	Send_02	Send_02	PPP LCP	Identification
7	0.040057	Send_02	Send_02	PPP LCP	Identification
8	0.040057	Send_02	Send_02	PPP PAP	Authenticate-Request
9	0.080115	Receive_02	Receive_02	PPP PAP	Authenticate-Ack
10	0.090129	Send_02	Send_02	PPP CCP	Configuration Request
11	0.090129	Send_02	Send_02	PPP IPCP	Configuration Request
12	0.090129	Send_02	Send_02	PPP IPCP	Configuration Ack
13	0.100144	Receive_02	Receive_02	PPP LCP	Protocol Reject
14	0.100144	Send_02	Send_02	PPP IPCP	Configuration Request
15	0.110158	Receive_02	Receive_02	PPP IPCP	Configuration Nak
16	0.110158	Send_02	Send_02	PPP IPCP	Configuration Request
17	0.120172	Receive_02	Receive_02	PPP IPCP	Configuration Ack

```
⊞ Frame 17 (36 bytes on wire, 36 bytes captured)
⊞ Ethernet II, Src: Receive_02 (20:52:45:43:56:02), Dst: Receive_02 (20:52:45:43:56:02)
⊟ PPP IP Control Protocol
    Code: Configuration Ack (0x02)
    Identifier: 0x07
    Length: 22
  ⊟ Options: (18 bytes)
      IP address: 110.179.133.112
      Primary DNS server IP address: 219.149.135.188
      Secondary DNS server IP address: 219.150.32.132

0000  20 52 45 43 56 02 20 52  45 43 56 02 80 21 02 07   RECV. R ECV..!..
0010  00 16 03 06 6e b3 85 70  81 06 db 95 87 bc 83 06   ....n..p ........
0020  db 96 20 84                                        .. .
```

图 3-6　PPPoE 数据包分析

例 3–5：PPP 协议的主要特点是什么？为什么 PPP 协议不能使数据链路层实现可靠传输？

解答：PPP 协议的主要特点如下：

（1）简单，数据链路层的 PPP 协议非常简单，具有封装成帧、透明传输和差错检测功能，但向上不提供可靠传输服务。

（2）支持多种网络层协议，PPP 协议能够在同一条物理链路上同时支持多种网络层协议，如 IP 协议和 IPX 协议等。

（3）支持多种类型链路，PPP 协议能够在多种类型的链路上运行。例如串行的或并行的，同步的或异步的，低速的或高速的，电的或光的对等链路。

（4）检测连接状态，PPP 协议具有一种机制能够及时（不超过几分钟）自动检测出链路是否处于正常工作状态。

（5）网络层地址协商，PPP 协议提供了一种机制使通信的两个网络层（例如，两个 IP 层）的实体能够通过协商知道或能够配置彼此的网络层地址。

帧的编号是可靠数据传输的基本机制，由于 PPP 协议没有编号和确认机制因此不能实现可靠数据传输，适用于线路质量较好的情况。

【特别提示】

PPP 协议虽然定义的是一段节点到节点的链路层协议，但实际应用中通常都是在其他已建立的网络物理平台之上再建立新的连接的，是一种网络之上的网络，如 PPPoE 就是以太网之上的 PPP 链路。

3.5 网桥技术与以太网交换机

网桥技术彻底解决了传统共享式以太网存在碰撞问题的缺陷。

网桥是一种设备，它将两个网络连接起来，对网络数据的流通进行管理，不但能扩展网络的距离或范围，而且可提高网络的性能、可靠性和安全性，如图 3-7 所示。

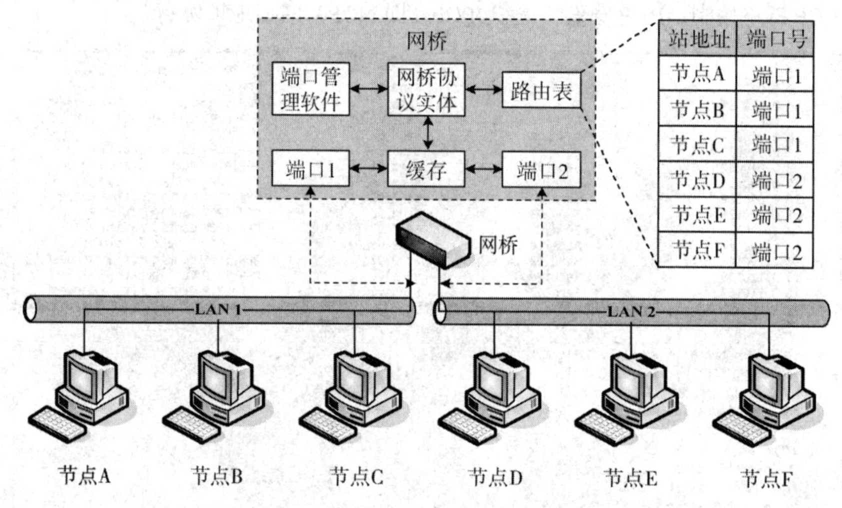

图 3-7 网桥的工作原理示意图

（1）网桥工作在数据链路层，它根据 MAC 帧的目的地址对收到的帧进行转发。

（2）网桥具有过滤帧的功能。当网桥收到一个帧时，并不是向所有的端口转发此帧，而是先检查此帧的目的 MAC 地址，然后再确定将该帧转发到哪一个端口。

以太网交换机实质上就是一个多端口的网桥，交换机早期也只是工作在数据链路层，即数据转发的依据只是以太网的 MAC 地址信息，随着需求的出现和技术的发展才出现了三层交换机，关于三层交换机的有关技术及配置方法，将在下一节介绍。

3.5.1 以太网交换机工作原理

以太网交换机的工作原理可以这样概括：

（1）以太网交换机的每个端口都直接与主机相连，并且一般都工作在全双工方式下。

（2）交换机能同时连通许多对的端口，使每一对相互通信的主机都能像独占通信媒体那样，进行无碰撞的数据传输。

（3）以太网交换机由于使用了专用的交换结构芯片，因此其交换速率会较高。

（4）对于传统的 10 Mb/s 共享式以太网，若共有 N 个用户，则每个用户占有的平均带宽只有总带宽（10 Mb/s）的 N 分之一。使用以太网交换机时，虽然在每个端口到主机的带宽还是 10 Mb/s，但由于一个用户在通信时是独占的而不是和其他网络用户共享传输媒体的带宽，因此对于拥有 N 对端口的交换机的总容量为 N×10 Mb/s，而在全双工模式下总容量就是 N×10 Mb/s。这正是交换机的最大优点。

图 3-8 是交换机的工作原理示意图。

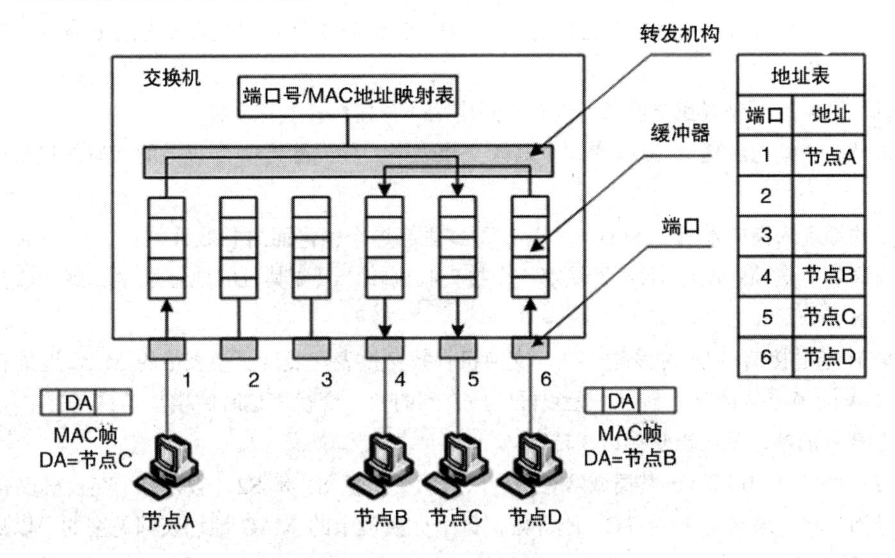

图 3-8　交换机工作原理示意图

例 3–6：有 10 个站连接到以太网上。试计算以下三种情况下每一个站所能得到的带宽。

（1）10 个站都连接到一个 10 Mb/s 以太网集线器；

（2）10 个站都连接到一个 100 Mb/s 以太网集线器；

（3）10 个站都连接到一个 10 Mb/s 以太网交换机。

解答：假定利用率为 100%。（1）每个站平均得到 1 Mb/s 带宽；（2）每个站平均得到 10 Mb/s 带宽；（3）每个站可独占 10 Mb/s 带宽。

3.5.2　交换机自学习算法

交换机可以即插即用，不需要人工配置交换表，交换表的建立是通过交换机自学习得到的，如图 3-9 所示。

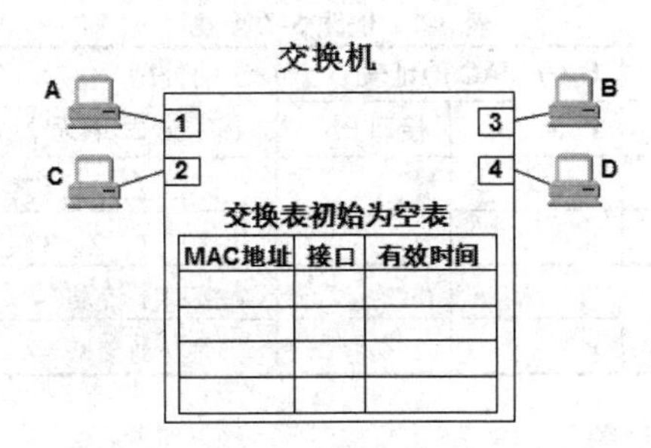

图 3-9　交换机自学习交换表

交换机收到一帧后先进行自学习，查找交换表中与收到帧的源地址有无相匹配的项目。如没有，就在交换表中增加一个项目（源地址、进入的接口和有效时间）。如有，则把原有的项目进行更新（进入的接口或有效时间）。

当交换机转发某一帧时，先查找交换表中与收到帧的目的地址有无相匹配的项目。如没有，则向所有其他接口（进入的接口除外）转发。如有，则按交换表中给出的接口进行转发。

若交换表中给出的接口就是该帧进入交换机的接口，则应丢弃这个帧。

以下用实例介绍以太网交换机自学习和转发帧的过程。

假设一台交换机连接了 MAC 地址分别是 A、B、C 和 D 的四台主机。A 先向 B 发送一帧，从接口 1 进入到交换机。

交换机收到帧后，先查找交换表，没有查到应从哪个接口转发这个帧。

交换机把这个帧的源地址 A 和接口 1 写入交换表中，并向除接口 1 以外的所有的接口广播这个帧。

因为目的地址未指向本机 C 和 D，所以 C 和 D 丢弃这个帧，而 B 接收此帧。

交换表添加了表项（A,1）后不管从哪一个接口收到帧，只要其目的地址是 A，就把收到的帧从接口 1 转发出去。

接下来 B 通过接口 3 向 A 发送一帧。交换机查找交换表，发现交换表中的 MAC 地址有 A。表明要发送给 A 的帧应从接口 1 转发，无须再广播收到的帧。交换表这时新增加项目（B,3），表明今后如有发送给 B 的帧，就应当从接口 3 转发。

例 3–7：如图 3-10 所示，某局域网有两台以太网交换机 S1 和 S2（假设每个交换机仅有 4 个接口，接口号为 1~4）连接了 6 台 PC。刚开始，每个交换机中的 MAC 地址表都是空的。以后有以下各 PC 依次向其他 PC 发送了 MAC 帧：A 发送给 D，E 发送给 F，D 发送给 A，F 发送给 E。试填写各交换机在收到各帧后在 MAC 地址表中的记录和交换机的处理动作（丢弃该帧，或从哪个接口转发出去，或没有收到该帧）。

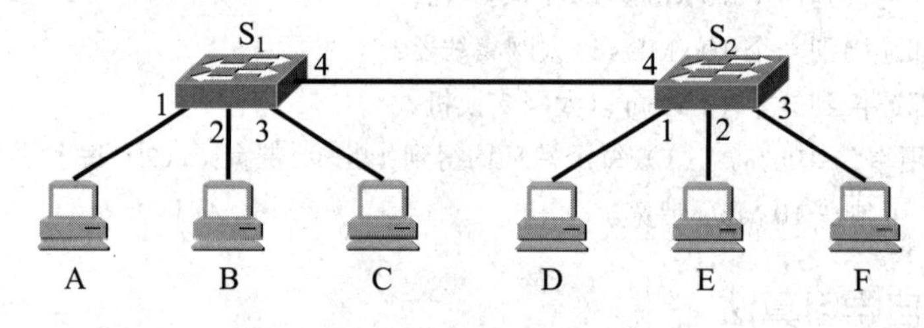

图 3-10　交换机自学习

解答：表 3-1 给出答案。

表 3-1　例题 3-7 答案

发送的帧	S_1的 MAC 地址表		S_2的 MAC 地址表		S_1的处理（转发/丢弃/无）	S_2的处理（转发/丢弃/无）
	地址	接口	地址	接口		
A→D	A	1	A	4	从接口 2、3、4 转发	从接口 1、2、3 转发
E→F	E	4	E	2	从接口 1、2、3 转发	从接口 1、3、4 转发
D→A	D	4	D	1	从接口 1 转发	从接口 4 转发
F→E	–	–	F	3	没有收到该帧	从接口 2 转发

3.5.3 生成树协议

生成树协议主要为了解决以下几个问题：

（1）消除桥接网络中可能存在的路径回环。

（2）对当前活动路径出现阻塞、断链等问题时提供冗余备份路径。

生成树算法的基本思想是：在网桥之间传递特殊的消息，使之能够据此来计算生成树。这种特殊的消息称为“Configuration Bridge Protocol Data Units（BPDUs）”或者“配置 BPDUs”。通过 BPDUs 信息的传送，首先在网络中选出根交换机（也称根桥），然后计算各路径的优劣，打开（处于 forwarding 状态）或者阻塞（处于 discarding 状态）相应的链路。

STP 是一种二层管理协议，它通过有选择地阻塞网络冗余链路来达到消除网络二层环路的目的，同时具备链路备份的功能。STP 掌管着端口的转发大权——“小树枝抖一抖，上层协议就得另谋生路”。

如图 3-11 所示，BPDUs 在各交换机之间传播。根据计算结果，交换机 A 被选为网络的根桥，交换机 B 和 C 之间、交换机 B 和 D 之间的链路被阻塞。最终，网络形成了以交换机 A 为根的一棵拓扑树，没有环路。假设交换机 A 和 C 之间链路断开，则原来处于阻塞状态 B 和 C 之间链路将变成 forwarding 状态，使得交换机 C 可以通过 B 到达根桥。

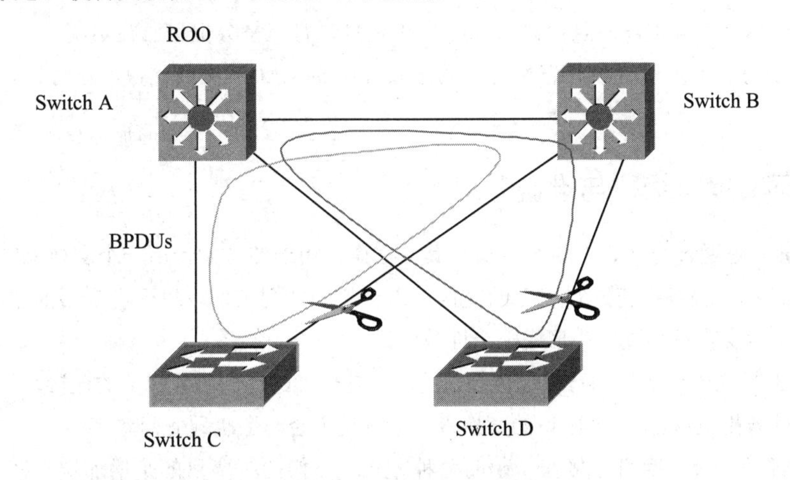

图 3-11 STP 阻塞网络环路

- STP：IEEE Std 802.1D-1998 定义，不能快速迁移。即使是在点对点链路或边缘端口，也必须等待 2 倍的 forward delay 的时间延迟，网络才能收敛。
- RSTP：IEEE STD 802.1w 定义，在 STP 基础上做了三点改进，使收敛速度更快：①引入了 Alternate 端口和 Backup 端口角色；②引入对等链路概念；③引入了边缘端口概念。RSTP 可以快速收敛，却存在以下缺陷：局域网内所有网桥共享一棵生成树，不能按 VLAN 阻塞冗余链路。
- MSTP：IEEE STD 802.1s 定义，一种新型多实例化生成树协议。它把支持 MSTP 的交换机和不支持 MSTP 的交换机划分为不同的区域，分别称为 MST 域和 SST 域。在 MST 域内部运行多实例的生成树，在 MST 域的边缘运行 RSTP 兼容的内部生成树。MSTP 具有 VLAN 认知能力，可以实现负载均衡，可以实现类似于 RSTP 的端口快速切换，可以捆绑多个 VLAN 到一个实例中，以降低资源利用率。MSTP 可以很好地向下兼容 STP/RSTP 协议。它允许不同 VLAN 的流量沿各自的路径分发，从而为冗余链路提供了更好的负载分担机制。

3.5.4 以太网交换机端口聚合

聚合为交换机提供了端口捆绑的技术，允许两个交换机之间通过两个或多个端口并行连接，同时传输数据以提供更高的带宽。聚合是目前许多交换机支持的一个高级特性。

采用聚合有很多优点：

（1）增加网络带宽。聚合可以将多个端口捆绑成为一个逻辑连接，捆绑后的带宽是每个独立端口的带宽总和。当端口上的流量增加而成为限制网络性能的瓶颈时，采用支持该特性的交换机可以轻而易举地增加网络的带宽（例如，可以将 2~4 个 100Mb/s 端口连接在一起组成一个 200~400Mb/s 的连接）。该特性可适用于 10M、100M、1000M 以太网。

（2）提高网络连接的可靠性。当主干网络以很高的速率连接时，一旦出现网络连接故障，后果是不堪设想的。高速服务器以及主干网络连接必须保证绝对可靠。采用聚合的一个良好的设计可以对这种故障进行保护，例如，将一根电缆错误地拔下来不会导致链路中断。也就是说，组成聚合的一个端口一旦连接失败，网络数据就自动重定向到那些好的连接上。这个过程非常快，可以保证网络无间断地继续正常工作。

（3）实现网络流量的负载分担。目前大部分交换机都可以根据以太网帧的源、目的 MAC 进行流量在各个聚合端口上的分担，而且根据源、目的 IP 地址进行流量分担也已经实现。

聚合的方式主要有手工聚合和动态聚合，动态聚合需要 LACP 协议支撑，该协议定义在 IEEE 802.3ad 中。

3.5.5 以太网交换机级联与堆叠

级联（Uplink）是通过交换机的某个端口与其他交换机相连的，如使用一个交换机 Uplink 端口到另一个普通端口；堆叠是指将一台以上的交换机组合起来共同工作，以便在有限的空间内提供尽可能多的端口。多台交换机经过堆叠形成一个堆叠单元。

堆叠（Stack）是通过交换机的背板连接起来的，它是一种建立在芯片级上的连接，如 2 个 24 口交换机堆叠起来的效果就像是一个 48 口的交换机，优点是不会产生瓶颈的问题。

堆叠和级联都是多台交换机连接在一起的两种方式。它们的主要目的是增加端口密度。但它们的实现方法是不同的。简单地说，级联可通过一根双绞线在任何网络设备厂家的交换机之间完成。而堆叠只有在自己厂家的设备之间，且这些设备必须具有堆叠功能才可实现。级联只需单做一根双绞线（或其他媒介），堆叠需要专用的堆叠模块和堆叠线缆，而这些东西需要单独购买。交换机的级联在理论上是没有级联个数限制的，而各个厂家的堆叠设备会标明最大堆叠个数。

从上面可看出级联相对容易，但堆叠这种技术有级联所没有的优势。首先，多台交换机堆叠在一起，从逻辑上来说，它们属于同一个设备。这样，如果你想对这几台交换机进行设置时，只要连接到任何一台设备上，就可看到堆叠中的其他交换机。而级联的设备逻辑上是独立的，如果想要用网管软件管理这些设备，必须依次连接到每个设备。

其次，多个设备级联会产生级联瓶颈。例如，两个百兆交换机通过一根双绞线级联，则它们的级联带宽是百兆。这样不同交换机之间的计算机要通信，都只能通过这百兆带宽。而两个交换机通过堆叠连接在一起，堆叠线缆能提供高于 1G 的背板带宽，极大地减少了瓶颈问题。

级联也有一个堆叠达不到的目的，就是增加连接距离。比如，一台计算机离交换机较远，超过了单根双绞线的最长距离 100 米，则可在中间再放置一台交换机，使计算机与此交换机相连。堆叠线缆最长也只有几米，所以堆叠时应予考虑。堆叠和级联各有优点，在实际的方案设计中经常同时出现，需要灵活应用。

菊花链模式是一种常用的交换机堆叠模式，如图 3-12 所示。主要的优点是提供集中管理的扩展端口，对于多交换机之间的转发效率并没有提升，主要是因为菊花链模式是采用高速端口和软件来实现的。菊花链模式使用堆叠电缆将几台交换机以环路的方式组建成一个堆叠组。但是最后一根从上到下的堆叠电缆只起冗余备份作用，从第一台交换机到最后一台交换机数据包还是要历经中间所有交换机的。其效率较低，尤其是在堆叠层数较多时，堆叠端口会成为严重的系统瓶颈，所以建议堆叠层数不要太多。

图 3-12　菊花链模式的交换机堆叠

可堆叠的交换机性能指标中有一个“最大可堆叠数”参数，它是指一个堆叠单元中所能堆叠的最大交换机数，代表一个堆叠单元中所能提供的最大端口密度。堆叠与级联这两个概念既有区别又有联系。堆叠可以看作是级联的一种特殊形式。它们的不同之处在于：级联的交换机之间可以相距很远（在媒体许可范围内），而一个堆叠单元内的多台交换机之间的距离非常近，一般不超过几米；级联一般采用普通端口，而堆叠一般采用专用的堆叠模块和堆叠电缆。一般来说，不同厂家、不同型号的交换机可以互相级联，堆叠则不同，它必须在可堆叠的同类型交换机（至少应该是同一厂家的交换机）之间进行；级联仅仅是交换机之间的简单连接，堆叠则是将整个堆叠单元作为一台交换机来使用，这不但意味着端口密度的增加，而且意味着系统带宽的加宽。

目前，市场上的主流交换机可以细分为可堆叠型和非堆叠型两大类。而号称可以堆叠的交换机中，又有虚拟堆叠和真正堆叠之分。所谓的虚拟堆叠，实际就是交换机之间的级联。交换机并不是通过专用堆叠模块和堆叠电缆，而是通过 Fast Ethernet 端口或 Giga Ethernet 端口进行堆叠的，实际上这是一种变相的级联。即便如此，虚拟堆叠的多台交换机在网络中已经可以作为一个逻辑设备进行管理，从而使网络管理变得简单起来。

3.5.6　虚拟局域网（VLAN）

1．虚拟局域网的基本概念

虚拟局域网（Virtual Local Area Network，VLAN）是由一些局域网网段构成的与物理位置无关的逻辑组。这些网段具有某些共同的需求。每一个 VLAN 的帧都有一个明确的标识符，指明发送这个帧的工作站是属于哪一个 VLAN 的。虚拟局域网其实只是局域网给用户提供的一种服务，而并不是一种新型局域网。

图 3-13 是一个虚拟局域网的组成示意图。当 N1-1 向 VLAN1 工作组内成员发送数据时，工作站 N2-1 和 N3-1 将会收到广播的信息。

而 N1-1 发送数据时，工作站 N1-2、N1-3 和 N1-4 都不会收到 N1-1 发出的广播信息。

虚拟局域网限制了接收广播信息的工作站数，使得网络不会因传播过多的广播信息（即“广播风暴”）而引起性能恶化。

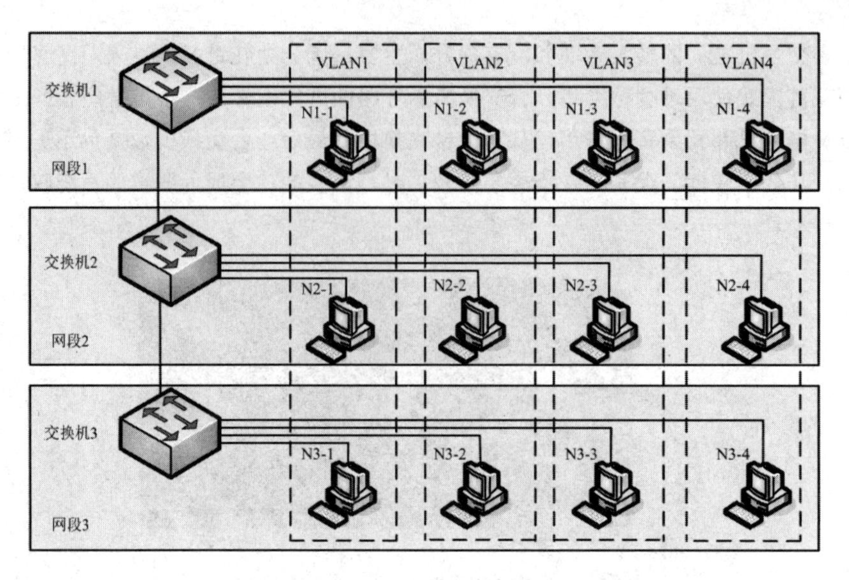

图 3-13 虚拟局域网示意图

2. 虚拟局域网标准

以太网虚拟局域网协议是 IEEE 802.1Q。IEEE 802.1Q 的帧格式如图 3-14 所示。

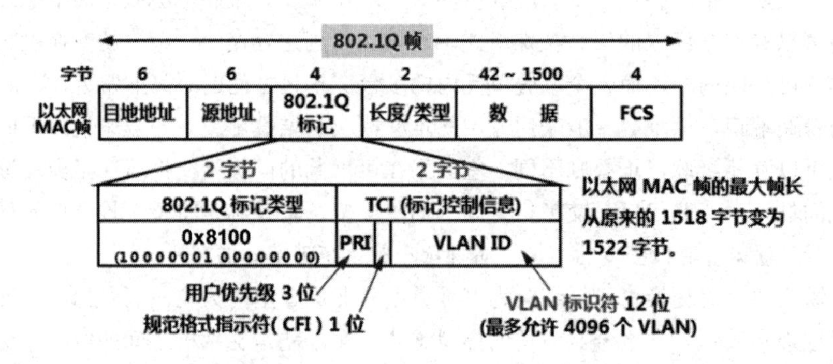

图 3-14 虚拟局域网协议 IEEE 802.1Q 帧格式

说明如下：

（1）扩展 MAC 帧首部进行标识 VLAN。

（2）IEEE 802.1Q（Virtual Bridged Local Area Networks）协议。

（3）首部增加 4 个字节。

（4）TPID（Tag Protocol IDentifier），固定取值为 0x8100。

（5）TCI（Tag Control Information）包括下面 3 项：

- 用户优先级（PRI），3 位。
- 规范格式指示符（Canonical Format Indicator，CFI），1 位。
- VLAN 标识符（VLAN ID），12 位。

IEEE 802.1Q 的运行方式如下：

（1）802.1Q 数据帧传输对于用户是完全透明的。

（2）Trunk 上默认会转发交换机上存在的所有 VLAN 的数据。

（3）交换机在从 Trunk 口转发数据前会对数据打个 Tag 标签，在到达另一交换机后，再剥去此标签。

虚拟局域网的优点如下。

1. 限制了网络中的广播

一般交换机不能过滤局域网广播报文，因此在大型交换局域网环境中造成广播量拥塞，对网络带宽造成了极大浪费。用户不得已用路由器分割他们的网络，此时路由器的作用是广播的“防火墙”。

VLAN 的主要优点之一是支持 VLAN 的 LAN 交换机可以有效地用于控制广播流量，广播流量仅仅在 VLAN 内被复制，而不是整个交换机，从而提供了类似路由器的广播“防火墙”功能。

2. 虚拟工作组

使用 VLAN 的另一个目的就是建立虚拟工作站模型。当企业级的 VLAN 建成之后，某一部门或分支机构的职员可以在虚拟工作组模式下共享同一个“局域网”。这样绝大多数的网络都限制在 VLAN 广播域内部了。当部门内的某一个成员移动到另一个网络位置时，他所使用的工作站不需要做任何改动。相反，一个用户的改变不用移动他的工作站就可以调整到另一个部门去，网络管理者只需要在控制台上进行简单的操作就可以了。

VLAN 的这种功能使人们以前曾设想过的动态网络组织结构成为了可能，并在一定程度上大大推动了交叉工作组的形成。这就引出了虚拟工作组的定义。对一个公司而言，经常会针对某一个具体的开发项目临时组建一个由各部门的技术人员组成的工作组，他们可能分别来自经营部、网络部、技术服务部等。有了 VLAN，小组内的成员就不用再集中到一个办公室了。他们只要坐在自己的计算机旁就可以了解到其他合作者的情况。另外，VLAN 为我们带来了巨大的灵活性。当有实际需要时，一个虚拟工作组可以应运而生；当项目结束后，虚拟工作组又可以随之消失。这样，无论是对用户还是对网络管理者来说，VLAN 都是十分吸引人的。

3. 安全性

由于配置了 VLAN 后，一个 VLAN 的数据包不会发送到另一个 VLAN，这样，其他 VLAN 用户的网络上是收不到任何该 VLAN 的数据报的，从而确保了该 VLAN 的信息不会被其他 VLAN 的人窃听，实现了信息的保密。

4. 减少移动和改变的代价

即所说的动态管理网络，也就是当一个用户从一个位置移动到另一个位置时，他的网络属性不需要重新配置，而是动态地完成。这种动态管理网络给网络管理者和使用者都带来了极大的好处，一个用户，无论他到哪里，都能不做任何修改地接入网络，这种前景是非常美好的。当然，并不是所有的 VLAN 划分方法都能做到这一点。

虚拟局域网的划分方法如下。

1. 根据端口定义

许多 VLAN 设备制造商都利用交换机的端口来划分 VLAN 成员，被设定的端口都在同一个广播域中。如图 3-15 所示，交换机上的端口被划分成了“工程部”“市场部”“销售部”三个 VLAN。这样可以允许 VLAN 内部各端口之间通信。

按交换机端口来划分 VLAN 成员，其配置过程简单明了。因此迄今为止，这仍然是最常用的一种方式。但是，这种方式不允许多个 VLAN 共享一个物理网段或交换机端口，而且，如果某一个用户从一个端口所在的虚拟局域网移动到另一个端口所在的虚拟局域网，网络管理者就需要重新进行配置，这对于拥有众多移动用户的网络来说是难以实现的。

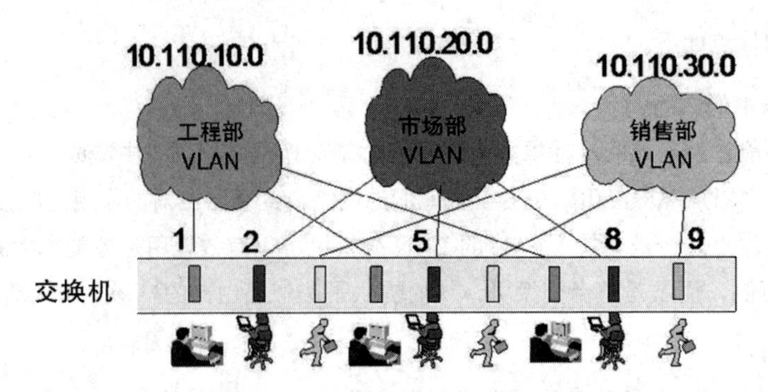

图 3-15 基于端口 VLAN 的划分

2. 根据 MAC 地址划分 VLAN

这种划分 VLAN 的方法是根据每个主机的 MAC 地址来划分的，即对每个 MAC 地址的主机都配置它属于哪个组。这种划分 VLAN 的方法的最大优点就是当用户物理位置移动时，即从一个交换机换到其他的交换机时，VLAN 不用重新配置，所以，可以认为这种根据 MAC 地址的划分方法是基于用户的 VLAN 的。这种方法的缺点是初始化时，所有的用户都必须进行配置，如果有几百个甚至上千个用户的话，配置是非常累的。而且这种划分的方法也导致了交换机执行效率降低，因为在每一个交换机的端口都可能存在很多个 VLAN 组的成员，这样就无法限制广播包了。另外，对于使用笔记本电脑的用户来说，他们的网卡可能经常更换，这样，VLAN 就必须不停地配置。

3. 根据网络层划分 VLAN

这种划分 VLAN 的方法是根据每个主机的网络层地址或协议类型（如果支持多协议）来划分的，虽然这种划分方法可能是根据网络地址的，比如 IP 地址，但它不是路由，不要与网络层的路由混淆。它虽然查看每个数据报的 IP 地址，但由于不是路由，所以，没有 RIP、OSPF 等路由协议，而是根据生成树算法进行桥交换。

这种方法的优点是用户的物理位置改变了，不需要重新配置他所属的 VLAN，而且可以根据协议类型来划分 VLAN，这对网络管理者来说很重要。而且这种方法不需要附加的帧标签来识别 VLAN，这样可以减少网络的通信量。

这种方法的缺点是效率不高，因为检查每一个数据报的网络层地址是很费时的（相对于前面两种方法），一般的交换机芯片都可以自动检查网络上数据报的以太网帧头，但要让芯片能检查 IP 帧头，需要更高的技术，同时也更费时。当然，这也跟各个厂商的实现方法有关。

4. IP 组播作为 VLAN

IP 组播实际上也是一种 VLAN 的定义，即认为一个组播组就是一个 VLAN。这种划分的方法将 VLAN 扩大到了广域网，因此这种方法具有更大的灵活性，而且也很容易通过路由器进行扩展。当然这种方法不适合局域网，主要是效率不高，对于局域网的组播，有二层组播协议 GMRP。

5. 基于组合策略划分 VLAN

即上述各种 VLAN 划分方式的组合。应该说，目前很少采用这种 VLAN 划分方式。

【特别提示】

虚拟局域网技术只有在跨交换机上配置，才能实现同一部门不同地理位置组成虚拟局域网的实际应用需求。所以必须掌握 IEEE 802.1Q 的概念和配置方法。如果只是分别在两台交换机上配置 VLAN，而没有配置 Trunk 接口是不能真正建立虚拟局域网的。

3.5.7　以太网三层交换机

1．三层交换的提出

传统的网络界有一个规则，即局域网内的业务流类型遵循“80/20 规则”：80/20 流量模式指用户数据流量的 80%在本地网段，只有 20%的数据流量通过路由器进入其他网段。

采用 80/20 规则的网络，用户的网络资源都在同一个网段内。这些资源包括网络服务器、打印机、共享目录和文件等。因此在这种网络内，路由器完全可以胜任，且构建其网络的成本完全可以被用户接受。

但是，随着 Internet 应用的兴起和服务器集群的出现，使得传统的 80/20 流量模式发生了转变。网络中大部分数据流经主干，逻辑子网内部数据流量不大，用户经常需要访问本子网以外的资源，“80/20 规则”对于多数企业网络已经不适用了。因此，现在局域网中的业务流有两个突出的特点，一是总的业务流在增加；二是子网络间的业务流在增加。

为了解释这一概念，假设网络业务流的总量不变，且网络业务流比例由 80/20 变为 20/80。这意味着需要在子网间进行路由的业务流增加到过去的 4 倍。这是否意味着网络中需要 4 倍的路由器呢？答案是否定的，实际上需要比 4 倍更多的路由器。因为当路由器数量增加时，路由器之间的联系与合作占路由器全部工作的比重就会增加。所以随着子网络间业务流的增加，路由能力也相应地需要增加。

举例来说，假设路由能力增加 4 倍，就需要 6 倍的路由器。现在如果业务流类型改变的同时业务流的总量翻了一番，那么网络中所需的路由器总数就为原来的 12 倍了。如果按照传统的路由产品的成本进行计算，这对于大多数用户来说无疑都是一个难以接受的预算。所以，局域网内子网络间业务流的适度增加伴随着总业务流的相应增加，都将使得采用传统的路由器来满足路由功能的需求在经济上不大可行。

总结一下，三层交换技术和交换机的提出主要基于以下原因：

（1）二层交换技术极大地提升了以太网的性能，但仍然不能完全满足局域网的需要。

（2）为了将广播和本地流量限制在一定的范围内，交换式以太网采取划分逻辑子网的方式。

（3）VLAN 间的互通传统上需要由路由器来完成，但路由器配置复杂，造价昂贵，而且转发速度限制容易成为网络的瓶颈。

（4）新 20/80 规则的兴起，80%的流量需要跨越 VLAN，路由器不堪重负。

2. 三层交换机基本特征

应该说，三层交换机与传统路由器具有相同的功能：

（1）根据 IP 地址进行选路。

（2）进行三层的校验和。

（3）使用生存时间（TTL）。

（4）对路由表进行更新和维护。

二层交换机和三层交换机二者最大的区别在于三层交换机采用 ASIC 硬件进行包转发，而传统路由器采用 CPU 进行包转发。所以，相比于传统路由器而言，三层交换机具有以下优点：

（1）基于硬件的包转发，转发效率高。

（2）低时延。

（3）低花费。

3. 三层交换机的功能模型

为了便于大家对三层交换机有一个感性的了解，我们以图 3-16 为例来说明。

在图 3-16 中，右边是一个三层交换机，其实现的功能等同于左边一个 VLAN 二层交换机和路由器组成的网络。也就是说，三层交换机把支持 VLAN 的二层交换机和路由器的功能集成在一起了，既有二层交换机功能，也有三层路由器功能。因此，三层交换机也称为路由交换机。一般来说，三层交换机的功能分别通过二层 VLAN 转发引擎和三层转发引擎两个部分来实现：二层 VLAN 转发引擎与支持 VLAN 的二层交换机的二层转发引擎是相同的，是用硬件支持多个 VLAN 的二层转发；三层转发引擎使用硬件 ASIC 技术实现高速的 IP 地址转发。三层交换机对应到 IP 网络模型中，每个 VLAN 对应一个 IP 网段，三层交换机中的三层转发引擎在各个网段（VLAN）间转发报文，实现 VLAN之间的互通，因此三层交换机的路由功能通常叫作 VLAN 间路由（Inter-VLAN Routing）。

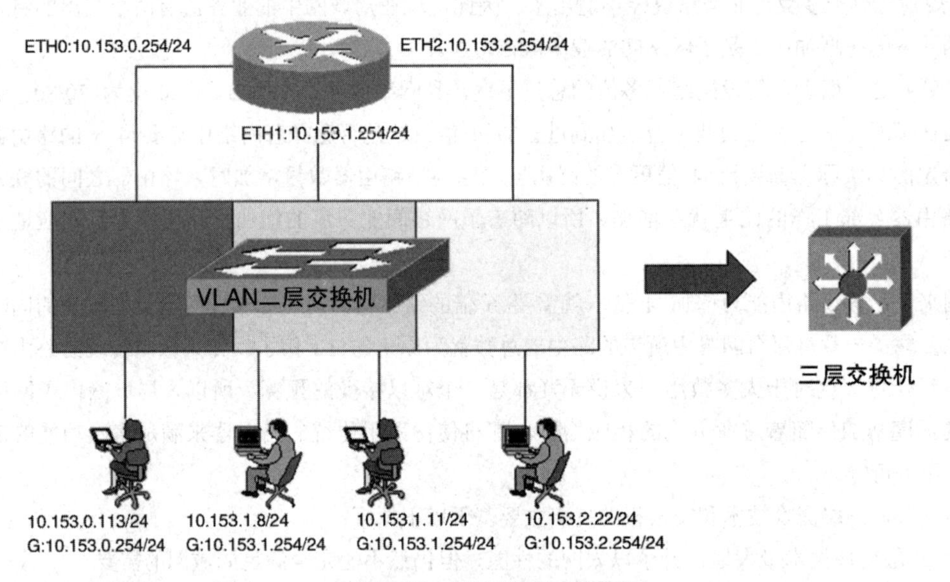

图 3-16 三层交换机功能模型

对应于二层交换引擎，三层交换引擎示意图如图 3-17 所示。

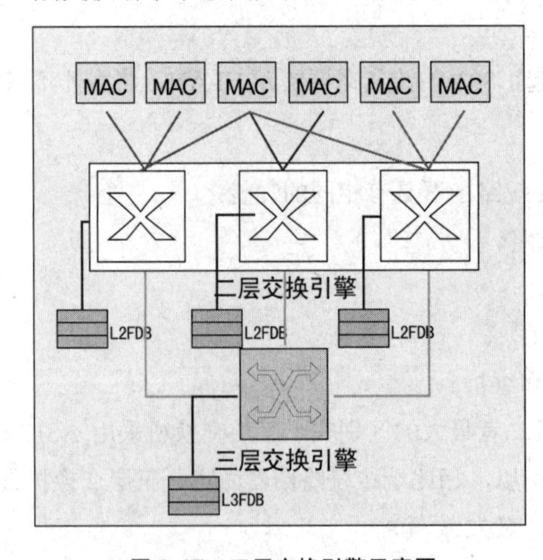

图 3-17 三层交换引擎示意图

在二层上，VLAN 之间是隔离的，VLAN 内主机可以互通，这一点跟二层交换机中的交换引擎的功能一模一样。一般来说，三层交换机的每个 VLAN 对应一个网段，不同的 IP 网段之间的访问要跨越 VLAN，要使用三层交换引擎提供的 VLAN 间路由功能（相当于路由器）。在使用二层交换机和路由器的组网中，每个需要与其他 IP 网段（VLAN）通信的 IP 网段（VLAN）都需要使用一个路由器接口做网关。三层交换机的应用也同样符合 IP 地址的组网模型，三层转发引擎就相当于传统组网中的路由器的功能，当需要与其他 VLAN 通信的时候也要为之在三层交换引擎上分配一个路由接口，用来做 VLAN 内主机的网关。三层交换机上的这个路由接口是通过配置转发芯片来实现的，与路由器的接口不同，这个接口不是直观可见的。给 VLAN 指定路由接口的操作，实际上就是为 VLAN 指定一个 IP 地址、子网掩码和 MAC 地址，MAC 地址是由设备制造过程中分配的，在配置过程中由交换机自动配置。

3.5.8　以太网的发展

1. 100Mb/s 快速以太网

IEEE 于 1995 年通过了 100Mb/s 快速以太网的 100Base-T 标准，并正式命名为 IEEE 802.3u 标准，作为对 IEEE 802.3 标准的补充。

在物理层，高速以太网采用同 10Base-T 一样的星型拓扑结构，但包含三种介质选项：100Base-TX、100Base-FX 和 100Base-T4。

与传统以太网相比，高速以太网的帧格式没有变化，介质访问控制方式也是一样的。不同的是传输速率提高了 10 倍、冲突域减小了 10 倍。

1）100Base-TX

100Base-TX 使用的传输介质是两对非屏蔽 5 类双绞线，一对电缆用作从节点到 Hub 的传输信道，另一对则用作从 Hub 到节点的传输信道，节点和 Hub 之间的距离最大为 100m。

2）100Base-FX

100Base-FX 使用的传输介质是两根光纤，一根用作从节点到 Hub 的传输信道，另一根则用作从 Hub 到节点的传输信道，节点和 Hub 之间的最大距离可达 2000m。信号的编码方式同 100Base-TX，即 4B/5B。

3）100Base-T4

100Base-T4 机制的设计初衷就想避免重新布线的麻烦。它使用了 4 对 3 类非屏蔽双绞线作为传输介质。这种双绞线就是我们常用的电话线，其中两对是可以双向传输的，另外两对只能单向传输。也就是说，不论在哪个方向上都有三对电缆线可以传输数据。

2. 千兆以太网

千兆以太网又称吉比特以太网（Gigabit Ethernet，使用原有以太网的帧结构、帧长及 CSMA/CD 介质访问控制方法，编码方式为 8B/10B，即将一组 8 位的二进制码编码成一组 10 位的二进制码。

千兆网使用的传输介质主要是光纤（1000Base-LX 和 1000Base-SX），也可以使用双绞线（1000Base-CX 和 1000Base-T）。组网时，千兆网通常连接核心服务器和高速局域网交换机，以作为高速以太网的主干网。

1000Base-LX 对应于 IEEE 802.3z 标准，既可以使用单模光纤也可以使用多模光纤。1000Base-LX 所使用的光纤主要有 62.5μm 多模光纤、50μm 多模光纤和 9μm 单模光纤。其中使用多模光纤的最大传输距离为 550m，使用单模光纤的最大传输距离为 3000m。1000Base-LX 采用 8B/10B 编码方式。

1000Base-SX 是单光纤 1000Mb/s 基带传输系统。1000Base-SX 也对应于 802.3z 标准，只能使用多模光纤。

1000Base-SX 所使用的光纤有 62.5μm 多模光纤、50μm 多模光纤。其中使用 62.5μm 多模光纤的最大传输距离为 275m，使用 50μm 多模光纤的最大传输距离为 550 米。1000Base-SX 采用 8B/10B 编码方式。

1000Base-CX 对应于 802.3z 标准，采用的是 150Ω 平衡屏蔽双绞线（STP）。最大传输距离为 25m，使用 9 芯 D 型连接器连接电缆。1000Base-CX 采用 8B/10B 编码方式。1000Base-CX 适用于交换机之间的连接，尤其适用于主干交换机和主服务器之间的短距离连接。

1000Base-T 使用非屏蔽双绞线作为传输介质传输的最长距离是 100m。1000Base-T 不支持 8B/10B 编码方式，而是采用更加复杂的编码方式。1000Base-T 的优点是用户可以在原来 100Base-T 的基础上进行平滑升级到 1000Base-T。

3. 10Gb/s 以太网

2000 年初 IEEE 802.3 委员会发布了 10Gb/s 的以太网标准 802.3ae。10Gb/s 以太网也称为万兆（吉比特）以太网。

万兆以太网仍然使用 IEEE 802.3 以太网 MAC 协议，其帧格式和大小也符合 802.3 标准。但是与以往的以太网标准相比，还有一些明显不同的地方，如：①只支持双工模式，而不支持单工模式；②使用的媒体只能是光纤；③不满足 CSMA/CD；④使用 64B/66B 和 8B/10B 两种编码方式等。

万兆以太网还有一个重要的改进，即它具有支持局域网和广域网接口，且其有效传输距离可达 40km。其有效传输距离的增大为万兆以太网在广域网中的应用打下了基础。

4. 以太网组网

以太网从 10 Mb/s 到 10 Gb/s 的演进证明了以太网的优点：可兼容扩展（从 10 Mb/s 到 10 Gb/s）、灵活（光纤和双绞线等多种传输媒体、全/半双工、共享/交换）、易于安装、稳健性好。

图 3-18 是以太网组网的一种典型方案，体现了兼容性和可扩展性。

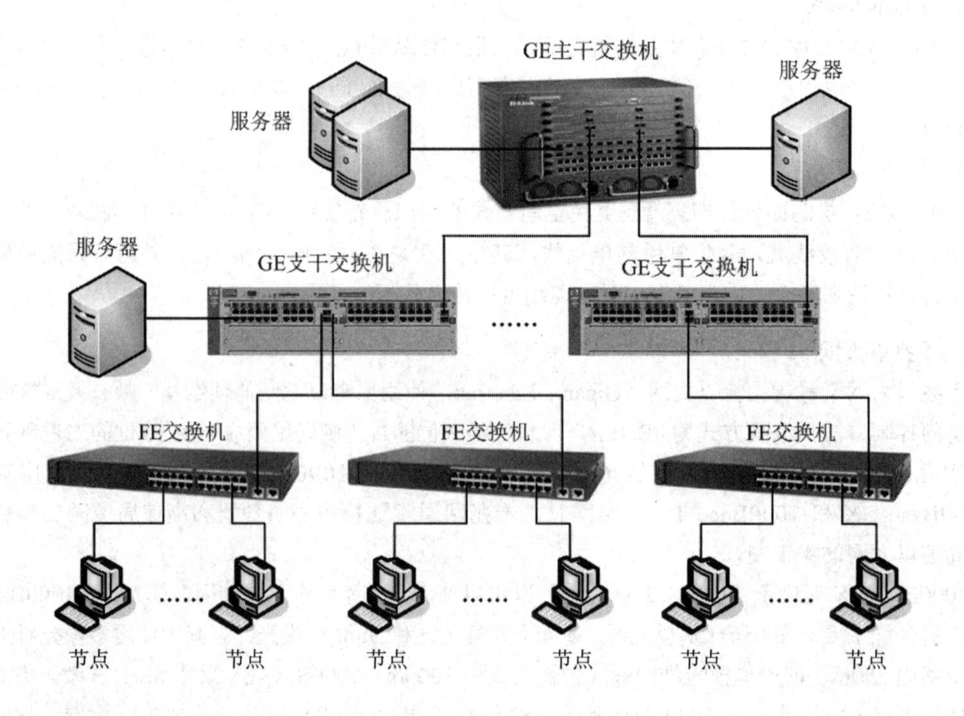

图 3-18　以太网组网方案

3.6　实验

实验 1：用集线器组建局域网

1. 实验目的

（1）理解集线器的工作方式。

（2）理解碰撞域。

2. 实验原理

最初的以太网是共享总线型的拓扑结构，后来发展为以集线器（Hub）为中心的星型拓扑结构，可以将集线器想象成总线缩短为一点时的设备，内部用集成电路代替总线，所以说使用集线器的星型以太网逻辑上仍然是一个总线网。

集线器通常用来直接连接主机，从一个端口接收信号，并对信号经过整形放大后将其从所有其他端口转发出去，是一个有源的设备。集线器工作在物理层，并不识别比特流里面的帧，也不进行碰撞检测，只做简单的物理层的转发，如果信号发生碰撞，主机将无法收到正确的数据。

集线器及其所连接的所有主机都属于同一个碰撞域，不同于广播域，碰撞域是指物理层信号的碰撞，是物理层的概念，因而集线器也是一个属于物理层的设备，为便于比较，将此实验放在数据链路层。由于集线器工作方式非常简单，也经常被称为傻 Hub。

3. 实验流程

本实验可用一台主机（PC）去 ping 另一台主机，并在模拟状态下观察 ICMP 分组的轨迹，理解碰撞域。实验流程如图 3-19 所示。

图 3-19　实验流程

4. 实验步骤

1）单个集线器组网

实验拓扑如图 3-20 所示，主机 IP 地址应配置在同一网段，具体 IP 地址配置如表 3-2 所示。

表 3-2　IP 地址配置表

设备	IP 地址	子网掩码
PC0	192.168.1.1	255.255.255.0
PC1	192.168.1.2	255.255.255.0
PC2	192.168.1.3	255.255.255.0

在 PT 模拟模式下，由 PC0 ping PC2，只选中 ICMP 协议，观察比特流的轨迹。

由图 3-21 和图 3-22 可以看到，集线器将数据包从其他所有端口转发出去，这 3 台 PC 属于同一碰撞域。

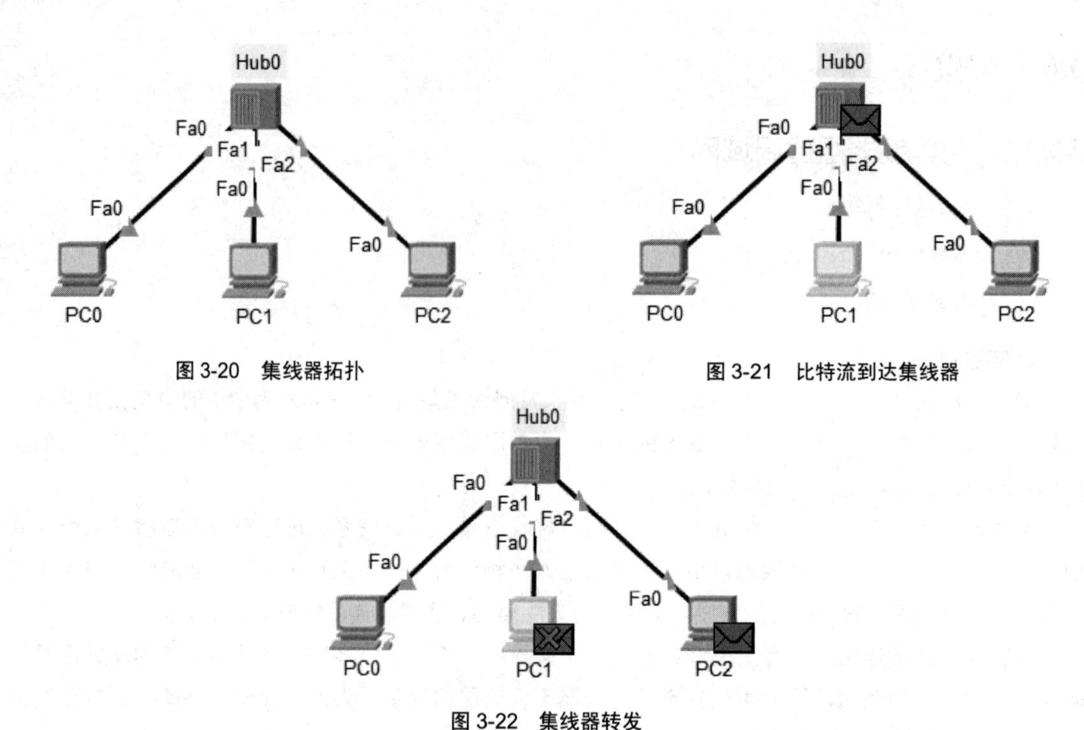

图 3-20 集线器拓扑

图 3-21 比特流到达集线器

图 3-22 集线器转发

2）使用集线器扩展以太网

实验拓扑如图 3-23 所示，主机 IP 地址应配置在同一网段，具体 IP 地址配置略。Hub1 的转发如图 3-24 所示。

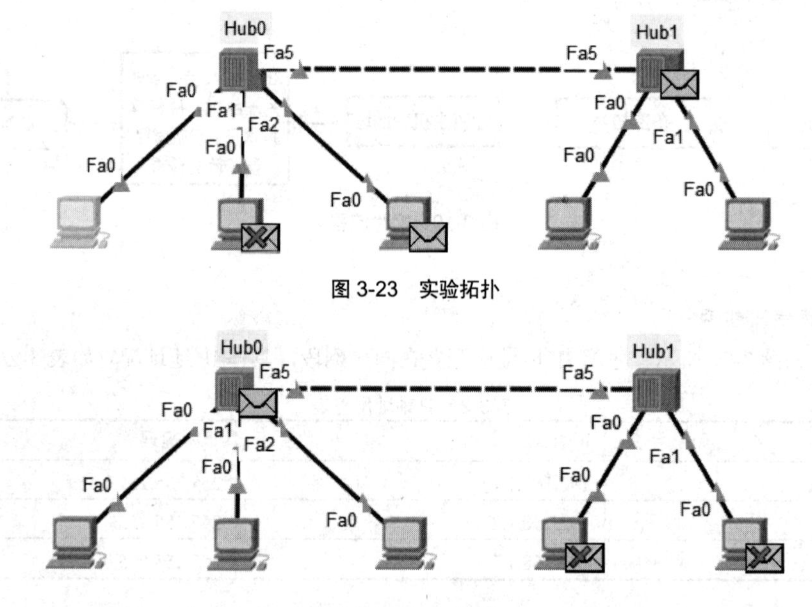

图 3-23 实验拓扑

图 3-24 Hub1 的转发

从本实例中可以观察到，从一台主机所发出的数据报被集线器转发到所有其他主机，即便是它们连接在不同的集线器上，这说明所有主机都处在同一个碰撞域中。

实验 2：以太网二层交换机原理实验

1. 实验目的

（1）理解二层交换机的原理及工作方式。

（2）利用交换机组建小型交换式局域网。

2. 实验原理

交换机是目前局域网中最常用的组网设备之一，它工作在数据链路层，所以常被称为二层交换机。实际上，交换机有可工作在三层或三层以上的型号设备，为了表述方便，这里的交换机仅指二层交换机。

数据链路层传输的 PDU（协议数据单元）为帧，不同于工作在物理层的集线器，交换机可以根据帧中的目的 MAC 地址进行有选择的转发，而不是一味地向所有其他端口广播，这依赖于交换机中的交换表。当交换机收到一个帧时，会根据帧里面的目的 MAC 地址去查交换表，并根据结果将其从对应端口转发出去，这使得网络的性能得到极大的提升。

鉴于交换机的这种转发特性，使得端口间可以并行地通信，比如 1 端口与 2 端口通信时，并不影响与 3 端口和 4 端口同时进行通信，当然，前提是交换机必须有足够的带宽。

交换机通常有很多端口，如 24 端口或 48 端口，在组网中被直接用来连接主机，其端口一般都工作在全双工模式下（不运行 CSMA/CD 协议），尽管它也可以设置为半双工模式，但显然很少有人那样做。

3. 实验流程

本实验可用一台主机（PC0）去 ping 另一台主机（PC1），并在模拟状态下观察 ICMP 分组的轨迹，理解交换机的转发过程。实验流程如图 3-25 所示。

图 3-25　实验流程

4. 实验步骤

（1）了解交换机工作原理。实验拓扑如图 3-26 所示，在模拟模式下，只过滤 ICMP 协议，从 PC0 去 ping PC1，然后单击图 3-26 右图下角的三角按钮▶|，再单击 PC0 出站包，观察 PC0 中封装的帧结构，特别是源地址和目的地址，如图 3-27 所示。

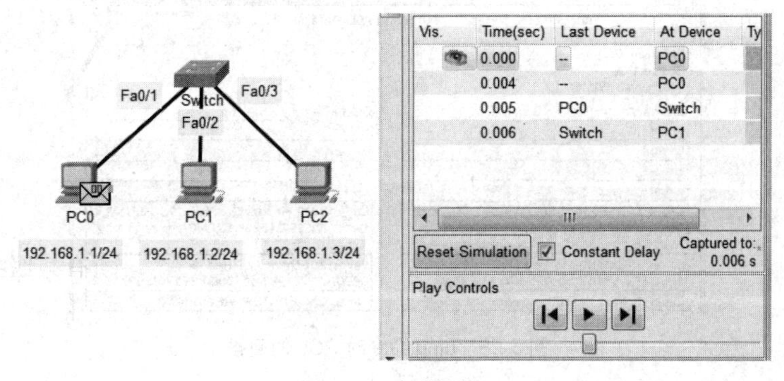

图 3-26　实验拓扑

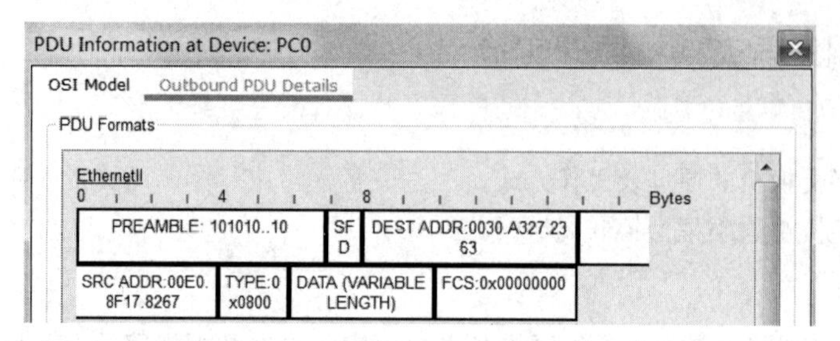

图 3-27　观察 PC0 中封装的帧结构

（2）单击到达 Switch0 中的帧，如图 3-28 所示，观察进站和出站的帧，可以发现其源 MAC 地址和目的 MAC 地址没有改变，说明尽管每个交换机端口都有各自的 MAC 地址，但进出交换机端口并不会改变帧中的源 MAC 地址和目的 MAC 地址。

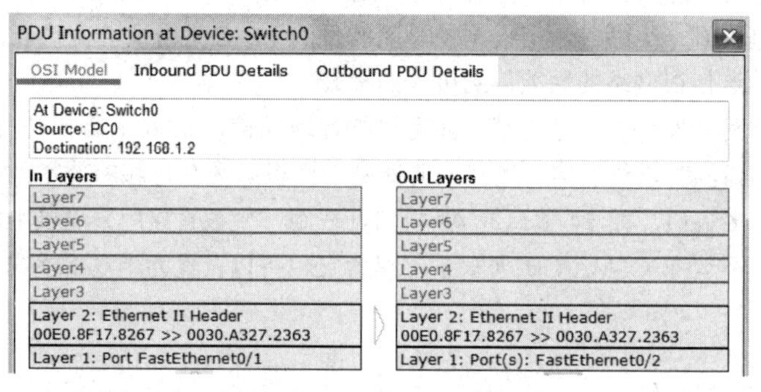

图 3-28　观察进站和出站的帧

该帧被交换机从 Fa0/2 端口转发到 PC1，之所以没有从 Fa0/3 端口转发出去，是因为交换机是根据交换表来转发以太网帧的，这也是其和集线器的主要区别。

（3）查看交换机交换表。进入交换机 CLI 界面，在特权模式下查看交换机的交换表并进行验证。

```
Switch#show mac-address-table                                //显示交换机交换表
Mac Address Table
-------------------------------
Vlan Mac Address    Type     Ports
---- ----------- -------- -----
1    0030.a327.2363       DYNAMIC  Fa0/2                     //交换表中的记录
1    00e0.8f17.8267       DYNAMIC  Fa0/1
```

观察 PC1 中的进站和出站帧，可以看到其出站和进站的 MAC 地址已经相反了，出站帧是 ping 命令对 PC0 的回答，将被发往 PC0，如图 3-29 所示。

PDU Information at Device: PC1

OSI Model | Inbound PDU Details | Outbound PDU Details

At Device: PC1
Source: PC0
Destination: 192.168.1.2

In Layers	Out Layers
Layer7	Layer7
Layer6	Layer6
Layer5	Layer5
Layer4	Layer4
Layer 3: IP Header Src. IP: 192.168.1.1, Dest. IP: 192.168.1.2 ICMP Message Type: 8	Layer 3: IP Header Src. IP: 192.168.1.2, Dest. IP: 192.168.1.1 ICMP Message Type: 0
Layer 2: Ethernet II Header 00E0.8F17.8267 >> 0030.A327.2363	Layer 2: Ethernet II Header 0030.A327.2363 >> 00E0.8F17.8267
Layer 1: Port FastEthernet0	Layer 1: Port(s): FastEthernet0

图 3-29　ping 命令对 PC0 的回答

在这种拓扑下，只要主机的 IP 地址在同一网段，主机之间就可以两两 ping 通。这种拓扑用来组建一些小型网络，如覆盖一间办公室或宿舍的交换式网络。

实验 3：交换机中交换表的自学习功能

1. 实验目的

（1）理解二层交换机中交换表的自学习功能。

2. 实验原理

交换机可以即插即用，不需要人工配置交换表，交换表的建立是通过交换机自学习得到的。其主要思路为主机 A 封装的帧从交换机的某个端口进入，当然，也可以从该端口到达主机 A。这样，当交换机在收到一个帧时，可以将帧中的源 MAC 地址和对应的进入端口号记录到交换表中，作为交换表中的一个转发项目。若交换表中没有目的 MAC 地址的记录，则可通过广播方式去寻找，即向除了该进入端口外的所有其他端口转发。

本实验相关命令如下：

```
Switch#clear mac-address-table dynamic                   //清空交换机交换表
```

3. 实验流程（如图 3-30 所示）

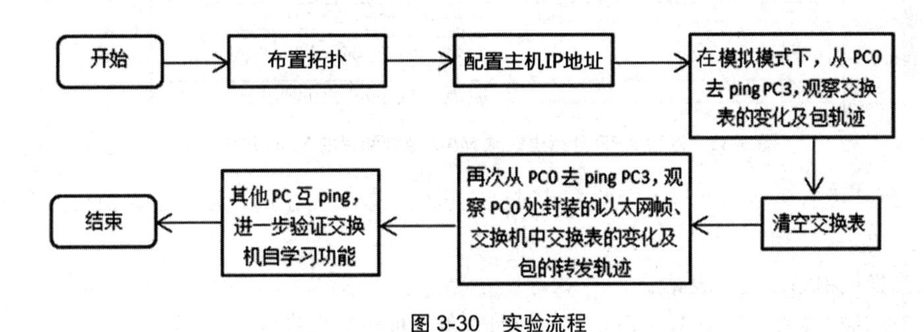

图 3-30　实验流程

4. 实验步骤

（1）构建拓扑。

创建如图 3-31 所示的拓扑图。

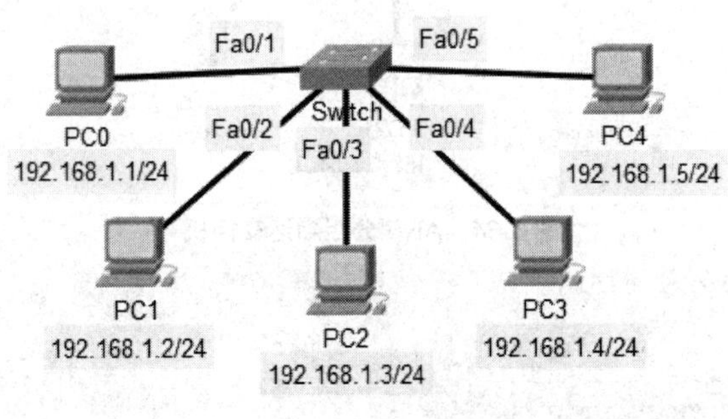

图 3-31　拓扑图

（2）执行 ping 命令，观察分组。

在模拟模式下，只过滤 ARP 和 ICMP 协议，从 PC0 ping PC3，如图 3-32 所示。单击 PC0 处的 ARP 分组，该分组被封装为以太网广播帧（目的 MAC 地址为全 1），这里暂不考虑 ARP 的原理，仅观察 ARP 分组里的源 MAC 地址和目的 MAC 地址，如图 3-33 所示。

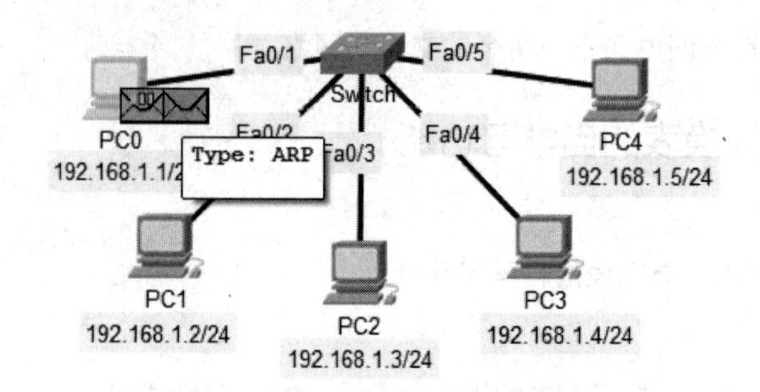

图 3-32 从 PC0 ping PC3

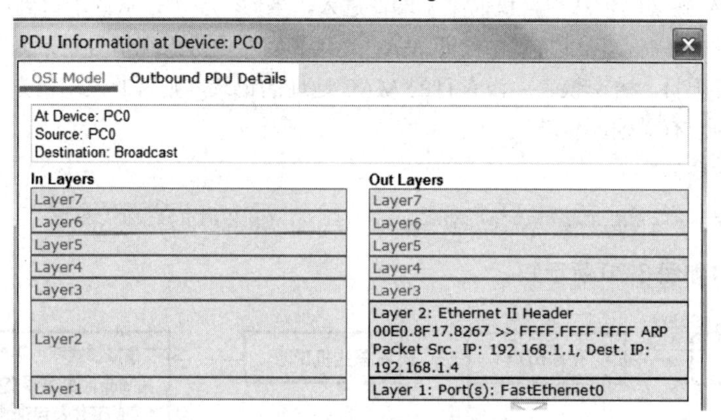

图 3-33 观察 ARP 分组里的源 MAC 地址和目的 MAC 地址

由于该分组还没有到达交换机，因此，此时交换机的交换表是空的，可查看交换机的交换表验证。

（3）在交换机中添加交换表记录。

ARP 分组到达交换机（如图 3-34 所示），此时查看交换机的交换表。

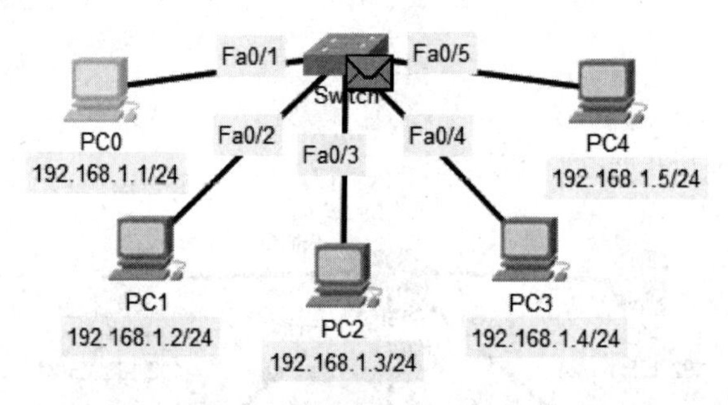

图 3-34 ARP 分组到达交换机

```
Switch#show mac-address-table
Mac Address Table
Vlan Mac Address      Type    Ports
---- -----------     --------- -----
1    00e0.8f17.8267 DYNAMIC Fa0/1
```

实验时利用 ping 命令去访问另一台主机，在 ping 命令发出前，网络会先运行 ARP 协议来获得对方主机的 MAC 地址。这样，按照自学习算法，交换机会首先学习到 ARP 分组中的源 MAC 地址和对应端口号，并记入交换表。

可以看到，PC0 的 MAC 地址已经被交换机自动学习到了。

（4）ARP 分组被交换机广播出去，如图 3-35 所示。但需要注意，此广播属于 ARP 的广播（目的 MAC 地址为全 1），而非交换机找不到转发表中的记录所进行的广播。

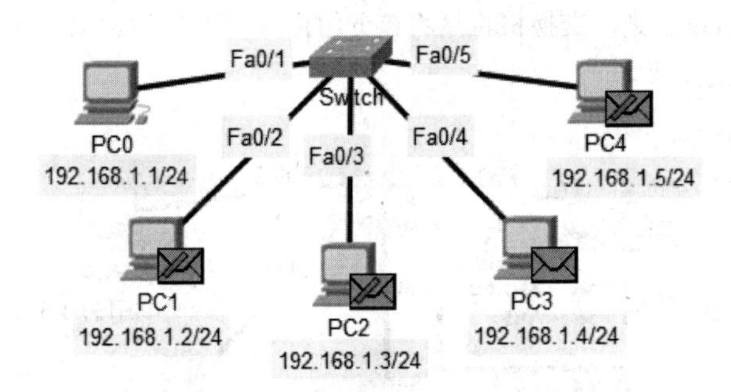

图 3-35　ARP 分组被交换机广播出去

（5）单击 PC3 上 ARP 的应答分组，如图 3-36 所示，观察 PC3 的 MAC 地址。

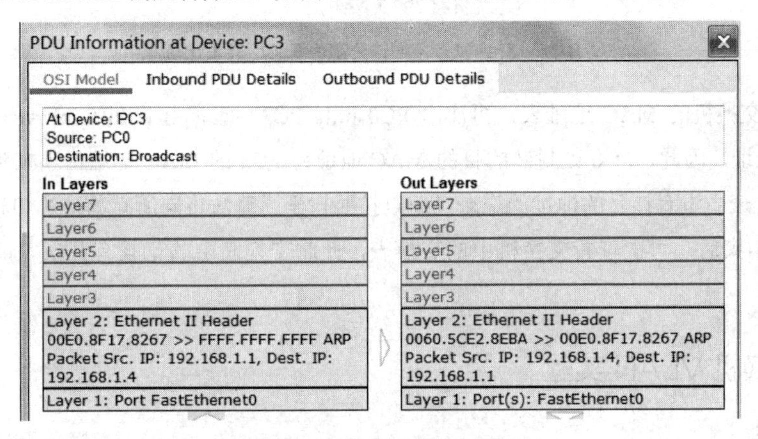

图 3-36　观察 PC3 的 MAC 地址

（6）交换机转发 ARP 分组。

ARP 分组返回交换机，如图 3-37 所示，此时，按照自学习算法，PC3 的 MAC 地址将被记录到交换表中。

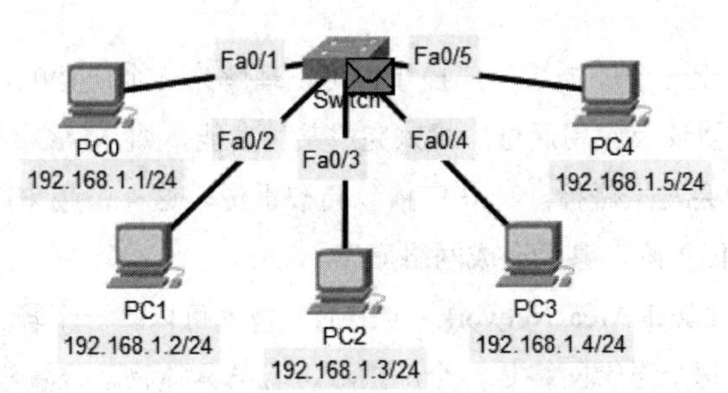

图 3-37　ARP 分组返回交换机

查看交换机的交换表：

```
Switch#show mac-address-table
Mac Address Table
-------------------------------------------
Vlan        Mac Address          Type         Ports
----        -----------          --------     -----
1           0060.5ce2.8eba       DYNAMIC      Fa0/4
1           00e0.8f17.8267       DYNAMIC      Fa0/1
```

（7）观察交换机的转发。

如图 3-38 所示，可以看到，交换机直接将该分组由 Fa0/1 转发出去，而不是向其他端口广播，这正是依据交换表转发的结果。

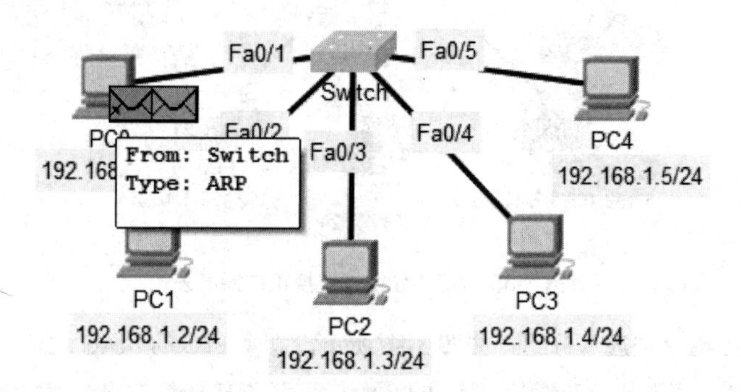

图 3-38　交换机直接将该分组由 Fa0/1 转发出去

（8）清空交换机的 MAC 地址表，再次由 PC0 ping PC3。此时由于 PC0 的 ARP 缓存中保存有 PC3 的 MAC 地址，因此，PC0 处封装的目的 MAC 地址为 PC3 的 MAC 地址，当帧到达交换机时，由于交换机地址表中没有该目的地址的记录，所以按照自学习算法将向所有其他端口转发。

ping 命令结束后，再次查看交换机中的交换表，此时交换表中的记录有几条？请大家思考并验证。

实验 4：交换机 VLAN 实验

1. 实验目的

（1）理解二层交换机的缺陷。

（2）理解交换机的 VLAN，掌握其应用场合。

（3）掌握二层交换机 VLAN 的基础配置。

2. 实验原理

一个二层交换网络属于一个广播域，广播域也可以理解为一个广播帧所能达到的范围。在网络中存在大量的广播，许多协议及应用通过广播来完成某种功能，如 MAC 地址的查询、ARP 协议等，但过多的广播包在网络中会发生碰撞，一些广播包会被重传，这样，越来越多的广播包会最终将网络资源耗尽，使得网络性能下降，甚至造成网络瘫痪。

虚拟局域网（Virtual Local Area Network，VLAN）技术可以将一个较大的二层交换网络划分为若干个较小的逻辑网络，每个逻辑网络是一个广播域，且与具体物理位置没有关系，这使得 VLAN 技术在局域网中被普遍使用。具体来说，VLAN 有如下优点。

（1）控制广播域。每个 VLAN 属于一个广播域，通过划分不同的 VLAN，广播被限制在一个 VLAN 内部，这将有效控制广播范围，减小广播对网络的不利影响。

（2）增强网络的安全性。对于有敏感数据的用户组可与其他用户通过 VLAN 隔离，减小被广播监听而造成泄密的可能性。

（3）组网灵活，便于管理。可以按职能部门、项目组或其他管理逻辑来划分 VLAN，便于部门内部的资源共享。由于 VLAN 只是逻辑上的分组网络，因此可以将不同地理位置上的用户划分到同一 VLAN 中。例如，将一幢大楼二层的部分用户和三层的部分用户划分到同一 VLAN 中，尽管他们可能连接在不同的交换机上，地理位置也不同，但却在同一个逻辑网络中，按统一的策略去管理。

交换机中的每个 VLAN 都被赋予一个 VLAN 号，以区别于其他 VLAN，也可以对每个 VLAN 起一个有意义的名称，方便理解。

VLAN 划分的方式如下所列。

（1）基于端口的划分。如将交换机端口划分到某个 VLAN，则连接到该端口上的用户即属于该 VLAN。这种划分的优点是简单、方便，缺点是当该用户离开端口时，需要根据情况重新定义新端口的 VLAN。

（2）基于 MAC 地址、网络层协议类型等划分 VLAN。

基于端口的划分方式应用最多，所有支持 VLAN 的交换机都支持这种方式，这里只介绍基于端口的划分。

常用配置命令如表 3-3 所示。

表 3-3　常用配置命令

命令格式	含义
vlan vlan-id	创建 VLAN，例如：vlan 10
name vlan-name	给 VLAN 命名
switchport mode access	将该端口定义为 access 模式，应用于端口模式下
switchport access vlan vlan-id	将端口划分到特定 VLAN，应用于端口模式下
show vlan	显示 VLAN 及端口信息
show vlan id vlan-id	显示特定 VLAN 信息

3. 实验流程

本实验可用一台主机去 ping 另一台主机，并在不同情况下观察帧的轨迹，理解碰撞域。实验流程如图 3-39 所示。

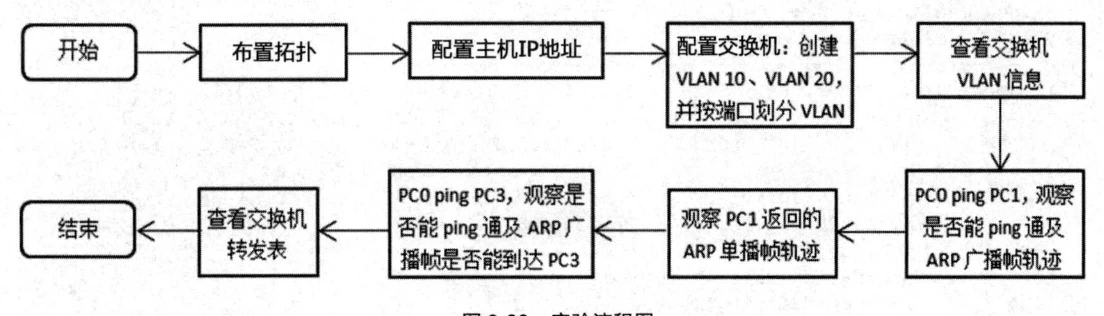

图 3-39　实验流程图

4. 实验步骤

（1）布置拓扑。

将主机 IP 地址均设置为 192.168.1.0/24 网段，在交换机中创建 VLAN 10 和 VLAN 20，将 Fa0/1、Fa0/2 和 Fa0/5 端口划入 VLAN 10，将 Fa0/3、Fa0/4 和 Fa0/6 端口划入 VLAN 20，如图 3-40 所示。PC0、PC1 和 PC4 属于 VLAN 10 的广播域，而 PC2、PC3 和 PC5 属于 VLAN 20 的广播域，观察 VLAN 的作用。

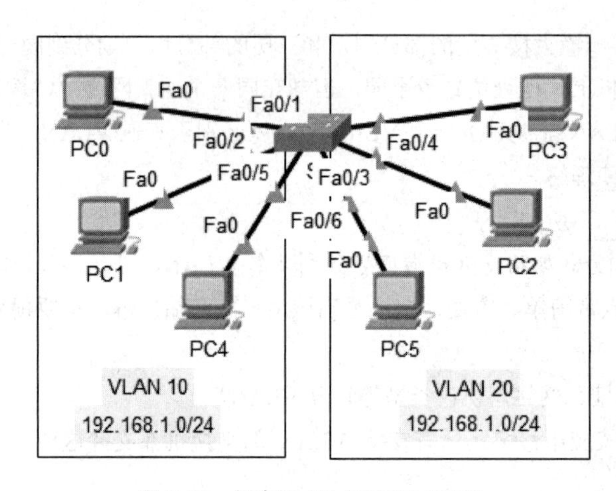

图 3-40 创建 VLAN 10 和 VLAN 20

（2）配置交换机。

对交换机按要求做如下配置：

```
Switch>en
Switch#conf t
Enter configuration commands, one per line. End with CNTL/Z.
Switch(config)#vlan 10                                          //创建 VLAN 10
Switch(config-vlan)#vlan 20                                     //创建 VLAN 20
Switch(config)#int range f0/1-2,f0/5
Switch(config-if-range)#switch mode access
Switch(config-if-range)#switch access vlan 10
Switch(config-if-range)#exit
Switch(config)#int range f0/3-4,f0/6
Switch(config-if-range)#switch mode access
Switch(config-if-range)#switch access vlan 20
Switch(config-if-range)#exit
```

经过以上设置后，查看交换机 VLAN 信息：

```
Switch(config)#do show vlan
VLAN       Name      Status        Ports
----  -------  --------- -------------------------------
1   default  active            Fa0/7, Fa0/8, Fa0/9, Fa0/10, Fa0/11,
                               Fa0/12, Fa0/13, Fa0/14, Fa0/15, Fa0/16, Fa0/17,
                               Fa0/18,Fa0/19, Fa0/20, Fa0/21, Fa0/22, Fa0/23,
                               Fa0/24, Gig0/1, Gig0/2
10         myvlan10 active     Fa0/1, Fa0/2, Fa0/5
20         myvlan20 active     Fa0/3, Fa0/4, Fa0/6
1002       fddi-default active
1003       token-ring-default active
1004       fddinet-default active
1005       trnet-default active
```

可以发现，交换机知道哪些端口属于哪个 VLAN，默认情况下所有端口都属于 VLAN 1。

（3）同一 VLAN 广播帧。

在模拟模式下，从 PC0 ping PC1，只过滤 ARP 分组和 ICMP 分组。其中第一个 ARP 分组是广播帧，这里我们暂时只关注其广播的属性。由于该包从 Fa0/1 端口进入，属于 VLAN 10，因此它将在 VLAN 10 中广播。观察 VLAN 10 的广播域，显然，只有 PC1、PC4 可以收到这个帧，其中 PC4 丢弃该帧，而不属于 VLAN 10 的主机将收不到该广播帧。

注意观察 PC0 处封装的 ARP 广播帧，其目的 MAC 地址为广播地址（全 1），如图 3-41 所示。

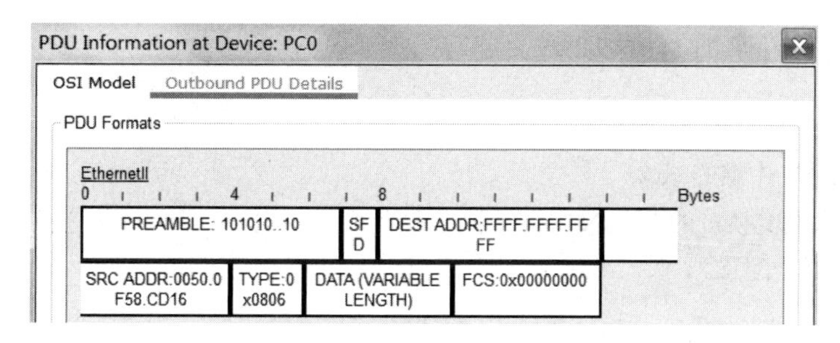

图 3-41 观察其目的 MAC 地址

（4）同一 VLAN 单播帧。

ARP 广播帧到达 PC1 后，PC1 会向 PC0 回复一个单播帧，根据交换机的交换表自学习算法，PC0 的 MAC 地址会被交换机学习到，所以单播帧将被直接转发到 PC0，而不会向其他端口转发。当然，若转发表中没有该地址，则会在 VLAN 10 中广播该帧。

需要注意的是，前面自学习算法没有提到 VLAN，而转发表是基于 VLAN 的，这是因为在转发表的建立过程中需要用到广播功能，而广播只能在同一个 VLAN 内部进行。当交换机由 Fa0/2（该端口属于 VLAN 10）收到该 ARP 回复帧后，接下来只会查询 VLAN 10 的交换表，而不会查询 VLAN 20 的交换表。

实际上，属于哪个 VLAN 是交换机的事情，对于主机端来说，对此毫不知情。主机端封装的帧在进入交换机端口时才被打上 VLAN 标识，而在离开端口时会删掉 VLAN 标识，再交给主机。

（5）不同 VLAN 单播帧。

从 PC0 ping PC3，此时 PC0 与 PC3 属于不同 VLAN，交换机从 Fa0/1 端口收到 ARP 广播帧后，会在 VLAN 10 中广播，PC1 和 PC4 可以收到广播帧，但都被丢弃，而 PC3 则收不到该广播帧，如图 3-42 所示。

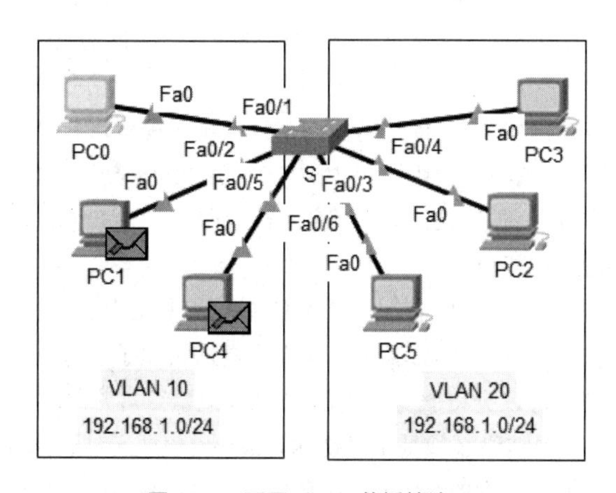

图 3-42 不同 VLAN 单播帧演示

查看交换机转发表，注意转发表中的 MAC 地址前面都有 VLAN 标识，目前转发表中没有 VLAN 20 的记录。

```
Switch#show mac-address-table
Mac Address Table
-------------------------------------------
Vlan Mac Address          Type    Ports
---- ----------- --------- -----
10   0005.5ea3.45bb            DYNAMIC Fa0/2
10   0050.0f58.cd16            DYNAMIC Fa0/1
```

实验 5：交换机 VLAN 中继实验

1. 实验目的

（1）理解 VLAN 中继的概念。

（2）掌握以太网交换机的 VLAN 中继配置。

（3）掌握 VTP 的配置。

2. 实验原理

首先看一个例子，拥有 VLAN 10 和 VLAN 20 的交换机 A 想要到达另一台拥有相同 VLAN 的交换机 B 时，需要它们在物理上连接两条链路，分别用来承载 VLAN 10 和 VLAN 20 的流量，如图 3-43 所示。

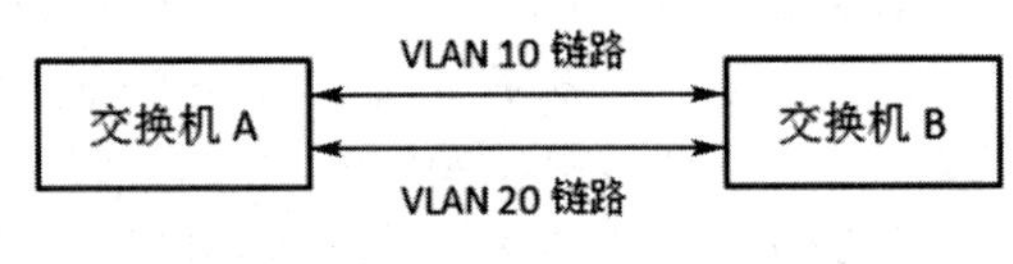

图 3-43 连接两条链路

中继是一条支持多个 VLAN 的点到点链路，允许多个 VLAN 通过该链路到达另一端，比如可用一条中继链路来代替图 3-43 中的两条链路，如图 3-44 所示。显然，对于交换机来说，这种技术节约了端口数量。一般来说，中继链路被设置在交换机之间的连接上。

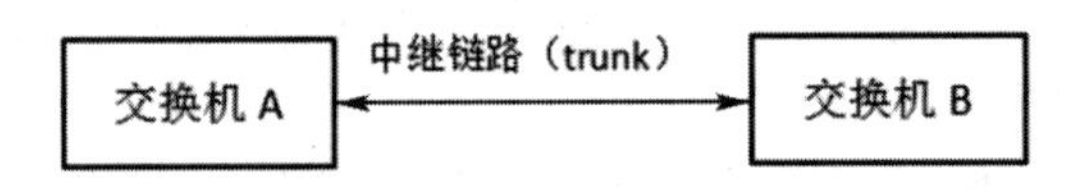

图 3-44 用一条中继链路

1988 年 IEEE 批准了 802.3ac 标准，这个标准定义了以太网帧格式的扩展。虚拟局域网的帧称为 802.1Q 帧，是在以太网帧格式中插入一个 4 字节的标识符（VLAN 标记），用以指明该帧属于哪一个 VLAN。

随着 VLAN 技术在局域网中的应用越来越多，在交换机中配置 VLAN 也成为一个比较繁杂的工作，为此，Cisco 开发了虚拟局域网中继协议（VLAN Trunk Protocol ， VTP），工作在数据链路层，该协议可以帮助网络管理员自动完成 VLAN 的创建、删除和同步等工作，减少配置工作量。

配置 VTP，需要重点理解以下几点。

（1）VTP 协议工作在一个域中，所有加入该 VTP 的交换机必须设置为同一个域。

（2）VTP 协议遵循客户机/服务器模式，Cisco 交换机默认属于服务器模式，对于 VTP 客户机，需要指明其客户机模式。VTP 协议会将服务器中的 VLAN 同步到客户机中。

（3）传输 VTP 协议分组的链路必须是中继链路，access 模式无法传递 VTP 分组。

在客户机模式下，交换机接收到的 VLAN 信息保存在 RAM 中，这也意味着，交换机重启后，这些信息会丢失，需要重新学习。

常用配置命令如表 3-4 所示。

表 3-4 常用配置命令

命令格式	含义
switchport mode trunk	将该端口设置为 trunk 模式，不理会对方端口是否为 trunk 模式
switchport trunk allowed vlan add vlan-id	将该 vlan-id 添加到 trunk 中，允许其通过
switchport trunk allowed vlan remove vlan-id	将该 vlan-id 从 trunk 中移除，不允许其通过
switchport trunk allowed vlan except vlan-id	trunk 中允许除该 vlan-id 外的所有其他 VLAN

续表

命令格式	含义
switchport trunk allowed vlan all	trunk 中允许所有 VLAN 通过
switchport trunk allowed vlan none	trunk 中不允许任何 VLAN 通过
vtp domain domain-name	设置 VTP 域名
vtp mode server/client/transparent	设置 VTP 模式
hostname switch-name	设置交换机名称

3. 实验流程

本实验可用一台主机去 ping 另一台主机，并在模拟状态下观察 ICMP 分组的轨迹，理解碰撞域。实验流程如图 3-45 所示。

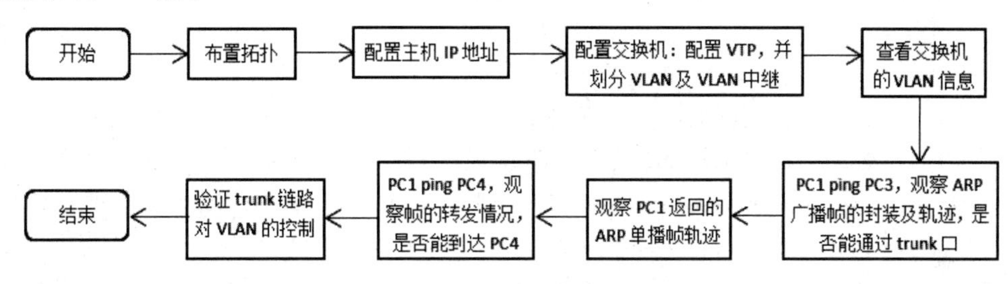

图 3-45　实验流程图

4. 实验步骤

（1）布置拓扑。

如图 3-46 所示，拓扑中包含 3 台交换机（S1、S2 和 S3）和 6 台主机，将主机 IP 地址均设置为 192.168.1.0/24 网段，在交换机 S2、S3 中创建 VLAN 10 和 VLAN 20，在 S2 中将 Fa0/1、Fa0/2 端口划入 VLAN 10，将 Fa0/3 端口划入 VLAN 20。在 S3 中将 Fa0/1 端口划入 VLAN 10，将 Fa0/2 和 Fa0/3 端口划入 VLAN 20。

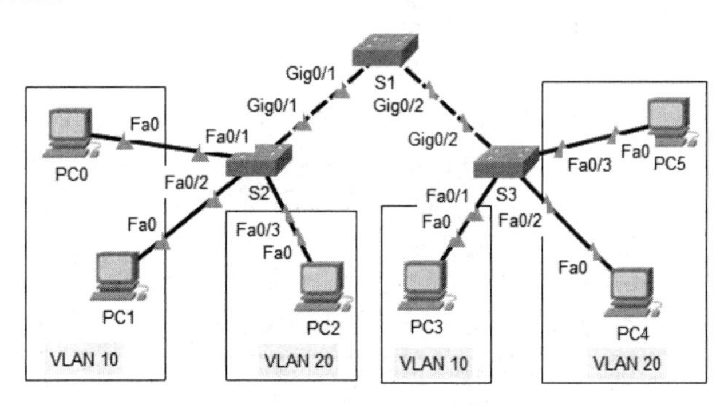

图 3-46　布置拓扑

（2）配置 VTP、交换机 VLAN 及端口。

设置 S1 为 VTP 服务器，设置 VTP 域名为 myvtp，创建 VLAN 10 和 VLAN 20。

```
Switch>en
Switch#conf t
Switch(config)#hostname S1
S1(config)#vtp mode server
S1(config)#vtp domain myvtp
S1(config)#vlan 10
S1(config-vlan)#vlan 20
```

在 S2 中将 Gig0/1 端口（简写为 g0/1）配置为 trunk 模式，设置 VTP 工作模式为客户机，VTP 域名为 myvtp，命令如下：

```
S2(config)#int g0/1
S2(config-if)#switch mode trunk
S2(config-if)#exit
S2(config)# vtp mode client
S2(config)# vtp domain myvtp
```

在 S3 中将 Gig0/2 端口配置为 trunk 模式，设置 S3 的 VTP 工作模式为客户机，VTP 域名为 myvtp，命令行略。交换机 S1 默认将 Gig0/1 和 Gig0/2 端口和对方端口协商为 trunk 模式。

配置完成后，请查看交换机的 VLAN 信息。

（3）VLAN 10 的广播帧。

由 PC1 ping PC3，首先在 PC1 处生成 ARP 广播分组，该分组被封装为以太网帧，观察其模拟状态下的转发轨迹和不同设备上生成的出站及进站帧。需要注意的是，虽然 PC1 被划入 VLAN 10，但 PC1 处生成的只是一个普通的以太网帧，802.1Q 的帧并非在这里被封装。

可以看到，ARP 广播帧首先到达 S2，并由 S2 进一步广播到 PC0 和 S1，如图 3-47 所示，其中 PC0 处的帧被丢弃，广播到 S1 处的帧是 802.1Q 帧，即带 VLAN 标记的帧，该帧在交换机 S2 转发前被封装，S2 的进站帧和出站帧分别如图 3-48 和图 3-49 所示。接着从 S1 被广播到 S3，S3 的进站帧是 802.1Q 帧，出站帧是普通以太网帧，被转发到 PC3，请读者自行查看。在这个过程中，交换机的广播都是按照 VLAN 10 的广播域来进行的。这里，PC0、PC1、PC3、S1、S2 和 S3 都属于 VLAN 10 的广播域。

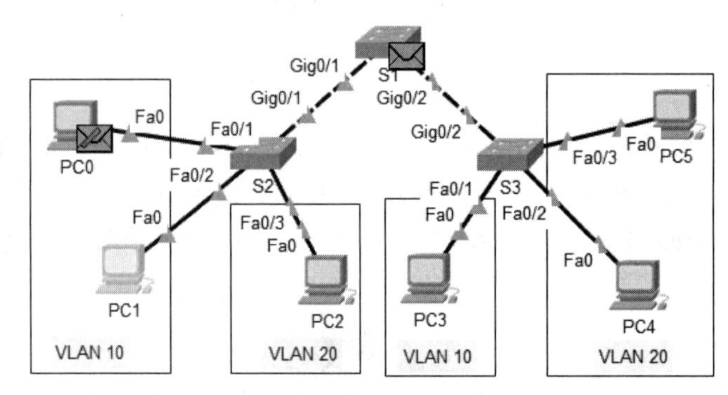

图 3-47 ARP 广播帧的广播路径

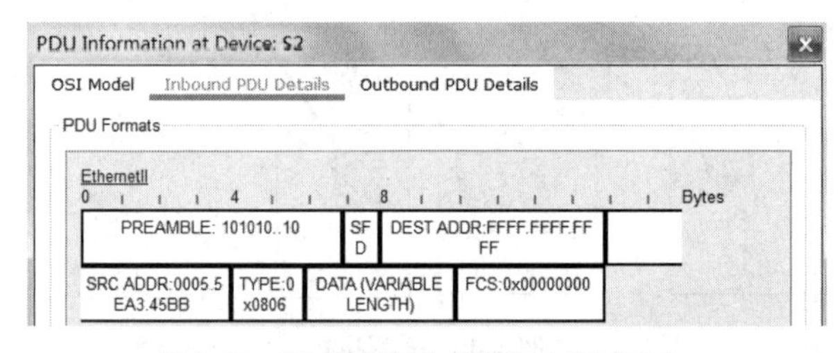

图 3-48 S2 的进站帧（不带 VLAN 标记）

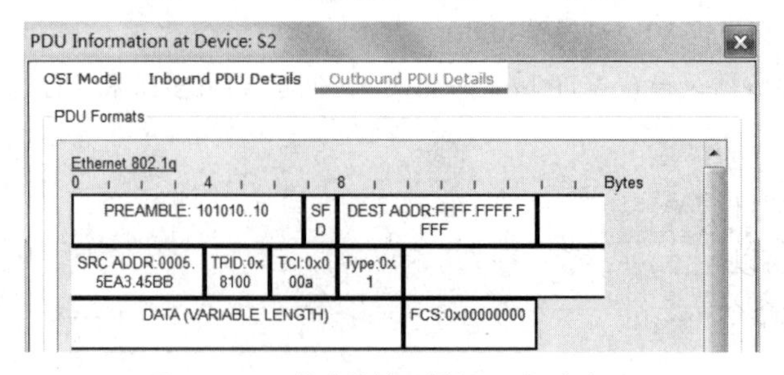

图 3-49 S2 的出站帧（插入 VLAN 标记）

（4）VLAN 10 的单播帧。

这里根据 PC3 返回的 ARP 单播帧来分析，观察单播帧被转发的情况。首先 PC3 生成指向 PC1 的 MAC 地址的以太网单播帧，如图 3-50 所示。

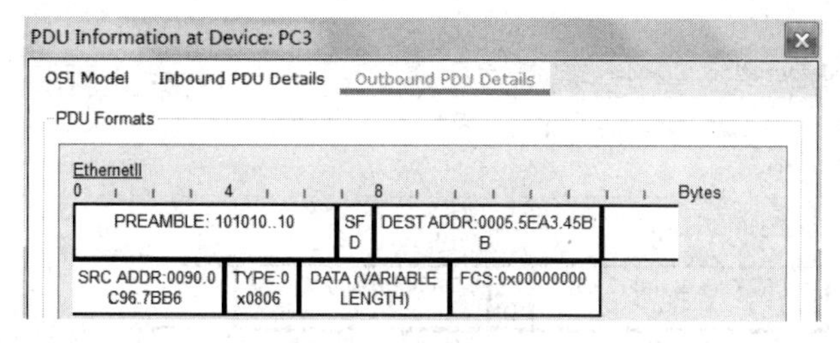

图 3-50　生成指向 PC1 的 MAC 地址的以太网单播帧

ARP 单播帧未到达 S3 前，S3 的转发表如下：

```
S3#show mac-address-table
Mac Address Table
-------------------------------------------
Vlan        Mac Address           Type        Ports
------      --------------------  --------    ---------
1           0001.4246.2e1a        DYNAMIC     Gig0/2
10          0005.5ea3.45bb        DYNAMIC     Gig0/2  //目的地址为 PC1 的记录
```

ARP 单播帧未到达 S1 前，S1 的转发表如下：

```
S1#show mac-address-table
Mac Address Table
-------------------------------------------
Vlan        Mac Address           Type        Ports
------      ---------------           --------    -------
1           0002.17c6.be1a        DYNAMIC     Gig0/2
//该目的地址为对端交换机端口的地址
1           0050.0fde.1019        DYNAMIC     Gig0/1
10          0002.17c6.be1a        DYNAMIC     Gig0/2
10          0005.5ea3.45bb        DYNAMIC     Gig0/1
//目的地址为 PC1 的记录
20          0002.17c6.be1a        DYNAMIC     Gig0/2
```

观察 S1 转发表可知，trunk 口默认属于每个 VLAN。

由于单播帧从 S3 的 VLAN 10 端口进入，所以，各交换机都查找各自 VLAN 10 的交换表，并按照交换表转发。ARP 单播帧被 S3 转发到 S1，接着被 S1 转发到 S2，最后被转发到 PC1。在此过程中，其他 VLAN 10 和 VLAN 20 主机都收不到该单播帧。

（5）VLAN 10 向 VLAN 20 发送的单播帧。

这里由 PC1 向 PC4 发送单播帧，为了得到 PC4 的 MAC 地址，便于封装 PC1 ping PC4 的单播帧，这里执行以下命令，将 S3 的 Fa0/2（简写为 f0/2）端口先改为属于 VLAN 10：

```
S3(config)#int f0/2
S3(config-if)#no switch access vlan 20
S3(config-if)#switch access vlan 10
```

执行 PC1 ping PC4 的命令，由于 PC4 现在属于 VLAN 10，所以可以 ping 通，PC1 将获得 PC4 的 MAC 地址，该 MAC 地址被缓存在 PC1 的 ARP 缓存中，便于下次需要时封装。这样，在 PC1 处再次 ping PC4 时，就可以封装为一个目的 MAC 地址为 PC4 的单播帧。

在 S3 中执行以下命令，将 S3 的 Fa0/2 端口再改回属于 VLAN 20，并清空交换表。

```
S3(config-if)#no switch access vlan 10
S3(config-if)#switch access vlan 20
```

```
S3(config-if)#end
S3#clear mac-address-table
```

再次执行 PC1 ping PC4 的命令，可以看到，PC1 处已封装了目的 MAC 地址为 PC4 地址的 MAC 帧，如图 3-51 所示。

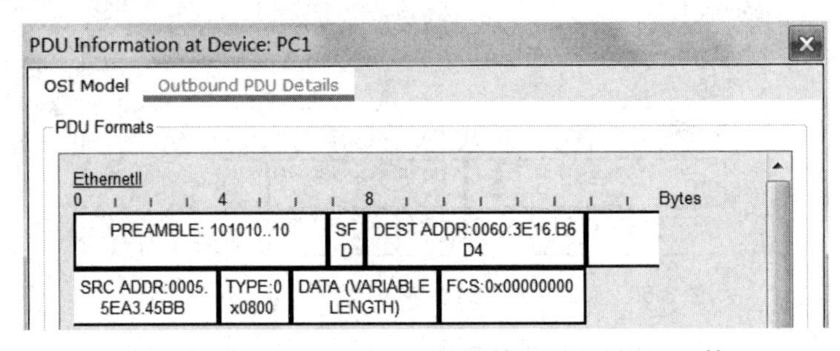

图 3-51　已封装了目的 MAC 地址为 PC4 地址的 MAC 帧

在模拟状态下观察 ICMP 协议，由于交换机的交换表中没有对应的记录，所以该帧被交换机在 VLAN 10 中广播。显然，所有收到该帧的主机都会将其丢弃，而 PC4 则无法收到该帧。图 3-52 为 PC3 收到该帧后将其丢弃的情况。

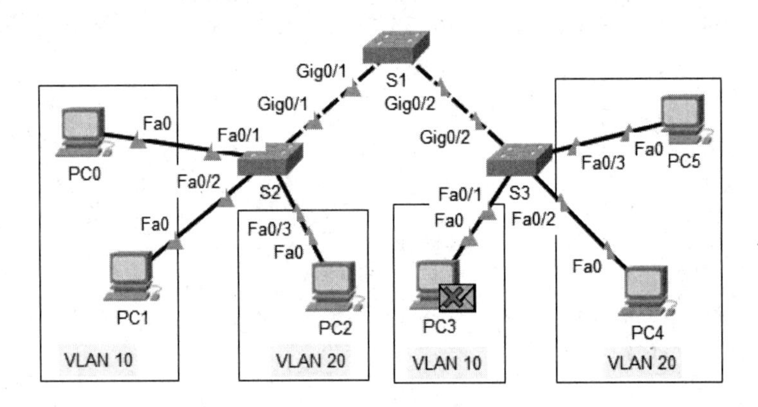

图 3-52　PC3 收到该帧后将其丢弃

（6）验证中继控制。

在 S2 中执行以下命令：

```
S2(config)#int g0/1
S2(config-if)#switch trunk allowed vlan remove 10
//将 VLAN 10 从 trunk 中移除，VLAN 10 的帧无法从 g0/1 口通过。
```

此时，由 PC1 去 ping PC3，结果是不通的。

继续执行以下命令：

```
S2(config-if)#switch trunk allowed vlan add 10
//将 VLAN 10 添加到 trunk 中，VLAN 10 的帧可以从 g0/1 口通过。
```

再由 PC1 去 ping PC3，结果可以 ping 通。

读者可自行练习其他命令，加深理解。

一个 VLAN 就是一个广播域，所以在同一个 VLAN 内部，计算机之间的通信就是二层通信。如果源计算机与目的计算机处在不同的 VLAN 中，那么它们之间是无法进行二层通信的，只能进行三层通信来传递信息，我们将在后面的实验中解决这个问题。

实验 6：生成树配置

1. 实验目的

（1）理解生成树协议的目的和作用。

（2）掌握配置生成树协议。

（3）掌握调整生成树协议中交换机的优先级。

2. 实验原理

生成树协议主要用来解决交换网络中的环路问题，使同一个广播域中物理链路上形成的环路，在逻辑上无法形成环路，避免大量广播风暴的形成。另外，生成树还可以为交换网络提供冗余备份链路，该协议将交换网络中的冗余备份链路从逻辑上断开，当主链路出现故障时，能够自动切换到备份链路，保证数据的正常转发。

生成树协议版本：STP、RSTP（快速生成树协议）、MSTP（多生成树协议）。

生成树协议的缺点是收敛时间长。

快速生成树协议在生成树协议的基础上增加了两种端口角色：替换端口或备份端口，分别作为根端口和指定端口。当根端口或指定端口出现故障时，冗余端口可以直接切换到替换端口或备份端口上，从而实现 RSTP 协议小于 1 秒的快速收敛。

常用配置命令如表 3-5 所示。

表 3-5　常用配置命令

命令格式	含义
show spanning-tree	查看当前生成树协议信息
spanning-tree vlan 1 priority	设置设备 VLAN 1 的优先级，其值为 4096 的倍数，数字越小，优先级越高
spanning-tree vlan 1 root primary	将设备调整为 VLAN 1 的根桥

3. 实验流程

本实验观察并分析 STP 的信息，并调整设备优先级，使拓扑更为合理。实验流程如图 3-53 所示。

图 3-53　实验流程图

4. 实验步骤

（1）布置拓扑。

如图 3-54 所示，拓扑中包含 3 台交换机 S0、S1 和 MS0，交换机所有端口均属于 VLAN 1。在同一个广播域中，由于在物理上形成了环路，Cisco 交换机默认是打开 STP 的。在 STP 的作用下，MS0 的 Fa0/1 端口被阻塞，不能进行转发。

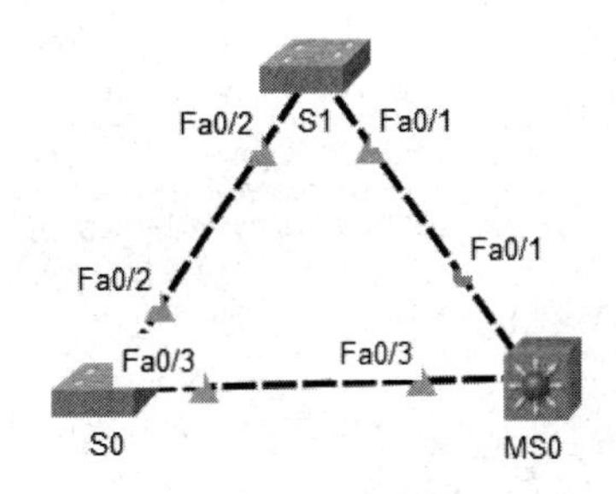

图 3-54　拓扑图

（2）查看交换机的 STP 信息。

交换机 S0 的 STP 信息如下：

```
S0#show spanning-tree
VLAN0001
Spanning tree enabled protocol ieee
Root ID     Priority 32769
Address 0002.4A6D.D33B
This bridge is the root
Hello Time 2 sec Max Age 20 sec Forward Delay 15 sec
Bridge ID Priority 32769 (priority 32768 sys-id-ext 1)
Address 0002.4A6D.D33B
Hello Time 2 sec Max Age 20 sec Forward Delay 15 sec
Aging Time 20
Interface  Role  Sts            Cost   Prio.Nbr       Type
---------  ----  ---            -----  ---------      -------------------------
Fa0/3      Desg  FWD            19     128.3          P2p
Fa0/2      Desg  FWD            19     128.2          P2p
```

可以看出，S0 中 Root ID 和 Bridge ID 的地址相同，所以 S0 就是当前 VLAN 1 广播域中的根桥，其两个端口均处于转发状态。

交换机 S1 的 STP 信息如下：

```
S1#show spanning-tree
VLAN0001
Spanning tree enabled protocol ieee
Root ID Priority 32769
Address 0002.4A6D.D33B
Cost 19
Port 2(FastEthernet0/2)
Hello Time 2 sec Max Age 20 sec Forward Delay 15 sec
Bridge ID Priority 32769 (priority 32768 sys-id-ext 1)
Address 0030.F258.103A
Hello Time 2 sec Max Age 20 sec Forward Delay 15 sec
Aging Time 20
Interface  Role  Sts            Cost   Prio.Nbr       Type
---------- ----  ---            -----  --------       --------------------------
Fa0/1      Desg  FWD            19     128.1          P2p
Fa0/2      Root  FWD            19     128.2          P2p
```

从以上信息可以看出，S1 中 Root ID 和 Bridge ID 的地址不相同，所以 S1 不是当前 VLAN 1 广播域中的根桥，其 Fa0/2 端口是根端口，通往根桥，两个端口均处于转发状态。

交换机 MS0 的 STP 信息如下：

```
MS0#show spanning-tree
VLAN0001
Spanning tree enabled protocol ieee
Root ID Priority 32769
Address 0002.4A6D.D33B
Cost 19
Port 3(FastEthernet0/3)
Hello Time 2 sec Max Age 20 sec Forward Delay 15 sec
Bridge ID Priority 32769 (priority 32768 sys-id-ext 1)
Address 00D0.BC71.3D3B
Hello Time 2 sec Max Age 20 sec Forward Delay 15 sec
Aging Time 20
Interface  Role  Sts  Cost   Prio.Nbr      Type
---------- ----  ---  -----  --------      --------------------------
Fa0/1      Altn  BLK  19     128.1         P2p
Fa0/3      Root  FWD  19     128.3         P2p
```

显然，该三层交换机不是根桥，其 Fa0/3 端口是根端口，通向根桥，而 Fa0/1 端口被阻塞，这样就形成一种逻辑上的树型结构，防止了环路。如果将 Fa0/3 端口置为 shutdown，则 Fa0/1 端口将从阻塞状态切换到转发状态。这样，网络的实际拓扑就变成为如图 3-55 所示的结构。

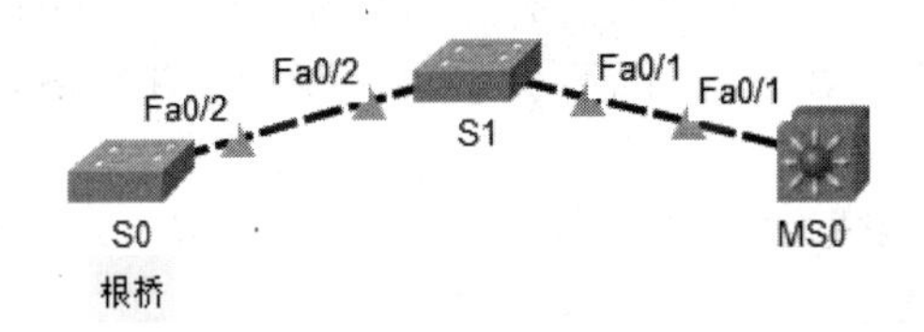

图 3-55 网络的实际拓扑

（3）调整优先级，使三层交换机 MS0 成为根桥。

在 MS0 中做如下配置，指定三层交换机为 VLAN 1 的根桥。

```
MS0(config)#spanning-tree vlan 1 root primary
```

执行上述命令后，再次查看生成树信息。

```
MS0#show spanning-tree
VLAN0001
Spanning tree enabled protocol ieee
Root ID Priority 24577
Address 00D0.BC71.3D3B
This bridge is the root
Hello Time 2 sec Max Age 20 sec Forward Delay 15 sec
Bridge ID Priority 24577 (priority 24576 sys-id-ext 1)
Address 00D0.BC71.3D3B
Hello Time 2 sec Max Age 20 sec Forward Delay 15 sec
Aging Time 20
Interface  Role  Sts  Cost  Prio.Nbr   Type
---------- ----  ---  ----- --------   --------------------------
Fa0/1      Desg  FWD  19    128.1      P2p
Fa0/3      Desg  FWD  19    128.3      P2p
```

通过对比可以发现，MS0 已经成为根桥，其优先级数字变小了，意味着优先级提高了。同时其两个端口都变为转发状态。调整后的拓扑如图 3-56 所示。可以看到，S1 的 Fa0/2 变为阻塞状态。

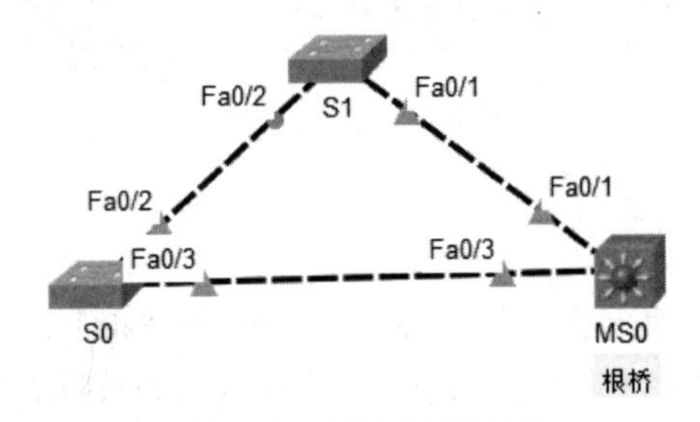

图 3-56 调整后的拓扑图

也可以通过直接改变优先级数字来达到目的。比如，在 MS0 中执行如下命令也可将 MS0 改为根桥。

```
MS0(config)#spanning-tree vlan 1 priority 4096
```

实验 7：以太通道配置

1. 实验目的

（1）理解以太通道的目的和作用。

（2）掌握以太通道的要求和条件。

（3）掌握以太通道的配置。

2. 实验原理

以太通道（Ethernet Channel）是交换机将多个物理端口聚合成一个逻辑端口，可将其理解为一个端口。通过端口聚合，可以提高交换机间的带宽。例如，当 2 个 100M 带宽的端口聚合后，就可生成一个 200M 带宽的逻辑端口。在某种情况下，当带宽不够而又有多余端口时，可以通过聚合来满足需求，节省费用。

一个以太通道内的几个物理端口还可以实现负载均衡，当某个端口出现故障时，逻辑端口内的其他端口将自动承载其余的流量。

参与聚合的各端口必须具有相同的属性，如速率、trunk 模式和单双工模式等。

端口聚合可以采用手工方式配置，也可使用动态协议来聚合。PAgP 端口聚合协议是 Cisco 专有的协议，LACP 协议是公共的标准。

常用配置命令如表 3-6 所示。

表 3-6 常用配置命令

命令格式	含义
interface port-channel 聚合逻辑端口号	用来在全局配置模式下创建聚合端口号，如 switch(config)#int port- channel 1，该命令创建聚合逻辑端口号 1
channel-group 聚合逻辑端口号 mode on {auto | desirable}	该命令在接口模式下用来应用聚合端口。有三种模式可选，其中 auto 表示交换机被动形成一个聚合端口，不发送 PAgP 分组，是默认值。on 表示不发送 PAgP 分组。desirable 表示发送 PAgP 分组
port-channel load-balance	可按源 IP 地址、目的 IP 地址、源 MAC 地址、目的 MAC 地址进行负载平衡
show interfaces ethernetchannel	用来查看以太通道状态
show ethernetchannel summary	查看以太通道汇总信息

3. 实验流程

本实验配置以太通道，将 3 个 100M 带宽的物理端口聚合为 1 个 300M 带宽的以太通道。实验流程如图 3-57 所示。

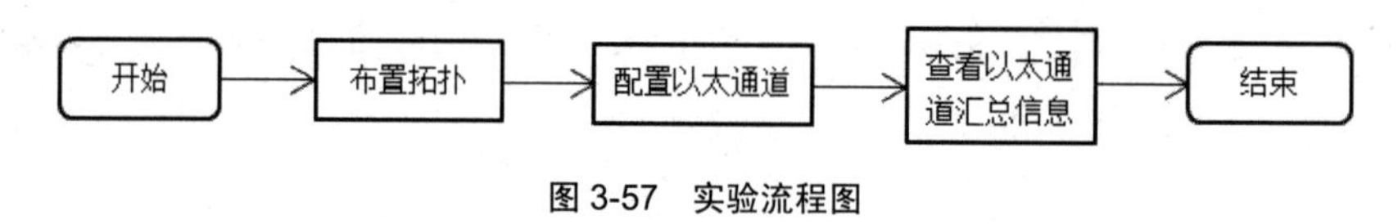

图 3-57 实验流程图

4. 实验步骤

（1）布置拓扑。

如图 3-58 所示，拓扑图中两台交换机的 Fa0/1、Fa0/2 和 Fa0/3 三个端口分别对应连接，但只有一条链路是通的，这是因为生成树默认开启的原因，另两条链路被阻塞了。

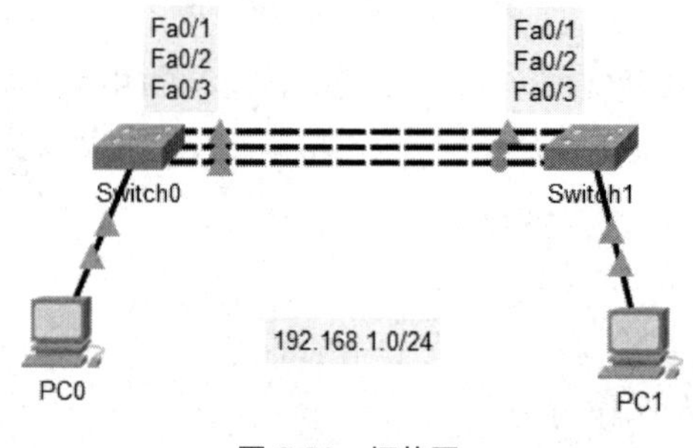

图 3-58 拓扑图

（2）配置以太通道。

通过配置以太通道，使连接交换机的 3 条链路全部起作用，如图 3-59 所示。

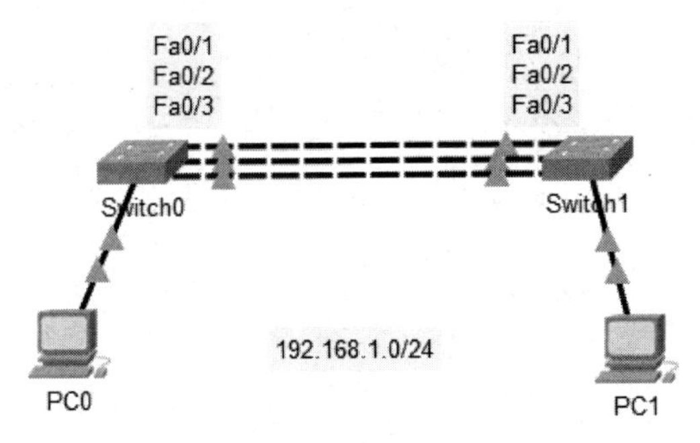

图 3-59　配置以太通道

在交换机 Switch0 进行如下操作：

```
Switch>en
Enter configuration commands, one per line. End with CNTL/Z.
Switch(config)#hostname Switch0
Switch0(config)#int port-channel 5
//创建以太通道 5，通道范围为 1～48
Switch0(config-if)#exit
Switch0(config)#int range f0/1-3
//同时进入 3 个端口
Switch0(config-if-range)#channel-group 5 mode on
//将 3 个物理端口加入到以太通道 5 中
Switch0(config)#port-channel load-balance ?
//下面为负载均衡可选项，顾名思义
dst-ip Dst IP Addr
dst-mac Dst Mac Addr
src-dst-ip Src XOR Dst IP Addr
src-dst-mac Src XOR Dst Mac Addr
src-ip Src IP Addr
src-mac Src Mac Addr
Switch0(config)#port-channel load-balance src-mac
//选择按源 MAC 地址负载均衡
Switch0(config)#int port-channel 5
Switch0(config-if)#switch mode trunk
//将以太通道设为中继模式
```

在交换机 Switch1 进行如下操作：

```
Switch>en
Switch#conf t
Enter configuration commands, one per line. End with CNTL/Z.
Switch(config)#hostname Switch1
Switch1(config)#int port-channel 5
Switch1(config-if)#exit
Switch1(config)#int range f0/1-3
Switch1(config-if-range)#channel-group 5 mode on
Switch1(config-if-range)#exit
Switch1(config)#port-channel load-balance src-mac
Switch1(config)#int port-channel 5
Switch1(config-if)#switch mode trunk
```

（3）验证两台主机能否 ping 通。

省略。

（4）查看以太通道的汇总信息。

交换机 Switch0 的信息如下：

```
Switch0#show etherchannel summary
Flags:      D - down                  P - in port-channel
I - stand-alone             s - suspended
H - Hot-standby (LACP only)
R - Layer3                            S - Layer2
U - in use                            f - failed to allocate aggregator
u - unsuitable for bundling
w - waiting to be aggregated
d - default port
Number of channel-groups in use: 1
Number of aggregators: 1
Group       Port-channel          Protocol             Ports
------+------------+-----------+--------------------------------------
5           Po5(SU)               -                    Fa0/1(P) Fa0/2(P) Fa0/3(P)
```

3.7 本章小结

本章重点是理解和掌握数据链路层的基本功能、传统以太网 CSMA/CD 协议、PPP 协议、交换式以太网工作原理、自学习算法、生成树协议、端口聚合、虚拟局域网（VLAN）技术以及以太网的发展历程。实验项目要求重点掌握交换机基本配置命令和 VLAN 的创建和实际应用。

习题

一、选择题

1. 数据链路层的基本功能是将（ ）数据封装成帧。

A. 运输层　　B. 应用层　　C. 会话层　　D. 网络层

2. PPP 协议网络地址协商是在（ ）阶段完成的。

A. LCP　　B. NCP　　C. PAP　　D. CHAP

3. 以太网 MAC 地址的二进制长度是（ ）位。

A. 16　　B. 32　　C. 128　　D. 48

4. 高速以太网和传统以太网的共同之处是（ ）。

A. 都采用 CSMA/CD 协议　　B. 帧格式相同

C. 都采用时分复用技术　　D. 都具有独占带宽特性

5. 以太网标准与 TCP/IP 协议的关系是（ ）。

A. 以太网为 IP 层协议服务　　B. IP 层协议为以太网服务

C. 没有关系　　D. 同一组织发布的

6. （ ）限制了接收广播信息的工作站数，使得网络不会因传播过多的广播信息（即“广播风暴”）而引起性能恶化。

A. 网桥　　B. 集线器　　C. 虚拟局域网　　D. 生成树

7. 100Mb/s 快速以太网的 100Base-T 标准是（ ）。

A. IEEE 802.3u　　B. IEEE 802.1q

C. IEEE 802.3a　　D. IEEE 802.3z

8. VLAN 间的路由（ ）。

A. 不可能实现　　B. 用三层交换机可以实现

C. 用生成树可以实现　　D. 用端口聚合可以实现

9. （ ）协议可以消除桥接网络中可能存在的路径回环。

A. STP　　B. IEEE 802.1q

C. IEEE 802.3u　　D. CSMA/CD

10. 千兆以太网传输介质不包括（ ）。

A. 1000Base-LX　　B. 1000Base-SX

C. 1000Base-CX　　D. 1000Base-TX

二、填空题

1. 数据链路层协议主要内容包括（ ）、（ ）、（ ）、（ ）和（ ）。

2. （ ）是世界上第一个局域网产品（以太网）的规约。此外还有（ ）也是一种以太网标准。

3. （ ）和（ ）都是多台交换机连接在一起的两种方式。它们的主要目的是（ ）。

4. 千兆以太网使用（ ）和（ ）两种光纤传输介质，以及（ ）和（ ）两种双绞线传输介质。

三、判断题

1. 数据链路层是为运输层提供数据封装服务的。（ ）

2. PPP 协议可将 IP 数据报封装到串行链路。（ ）

3. CSMA/CD 是一种同步时分复用技术。（ ）

4. 以太网交换机只能工作在数据链路层。（ ）

5. 聚合为交换机提供了端口捆绑的技术，允许两台交换机之间通过两个或多个端口并行连接同时传输数据以提供更高的带宽。（ ）

6. 网桥不但能扩展以太网的网络距离或范围，而且可提高网络的性能、可靠性和安全性。（ ）

7. 堆叠和级联都是多台交换机连接在一起的两种方式。它们的主要目的是增加端口密度。（ ）

8. 虚拟局域网（VLAN）是由一些局域网网段构成的与物理位置有关的逻辑组。（ ）

四、简答题

1. 数据链路层的基本功能是什么？数据链路层的功能哪些是必需的？哪些不是必需的？为什么？

2. PPP 协议有哪些实际应用？

3. CSMA/CD 的工作原理是什么？有什么缺陷？

4. 以太网的主要性能指标有哪些？

5. 如何理解虚拟局域网的作用？

五、综合题

1. 假定总线长度为 1 km，数据传输速率为 1 Gb/s。设信号在总线上的传播速率为 200000km/s。求能够使用 CSMA/CD 协议的最短帧长。

2. 某局域网有三台以太网交换机 S1、S2 和 S3（假设每台交换机仅有 4 个接口，接口号为 1~4）连接了 8 台 PC。初始，每台交换机中的 MAC 地址表都是空的。以后有以下各 PC 依次向其他 PC 发送了 MAC 帧，依次是：B 发送给 C，D 发送给 A，G 发送给 D，E 发送给 H，C 发送给 B，F 发送给 G，如图 3-60 所示。试填写各交换机在收到各帧后在 MAC 地址表中的记录和交换机的处理动作（丢弃该帧，或从哪个接口转发出去，或没有收到该帧）。

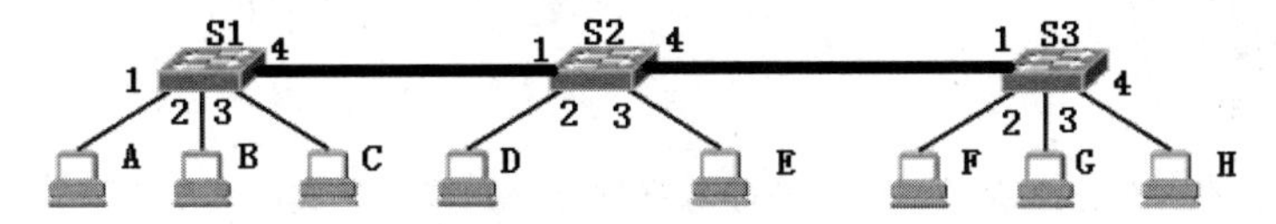

图 3-60　拓扑图

第 4 章 网络层

本章介绍互联网体系结构中的网络层，网络层位于运输层和数据链路层之间，主要目的是实现两个端系统之间透明的数据传输。IP 协议是网络层的核心协议。本章主要介绍网络层提供的两种服务、网络层的功能、网络层协议、IP 分组的转发、网际控制报文协议（ICMP）、互联网的路由选择协议，以及 IPv6 和 SDN 网络等内容。

4.1 网络层提供的两种服务

在计算机网络领域，网络层应该向运输层提供怎么样的服务（“面向连接”还是“无连接”）曾引起了长期的争论。争论焦点的实质就是：在计算机通信中，可靠交付应当由谁来负责？是网络还是端系统？

从 OSI/RM 的通信角度来看，网络层所提供的服务主要有两大类，即面向连接服务和无连接服务。这两种网络服务的具体实现就是所谓的虚电路服务和数据报服务。

1. 虚电路服务

虚电路服务是网络层向运输层提供的一种使所有分组按顺序到达目的端系统的可靠的数据传送方式。进行数据交换的两个端系统之间存在着一条为它们服务的虚电路（虚拟电路）。

我们先通过电信网来了解虚电路，电信网进行的是面向连接的通信，使用昂贵的程控交换机（为了保证传输的可靠性）来向用户提供可靠传输服务。电信网把用户电话机产生的语音信号可靠地传输到对方的电话机。

电信在通信之前先建立虚电路（Virtual Circuit，VC）（即连接），以保证双方通信所需的一切网络资源。如果再使用可靠传输的网络协议，可使所发送的分组无差错按序到达终点，不丢失、不重复。

使用虚电路服务一般经过以下三个步骤：

（1）虚电路的建立。

（2）数据的传送。

（3）虚电路的拆除。

H1 发送给 H2 的所有分组都沿着同一条虚电路传送，如果这条虚电路断开了，那么 H1 到 H2 就不通了，如图 4-1 所示。

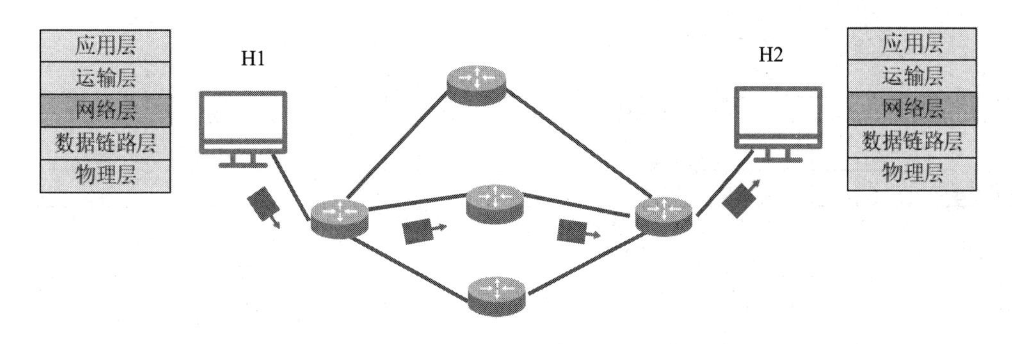

图 4-1　虚电路传送

虚电路只是一个逻辑上的连接，分组都沿着这个逻辑连接按照存储转发方式传送，并不是真正建立了一个物理连接。

2. 数据报服务

互联网采用的是数据报（或称数据报文、数据包）服务，而不是虚电路服务。当时研究人员通过对比电信网提供的可靠传输服务，提出了一些看法：电信网采用可靠传输服务对电话业务来说是很合适的，原因是电信网的终端也就是电话机这么简单，没有差错处理的高级功能。但是电话服务又必须是可靠的，所以这就必须交给网络线路来处理，将传输变得更加可靠。但是相比电话机，计算机有很强的差错处理功能，所以可以采用另外一种设计思路。

数据报服务是由数据报交换网来提供的。端系统的网络层同网络节点中的网络层之间，一致地按照数据报操作方式交换数据。当端系统要发送数据时，网络层给该数据附加上地址、序号等信息，然后作为数据报发送给网络节点；目的端系统收到的数据报可能不是按照顺序到达的，也有可能出现数据报丢失。数据报服务与 OSI 的无连接网络服务类似。

网络层向上只提供简单灵活的、无连接的、尽最大努力交付的数据报服务。网络在发送分组时不需要先建立连接。每一个分组（即 IP 数据报）独立发送，与其前后的分组无关（不进行编号）。网络层不提供服务质量的承诺，即所传送的分组可能出错、丢失、重复和失序（不按序到达终点），当然也不保证分组传送的时限。

由于传输网络不提供端到端的可靠传输服务，这就使网络中的路由器可以做得比较简单，且价格低廉（与电信网的交换机相比较）。如果主机（即端系统）中的进程之间的通信需要高可靠性，那么就由网络的主机中的运输层负责（包括差错处理、流量控制等）。采用这种设计思路的好处是：网络的造价大大降低，运行方式灵活，能够适应多种应用。互联网能够发展到今日的规模，充分证明了当初采用这种设计思路的正确性。

H1 发送给 H2 的数据报可能沿着不同的路径传送，就算里面有一条路线断开了，数据报也会走其他的路线进行传送，两台主机不会无法连接，如图 4-2 所示。

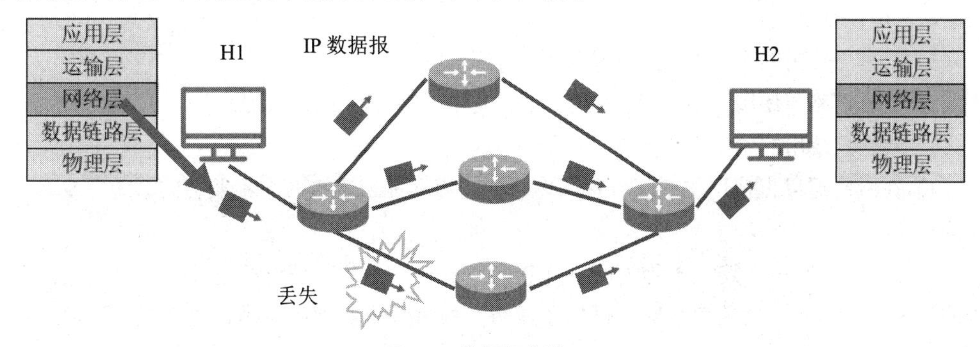

图 4-2　数据报传送

虚电路服务与数据报服务的对比如表 4-1 所示。

表 4-1 虚电路服务与数据报服务的对比

对比的方面	虚电路服务	数据报服务
思路	可靠通信应当由网络来保证	可靠通信应当由用户主机来保证
连接的建立	必须有	不需要
终点地址	仅在连接建立阶段使用，每个分组使用短的虚电路号	每个分组都有终点的完整地址
分组的转发	属于同一条虚电路的分组均按照同一路由进行转发	每个分组独立选择路由进行转发
当节点发生故障时	所有通过故障节点的虚电路均不能工作	发生故障的节点可能会丢失分组，一些路由可能会发生变化
分组到达的顺序	总是按发送顺序到达终点	不一定按发送顺序到达终点
端到端的差错处理和流量控制	可以由网络负责，也可以由用户主机负责	由用户主机负责

4.2 网络层的功能

4.2.1 异构网络互联

我们知道，在全世界范围内把数以百万计的网络都互联起来，并且使它们能够相互通信，一定是一个非常复杂的任务，需要考虑的问题非常多。这个时候，有人提出：能不能让所有人使用同一个网络？答案肯定是不行的，因为不同的用户需求不同，没有一种单一的网络能够满足所有用户的需求。而且，随着技术的发展，互联网也在不断推进，需要推出新的网络——异构网络，其是由不同制造商生产的计算机、网络设备和系统组成的，大部分情况下运行在不同的协议下，支持不同的功能或应用。

所谓异构，是指两个以上的无线通信系统采用不同的接入技术，或者采用相同的无线接入技术但属于不同的无线运营商。利用现有的多种无线通信系统，通过系统间融合的方式，使多系统之间取长补短是满足未来移动通信业务需求的一种有效手段，能够综合发挥各自的优势。由于现有的各种无线接入系统在很多区域内都是重叠覆盖的，所以可以将这些相互重叠的不同类型的无线接入系统智能地结合在一起，利用多模终端智能化的接入手段，使多种不同类型的网络共同为用户提供随时随地的无线接入，从而构成如图 4-3 所示的异构无线网络。

我们在连接不同网络的时候需要一些中间设备。中间设备又称中间系统或中继系统，根据其所在的层次，可以有以下四种：

（1）物理层使用的中间设备叫作转发器（集线器）。

（2）数据链路层使用的中间设备叫作网桥（包括交换机）或桥接器。

（3）网络层使用的中间设备叫作路由器。

（4）在网络层以上使用的中间设备叫作网关。用网关来连接两个不兼容的系统需要在高层进行协议的转换。

使用转发器或网桥的连接不称为网络互联。通过转发器和网桥进行连接的网络，仅仅是把一个局域网扩大了，从网络层的角度看，仍然还是一个网络。一般把用路由器进行互联的网络称为互联网络，如图 4-4 所示。

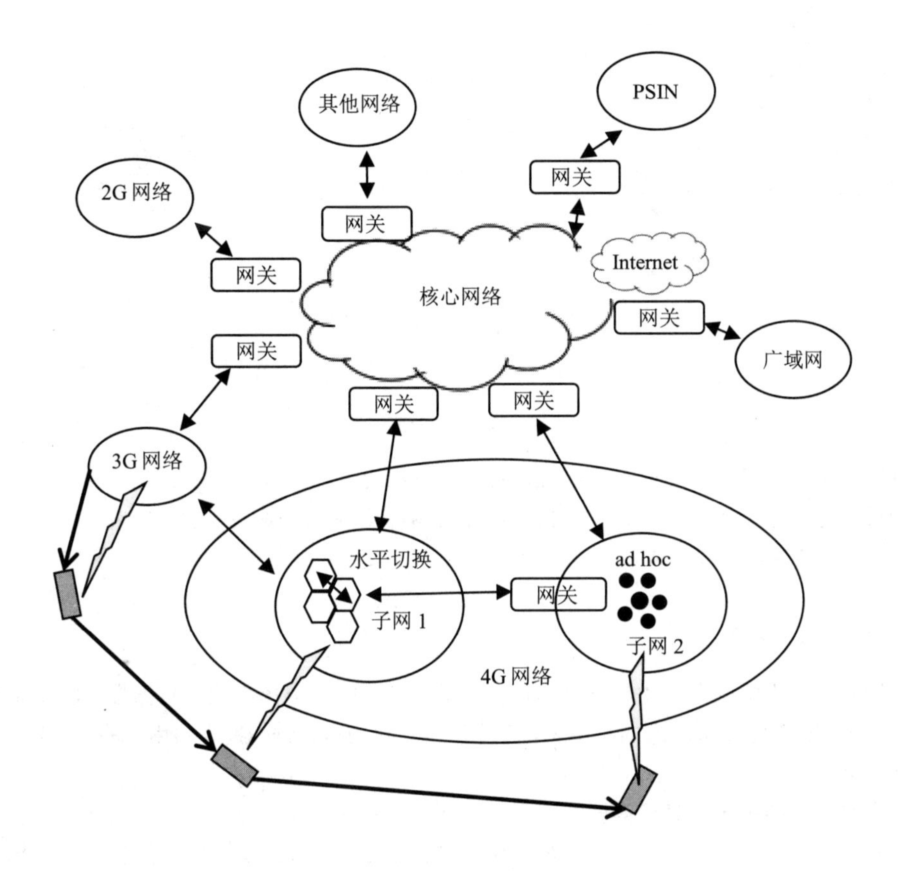

图 4-3　异构无线网络

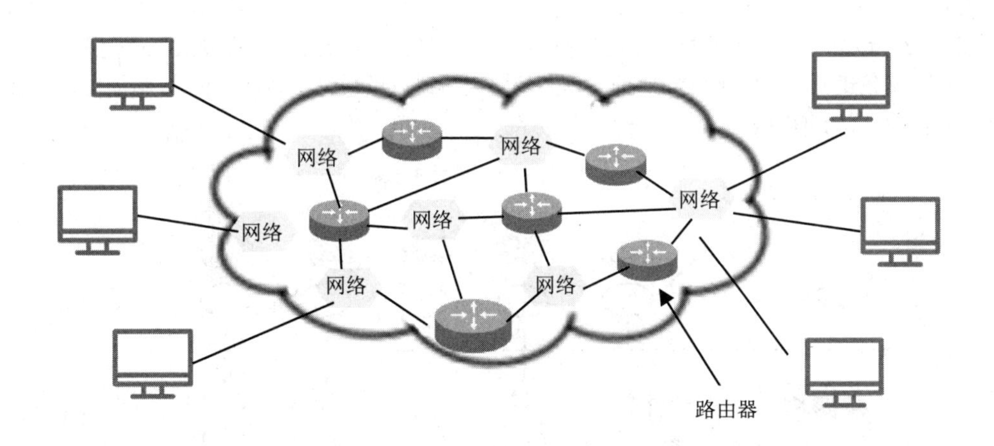

图 4-4　互联网络

TCP/IP 体系在网络互联上采用的做法是在网络层（即 IP 层）采用标准化协议，但相互连接的网络可以是异构的。这样，参加互联的计算机网络都使用相同的网际协议 IP，因此可以把互联以后的计算机网络看成如图 4-5 所示的虚拟互联网络。

图 4-5 虚拟互联网络

当互联网上的主机进行通信时，就好像在一个网络上通信一样，看不见互联的具体的网络异构细节。如果在这种覆盖全球的 IP 网的上层使用 TCP 协议，那么就是现在的互联网（Internet）。互联网可以由多种异构网络互联组成。

4.2.2 路由与转发

路由器主要完成的两个功能是路由选择和分组转发。路由选择：确定数据报走哪一条路径，即路由器根据不同的算法生成动态的路由表。分组转发：路由器根据转发表将用户的 IP 数据报从合适的端口转发出去。

路由表是根据路由选择算法得出的，需要对网络拓扑的变化计算最优化。而转发表是从路由表得出的，转发表的结构应当使查找过程最优化。在讨论路由选择的原理时，往往不区分转发表和路由表，而是笼统地使用“路由表”一词。

转发是一个节点在本地执行的一个相对简单的过程，即报文从某台设备的一个端口进入而从另一个端口出去。路由选择依赖于网络发展过程中不断演进的、复杂的分布式算法。最简单的路由选择可以决定报文发送的下一跳主机的地址，复杂的路由协议可以选择一条从主机 1 和主机 2 之间经过若干主机的路径，如图 4-6 所示。

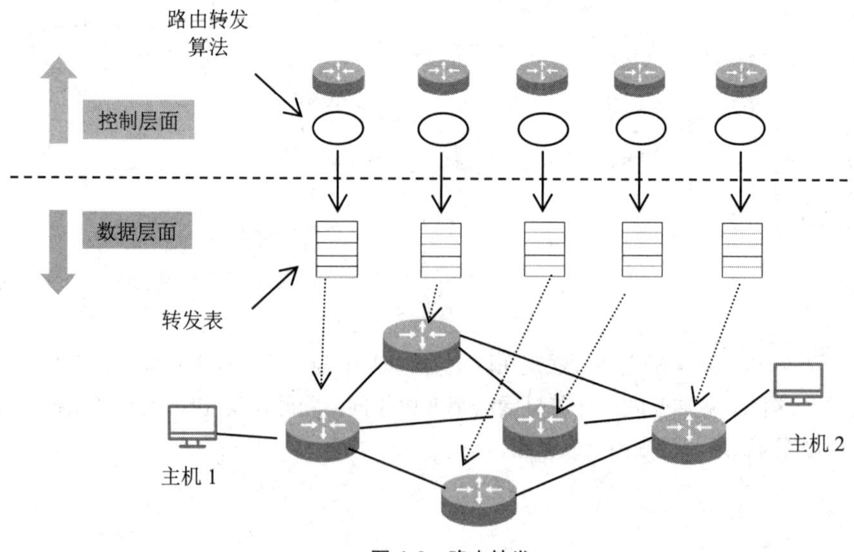

图 4-6 路由转发

转发表和路由表的区别如下：

（1）转发表中的一行包括从网络号到发出接口的映射和一些 MAC 信息，而路由表作为建立转发表的前奏，是由路由选择算法建立的一个表，它通常包含从网络号到下一跳的映射。对于单个主机来说，转发表比路由表更详细。

（2）二者建立的目的不同。构造转发表的目的是为了优化转发分组时查找网络号的过程，优化路由表是为了计算拓扑结构的改变。

（3）实现方式不同。转发表可以由特殊的硬件来实现，而路由表总是用软件来实现的。

简单说，路由是根据路由表查找到达目标网络的最佳路由表项，转发是根据最佳路由中的出口及下一跳 IP 地址转发数据包的过程。因此，路由选择是转发的基础，数据转发是路由的结果。

4.3　网络层协议

4.3.1　网络层协议简介

网络层协议是 OSI 参考模型的第三层。它控制通信子网的工作，提供建立、保持和释放连接的手段，保证运输层实体之间进行透明的数据传输。

TCP/IP 协议栈的网络层位于网络接口层和运输层之间，主要协议包括 IP、ARP、ICMP、IGMP 等。其中 IP 协议是 TCP/IP 网络层的核心协议，它规定了数据的封装方式和网络节点的标识方法，用于网络上数据的端到端的传递。

TCP/IP 的网络层主要定义了以下协议。

（1）IP：负责网络层寻址、路由选择、分段及数据报重组。

（2）ARP：负责把 IP 地址解析成物理地址。在实际进行通信时，物理网络所使用的是物理地址，IP 地址是不能被物理网络识别的。对于以太网而言，当 IP 数据报通过以太网发送时，以太网设备是以 MAC 地址传输数据的，ARP 协议就是用来将 IP 地址解析成 MAC 地址的。

（3）ICMP：定义了网络层控制和传递消息的功能，可以报告 IP 数据报传送过程中发生的错误、失败等信息，提供网络诊断功能。ping 和 tracert 两个使用极其广泛的测试工具就是 ICMP 消息的应用。

（4）IGMP：负责组播成员管理的协议。支持在主机和路由器之间进行组播传输数据，它让一个物理网络上的所有路由器知道当前网络中有哪些主机需要组播。组播路由器需要这些信息以便知道组播数据包应该向哪些接口转发。

4.3.2　IP 地址的含义及表示方法

谈到互联网，IP 地址就不能不提，不管是从学习的角度还是从使用互联网的角度来看，IP 地址都是一个十分重要的概念，互联网的很多服务和特点都是通过 IP 地址体现出来的。

我们知道互联网是将世界范围内的计算机连为一体而构成的通信网络的总称。连在某个网络上的两台计算机之间在相互通信时，所传送的数据包里都会含有某些附加信息，这些附加信息就是发送数据的计算机的地址和接收数据的计算机的地址。人们为了通信便利，给每一台计算机都事先分配一个类似我们的电话号码一样的标识地址，该标识地址就是 IP 地址。TCP/IP 协议规定，IP 地址是由 32 位二进制数组成的。

互联网上的每台主机（或路由器）的每个接口都被分配一个世界唯一的 IP 地址。由互联网名称和数字地址分配机构（The Internet Corporation for Assigned Names and Numbers，ICANN）进行分配。

为了方便记忆，人们把 32 位的 IP 地址分成四段，每段 8 位，然后再将每 8 位二进制数转换成十进制数表示，中间用小数点“.”隔开。如某 IP 地址为 10000000000010110000001100011111，可表示为 128.11.3.31，如图 4-7 和图 4-8 所示。

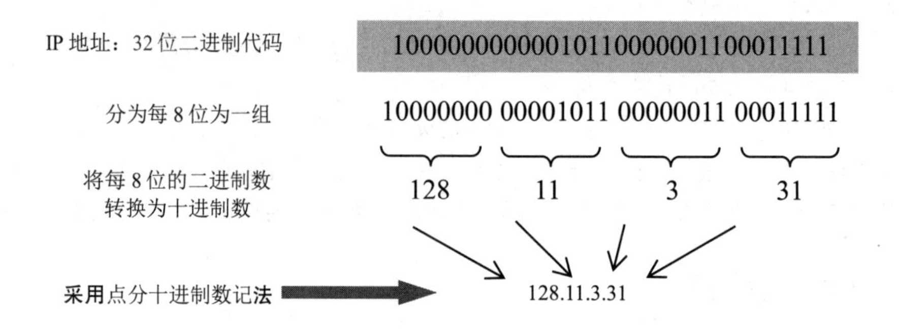

图 4-7 点分十进制数记法

32 位二进制数	等价的 点分十进制数
10000001 00110100 00000110 00000000	129.52.6.0
11000000 00000101 00110000 00000011	129.5.48.3
00001010 00000010 00000000 00100101	10.2.0.37
10000000 10000000 11111111 00000000	128.128.255.0

图 4-8 点分十进制数记法举例

我们说过互联网是把全世界的无数个网络连接起来的一个庞大的网间网。每个网络中的计算机通过其自身的 IP 地址而被唯一标识，据此我们也可以设想，在互联网这个庞大的网间网中，每个网络也有自己的标识符。这与我们日常口中的电话号码很相像，例如有一个电话号码为 010-26260281，这个号码中的前三位表示该电话是属于哪个地区的，后面的数字表示该地区的某个电话号码。与上面的例子类似，我们把计算机的 IP 地址也分成两部分，分别为网络标识和主机标识。

网络标识：同一物理网络上的所有主机都用同一个网络标识，网络上每一个主机都有一个主机标识与其对应。

主机标识：网络中特定的计算机号码。

如一个主机服务器的 IP 地址为 192. 168. 10.2，其中网络标识为 192. 168. 10.0，主机标识为 2。

同一个局域网上的主机或路由器的 IP 地址中的网络号必须一样。路由器的每一个接口都有一个不同网络号的 IP 地址。两个路由器直接相连的接口处，可指明也可不指明 IP 地址。如指明 IP 地址，则这一段连线就构成了一种只包含一段线路的特殊“网络”。这种网络仅需两个 IP 地址，可以使用 /31 来表示，主机号可以是 0 或 1，如图 4-9 所示。

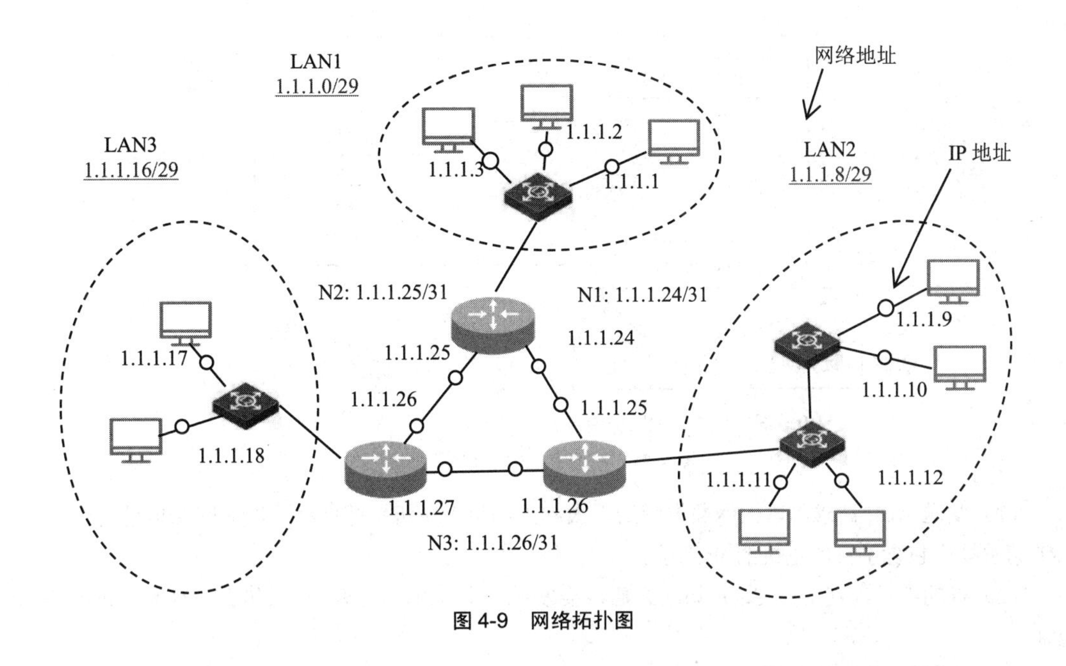

图 4-9　网络拓扑图

4.3.3　地址解析协议（ARP）

网络层以上的协议用 IP 地址来标识网络接口，但以太网数据帧传输时，以物理地址来标识网络接口。因此我们需要进行 IP 地址与物理地址之间的转化。对于 IPv4 来说，我们使用 ARP（地址解析协议）来完成 IP 地址与物理地址的转化（IPv6 使用邻居发现协议进行 IP 地址与物理地址的转化，它包含在 ICMPv6 中）。

ARP 协议提供了网络层地址（IP 地址）到物理地址（MAC 地址）之间的动态映射。ARP 协议是地址解析的通用协议。IP 地址与物理地址的转化如图 4-10 所示。

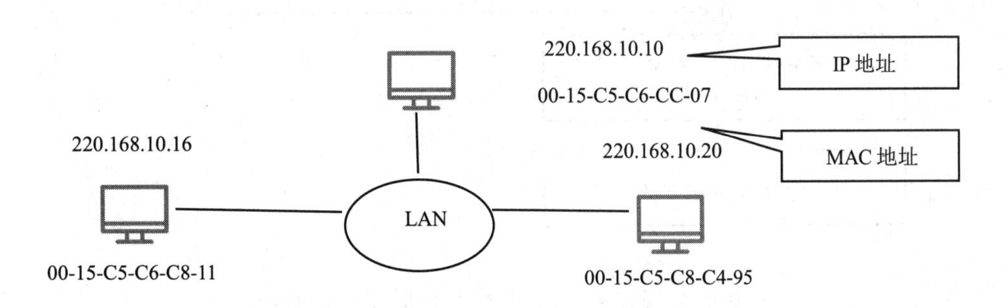

图 4-10　IP 地址与物理地址的转化

MAC 地址由设备制造商定义、分配，每一个硬件设备都有一个链路层主地址（MAC 地址），保存在设备的永久内存中。设备的 MAC 地址不会改变（现在可以进行 MAC 地址伪装）。

IP 地址由用户配置给网络接口，网络接口的 IP 地址是可以发生变化的（通过 DHCP 获取 IP 地址，变化速度比较快）。

在一个以太网中获取目的端的 MAC 地址的步骤如图 4-11 所示。

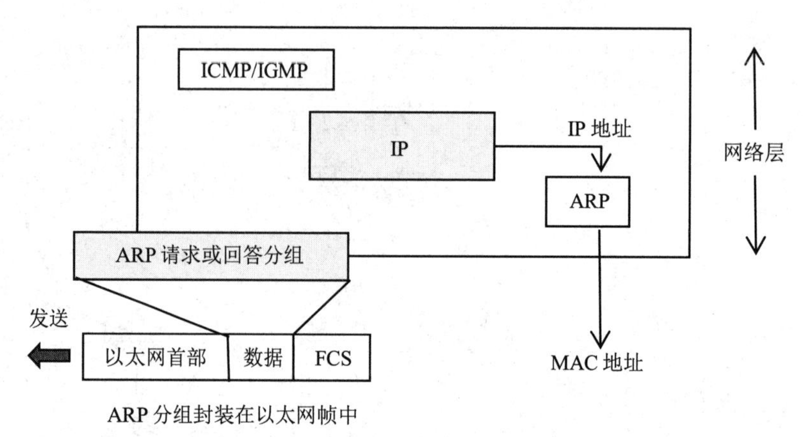

图 4-11 获取目的端的 MAC 地址

（1）发送 ARP 请求的以太网数据帧给以太网上的每个主机，即广播（以太网源地址为全 1）。ARP 请求帧中包含了目的主机的 IP 地址。

（2）目的主机收到了该 ARP 请求之后，会发送一个 ARP 应答，里面包含了目的主机的 MAC 地址。

ARP 协议的工作原理如图 4-12 所示。

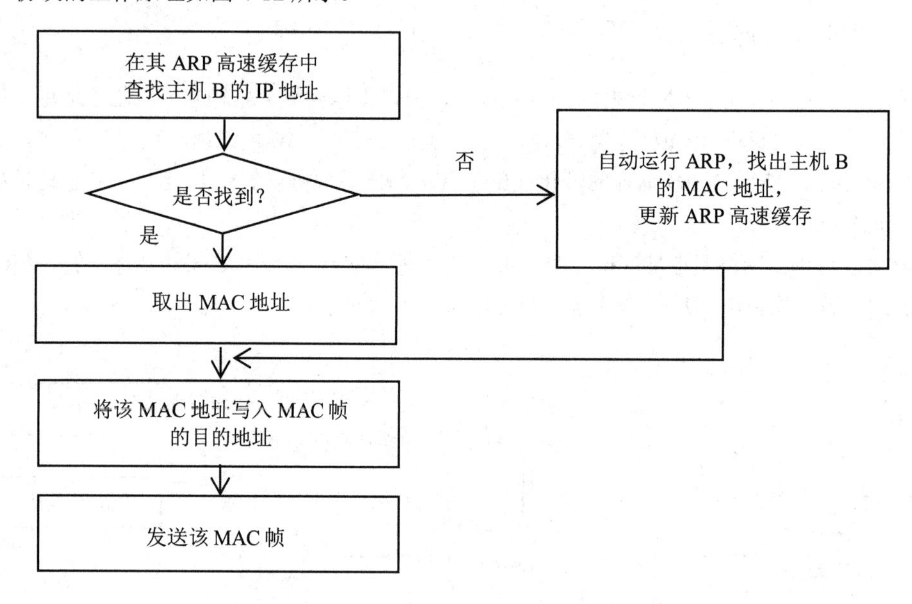

图 4-12 主机 A 向本局域网中的主机 B 发送 IP 数据报

（3）每个主机都会在自己的 ARP 缓冲区中建立一个 ARP 列表，以表示 IP 地址和 MAC 地址之间的对应关系。

（4）主机（网络接口）新加入网络时（也可能只是 MAC 地址发生变化，接口重启等），会发送免费 ARP 报文把自己的 IP 地址与 MAC 地址的映射关系广播给其他主机。

（5）网络上的主机接收到免费 ARP 报文时，会更新自己的 ARP 缓冲区，将新的映射关系更新到自己的 ARP 表中。

（6）某个主机需要发送报文时，首先检查 ARP 列表中是否有对应 IP 地址的目的主机的 MAC

地址，如果有，则直接发送数据，如果没有，就向本网段的所有主机发送 ARP 数据报（或称数据包），该数据报包括的内容有：源主机 IP 地址、源主机 MAC 地址、目的主机 IP 地址等。

（7）当本网络的所有主机收到该 ARP 数据报时，执行下列操作：

①检查数据报中的 IP 地址是否是自己的 IP 地址，如果不是，则忽略该数据报。

②如果是，则从数据报中取出源主机的 IP 地址和 MAC 地址写入 ARP 列表中，如果已经存在，则覆盖。

③将自己的 MAC 地址写入 ARP 响应数据报中，告诉源主机自己是它想要找的 MAC 地址。

（8）源主机收到 ARP 响应数据报后，将目的主机的 IP 地址和 MAC 地址写入 ARP 列表中，并利用此信息发送数据。如果源主机一直没有收到 ARP 响应数据报，表示 ARP 查询失败。

ARP 高速缓存（即 ARP 表）是 ARP 协议能够高效运行的关键（如果有多次 ARP 响应，以最后一次响应为准）。

ARP 给 IP 地址和 MAC 地址中间做了动态映射，也就是说缓存了一个 ARP 表，将得到的 IP 地址和 MAC 地址对应起来，如果在表中没有查到 IP 地址对应的 MAC 地址，就会通过广播去找。随着用户的使用，ARP 表如果不做任何措施，就会变得越来越臃肿，降低了网络传输数据的效率，所以 ARP 高速缓存中每一项都被设置了生存时间，一般是 20 分钟，从被创建时开始计算，到时则清除。如果在计时期间又被使用了，计时会重置。超过生存时间的项目都从高速缓存中删除，以适应网络适配器变化。映射表如表 4-2 所示。

表 4-2　映射表

<IP 地址；MAC 地址；生存时间；类型等>			
IP 地址	MAC 地址	生存时间	类型
10.4.9.2	0030.7131.abfc	00:08:55	Dynamic
10.4.9.1	0000.0c07.ac24	00:02:55	Dynamic
10.4.9.99	0007.ebea.44d0	00:06:12	Dynamic

ARP 高速缓存的作用：

（1）存放最近获得的 IP 地址到 MAC 地址的绑定。

（2）减少 ARP 广播的通信量。

（3）为进一步减少 ARP 通信量，主机 A 在发送其 ARP 请求分组时，就将自己的 IP 地址到 MAC 地址的映射写入 ARP 请求分组。

（4）当主机 B 收到主机 A 的 ARP 请求分组时，就将主机 A 的 IP 地址及其对应的 MAC 地址映射写入主机 B 自己的 ARP 高速缓存中，不必再发送 ARP 请求。

ARP 用于解决同一个局域网上的主机或路由器的 IP 地址和 MAC 地址的映射问题。

通信的路径（如图 4-13 所示）为：主机 A→经过路由器 R1 转发→主机 B。因此，主机 A 必须知道路由器 R1 的 IP 地址，解析出其 MAC 地址，然后把 IP 数据报传送到路由器 R1。

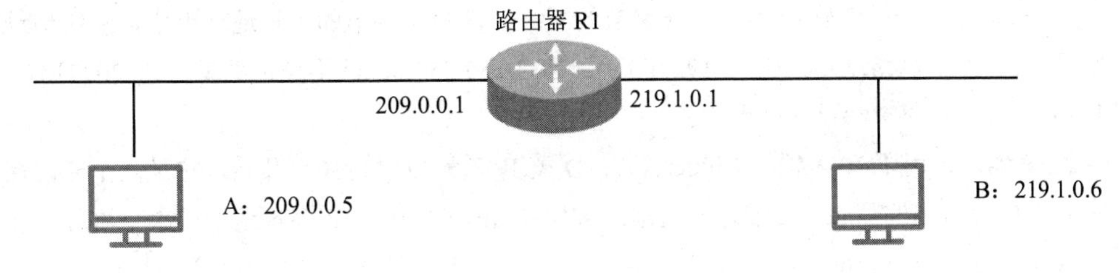

图 4-13　通信的路径

使用 ARP 的四种典型情况：

（1）发送方是主机，要把 IP 数据报发送到本网络上的另一台主机。这时用 ARP 找到目的主机的硬件地址。

（2）发送方是主机，要把 IP 数据报发送到另一个网络上的一台主机。这时用 ARP 找到本网络上的一个路由器的硬件地址。剩下的工作由这个路由器来完成。

（3）发送方是路由器，要把 IP 数据报转发到本网络上的一台主机。这时用 ARP 找到目的主机的硬件地址。

（4）发送方是路由器，要把 IP 数据报转发到另一个网络上的一台主机。这时用 ARP 找到本网络上另一个路由器的硬件地址。剩下的工作由这个路由器来完成。

4.3.4 分类 IP 地址

IP 地址根据网络 ID 的不同分为 5 种类型：A 类地址、B 类地址、C 类地址、D 类地址和 E 类地址，如图 4-14 所示。

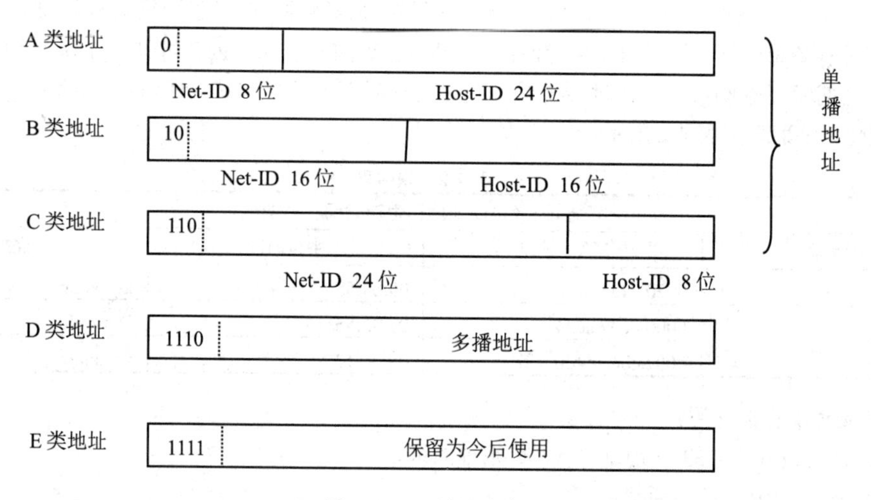

图 4-14 IP 地址分类

A 类 IP 地址：一个 A 类 IP 地址由 1 字节的网络地址和 3 字节的主机地址组成，网络地址的最高位必须是“0”，地址范围从 1.0.0.0 到 126.0.0.0。A 类网络的网络地址共有 126 个，每个网络能容纳 1 千多万台主机。

B 类 IP 地址：一个 B 类 IP 地址由 2 字节的网络地址和 2 字节的主机地址组成，网络地址的最高位必须是“10”，网络地址范围从 128.0.0.0 到 191.255.0.0，B 类网络的网络地址共有 16384 个（0～16383），每个网络能容纳 6 万多台主机。

C 类 IP 地址：一个 C 类 IP 地址由 3 字节的网络地址和 1 字节的主机地址组成，网络地址的最高位必须是“110”，网络地址范围从 192.0.0.0 到 233.255.255.0，网络地址数量可达 2097152 个（0～2097151），每个网络能容纳 254 台主机。

D 类 IP 地址：用于 IP 多播（Multicast），D 类 IP 地址以“1110”开始，它是一个专门保留的地址。它并不指向特定的网络，目前这一类地址被用在 IP 多播中。IP 多播地址用来一次寻址一组计算机，它标识共享同一协议的一组计算机。

E 类 IP 地址：以“1111”开始，用于研究和试验，为将来使用保留。

各类 IP 地址的指派范围：A 类地址最大可指派的网络数为 126（2^7-2），第一个可指派的网络号为 1，最后一个可指派的网络号为 126，每个网络中的最大主机数为 16777214；B 类地址最大可指派的网络数为 16384（2^{14}），第一个可指派的网络号为 128.0，最后一个可指派的网络号为 191.255，每个网络中的最大主机数为 65534；C 类地址最大可指派的网络数为 2097152（2^{21}），第一个可指派的网络号为 192.0.0，最后一个可指派的网络号为 223.255.255，每个网络中的最大主机数为 254。注意指派时要扣除全 0 和全 1 的主机号。一般不使用的特殊的 IP 地址如表 4-3 所示。

表 4-3 一般不使用的特殊的 IP 地址

网络号	主机号	源地址使用	目的地址使用	代表的意思
0	0	可以	不可	在本网络的本主机
0	X	可以	不可	在本网络上主机号为 X 的主机
全 1	全 1	不可	可以	只在本网络上进行广播
Y	全 1	不可	可以	对网络号为 Y 的网络上的所有主机进行广播
127	非全 0 或全 1 的任何数	可以	可以	用于本地软件环回测试

分类 IP 地址的优点有：（1）管理简单；（2）使用方便；（3）转发分组迅速；（4）划分子网，可灵活地使用。缺点有：（1）设计上不合理，大地址块，浪费地址资源；（2）用划分子网的方法，也无法解决 IP 地址枯竭的问题。

4.3.5 无类别域间路由（CIDR）

无类别域间路由（Classless Inter-Domain Routing，CIDR）是一个用于给用户分配 IP 地址以及在互联网上有效地路由 IP 数据包的对 IP 地址进行归类的方法。该方法消除了传统的 A 类、B 类和 C 类地址以及划分子网的概念，可以取 IP 地址的任意前缀作为网络号，更加有效地分配 IPv4 的地址空间，但无法解决 IP 地址枯竭的问题。CIDR 可以利用层次网络和路由汇总缩小路由器中路由表的规模，提高转发速度。

CIDR 地址的网络地址由网络前缀和主机号决定。前缀的位数 n 不固定，可以在 0~32 之间选取任意值，如图 4-15 所示。

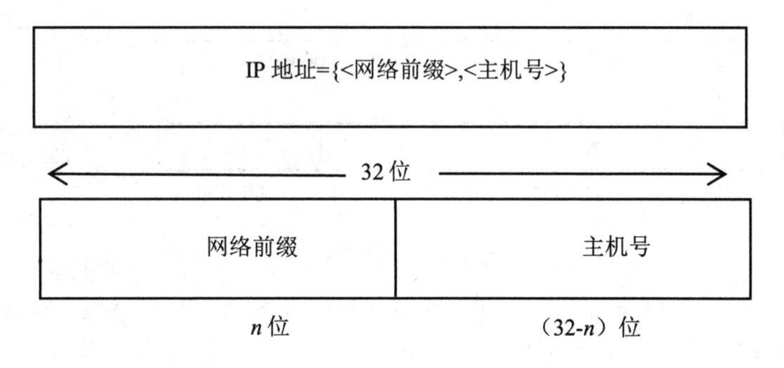

图 4-15 CIDR 地址

CIDR 还采用斜线记法，在 IP 地址后面加斜线之后写上网络前缀所占的位数。a.b.c.d / n：二进制 IP 地址的前 n 位是网络前缀。

例如，220.78.168.0/24，我们从这个 IP 地址可以看出由于主机号是 8 位，故此时最多有 $2^8-2=254$ 台主机可以使用。

但当这个 IP 地址表示为 220.78.168.0/23 时，我们可以看到此时从网络号中借了一位出来作为主机号，所以此时网络中的主机台数最多为 2^9-2。

通过斜线记法，我们可以知道网络前缀的个数，由此可以知道子网掩码（把网络前缀的位置都标上 1 即为子网掩码）。之后让子网掩码与该 IP 地址做与运算可以计算得出网络地址。由此也可以推出最大的地址和最小的地址。

注意：当主机号全为 0 和全为 1 的时候，不使用这两个地址，使用这两个地址之间的地址。这里强调的是主机号不能全为 0 和全为 1，但是网络号可以全为 0。

CIDR 把网络前缀都相同的所有连续的 IP 地址组成一个 CIDR 地址块，一个 CIDR 地址块包含的 IP 地址数目取决于网络前缀的位数。

4.3.6 子网掩码

子网掩码（Subnet Mask）又叫网络掩码、地址掩码，它用来指明一个 IP 地址的哪些位标识的是主机所在的子网，以及哪些位标识的是主机的位掩码。子网掩码不能单独存在，它必须结合 IP 地址一起使用。

子网掩码是一个 32 位地址，用于屏蔽 IP 地址的一部分以区别网络标识和主机标识，并说明该 IP 地址在局域网上还是在广域网上。

子网掩码是由一连串 1 和接着的一连串 0 组成的，而 1 的个数就是网络前缀的长度。例如：/20 地址块的子网掩码为 11111111 11111111 11110000 00000000。

点分十进制数记法：255.255.240.0，CIDR 记法：255.255.240.0/20。

对于 A 类地址来说，默认的子网掩码是 255.0.0.0；对于 B 类地址来说，默认的子网掩码是 255.255.0.0；对于 C 类地址来说，默认的子网掩码是 255.255.255.0，如图 4-16 所示。

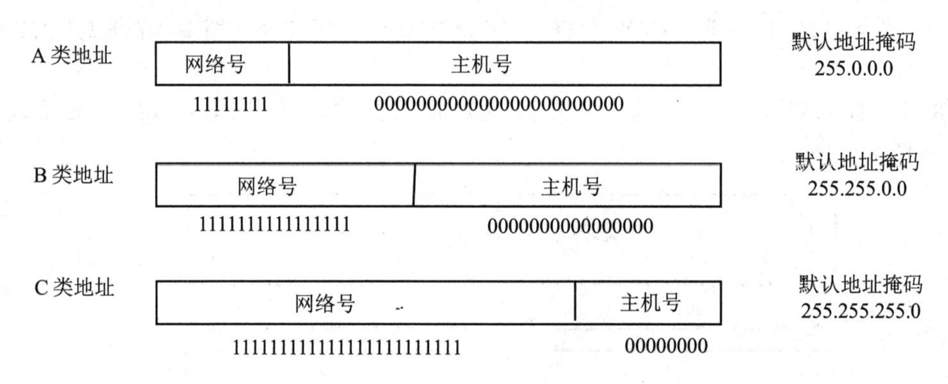

图 4-16 子网掩码

将 32 位的子网掩码与 IP 地址进行二进制形式的按位逻辑“与”（AND）运算得到的便是网络地址，如图 4-17 所示。

网络地址=（二进制 IP 地址）AND（子网掩码）

将二进制子网掩码和二进制 IP 地址进行逻辑“与”运算，得到的就是主机地址。例如，192.168.10.11 AND 255.255.255.0，结果为 192.168.10.0，其表达的含义为：该 IP 地址属于 192.168.10.0 这个网络，其主机号为 11，即这个网络中编号为 11 的主机。

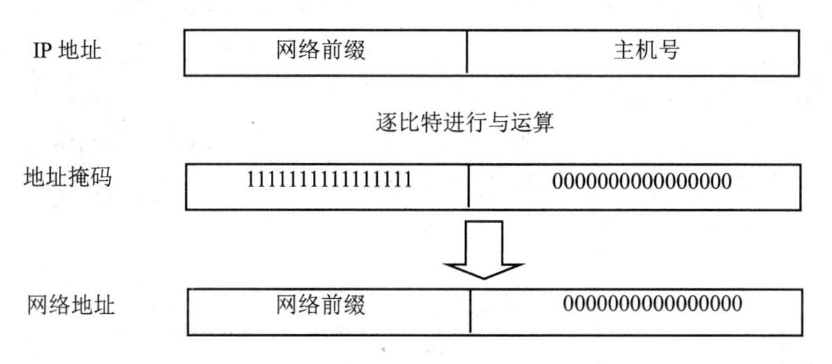

图 4-17　网络地址计算

4.3.7　子网划分与路由聚合

为了减少网络上的通信量，节省 IP 地址，又增加了一个“子网号字段”，使两级 IP 地址变为三级 IP 地址，这种做法叫作划分子网。图 4-18 所示的为一个划分子网的例子。

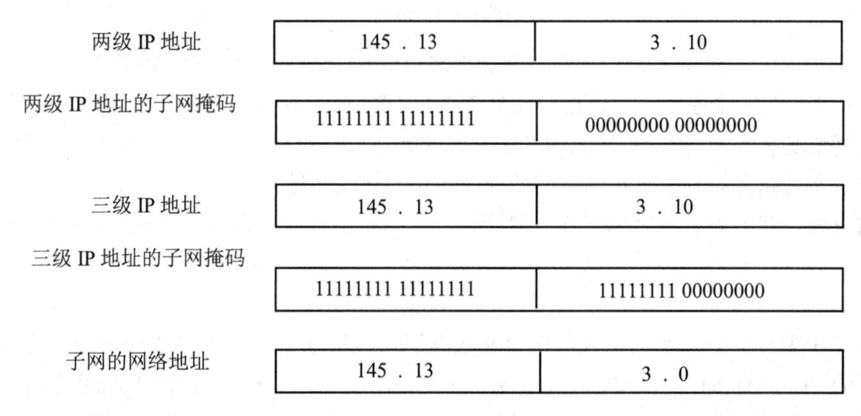

图 4-18　划分子网举例

使用子网掩码划分子网后，在子网内可以通信，跨子网不能通信，子网间通信应该使用路由器，并正确配置静态路由信息。划分子网，就应遵循子网划分结构的规则，就是用连续的 1 在 IP 地址中增加表示网络地址的位数，同时减少表示主机地址的位数。

划分子网的基本思路：

（1）一个拥有许多物理网络的单位，可将所属的物理网络划分为若干个子网，划分子网纯属一个单位内部的事情，本单位以外的网络看不见这个网络是由多少个子网组成的。

（2）从网络的主机号中借用若干位作为子网号，当然主机号也就相应地减少了同样的位数。于是两级 IP 地址在本单位内部就变为三级 IP 地址。

IP 地址={<网络号>,<子网号>,<主机号>}

（3）从其他网络发送给本单位某台主机的 IP 数据报，仍然是根据 IP 数据报的目的网络号找到连接在本单位网络上的路由器的。但此路由器在收到 IP 数据报后，再按目的网络号和子网号找到目的子网，把 IP 数据报交付目的主机。

例如，IP 地址为 130.39.37.100，网络地址为 130.39.37.0、子网地址为 130.39.37.0、子网掩码为 255.255.255.0，网络地址和子网地址为“1”所对应的部分，主机地址为子网掩码中“0”所对应的部分。使用 CIDR 表示为 130.39.37.100/24，即 IP 地址/掩码长度。其中第三字节上的 255 所对应的 8 位二进制数值就是将主机地址位数借给了网络地址部分，充当了划分子网的位数。

在今天如此大规模的网络互联环境下，尤其是负责核心网建设的运营商，处在核心网中的路由器要处理海量的数据，必然要存储特别长的路由表（可能会包含几万条路由项），路由表过长就会引起匹配条目的时间过长，也就导致了数据转发延迟过长，造成网络质量差的效果，为了解决这个问题，提出了路由聚合的技术，也称为超网，如图 4-19 所示。

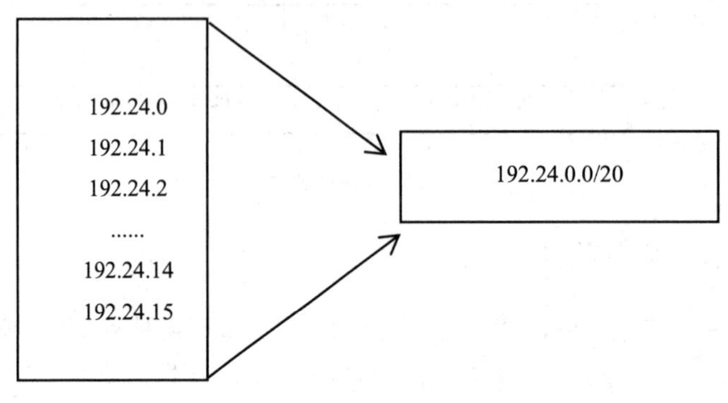

图 4-19 超网

聚合前：16 个 C 类地址，地址掩码=255.255.255.0，路由表中需要 16 个路由项目。

聚合后：聚合为 1 个地址，地址掩码=255.255.240.0，路由表中只需 1 个路由项目。

超网的功能是将多个连续的 C 类地址聚合起来映射到一个物理网络上。这样，这个物理网络就可以使用这个聚合起来的 C 类地址的共同地址前缀作为其网络号。

超网用来解决路由列表超出现有软件和管理人力的问题以及提供 B 类网络地址空间耗尽的解决办法。超网允许一个路由列表入口表示一个网络集合，就如一个区域代码表示一个区域的电话号码的集合一样。

超网（路由聚合）解决了路由表的内容冗余问题，能够缩小路由表的规模，减少路由表的内存。

某大学的 ISP 共有 64 个 C 类网络。如果不采用路由聚合，则在与该 ISP 的路由器交换路由信息的每一个路由器的转发表中，需要有 64 行。采用路由聚合后，转发表中只需要用 1 行来指出到 206.0.64.0/18 地址块的下一跳即可。在 ISP 内的路由器的转发表中，也仅需用 206.0.68.0/22 这 1 个项目，就能把外部发送到该大学各系的所有分组都转发到大学的路由器，如图 4-20 所示。

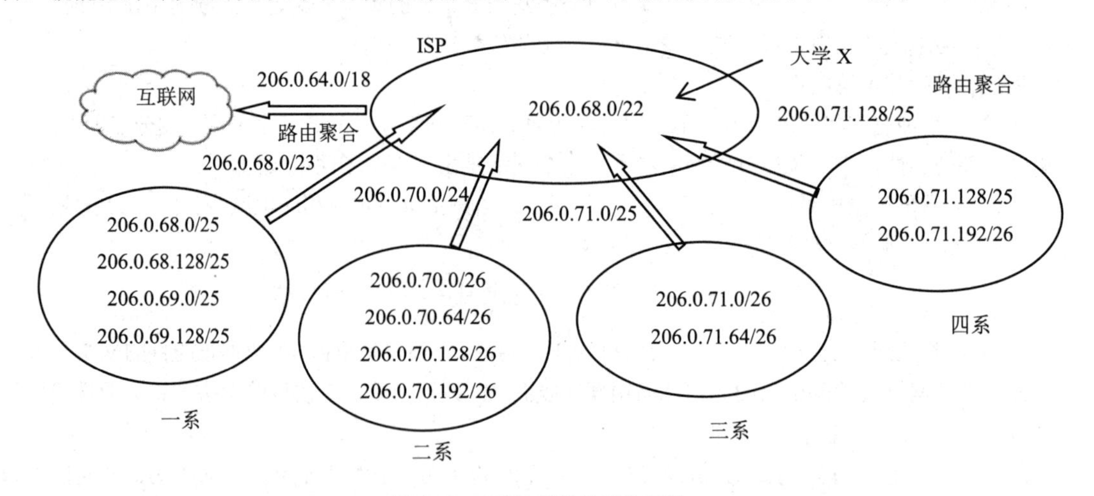

图 4-20 CIDR 地址块划分举例

从中可以看到，网络前缀越短，地址块所包含的地址数越多。

4.3.8　IP数据报的格式

TCP/IP 协议定义了一个在互联网上传输的包，称为 IP 数据报（IP Datagram，亦称 IP 数据包）。这是一个与硬件无关的虚拟包，由首部和数据两部分组成。如图 4-21 所示。

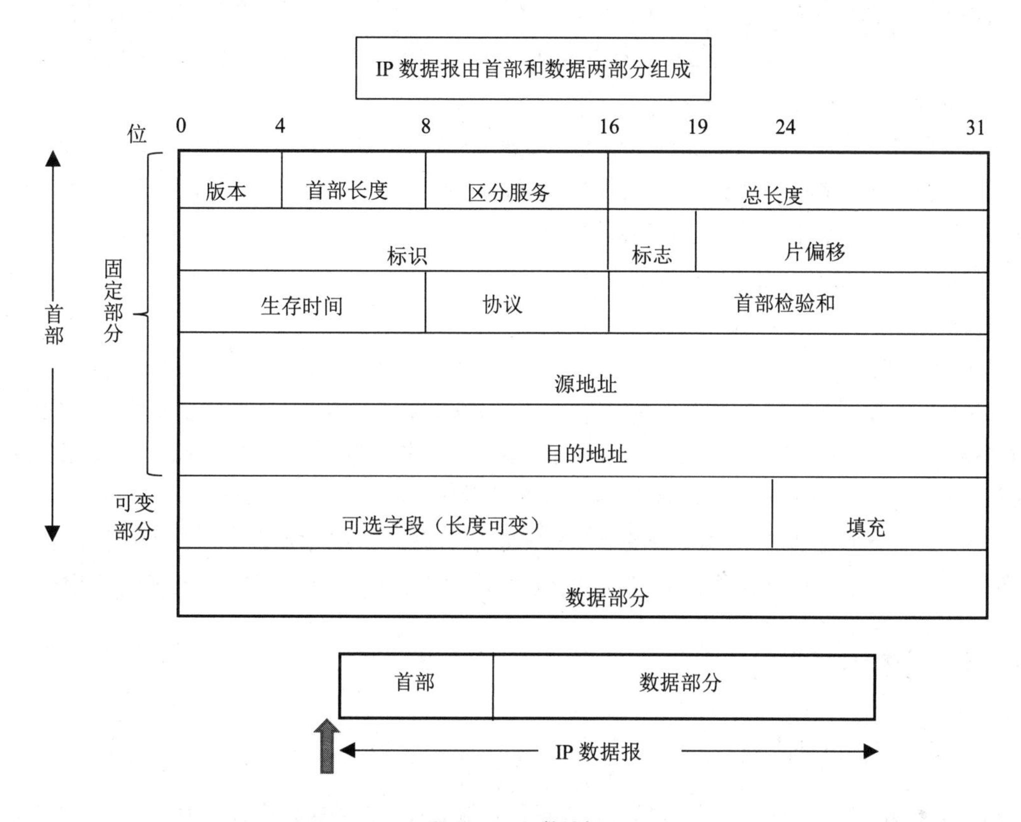

图 4-21　IP 数据报

首部的前一部分是固定部分，共 20 字节，是所有 IP 数据报必须具有的。可选字段，其长度是可变的。

版本——占 4 位，指 IP 协议的版本，目前的 IP 协议版本号为 4（即 IPv4）。

首部长度——占 4 位，可表示的最大数值是 15 个单位（一个单位为 4 字节），因此 IP 的首部长度的最大值是 60 字节。

区分服务——占 8 位，用来获得更好的服务，只有在使用区分服务（DiffServ）时，这个字段才起作用，在一般的情况下都不使用这个字段。

总长度——占 16 位，指首部和数据之和的长度，单位为字节，因此数据报的最大长度为 65535 字节，总长度必须不超过最大传送单元 MTU。

标识（Identification）——占 16 位，它是一个计数器，用来产生 IP 数据报的标识。

标志（Flag）——占 3 位，目前只有前两位有意义。标志字段的最低位是 MF（More Fragment），MF=1 表示后面还有分片，MF=0 表示是最后一个分片。标志字段中间的一位是 DF（Don't Fragment），只有当 DF=0 时才允许分片。

片偏移——占 13 位，表示较长的分组在分片后某片在原分组中的相对位置，片偏移以 8 字节为偏移单位。

生存时间——占 8 位，生存时间字段常用的英文缩写是 TTL（Time To Live），表明数据报在网络中的寿命，由发出数据报的源点设置这个字段，其目的是防止无法交付的数据报无限制地在互联网中兜圈子，因而白白消耗网络资源。最初的设计是以秒作为 TTL 的单位的，每经过一个路由器时，就把 TTL 减去数据报在路由器消耗掉的一段时间。若数据报在路由器消耗的时间小于 1 秒，就把 TTL 值减 1。当 TTL 值为 0 时，就丢弃这个数据报。

协议——占 8 位，协议字段指出此数据报携带的数据使用何种协议，以便使目的主机的 IP 层知道应将数据部分上交给哪个处理过程。

首部检验和——占 16 位，这个字段只检验数据报的首部，但不包括数据部分。这是因为数据报每经过一个路由器，都要重新计算一下首部检验和（一些字段有可能发生变化，如生存时间、标志、片偏移等），不检验数据部分可减少计算的工作量。

源地址——占 32 位，表示发送端 IP 地址。

目的地址——占 32 位，表示目的端 IP 地址。

IP 首部的可变部分是一个可选字段。可选字段用来支持排错、测量以及安全等措施，内容很丰富。此字段的长度可变，从 1 字节到 40 字节不等，取决于所选择的选项。某些选项只需要 1 字节，它只包括 1 字节的选项代码。但还有些选项需要多字节，这些选项一个个拼接起来，中间不需要有分隔符，最后用全 0 的填充字段补齐成为 4 字节的整数倍。增加首部的可变部分是为了增加 IP 数据报的功能，但这同时也使得 IP 数据报的首部长度成为可变的。这就增加了每一个路由器处理数据报的开销，实际上这些选项很少被使用。新的 IP 版本 IPv6 将 IP 数据报的首部长度设置成了固定的。

4.4 IP 分组的转发

4.4.1 基于终点的转发

基于终点的转发是一种传统的方式，是目前的主流方式。这种转发方式要求主机或者路由器具有一张路由表。当主机有分组要转发时，或者路由器收到分组要进行转发时，就要搜索路由表找到终点的路由。

分组在互联网中是逐跳转发的，如图 4-22 所示。

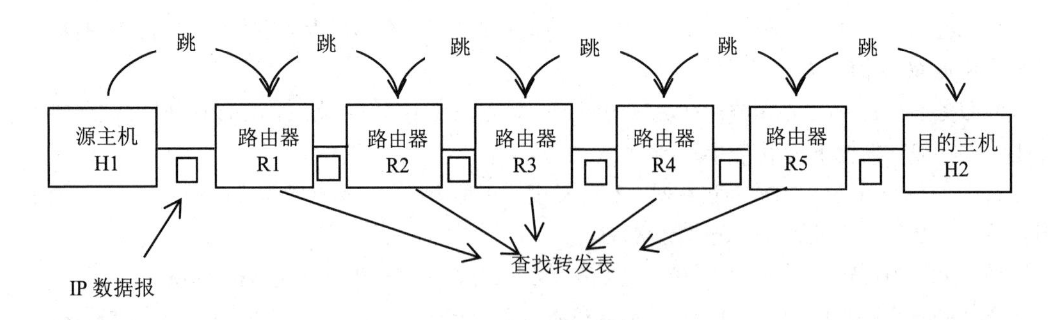

图 4-22 分组转发

基于终点的转发：基于分组首部中的目的地址传送和转发。

为了压缩转发表的大小，转发表中最主要的路由是（目的网络地址，下一跳地址）而不是（目的地址，下一跳地址）。查找转发表的过程就是逐行寻找前缀匹配的过程，如图 4-23 所示。

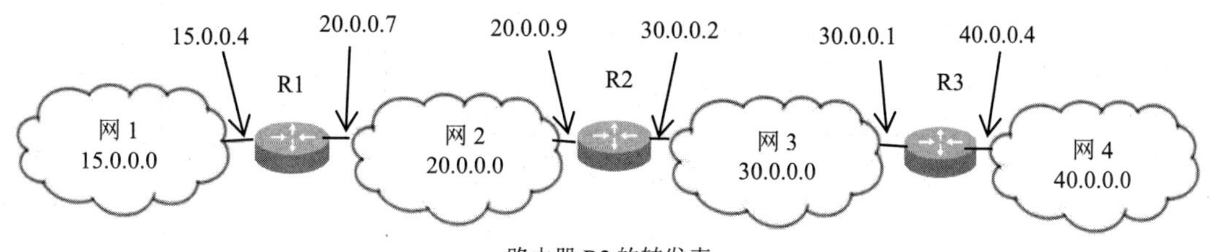

路由器 R2 的转发表

目的主机所在的网络	下一跳地址
20.0.0.0	直接交付，接口 0
30.0.0.0	直接交付，接口 1
15.0.0.0	20.0.0.7
40.0.0.0	30.0.0.1

图 4-23 查找转发表

主机 H1 发送出的、目的地址是 128.1.2.132 的分组转发过程如图 4-24 所示。

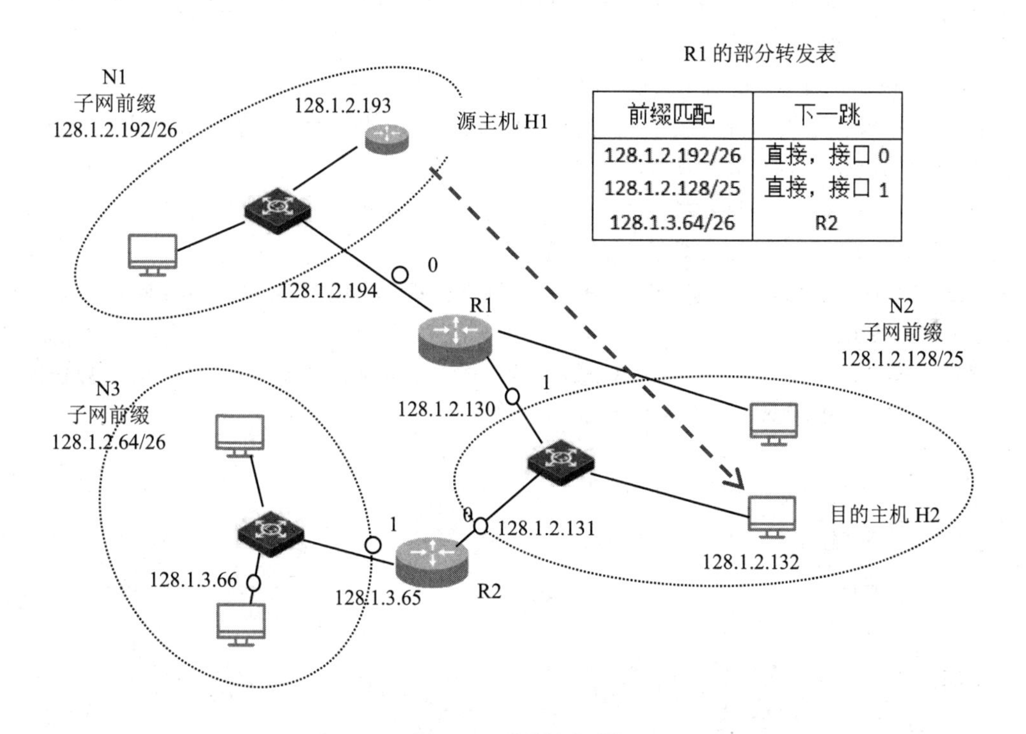

前缀匹配	下一跳
128.1.2.192/26	直接，接口 0
128.1.2.128/25	直接，接口 1
128.1.3.64/26	R2

图 4-24 分组转发过程

路由器 R1 收到分组后检查转发表。先检查第 1 行：255.255.255.192 AND 128.1.2.132 != 128.1.2.128/26，不匹配。接着检查第 2 行：255.255.255.128 AND 128.1.2.132 = 128.1.2.128/25，匹配。进行分组的直接交付（通过路由器 R1 的接口 1），如图 4-25 所示。

H1 首先检查 128.1.2.132 是否连接在本网络上，

如果是，则直接交付；否则，就送交路由器 R1

N1 的网络地址为 128.1.2.192

N1 的网络掩码为 255.255.255.192

目的地址与网络掩码

逐比特与运算　　128.1.2.138

128.1.2.128 ≠H1 的网络地址

源主机 H1 必须把分组发送给路由器 R1

图 4-25　转发过程

4.4.2 IP 分组的匹配

最长前缀匹配机制（Longest Prefix Match Algorithm）是目前行业内几乎所有的路由器都默认采用的一种路由查询机制。

在使用 CIDR 时，路由表的每个项目的组成为<网络前缀，下一跳地址>。在查找路由的时候可能会得到不止一个匹配结果。此时应当从匹配结果中选择具有最长网络前缀的路由。因为网络前缀越长，其地址块就越小，路由就越具体。

主机路由（Host Route）又叫作特定主机路由，是对特定目的主机的 IP 地址专门指明的一个路由。网络前缀就是 a.b.c.d/32，放在转发表的最前面。

默认路由（Default Route）不管分组的最终目的网络在哪里，都由指定的路由器 R 来处理，用特殊前缀 0.0.0.0/0 表示。

只要目的网络不是 N1 和 N2，就一律选择默认路由，把 IP 数据报先间接交付给默认路由器 R1，让 R1 再转发给下一个路由器，如图 4-26 所示。

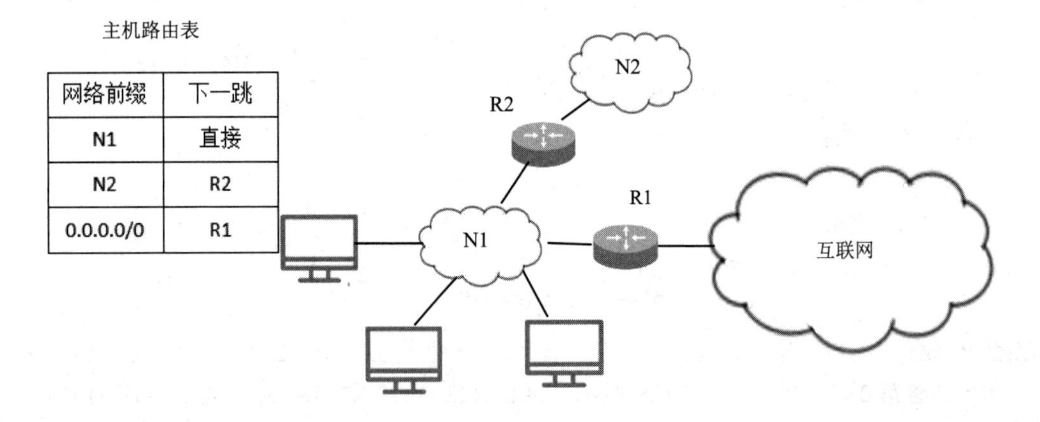

网络前缀	下一跳
N1	直接
N2	R2
0.0.0.0/0	R1

图 4-26　路由器 R1 充当到达互联网的默认路由器

路由器的分组转发算法如图 4-27 所示。

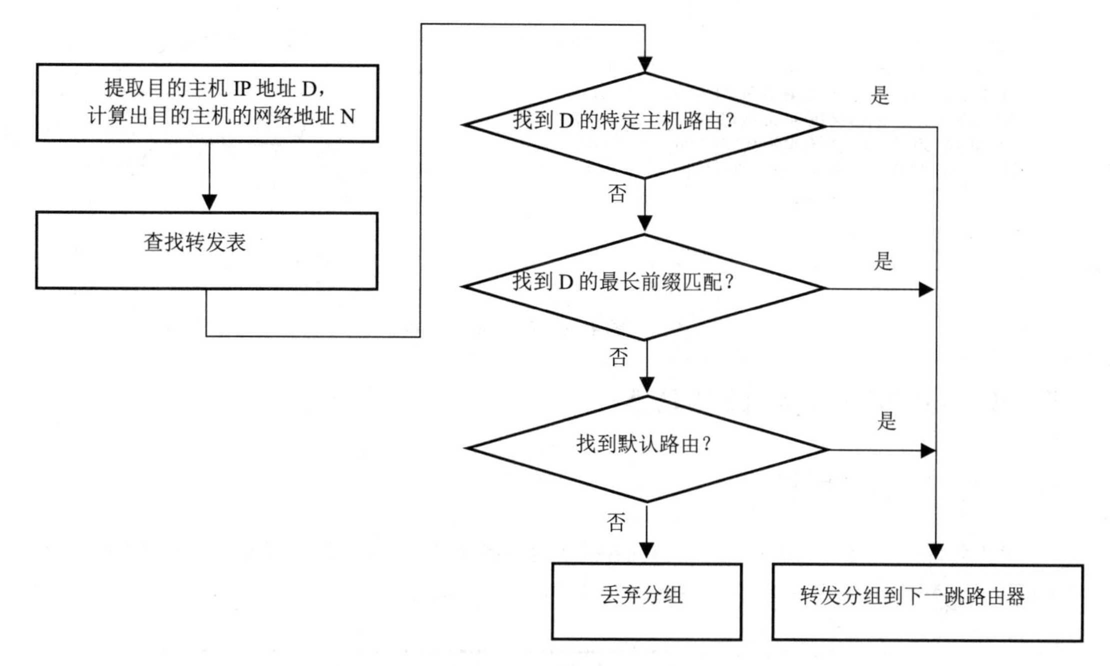

图 4-27　路由器分组转发算法

（1）从数据报的首部提取目的主机的 IP 地址 D，得出目的主机对应的网络地址为 N。

（2）若网络 N 与此路由器直接相连，则把数据报直接交付给目的主机 D；否则是间接交付，执行（3）。

（3）若路由表中有目的地址为 D 的特定主机路由，则把数据报传送给路由表中所指明的下一跳路由器；否则，执行（4）。

（4）若路由表中有到达网络 N 的路由，则把数据报传送给路由表指明的下一跳路由器；否则，执行（5）。

（5）若路由表中有一个默认路由，则把数据报传送给路由表中所指明的默认路由器；否则，执行（6）。

（6）报告分组转发出错。

4.4.3　查找转发表

二叉树：一种特殊结构的树，可以快速在转发表中找到匹配的叶节点。从二叉树的根节点自顶向下的深度最多有 32 层，每一层对应于 IP 地址中的一位。为简化二叉树的结构，可以用唯一前缀来构造二叉树。唯一前缀是指：在表中所有的 IP 地址中，该前缀是唯一的。为了提高二叉树的查找速度，广泛使用了各种压缩技术。

查找规则为先检查 IP 地址左边的第一位，如为 0，则第一层的节点就在根节点的左下方；如为 1，则在右下方。然后再检查地址的第二位，构造出第二层的节点。依次类推，直到唯一前缀的最后一位。每个叶节点代表一个唯一前缀，如图 4-28 所示。

为检查网络前缀是否匹配，必须使二叉树中的每一个叶节点包含所对应的网络前缀和子网掩码。

32 位的 IP 地址	唯一前缀
01000110 00000000 00000000 00000000	0100
01010110 00000000 00000000 00000000	0101
01100001 00000000 00000000 00000000	011
10110000 00000010 00000000 00000000	10110
10111011 00001010 00000000 00000000	10111

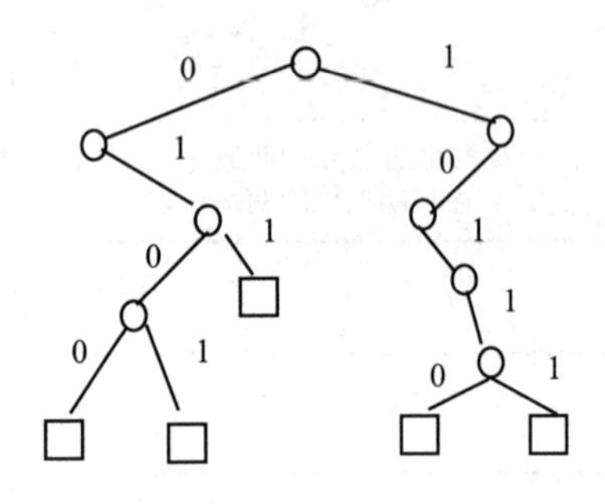

图 4-28　二叉树

4.5　网际控制报文协议（ICMP）

4.5.1　ICMP 报文解析

ICMP 允许主机或路由器报告差错情况并提供有关异常情况。ICMP 是互联网的标准协议，但不是高层协议，而是 IP 层（网络层）的协议。各层协议如图 4-29 所示。

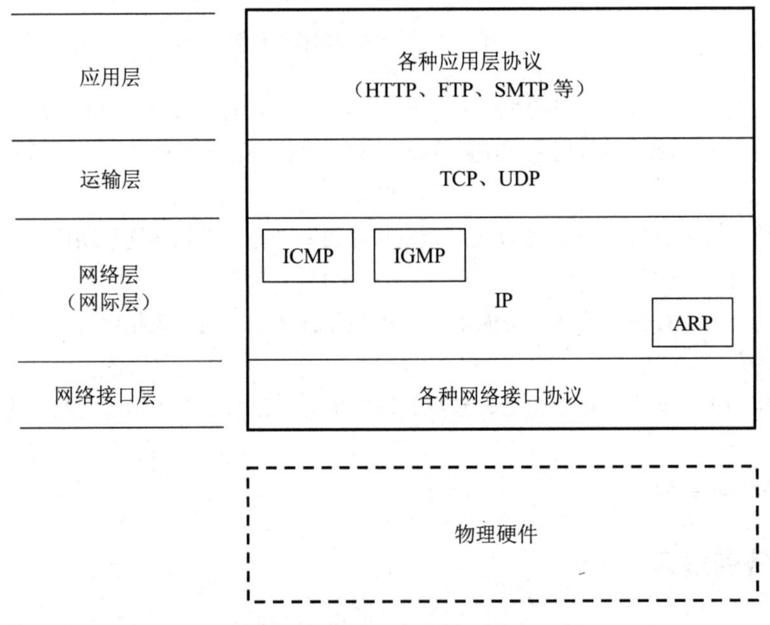

图 4-29　各层协议

ICMP 报文通常被 IP 层或更高层协议（TCP 或 UDP）使用。一些 ICMP 报文把差错报文返回给用户进程。ICMP 报文作为 IP 层数据报的数据，加上数据报的首部，组成数据报发送出去。ICMP 报文有两种，即 ICMP 差错报告报文（简称差错报文）和 ICMP 查询报文。

ICMP 所有报文的前 4 字节都是一样的，但是剩下的其他字节则互不相同。ICMP 报文的其他字段都因 ICMP 报文类型不同而不同。ICMP 报文共有三个字段：类型、代码和检验和。8 位的类型字段和 8 位的代码字段一起决定了 ICMP 报文的类型，如图 4-30 所示。

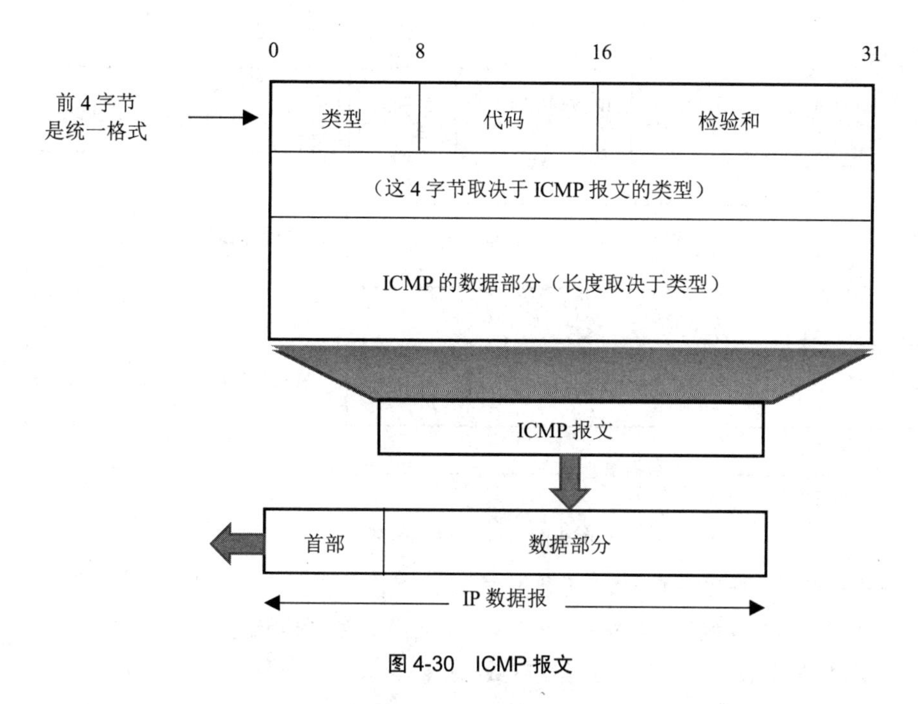

图 4-30 ICMP 报文

16 位的检验和字段：计算方法和 IP 首部检验和的计算方法是一样的。

ICMP 报文具体分为查询报文和差错报文（有时需要对 ICMP 差错报文做特殊处理，因此要对其进行区分。如对 ICMP 差错报文进行响应时，永远不会生成另一份 ICMP 差错报文，否则会出现死循环）。

ICMP 差错报文共有以下 5 种。

（1）终点不可达：终点不可达分为网络不可达、主机不可达、协议不可达、端口不可达、需要分片但 DF 比特已置为 1 以及源路由失败等 6 种情况，其代码字段分别置为 0 至 5。当出现以上 6 种情况时就向源站发送终点不可达报文。

（2）源站抑制：当路由器或主机由于拥塞而丢弃数据报时，就向源站发送源站抑制报文，使源站知道应当将数据报的发送速度放慢。

（3）时间超过：当路由器收到生存时间为零的数据报时，除丢弃该数据报外，还要向源站发送时间超过报文。当目的站在预先规定的时间内不能收到一个数据报的全部数据报片时，就将已收到的数据报片都丢弃，并向源站发送时间超过报文。

（4）参数问题：当路由器或目的主机收到的数据报的首部中的字段的值不正确时，就丢弃该数据报，并向源站发送参数问题报文。

（5）改变路由（重定向）：路由器将改变路由报文发送给主机，让主机知道下次应将数据报发送给另外的路由器。

所有的 ICMP 差错报文中的数据字段都具有同样的格式。将收到的需要进行差错报告的 IP 数据报的首部和数据字段的前 8 字节提取出来，作为 ICMP 报文的数据字段。再加上响应的 ICMP 差错报文的前 8 字节，就构成了 ICMP 差错报文。提取收到的数据报的数据字段的前 8 字节是为了得到运输层的端口号（对于 TCP 和 UDP）以及运输层报文的发送序号（对于 TCP），如图 4-31 所示。

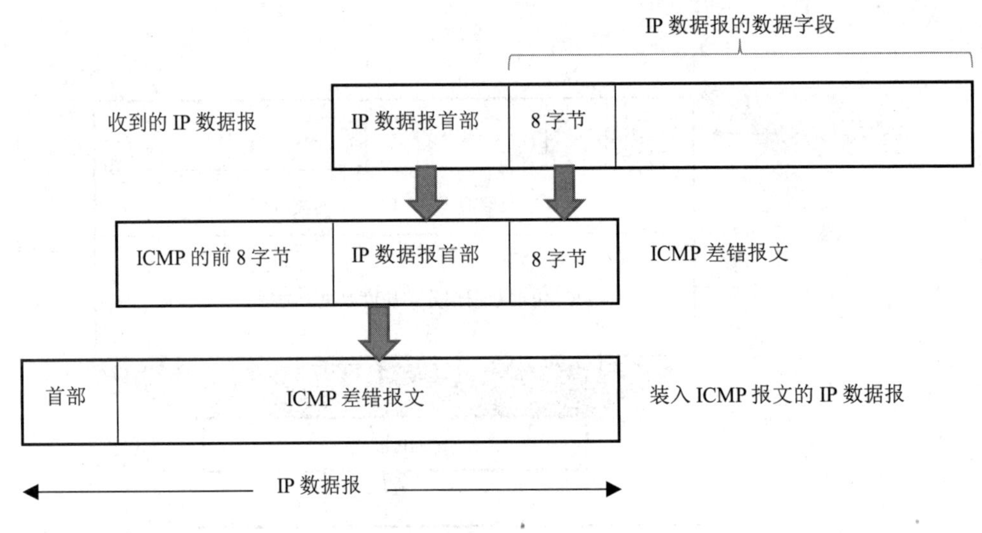

图 4-31 ICMP 差错报文

以下几种情况都不会导致产生 ICMP 差错报文：

（1）ICMP 差错报文（但是，ICMP 查询报文可能会产生 ICMP 差错报文）。

（2）目的地址是广播地址或多播地址的 IP 数据报。

（3）作为链路层广播的数据报。

（4）不是 IP 分片的第一片。

（5）源地址不是单个主机的数据报，即源地址不能为零地址、环回地址、广播地址或多播地址。

这些规则是为了防止 ICMP 差错报文对广播分组响应所带来的广播风暴。

ICMP 查询报文有四种，包括回送请求和应答、时间戳请求和应答、地址掩码请求和应答，以及路由器询问和通过。

ICMP 回送请求报文是由主机或路由器向一个特定的目的主机发出的询问。收到此报文的机器必须给源主机发送 ICMP 回送应答报文。这种查询报文用来测试目的站是否可达以及了解其有关状态。

ICMP 时间戳请求报文允许系统向另一个系统查询当前的时间。该 ICMP 报文的好处是它提供了毫秒级的分辨率，而利用其他方法从别的主机获取的时间只能提供秒级的分辨率。请求端填写发起时间，然后发送报文。应答系统收到请求报文时填写接收时间戳，在发送应答时填写发送时间戳。大多数的实现是把后面两个字段都设成相同的值。

主机使用 ICMP 地址掩码请求报文可向子网掩码服务器得到某个接口的地址掩码。系统广播它的 ICMP 请求报文。ICMP 报文中的标识符和序列号字段由发送端任意选择设定，这些值在应答中将被返回，这样，发送端就可以把应答与请求进行匹配。

主机可使用 ICMP 路由器询问和通过报文了解连接在本网络上的路由器是否正常工作。主机将路由器询问报文进行广播（或多播）。收到询问报文的一个或几个路由器就使用路由器通过报文广播其路由选择信息。

4.5.2 ICMP 应用举例

ping（packet internet groper）用来测试两个主机之间的连通性，使用了 ICMP 回送请求与回送应答报文，是应用层直接使用网络层 ICMP 的例子，该协议没有使用运输层的 TCP 或 UDP。

该程序发送一份 ICMP 回送请求报文给主机，并等待返回 ICMP 回送应答。ping 程序还能测出到这台主机的往返时间，以表明该主机离我们有多远，如图 4.32 所示。

```
C:\Documents and Settings\XXR>ping mail.sina.com.cn

Pinging mail.sina.com.cn [202.108.43.230] with 32 bytes of data:

Reply from 202.108.43.230: bytes=32 time=368ms TTL=242
Reply from 202.108.43.230: bytes=32 time=374ms TTL=242
Request timed out.
Reply from 202.108.43.230: bytes=32 time=374ms TTL=242

Ping statistics for 202.108.43.230:
    Packets: Sent = 4, Received = 3, Lost = 1 (25% loss),
Approximate round trip times in milli-seconds:
    Minimum = 368ms, Maximum = 374ms, Average = 372ms
```

图 4-32　ping 命令

UNIX 系统在实现 ping 程序时把 ICMP 报文中的标识符字段置成发送进程的 ID 号。这样即使在同一台主机上同时运行了多个 ping 程序实例，ping 程序也可以识别出返回的信息。

序列号从 0 开始，每发送一次新的回送请求就加 1。ping 程序打印出返回的每个分组的序列号，允许我们查看是否有分组丢失、失序或重复。

ping 程序通过在 ICMP 报文中存放发送请求的时间值来计算往返时间。当应答返回时，用当前时间减去存放在 ICMP 报文中的时间值，即是往返时间。

当返回 ICMP 回送应答时，要打印出序列号和 TTL，并计算往返时间。TTL 是位于 IP 首部的生存时间字段。

tracert 命令用来跟踪一个分组从源点到终点的路径。它利用 IP 数据报中的 TTL 字段和 ICMP 时间超过差错报文实现对从源点到终点的路径的跟踪。

发送一连串的 IP 数据报，数据报中封装的是无法交付的 UDP 用户数据报。目的主机最后无须转发数据报，也无须将 TTL 减 1，但需向源主机发送 ICMP 终点不可达的差错报文。

tracert 命令用来获得从本地计算机到目的主机的路径信息。在 Windows 中该命令为 tracert，而在 UNIX 系统中为 traceroute。tracert 先发送 TTL 为 1 的回送请求报文，并在随后的每次发送过程中将 TTL 递增 1，直到目标响应或 TTL 达到最大值，从而确定路由。tracert 命令执行情况如图 4-33 所示。

```
C:\Documents and Settings\XXR>tracert mail.sina.com.cn

Tracing route to mail.sina.com.cn [202.108.43.230]
over a maximum of 30 hops:

  1    24 ms    24 ms    23 ms  222.95.172.1
  2    23 ms    24 ms    22 ms  221.231.204.129
  3    23 ms    22 ms    23 ms  221.231.206.9
  4    24 ms    23 ms    24 ms  202.97.27.37
  5    22 ms    23 ms    24 ms  202.97.41.226
  6    28 ms    28 ms    28 ms  202.97.35.25
  7    50 ms    50 ms    51 ms  202.97.36.86
  8   308 ms   311 ms   310 ms  219.158.32.1
  9   307 ms   305 ms   305 ms  219.158.13.17
 10   164 ms   164 ms   165 ms  202.96.12.154
 11   322 ms   320 ms  2988 ms  61.135.148.50
 12   321 ms   322 ms   320 ms  freemail43-230.sina.com [202.108.43.230]

Trace complete.
```

图 4-33　tracert 命令执行情况

4.6 互联网的路由选择协议

4.6.1 概述

当两台非直接连接的计算机需要经过几个网络通信时，通常就需要路由器。路由器会开辟一个网状连接的路径。不过，通常有一条路径的费用、速度或者拥塞程度优于其他路径。而路由选择协议的任务就是为路由器提供最佳路径所需要的路由信息。

所谓的最佳路由算法，其实并不存在。路由算法只能是相对于某一种特定要求下得出的较为合适的选择。路由选择非常复杂，需要所有节点共同协调合作，这就会产生庞大的信息量。而且，路由环境是动态的、处于变化中的，而这种变化有时候无法事先得知。在庞杂的路由世界中，网络拥塞经常发生，有时很难获得所需的路由选择信息。

面对这种情况，路由选择分为两种情况：静态路由选择和动态路由选择。首先介绍静态路由选择，它是一种非自适应的路由选择，由于是静态的，所以不能及时适应网络状态的变化，其优点是实现简单，开销较小。动态路由选择是一种自适应的路由选择，因为是动态的，能及时进行调整，所以能较好地适应网络状态的变化，但缺点是实现较为复杂，开销较大。

互联网采用的是分层次的、分布式的动态路由协议。其中又划分为许多较小的自治系统（AS），每一个小的自治系统中采用的都是内部网关协议（Interior Gateway Protocol，IGP），也称为域内路由选择；多个小的自治系统间采用的是外部网关协议（External Gateway Protocol，EGP），也称为域间路由选择。其中，常用的内部网关协议有 RIP（Routing Information Protocol）和 OSPF（Open Shortest Path First）等，常用的外部网关协议有 BGP（Border Gateway Protocol）等，如图 4-34 所示。

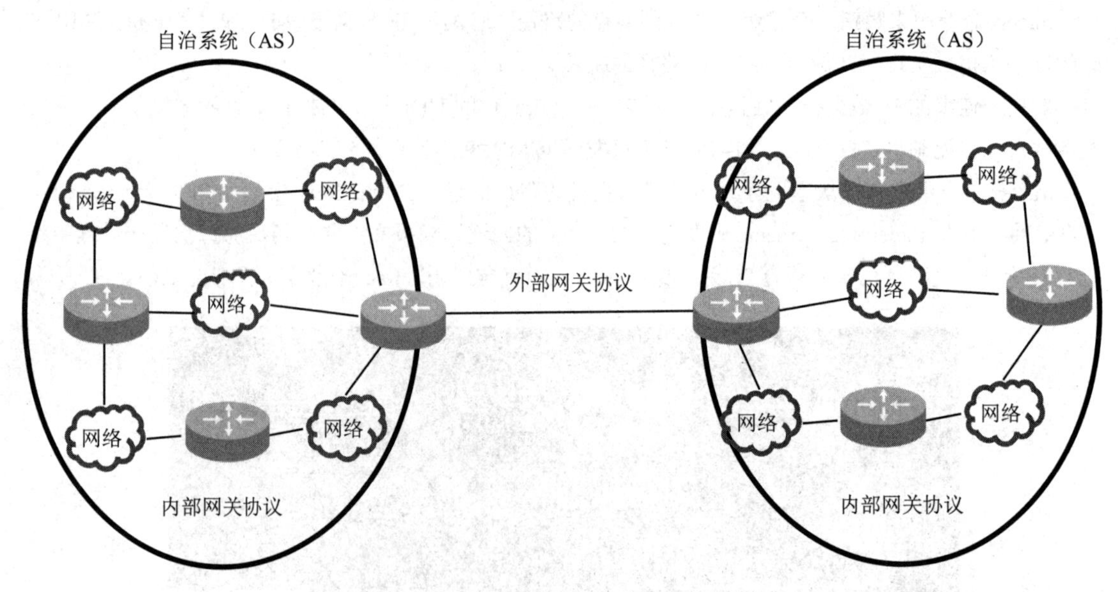

图 4-34 内部网关协议与外部网关协议

4.6.2 内部网关协议——RIP 协议

路由信息协议（Routing Information Protocol，RIP），是内部网关协议中最先得到广泛使用的协议之一。

1. RIP 协议

RIP 协议是一种分布式的、基于距离向量的路由选择协议，要求网络中的每个路由器维护从它自己到其他每一个目的网络的距离记录，以便传给相邻的路由器，并且仅与相邻的路由器交换信息，交换的信息就是本路由器当前的路由表。相邻的路由器之间会按照固定的时间进行信息交换，当网络发生变化时，路由器也会及时向相邻路由器发送变化后的路由信息。

在 RIP 协议中，路由器到直接连接的网络的距离 = 1。路由器到非直接连接的网络的距离 = 所经过的路由器数 + 1。RIP 协议中的“距离”也称为“跳数”。因为网络规模有限，一条路径最多只能包含 15 个路由器，跳数的最大值为 16 时即相当于不可达。RIP 协议的局限在于只把路径长度作为唯一的度量标准，如果遇到速度很快但长度较长的路径就不做考虑了。RIP 协议还有一个主要缺点：坏消息传得慢，即当网络出现故障时，要经过较长的时间才能将此信息传到所有的路由器。

2. 路由表的建立

在路由器刚刚开始工作的时候，路由表是空的，因为一开始还没有和其他路由器建立连接，也无法得知下一跳的具体地址，之后才能得到直连网络的距离。在 RIP 协议中，每个路由器都只和自己相邻的路由器交换路由表。在经过若干次更新后，所有的路由器都会知道到达本自治系统中任何一个网络的最短距离和下一跳的路由地址。路由表的主要信息包括目的网络、最短距离、下一跳地址。

3. 距离向量算法

对每个相邻路由器（假设其地址为 X）发送过来的 RIP 报文，路由器会进行下列操作。

（1）修改报文中的所有路由地址：把“下一跳”字段中的地址都改为 X，因为多经过一个路由器，所以把所有的“距离”字段的值加 1。

（2）对修改后的报文中的每一个项目，重复以下步骤。

1）若路由表中没有目的网络 N，则把该项目添加到路由表中。

2）若路由器的路由表中存在到网络 N 的路由，再执行如下步骤：

①若路由表中的下一跳地址就是 X，那么将修改过的表项替换为原来的路由（坏消息传得慢）。

②若路由表中的下一跳地址不是 X，则将自己的路由的距离与修改过的表项中的距离相比，若修改过的表项中的距离比自己的小，那么替换路由，否则什么也不做。

③若三分钟还没有收到相邻路由器发过来的报文，则将此相邻路由器标记为不可达，即把距离设置为 16。

④完成。

4.6.3 内部网关协议——OSPF 协议

开放式最短路径优先（Open Shortest Path First，OSPF）协议是为克服 RIP 的缺点在 1989 年开发出来的，使用的是 Dijkstra 提出的 SPF 算法，可以快速响应网络变化。OSPF 协议是一种典型的链路状态（Link-State）路由协议，一般用于同一个路由域内，对网络没有跳数限制。其中链路指的是路由器接口，链路状态（LSA）就是 OSPF 路由器接口上的描述信息，例如接口上的 IP 地址、子网掩码、网络类型、链路代价等。路由器之间交换的并不是路由表，而是链路状态（LSA），OSPF 协议通过获得网络中所有的链路状态信息，从而计算出到达每个目标精确的网络路径。OSPF 协议将一个自治系统再划分为若干个更小的范围，叫作区域。划分区域的好处就是把利用洪泛法交换链路状态信息的范围局限于每一个区域而不是整个自治系统，这就减少了整个网络上的通信量。路由器会将自己所有的链路状态毫无保留地全部发给邻居，邻居将收到的链路状态全部放入链路状态数据库，邻居再发给自己的所有邻居，并且在传递过程中，绝对不会有任何更改。最终，网络中所有的路由器都拥有网络中所有的链路状态，并且所有路由器的链路状态应该能描绘出相同的网络拓扑。

OSPF 协议并不会周期性更新路由表，而采用增量更新，即只在路由有变化时，才会发送更新，并且只发送有变化的路由信息。事实上，OSPF 协议间接设置了周期性更新路由的规则，因为所有路由都是有刷新时间的，当达到刷新时间阈值时，该路由就会产生一次更新，默认时间为 1800s，即 30min，所以路由的定期更新周期默认为 30min。OSPF 协议的链路状态数据库能较快地进行更新，使各个路由器能及时更新其路由表。OSPF 协议的更新过程收敛得快是其重要优点。

OSPF 协议简单地说就是，两个相邻的路由器通过发送报文的形式成为邻居关系，邻居再相互发送链路状态信息形成邻接关系，之后各自根据最短路径算法算出路由，然后将计算出的路由信息存储在 OSPF 路由表中。整个过程使用了 5 种报文、3 个阶段、4 张表。

（1）5 种报文

Hello 报文：建立并维护邻居关系。

DBD 报文：发送链路状态首部信息。

LSR 报文：从 DBD 中找出需要的链路状态的首部信息并传给邻居，请求完整信息。

LSU 报文：将 LSR 的首部信息对应的完整信息发给邻居。

LSAck 报文：收到 LSU 报文后确认该报文。

（2）3 个阶段

邻居发现：通过发送 Hello 报文形成邻居关系。

路由通告：邻居间发送链路状态信息形成邻接关系。

路由计算：根据最短路径算法算出路由。

（3）4 张表

邻居表：主要记录形成邻居关系的路由器。

链路状态数据库：记录链路状态信息。

OSPF 路由表：通过链路状态数据库得出。

全局路由表：OSPF 路由协议与其他路由协议比较得出。

1. OSPF 协议的 7 种状态

Down（停止）：各路由器未与任何邻居交换信息，开始从运行 OSPF 协议的接口以组播地址 224.0.0.5 发送 Hello 数据包（简称 Hello 包）。

Init（初始）：各路由器收到第一个 Hello 数据包后，把发送 Hello 数据包的路由器添加到自己的邻居（Neighbor）列表中。

Two-Way（双向状态，属于邻居关系，也可表示为 2-Way）：收到的 Hello 数据包中有自己的 Router ID，将该路由器加入自己的邻居列表中，进入 Two-Way 状态。在这个过程中同时选举出指定路由器（DR）和备份指定路由器（BDR）。若不形成邻接关系，则一直停留在该状态。

Exstart（准启动）：OSPF 的邻居之间发送 DBD 数据包确定 Master/Slave（主/从）关系，Router ID 大的成为 Master。

Exchange（交换）：Master 与 Slave 之间相互单播发送一个或多个 DBD 数据库描述数据包（Slave 沿用 Master 的序列号先发送），进行 DBD 的同步。DBD 有序号，由 Master 决定 DBD 的序号。相互收到 DBD 后，通过序列号确认已收到的 DBD。Exchange 状态结束的最后一个 DBD 数据包是 Slave 发送的。

Loading（加载）：将收到的信息同链路状态数据库（LSDB）中的信息进行比较。如果 DBD 中有更新的链路状态条目，则向对方发送一个链路状态请求包（LSR），对方回复相应的链路状态更新包（LSU），当所有 LSR 都得到 LSU 答复后向对方回应链路状态确认包（LSAck）进行显示确认。

Full（完全状态，属于邻接关系）：相邻的路由器在 Loading 完成同步后进入 Full 状态，开始正常转发数据。此时区域内的每个链路应该都有相同的数据链路状态数据库。后续只有 Hello 包、LSU 包、LSAck 包。

2. OSPF 协议工作过程概述（如图 4-35 所示）

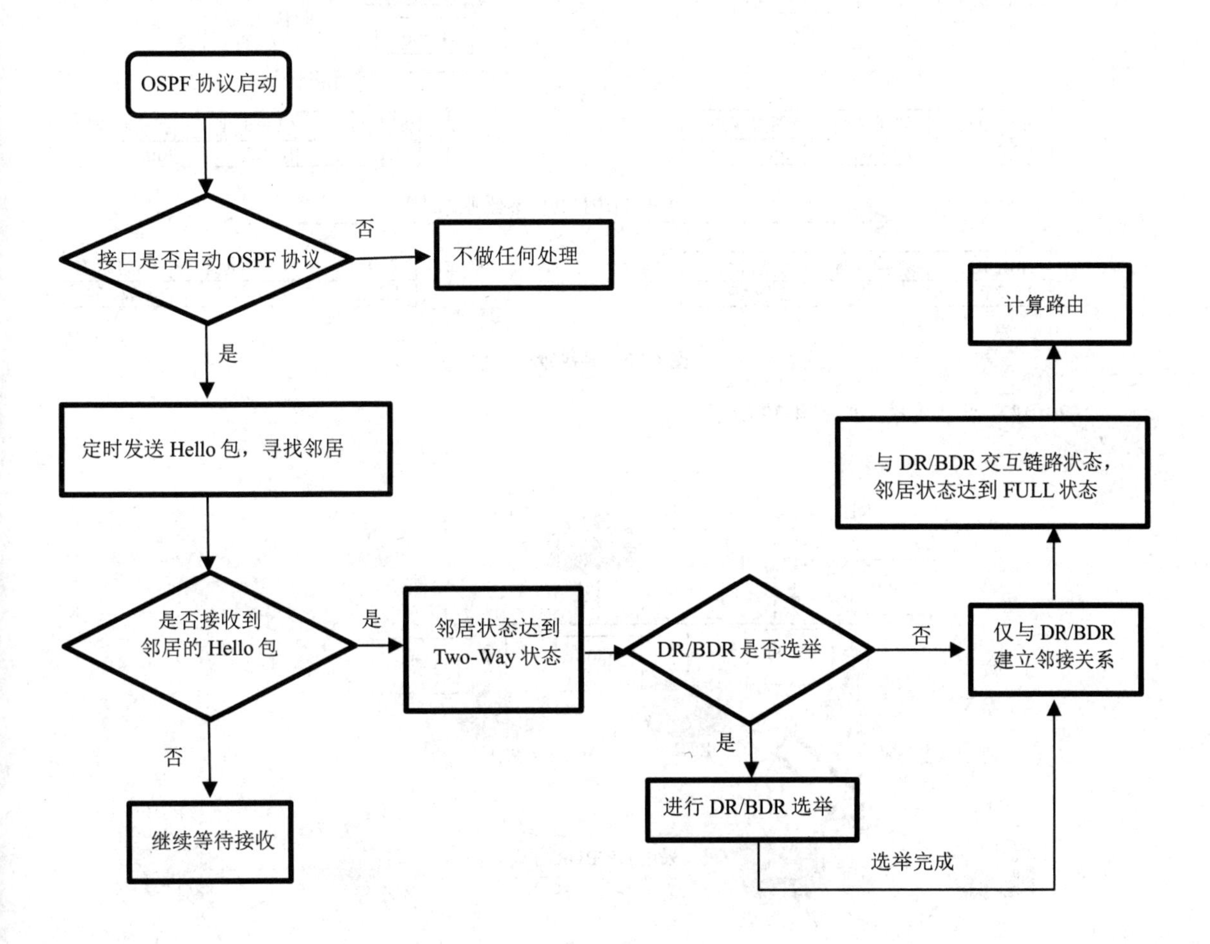

图 4-35 OSPF 协议工作过程

OSPF 协议工作过程主要有 4 个阶段：（1）寻找邻居；（2）建立邻接关系；（3）传递链路状态信息；（4）进行路由计算。

（1）寻找邻居，如图 4-36 所示。

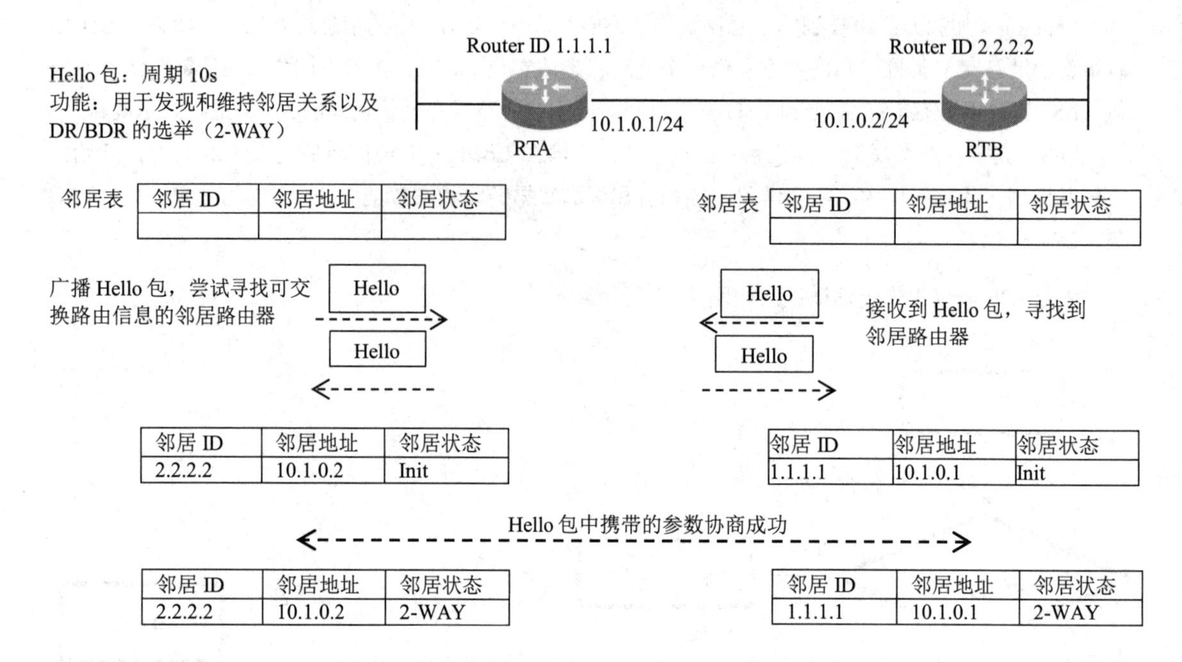

图 4-36　寻找邻居

（2）建立邻接关系，如图 4-37 所示。

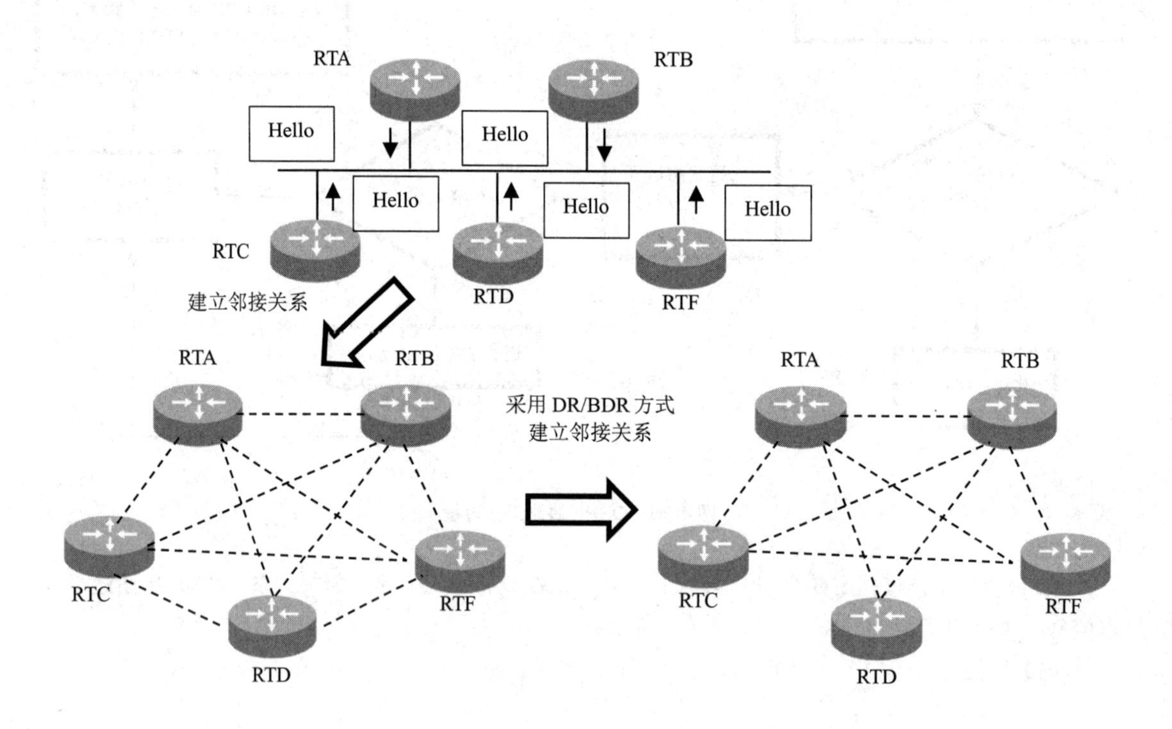

图 4-37　建立邻接关系

（3）传递链路状态信息，如图 4-38 所示。

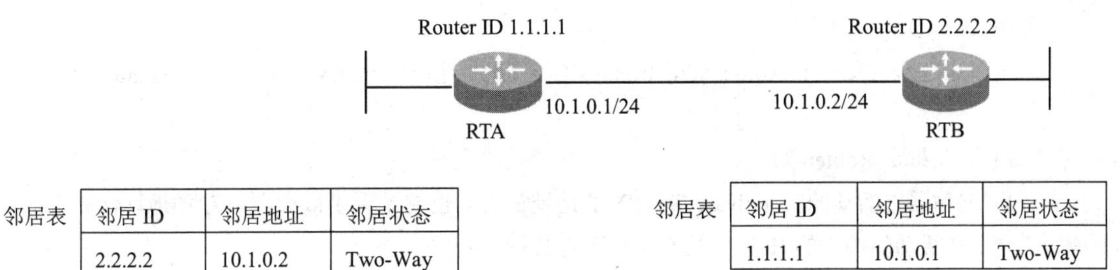

邻居表

邻居 ID	邻居地址	邻居状态
2.2.2.2	10.1.0.2	Two-Way

邻居表

邻居 ID	邻居地址	邻居状态
1.1.1.1	10.1.0.1	Two-Way

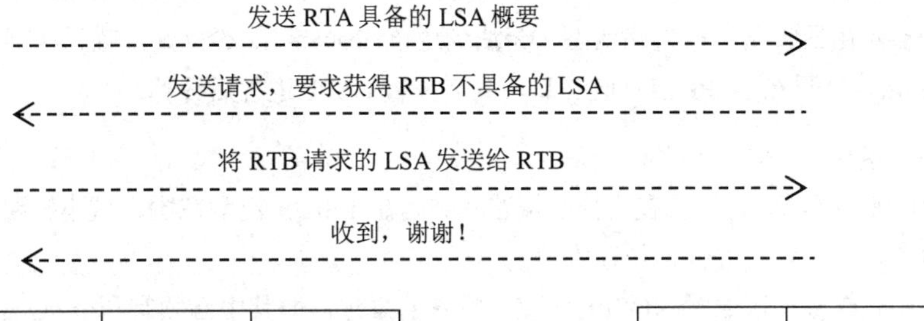

邻居 ID	邻居地址	邻居状态
2.2.2.2	10.1.0.2	Full

邻居 ID	邻居地址	邻居状态
1.1.1.1	10.1.0.1	Full

图 4-38 链路状态信息传递

（4）进行路由计算，如图 4-39 所示。

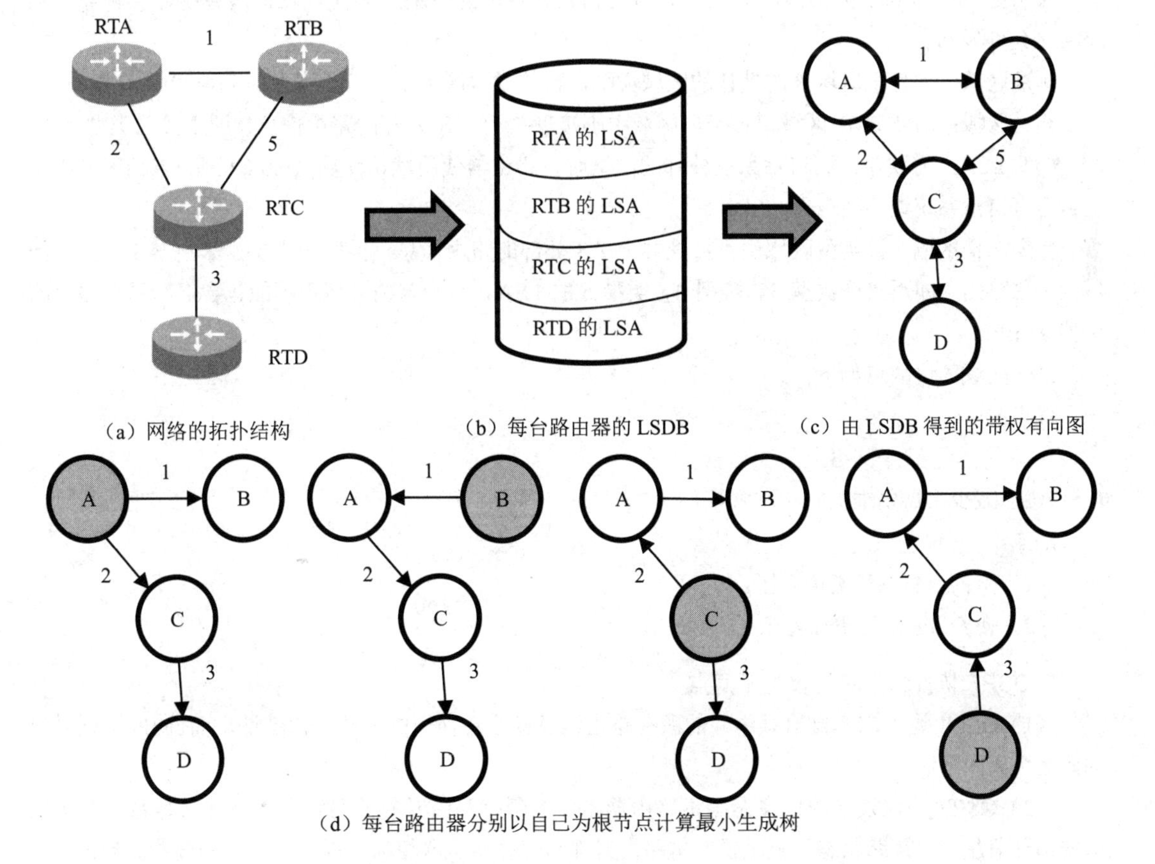

（a）网络的拓扑结构　（b）每台路由器的 LSDB　（c）由 LSDB 得到的带权有向图

（d）每台路由器分别以自己为根节点计算最小生成树

图 4-39 路由计算

3. Router-ID

每一台路由器只有一个 Router-ID，Router-ID 使用 IP 地址的形式来表示，确定 Routcr-ID 的方法为：

（1）手工指定 Router-ID。

（2）路由器上活动的 Loopback 接口的 IP 地址最大，也就是数字最大，如 C 类地址优先于 B 类地址，一个非活动的接口的 IP 地址是不能被选为 Router-ID 的。

（3）如果没有活动的 Loopback 接口，则选择活动的物理接口的 IP 地址最大的。

如果一台路由器收到一条链路状态，无法到达该 Router-ID 的位置，就无法到达链路状态中的目标网络。Router-ID 只在 OSPF 启动时计算，或者重置 OSPF 进程后计算。

4. OSPF 区域

OSPF 中划分区域的目的就在于控制链路状态信息 LSA 洪泛的范围，减小链路状态数据库 LSDB 的大小，改善网络的可扩展性，快速收敛。

当网络中包含多个区域时，OSPF 协议有特殊的规定，即其中必须有一个 Area 0，通常也叫作骨干区域，当设计 OSPF 网络时，一个很好的方法就是从骨干区域开始，然后再扩展到其他区域。骨干区域在所有其他区域的中心，即所有区域都必须与骨干区域物理或逻辑上相连，因为 OSPF 协议要把所有区域的路由信息引入骨干区域，然后再依次将路由信息从骨干区域分发到其他区域中。

OSPF 将区域划分为以下几种类型。

骨干区域：作为中央实体，其他区域与之相连。骨干区域编号为 0，在该区域中，各种类型的 LSA 均允许发布。

标准区域：除骨干区域外的默认的区域类型，在该类型区域中，各种类型的 LSA 均允许发布。

末梢区域：即 STUB 区域，该类型区域中不接受关于 AS 外部的路由信息，即不接受类型 5 的 AS 外部 LSA，需要路由到自治系统外部的网络时，路由器使用默认路由（0.0.0.0）。末梢区域中不能包含有自治系统边界路由器 ASBR。

完全末梢区域：该类型区域中不接受关于 AS 外部的路由信息，同时也不接受来自 AS 中其他区域的汇总路由，即不接受类型 3、类型 4、类型 5 的 LSA。完全末梢区域也不能包含自治系统边界路由器 ASBR。

划分区域的优缺点如下。

优点：

（1）减少了整个网络上的通信量。

（2）减少了需要维护的状态数量。

缺点：

（1）交换信息的种类增多了。

（2）使 OSPF 协议更加复杂了。

5. OSPF 协议和 RIP 协议的不同点

（1）OSPF 协议向本自治系统中的所有路由器发送信息使用的方法是洪泛法，而 RIP 协议采用的则是距离向量法。

（2）OSPF 协议发送的信息是与本路由器相邻的所有路由器的链路状态，但这只是路由器所知道的部分信息。“链路状态”就是说明本路由器都和哪些路由器相邻，以及该链路的度量。RIP 协议发送的信息是本路由器的路由表。

（3）只有当链路状态发生变化时，OSPF 路由器才向所有路由器用洪泛法发送此信息。而 RIP 不管网络拓扑有无发生变化，路由器之间都要定期交换路由表的信息。

（4）距离矢量路由协议的根本特征就是自己的路由表是完全从其他路由器学来的，并且将收到的路由条目一丝不变地放进自己的路由表中，运行距离矢量路由协议的路由器之间交换的是路由表，距离矢量路由协议是没有大脑的，路由表从来不会自己计算，总是把别人的路由表拿来就用；而 OSPF 完全抛弃了这种不可靠的算法，OSPF 是典型的链路状态路由协议，路由器之间交换的并不是路由表，而是链路状态，OSPF 通过获得网络中所有的链路状态信息，从而计算出到达每个目标精确的网络路径。

（5）OSPF 允许管理员给每条链路指派不同的代价。这种灵活性是 RIP 所没有的。

4.6.4 外部网关协议——BGP 协议

外部网关协议 BGP 是不同自治系统的路由器之间交换路由信息的协议。BGP 只是力求寻找一条能够到达目的网络且比较好的路由（不能兜圈子），而并非要寻找一条最佳路由。BGP 采用了路径向量（Path Vector）路由选择协议。在 AS 之间的连接是 eBGP，iBGP 则用于将 AS 内部的信息传到 eBGP，AS 内部无法通过 iBGP 交换信息。eBGP 和 iBGP 使用的报文类型、属性、状态机等都完全一样。但它们在通报前缀时采用的规则不同：从 eBGP 连接的对等端得知的前缀信息可以通报给一个 iBGP 连接的对等端。反过来也是可以的。但从 iBGP 连接的对等端得知的前缀信息则不能够通报给另一个 iBGP 连接的对等端。为了防止 AS 间产生环路，当 BGP 设备接收 eBGP 对等端发送的路由时，会将带有本地 AS 号的路由丢弃。而为了防止 AS 内产生环路，BGP 设备不会将从 iBGP 对等端学到的路由通告给其他 iBGP 对等端，并与所有 iBGP 对等端建立全连接，如图 4-40 所示。

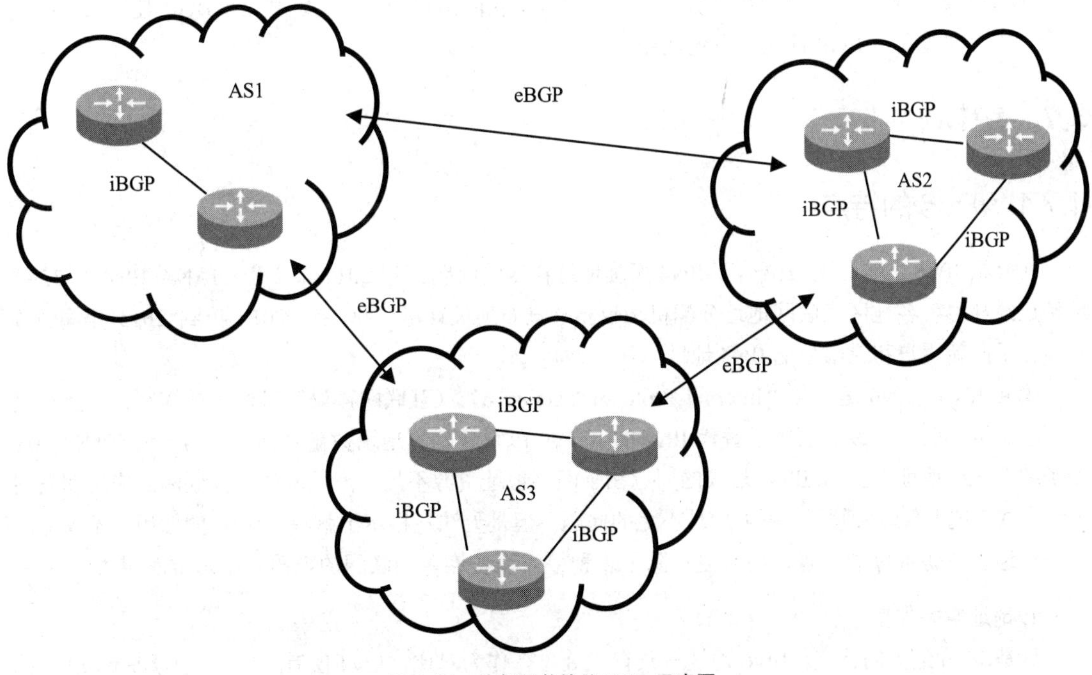

图 4-40 外部网关协议 BGP 示意图

1. 三种不同的自治系统（AS）

（1）末梢 AS：不会把来自其他 AS 的分组再转发到另一个 AS。必须向所连接的 AS 付费。

（2）多归属 AS：同时连接到两个或两个以上的 AS。增加连接的可靠性。
（3）穿越 AS：为其他 AS 有偿转发分组。
（4）对等 AS：经过事先协商的两个 AS，彼此之间发送或接收分组都不收费。

2. BGP 的路由选择

（1）本地偏好值最高的路由。
（2）AS 跳数最小的路由。
（3）使用热土豆路由选择算法（在当前 AS 内的转发次数最少）。
（4）路由器 BGP ID 数值最小的路由。

3. BGP 的四种报文

（1）OPEN（打开）报文：用来与相邻的另一个 BGP 发言人建立关系，使通信初始化。
（2）UPDATE（更新）报文：用来通告某一路由的信息，以及列出要撤销的多条路由。
（3）KEEPALIVE（保活）报文：用来周期性地证实邻站的连通。
（4）NOTIFICATION（通知）报文：用来发送检测到的差错。

4. BGP 的优点

（1）BGP 从多方面保证了网络的安全性、灵活性、稳定性、可靠性和高效性。
（2）BGP 采用认证和 GTSM 的方式，保证了网络的安全性。
（3）BGP 提供了丰富的路由策略，能够灵活地进行路由选路，并且能指导邻居按策略发布路由。
（4）BGP 提供的路由聚合和路由衰减功能可防止路由震荡，有效提高了网络的稳定性。
（5）BGP 使用 TCP 作为其运输层协议（目的端口号为 179），提高了网络的可靠性。
（6）在邻居数目多、路由量大且大部分邻居具有相同出口的策略的场景下，BGP 使用按组打包技术，极大地提高了 BGP 打包、发包性能。

4.7 IPv6*

4.7.1 IPv6 的特点

在介绍 IPv6 之前，先来说一下 IPv4 面临地址耗尽的问题。到 2011 年 2 月，IANA IPv4 的 32 位地址已经耗尽。各地区互联网地址分配机构也相继宣布地址耗尽。我国在 2014 年到 2015 年间也逐步停止了向新用户和应用分配 IPv4 地址。

说回 IPv6，IPv6 是英文“Internet Protocol Version 6”（互联网协议第 6 版）的缩写，是互联网工程任务组（IETF）设计的用于替代 IPv4 的下一代 IP 协议，其地址数量号称可以为全世界的每一粒沙子编上一个地址。由于 IPv4 最大的问题在于网络地址资源不足，严重制约了互联网的应用和发展，依靠 NAT 技术暂时缓解了 IPv4 地址不足的问题，但是无法从根本上解决。IPv6 的使用，不仅能解决网络地址资源数量的问题，而且也扫除了多种接入设备连入互联网的障碍。IPv6 的特点如下所述。

1. 地址空间丰富

这是 IPv6 最大的特点，IPv6 地址一共有 128 位。作为对比，IPv4 仅有 32 位；也就是说 IPv6 的地址数量等于 IPv4 的地址数量再乘以三个 42 亿。这就是有人敢说 IPv6 可以为每一粒沙子都分配 IP 地址的原因。

2. 精简报文结构

IPv6 的报文结构相比 IPv4 精简了许多。IPv4 的报文长度不固定，有一个长度可变的可选字段来实现一些功能；IPv6 在此前提下长度固定，且将可选字段、分片的字段的功能转移到 IPv6 扩展首部（或叫扩展报头、扩展包头）中。这就极大地精简了 IPv6 的报文结构，更多的功能通过添加不同的扩展首部来实现。IPv6 的报文格式如表 4-4 所示，IPv4 的报文格式如表 4-5 所示。

表 4-4　IPv6 报文格式

0	3	11	15	23　31
版本	通信量类	流标签		
有效载荷长度			下一个首部	跳数限制
源地址				
目的地址				
扩展首部				

表 4-5　IPv4 报文格式

0	3	7	15	18　31
版本	首部长度	区分服务	总长度	
标识			标志	片偏移
生存时间		协议	首部检验和	
源地址				
目的地址				
可选字段（长度可变）				填充

3. 实现自动配置和前缀重新编址

在 IPv6 网络环境中，路由器会给终端设备通告自身接口的前缀信息；终端设备通过 IPv6 前缀，再通过计算生成接口标识就可以为自己生成一个可用的 IPv6 地址，同时还会将该地址作为自己的默认网关。就算这时需要将已经获得 IPv6 地址的终端设备移动到另一个网段的网络接入，那终端设备也可以通过上述过程自动更改自己的 IPv6 地址。

4. 支持层次化网络结构

IPv6 不再像 IPv4 一样按照 A、B、C 等分类来划分地址，而是按照 IANA、RIR、ISP 这样的顺序来分配。IANA 是国际互联网号码分配机构，RIR 是区域互联网注册管理机构，ISP 是一些运营商（例如电信、移动、联通）。IANA 会给五个 RIR（我们所在区域的机构是 APNIC（亚太网络信息中心））合理分配 IPv6 地址，然后五个 RIR 再向区域内的国家合理分配地址，每个国家分配到的地址再交给 ISP 运营商，然后运营商再来合理地给用户分配资源。在这个分配过程中将能够尽力避免出现网络地址子网不连续的情况，这样可以更好地聚合路由，减少骨干网络上的路由条目。

5. 更好地支持 QoS

IPv6 支持 QoS（Quality of Service），意味着可以确保重要的数据获得更好的服务质量。

6. 原生支持端到端的安全

IPv6 的扩展首部中有认证首部、封装安全净载首部，这两个首部是 IPSec 定义的。通过这两个首部，网络层自己就可以实现端到端的安全通信，而无须像 IPv4 协议一样需要其他协议的帮助。

4.7.2 IPv6 地址

IPv6 地址总共有 128 位。为了便于人工阅读和输入，和 IPv4 地址一样，IPv6 地址也可以用一串字符表示。IPv6 地址使用十六进制形式表示，IPv6 地址划分成 8 块，每块 16 位，块与块之间用“:”隔开。

1. IPv6 地址化简

（1）多个连续的全 0 地址可以化简为“::”。

（2）一个 IPv6 地址中只能出现一个“::”。这里无明确规定，所以删除全 0 地址长度。

（3）“::”可以出现在地址开头或者结尾，也可以出现在中间。

IPv6 地址化简如表 4-6 所示。

表 4-6 IPv6 地址化简

化简前	化简后
ABCD:0000:2345:0000:ABCD:0000:2345:0000	ABCD:0:2345:0:ABCD:0:2345:0
ABCD:EF01:0:0:0:0:0:6789	ABCD:EF01::6789
ABCD:0:0:0:ABCD:0:0:6789	ABCD::ABCD:0:0:6789
ABCD:0:0:6789:ABCD:0:0:6789	ABCD::6789:ABCD:0:0:6789
0:0:0:0:0:0:0:1	::1
2001: 0:0:0:0:0:0:0	2001::

2. IPv6 地址类型

IPv6 地址整体上分为三类：单播地址、多播地址、任播地址。

- 单播地址：一个单播地址对应一个接口，发往单播地址的数据报会被对应的接口接收。
- 多播地址：一个多播地址对应一组接口，发往多播地址的数据报会被这组的所有接口接收。
- 任播地址：IPv6 增加的一种类型。任播的终点是一组计算机，但数据报在交付时只交付其中的一个，通常是按照路由算法得出的距离最近的那个。

4.7.3 IPv4 向 IPv6 过渡

虽然 IPv4 目前仍是主流协议，但随着时间的推移以及技术的发展，IPv6 终会取代 IPv4，但这不是一蹴而就的，需要经历一个漫长的过程。因此，人们也研究出了 IPv4 向 IPv6 过渡的方法。

1. 双协议栈

双协议栈（Dual Stack）是指在完全过渡到 IPv6 之前，使一部分主机（或路由器）装有两个协议栈：IPv4 和 IPv6。双协议栈主机在和 IPv6 主机通信时采用 IPv6 地址，而和 IPv4 主机通信时就采用 IPv4 地址。它用域名系统 DNS 来查询。若 DNS 返回的是 IPv4 地址，则双协议栈的源主机就使用 IPv4 地址。若 DNS 返回的是 IPv6 地址，源主机就使用 IPv6 地址。其实相当于是多了一种选择，既能接受 IPv4，也能接受 IPv6。

2. 隧道技术

在 IPv6 数据报要进入 IPv4 网络时，将 IPv6 数据报封装成 IPv4 数据报（整个 IPv6 数据报变成了 IPv4 数据报的数据部分）。然后，IPv6 数据报就在 IPv4 网络的隧道中传输，当 IPv4 数据报离开 IPv4 网络中的隧道时再把数据部分（即原来的 IPv6 数据报）交给主机的 IPv6 协议栈。

IPv6 会慢慢成为主流协议，但这个过程会是一个缓慢的过程，IPv6 会一点点扩大自己的势力范围。在这漫长的岁月里，NAT 技术会继续存在，既用于 NAT44，也用于 NAT64，这样就可以保证 IPv4 的主机与 IPv6 通信。这个过程可以概括为“兼容并蓄、蚕食市场、取而代之”。

4.8 网络地址转换（NAT）

网络地址转换（Network Address Translation，NAT）方法是在 1994 年提出的。这种方法需要在专用网连接到互联网的路由器上安装 NAT 软件。装有 NAT 软件的路由器叫作 NAT 路由器，它至少有一个有效的外部全球 IP 地址。这样，所有使用本地地址的主机在和外界通信时，都要在 NAT 路由器上将其本地地址转换成全球 IP 地址，才能和互联网连接。使用网络地址转换（NAT）技术，可以在专用网内部使用专用 IP 地址，而仅在连接到互联网的路由器上使用全球 IP 地址。这样就节约了 IP 地址。

4.8.1 NAT 的三种类型

NAT 有三种类型：静态地址 NAT（Static NAT）、动态地址 NAT（Pooled NAT）、网络地址与端口号转换 NAPT（Port-Level NAT）。其中，NAPT 把内部地址映射到外部网络的一个 IP 地址的不同端口上。它可以将中小型的网络隐藏在一个合法的 IP 地址后面。NAPT 与动态地址 NAT 不同，它将内部连接映射到外部网络中的一个单独的 IP 地址上，同时在该地址上加上一个由 NAT 设备选定的端口号。

在内部主机与外部主机通信时，在 NAT 路由器上发生了两次地址转换。

（1）离开专用网时：替换源地址，将内部地址替换为全球地址。

（2）进入专用网时：替换目的地址，将全球地址替换为内部地址。

4.8.2 NAT 的特性

1. 优点

（1）NAT 允许企业内部网使用私有地址，并通过设置合法的地址集，使内部网可以与互联网进行通信，从而节省合法注册地址。

（2）NAT 可以减少规划地址时发生的地址重叠情况。

（3）NAT 增强了内部网与公用网络连接时的灵活性。

（4）NAT 支持地址重叠。

2. 缺点

（1）NAT 会使延迟增大。

（2）NAT 增加了配置和排错的复杂性。

（3）NAT 也可能会使某些需要使用内嵌 IP 地址的应用不能正常工作，因为它隐藏了端到端的 IP 地址。

4.8.3 NAPT

NAPT（Network Address Port Translation，网络地址与端口号转换）可将多个内部地址映射为一个合法公网地址，但以不同的协议端口号与不同的内部地址相对应，也就是<内部地址+内部端口>与<外部地址+外部端口>之间的转换。NAPT 普遍用于接入设备中，它可以将中小型的网络隐藏在一个合法的 IP 地址后面。NAPT 也被称为“多对一”的 NAT，或者叫 PAT（Port Address Translation，端口地址转换）、地址超载（Address Overloading）。

NAPT 算得上是一种较流行的 NAT 变体，通过转换 TCP 或 UDP 协议端口号以及地址来提供并发性。除了一对源 IP 地址和目的 IP 地址，还包括一对源协议端口号和目的协议端口号，以及 NAT 使用的一个协议端口号。

NAPT 的主要优势在于，能够使用一个全球有效 IP 地址来获得通用性；主要缺点在于其通信仅限于 TCP 或 UDP。当所有通信都采用 TCP 或 UDP 时，NAPT 允许一台内部计算机访问多台外部计算机，并允许多台内部计算机访问同一台外部计算机，相互之间不会发生冲突。

4.8.4 NAT 的应用

NAT 主要可以实现以下几个功能：数据包伪装、负载均衡、端口转发和透明代理。

- 数据包伪装：可以将内网数据包中的地址信息更改成统一的对外地址信息，不让内网主机直接暴露在互联网上，保证内网主机的安全。同时，该功能也常用来实现共享上网。例如，内网主机访问外网时，为了隐藏内网拓扑结构，使用全局地址替换私有地址。
- 负载均衡：目的地址转换 NAT 可以重定向一些服务器的连接到其他随机选定的服务器上。
- 端口转发：当内网主机对外提供服务时，由于使用的是内部私有 IP 地址，外网无法直接访问。因此，需要在网关上进行端口转发，将特定服务的数据包转发给内网主机。
- 透明代理：如自己架设的服务器空间不足，需要将某些链接指向存在另外一台服务器的空间；或者某台计算机上没有安装 IIS 服务，但是却想让网友访问该台计算机上的内容，这个时候利用 IIS 的 Web 站点重定向即可轻松地搞定。

4.9 虚拟专用网（VPN）

由于 IP 地址的紧缺，一个机构能够申请到的 IP 地址数往往远小于本机构所拥有的主机数。考虑到互联网并不很安全，一个机构也并不需要把所有的主机都接入外部的互联网。如果一个机构内部的计算机通信也采用 TCP/IP 协议，那么这些仅在机构内部使用的计算机就可以由本机构自行分配其 IP 地址。

利用公用的互联网作为本机构各专用网之间的通信载体，这样的专用网又称为虚拟专用网（Virtual Private Network，VPN）。VPN 内部使用互联网的专用地址。一个 VPN 至少要有一个路由器具有合法的全球 IP 地址，这样才能和本系统的另一个 VPN 通过互联网进行通信。所有通过互联网传送的数据都必须加密。

4.9.1 VPN 的工作原理

VPN 网关通常采取双网卡结构，外网卡使用公网 IP 地址接入互联网。

网络一（假定为公网互联网）的终端 A 访问网络二（假定为公司内网）的终端 B，其发出的访问数据包的目标地址为终端 B 的内部 IP 地址。

网络一的 VPN 网关在接收到终端 A 发出的访问数据包时对其目标地址进行检查，如果目标地址属于网络二的地址，则将该数据包进行封装，封装的方式根据所采用的 VPN 技术的不同而不同，同时 VPN 网关会构造一个新 VPN 数据包，并将封装后原来的数据包作为 VPN 数据包的负载，VPN 数据包的目标地址为网络二的 VPN 网关的外部地址。

网络一的 VPN 网关将 VPN 数据包发送到互联网，由于 VPN 数据包的目标地址是网络二的 VPN 网关的外部地址，所以该数据包将被互联网中的路由正确地发送到网络二的 VPN 网关。

网络二的 VPN 网关对接收到的数据包进行检查，如果发现该数据包是从网络一的 VPN 网关发出的，即可判定该数据包为 VPN 数据包，并对该数据包进行解包处理。解包的过程主要是先将 VPN 数据包的首部剥离，再将数据包反向处理还原成原始的数据包。

网络二的 VPN 网关将还原后的原始数据包发送至目标终端 B，由于原始数据包的目标地址是终端 B 的 IP 地址，所以该数据包能够被正确地发送到终端 B。在终端 B 看来，它收到的数据包就和从终端 A 直接发过来的一样。

从终端 B 返回终端 A 的数据包处理过程和上述过程一样，这样两个网络内的终端就可以相互通信了。

通过上述说明可以发现，在 VPN 网关对数据包进行处理时，有两个参数对于 VPN 通信十分重要：原始数据包的目标地址（VPN 目标地址）和远程 VPN 网关地址。根据 VPN 目标地址、VPN 网关地址能够判断对哪些数据包进行 VPN 处理，对于不需要处理的数据包通常情况下可直接转发到上级路由；远程 VPN 网关地址则指定了处理后的 VPN 数据包发送的目标地址，即 VPN 隧道的另一端 VPN 网关地址。由于网络通信是双向的，在进行 VPN 通信时，隧道两端的 VPN 网关都必须知道 VPN 目标地址和与此对应的远端 VPN 网关地址。

4.9.2　VPN 的工作过程

VPN 的工作过程如下：

（1）要保护主机发送明文信息到其他 VPN 设备。

（2）VPN 设备根据网络管理员设置的规则，确定对数据进行加密还是直接传输。

（3）对需要加密的数据，VPN 设备将其整个数据包（包括要传输的数据、源 IP 地址和目的 IP 地址）进行加密并附上数据签名，加上新的数据首部（包括目的 VPN 设备需要的安全信息和一些初始化参数）重新封装。

（4）将封装后的数据包通过隧道在公共网络上传输。

（5）数据包到达目的 VPN 设备后，将其解封，核对数字签名无误后，对数据包解密。

4.9.3　VPN 的分类

1. 按 VPN 的隧道协议分类

VPN 的隧道协议主要有三种：PPTP、L2TP 和 IPSec，其中 PPTP 和 L2TP 协议工作在 OSI 参考模型的第二层，又称为二层隧道协议；IPSec 是第三层隧道协议。

2. 按 VPN 的应用分类

（1）access VPN（远程接入 VPN）：客户端到网关，使用公网作为骨干网在设备之间传输 VPN 数据流量。

（2）intranet VPN（内联网 VPN）：网关到网关，通过公司的网络架构连接来自同一个公司的资源。

（3）extranet VPN（外联网 VPN）：与合作伙伴企业网构成外联网，将一个公司与另一个公司的资源进行连接。

3. 按所用的设备类型进行分类

网络设备提供商针对不同客户的需求，开发出不同的 VPN 网络设备，主要为交换机和路由器：

（1）路由器式 VPN：路由器式 VPN 部署较容易，只要在路由器上添加 VPN 服务即可。

（2）交换机式 VPN：主要应用于连接用户较少的 VPN 网络。

4. 按照实现原理划分

（1）重叠 VPN：此 VPN 需要用户自己建立端节点之间的 VPN 链路，主要包括 GRE、L2TP、IPSec 等众多技术。

（2）对等 VPN：由网络运营商在主干网上完成 VPN 通道的建立，主要包括 MPLS、VPN 技术。

4.9.4 VPN 的优缺点

1. 优点

（1）VPN 能够让移动员工、远程员工、商务合作伙伴和其他人利用本地可用的高速宽带网连接到企业网络。此外，高速宽带网连接提供一种成本效率较高的连接远程办公室的方法。

（2）设计良好的宽带 VPN 是模块化的和可升级的。VPN 能够让应用者使用一种很容易设置的互联网基础设施，让新的用户迅速和轻松地添加到这个网络。这种能力意味着企业不用增加额外的基础设施就可以提供大量的容量和应用。

（3）VPN 能提供高水平的安全通信，使用高级的加密和身份识别协议保护数据避免受到窥探，阻止数据窃贼和其他非授权用户接触这种数据。

（4）实现完全控制，虚拟专用网使用户可以利用 ISP 的设施和服务，同时又完全掌握自己网络的控制权。用户只利用 ISP 提供的网络资源，对于其他的安全设置、网络管理可由自己管理。在企业内部也可以自己建立虚拟专用网。

2. 缺点

（1）企业不能直接控制基于互联网的 VPN 的可靠性和性能。企业必须依靠提供 VPN 的互联网服务提供商来保证服务的运行。这个因素使企业与互联网服务提供商签署一个服务级协议非常重要，注意要签署一个保证各种性能指标的协议。

（2）企业创建和部署 VPN 线路并不容易。这种技术需要对网络和安全问题有一个全面的了解，需要认真规划和配置。因此，最好选择互联网服务提供商负责运行 VPN 的大多数事情。

（3）不同厂商的 VPN 产品和解决方案总是不兼容的，因为许多厂商不愿意或者不能遵守 VPN 技术标准。因此，混合使用不同厂商的产品可能会出现技术问题。另一方面，使用一家供应商的设备可能会提高成本。

（4）当使用无线设备时，VPN 有安全风险。在接入点之间漫游特别容易出问题。当用户在接入点之间漫游的时候，使用任何高级加密技术的解决方案都可能被攻破。

4.10　IP 多播*

随着互联网的日益发展，网络直播、视频电话开始走进大家的生活。这些应用有着数据量大、时延敏感性强、持续时间长等特点。因此，要采用最少时间、最小空间来解决音、视频业务所要求的网络利用率高、传输速度快、实时性强的问题，就要采用不同于传统单播、广播机制的转发技术及 QoS 服务保证机制来实现，而 IP 多播技术是解决这些问题的关键技术。

4.10.1　IP 多播技术的概念

IP 多播技术是一种允许一台或多台主机发送单一数据包到多台主机的 TCP/IP 网络技术。多播作为一点对多点的通信，是节省网络带宽的有效方法之一。在网络音频/视频广播的应用中，当需要将一个节点的信号传送到多个节点时，无论是采用重复点对点通信方式，还是采用广播方式，都会严重浪费网络带宽，只有多播才是最好的选择。多播能使一个或多个多播源只把数据包发送给特定的多播组，而只有加入该多播组的主机才能接收到数据包。

4.10.2　IP 多播技术的基础知识

1. IP 多播地址和多播组

IP 多播通信必须依赖于 IP 多播地址，在 IPv4 中它是一个 D 类 IP 地址，范围从 224.0.0.0 到 239.255.255.255，并被划分为局部链接多播地址、预留多播地址和管理权限多播地址三类。其中，局部链接多播地址范围为 224.0.0.0～224.0.0.255，这是为路由协议和其他用途保留的地址，路由器并不转发属于此范围的 IP 包；预留多播地址范围为 224.0.1.0～238.255.255.255，可用于全球范围（如互联网）或网络协议；管理权限多播地址范围为 239.0.0.0～239.255.255.255，可供组织内部使用，类似于私有 IP 地址，不能用于互联网，可限制多播范围。

使用同一个 IP 多播地址接收多播数据包的所有主机构成了一个主机组，也称为多播组。一个多播组的成员是随时变动的，一台主机可以随时加入或离开多播组，多播组成员的数目和所在的地理位置也不受限制，一台主机也可以属于几个多播组。此外，不属于某一个多播组的主机也可以向该多播组发送数据包。

2. 多播分布树

为了向所有接收主机传送多播数据，可用多播分布树来表示 IP 多播在网络中传输的路径。多播分布树有两个基本类型：有源树和共享树。

有源树以多播源作为有源树的根，有源树的分支形成通过网络到达接收主机的分布树，因为有源树以最短的路径贯穿网络，所以也常称为最短路径树。共享树以多播网中某些可选择的多播路由器中的一个作为共享树的公共根，这个根被称为汇合点。共享树又可分为单向共享树和双向共享树。单向共享树指多播数据流必须经过共享树从根发送到多播接收机。双向共享树指多播数据流可以沿着共享树向上或向下到达所有的接收者。

3. 逆向路径转发

逆向路径转发是多播路由协议中多播数据转发过程的基础，其工作机制是当多播信息通过有源树时，多播路由器检查到达的多播数据包的多播源地址，以确定该多播数据包所经过的接口是否在有源的分支上，如果在，则 RPF 检查成功，多播数据包被转发；如果 RPF 检查失败，则丢弃该多播数据包。

4.10.3 IP多播路由及其协议

1. IP多播路由的基本类型

多播路由的一种常见的思路就是在多播组成员之间构造一个扩展分布树。在一个特定的“发送源，目的组”对上的 IP 多播流量都是通过这个扩展树从发送源传输到接收者的，这个扩展树连接了该多播组中所有主机。不同的 IP 多播路由协议使用不同的技术来构造这些多播扩展树，一旦这个树构造完成，所有的多播流量都将通过它来传播。

假设多播组成员密集地分布在网络中，也就是说，网络大多数的子网都至少包含一个多播组成员，而且网络带宽足够大，这种被称作“密集模式”的多播路由协议依赖于广播技术来将数据“推”向网络中所有的路由器。密集模式路由协议包括距离向量多播路由协议、多播开放最短路径优先协议和独立多播密集模式协议等。

2. 密集模式路由协议

1）距离向量多播路由协议（DVMRP）

第一个支持多播功能的路由协议就是距离向量多播路由协议。它已经被广泛地应用在多播骨干网 MBONE 上。

DVMRP 为每个发送源和目的主机组构建不同的分布树。每个分布树都是一个以多播发送源作为根、以多播接受目的主机作为叶的最小扩展分布树。这个分布树为发送源和组中每个多播接收者之间提供了一个最短路径，这个以“跳数”为单位的最短路径就是 DVMRP 的量度。当一个发送源要向多播组中发送消息时，一个扩展分布树就根据这个请求而建立，并且使用“广播和修剪”的技术来维持。

扩展分布树构建过程中选择性发送多播包的具体运作是：当路由器接收到一个多播包时，先检查它的单播路由表来查找到多播组发送源的最短路径的接口，如果这个接口就是这个多播包到达的接口，那么路由器就将这个多播组信息记录到它的内部路由表（指明该组数据包应该发送的接口），并且将这个多播包向除接收到该数据包的路由器以外的其他邻近路由器继续发送。如果这个多播包的到达接口不是该路由器到发送源的最短路径的接口，那么这个包就被丢弃。这种机制被称为“反向路径广播”机制，保证了构建的树中不会出现环，而且从发送源到所有接收者都是最短路径。

2）多播开放最短路径优先协议（MOSPF）

MOSPF 是为单播路由多播使用设计的。MOSPF 依赖于 OSPF 作为单播路由协议，就像 DVMRP 也包含它自己的单播协议一样。在一个 OSPF/MOSPF 网络中，每个路由器都维持一幅最新的全网络拓扑结构图。这个网络拓扑结构图被用来构建多播分布树。

每个 MOSPF 路由器都通过 IGMP 协议周期性地收集多播组成员关系信息。这些信息和链路状态信息被发送到其路由域中的所有其他路由器。路由器将根据它们从邻近路由器接收到的信息更新其内部链路状态信息。由于每个路由器都清楚整个网络的拓扑结构，因此能够独立地计算出一个最小开销扩展树，将多播发送源和多播组成员分别作为树的根和叶。这个树就是用来将多播流从发送源发送到多播组成员的路径。

3）独立多播密集模式协议（PIM-DM）

独立多播协议（PIM）是一种标准的多播路由协议，并能够在互联网上提供可扩展的域间多播路由而不依赖于任何单播协议。PIM 有两种运行模式：一种是密集分布多播组模式，另一种是稀疏分布多播组模式，前者被称为独立多播密集模式协议（PIM-DM），后者被称为独立多播稀疏模式协议（PIM-SM）。

说明：独立多播稀疏模式协议

当多播组在网络中集中分布或者网络提供足够大带宽的情况下，独立多播密集模式协议是一种有效的方法；当多播组成员在广泛区域内稀疏分布时，就需要另一种方法，即独立多播稀疏模式协议，将多播流量控制在连接到多播组成员的链路路径上，而不会“泄漏”到不相关的链路路径上，这样既能够保证数据传输的安全，又能够有效地控制网络中的总流量和路由器的负载。

4.10.4　IP 多播路由中的隧道传输机制

多播中的隧道概念指将多播包再封装成一个 IP 数据包，在不支持多播的互联网络中进行路由传输。最有名的多播隧道的例子就是 MBONE（采用 DVMRP 协议）。在隧道的入口处进行数据包的封装，在隧道的出口处则进行拆封。

4.10.5　IP 多播技术的应用

IP 多播技术的应用大致可以分为三类：单点对多点的应用、多点对单点的应用和多点对多点的应用。

1. 单点对多点的应用

单点对多点的应用是指一个发送者、多个接收者的应用形式，这是最常见的多播应用形式。典型的应用包括媒体广播、媒体推送、信息缓存、事件通知和状态监视。

2. 多点对单点的应用

多点对单点的应用是指多个发送者、一个接收者的应用形式。通常是双向请求响应应用，任何一端（多点或单点）都有可能发起请求。典型应用包括资源查找、数据收集、网络竞拍、信息询问和 Juke Box。

3. 多点对多点的应用

多点对多点的应用是指多个发送者和多个接收者的应用形式。通常，每个接收者可以接收多个发送者发送的数据，同时，每个发送者可以把数据发送给多个接收者。典型应用包括多点会议、资源同步、并行处理、协同处理、远程学习、讨论组、分布式交互模拟（DIS）、多人游戏和 Jam Session 等。

4.11　SDN*

软件定义网络（Software Defined Network，SDN）是由美国斯坦福大学 Clean-Slate 课题研究组提出的一种新型网络创新架构，是网络虚拟化的一种实现方式，其核心技术 OpenFlow 通过将网络设备的控制平面与数据平面分离开来，从而实现了网络流量的灵活控制，使网络作为管道变得更加智能，为核心网络及应用的创新提供了良好的平台。OpenFlow 控制平面和数据平面分离及开放性可编程的特点，被认为是网络领域的一场革命，为新型互联网体系结构研究提供了新的实验途径，也极大地推动了下一代互联网的发展。

4.11.1　传统网络架构

传统网络分为管理平面、控制平面和数据平面。管理平面主要包括设备管理系统和业务管理系统，设备管理系统负责网络拓扑、设备接口、设备特性的管理，同时可以给设备下发配置脚本。业务管理系统用于对业务进行管理，比如业务性能监控、业务告警管理等。控制平面负责网络控制，主要功能为协议处理与计算，比如路由协议用于路由信息的计算、路由表的生成。数据平面主要执行网络控制逻辑，通过查询控制平面生成的路由表转发数据报，例如路由器根据路由协议生成的路由表对接收的数据报从相应的接口转发出去。

传统网络的局限性如下：

（1）流量路径的灵活调整能力不足。

（2）网络协议实现复杂，运维难度较大。

（3）网络新业务升级速度较慢。

（4）传统网络通常将网管系统部署为管理平面，而控制平面和数据平面分布在每个设备上运行。

（5）流量路径的调整需要通过在网元上配置流量策略来实现，但对于大型网络的流量进行调整，不仅烦琐而且还很容易出现故障。

（6）传统网络协议较复杂，有 IGP、BGP、MPLS、组播协议等，而且还在不断增加中。

（7）设备厂家除标准协议外都有一些私有扩展协议，不仅设备操作命令繁多，而且不同厂家设备操作界面差异较大，运维复杂。

（8）传统网络中由于设备的控制平面是封闭式的，且不同厂家设备实现机制也可能有所不同，所以一种新功能的部署可能周期较长；如果需要对设备软件进行升级，还需要在每台设备上进行操作，大大降低了工作效率。

4.11.2 SDN 的特点

（1）转控分离：网元的控制平面在控制器上，负责协议计算，产生流表；而转发平面只在网络设备上。

（2）集中控制：通过对设备网元进行控制器集中管理和下发流表，就不需要对设备进行逐一操作了，只需要对控制器进行配置即可。

（3）开放接口：第三方应用只需要通过控制器提供的开放接口，通过编程方式定义一个新的网络功能，然后在控制器上运行即可。

SDN 控制器既不是网管，也不是规划工具。因为网管没有实现转控分离，网管只负责管理网络拓扑、监控设备告警和性能、下发配置脚本等操作，但这些仍然需要设备的控制平面负责产生转发表项。而且，规划工具的目的和控制器也不同，规划工具是为了下发一些规划表项的，这些表项并非用于路由器转发，是一些为网元控制平面服务的参数，比如 IP 地址、VLAN 等。控制器下发的表项是流表，用于转发器转发数据包。

4.11.3 SDN 体系架构

SDN 体系架构如图 4-41 所示。

1. 协同应用层

这一层主要是体现用户意图的各种上层应用程序，此类应用程序称为协同应用层应用程序，典型的应用包括 OSS（Operation Support System，运营支撑系统）、Openstack 等。OSS 负责整网的业务协同，Openstack 负责数据中心的网络、计算、存储的协同。传统的 IP 网络具有数据平面和控制平面，SDN 网络架构也同样包含这 2 个平面，不过传统的 IP 网络是分布式控制的，而 SDN 网络架构是集中控制的。

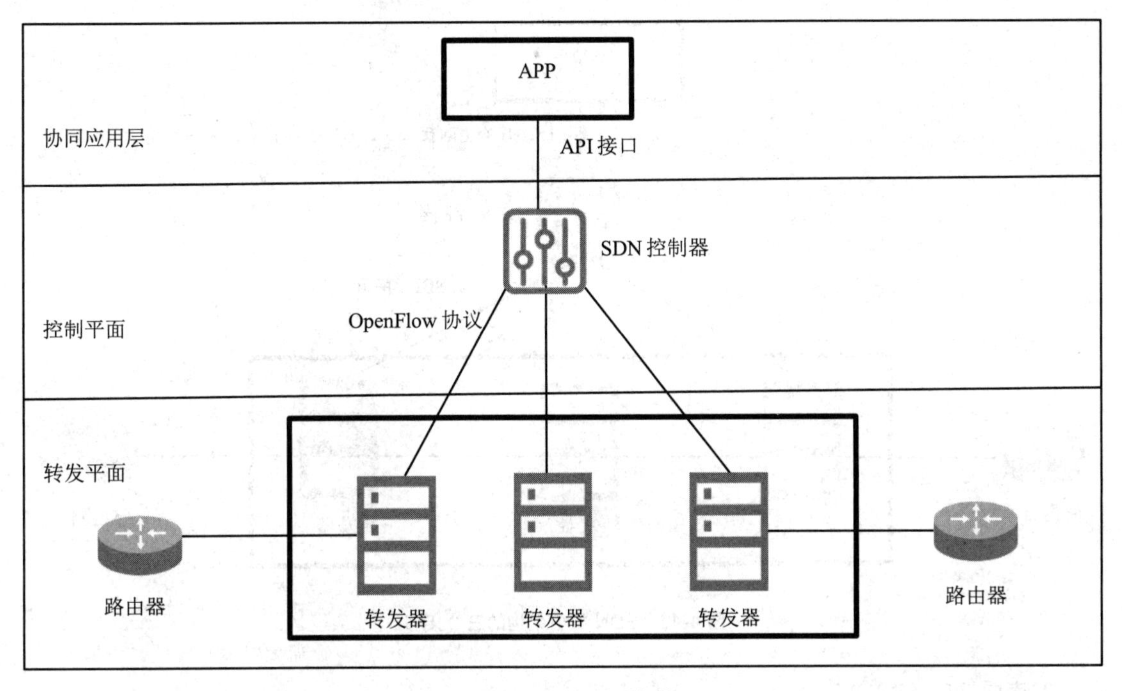

图 4-41　SDN 体系架构

2. 控制平面

控制平面是系统的控制中心，负责网络的内部交换路径和边界业务路由的生成，并负责处理网络状态变化事件。当网络发生状态变化（比如链路故障、节点故障、网络拥塞等）时，控制平面会根据这些网络状态的变化调整网络交换路径和业务路由，使网络始终处于一个正常的服务状态。控制平面的实现实体就是 SDN 控制器，也就是 SDN 网络架构下最核心的部件，控制平面是 SDN 网络系统中的大脑，是决策部件，其核心功能是实现网络内部交换路径的计算和边界业务路由计算。控制平面的接口主要通过南向控制接口和转发层进行交互，通过北向业务接口和协同应用层进行交互。

3. 转发平面

转发平面主要由转发器和连接器的线路构成，这一平面负责执行用户数据的转发，转发过程中所需要的转发表项是由控制平面生成的。转发平面是系统执行单元，本身通常不做决策，其核心部件是系统转发引擎，由转发引擎负责根据控制平面下发的转发数据进行报文转发。该平面和控制平面之间通过控制接口交互，转发平面一方面上报网络资源信息和状态，另一方面接收控制平面下发的转发信息。

4.11.4　SDN 网络架构的三个接口

SDN 网络架构的三个接口如图 4-42 所示。

1. 北向接口（NBI）

该接口是一个管理接口，与传统设备提供的管理接口形式和类型都是一样的，只是提供的接口内容有所不同，传统设备提供单个设备的业务管理接口（称为配置接口），而现在控制器提供的是网络业务管理接口。实现这种 NBI 的协议通常包括 Restful 协议、Netconf 协议、CLI 协议等传统网络管理接口协议。

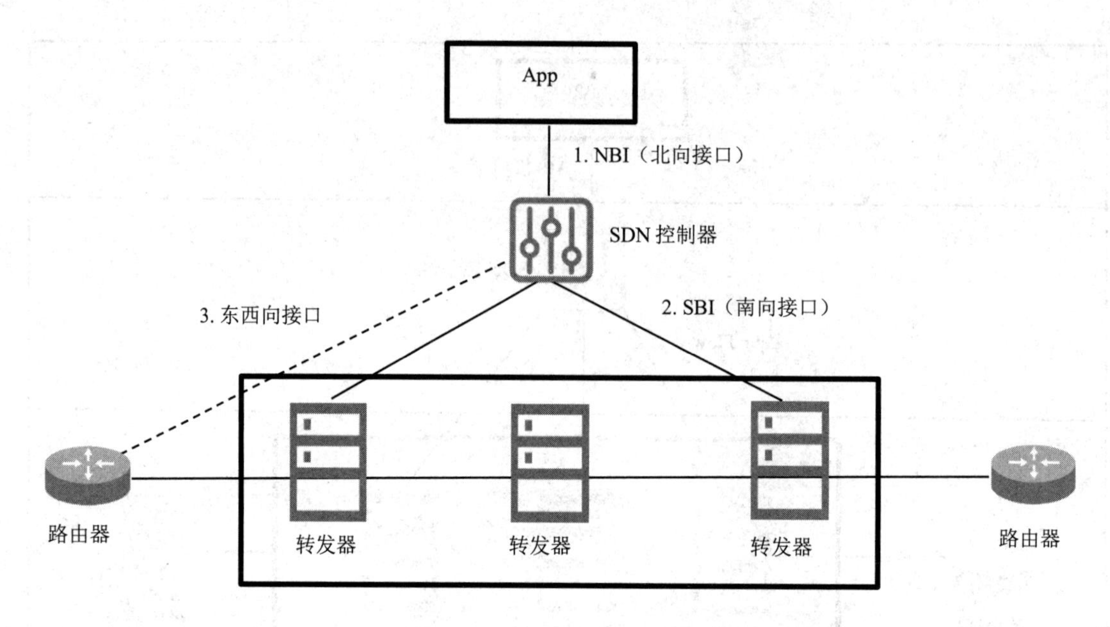

图 4-42　SDN 网络架构的三个接口

2. 南向接口（SBI）

该接口主要用于控制器和转发器之间的数据交互，包括从设备收集拓扑信息、标签资源、统计信息、告警信息等，也包括控制器下发的控制信息，比如各种流表。目前主流 SBI 控制协议包括 OpenFlow 协议、Netconf 协议、PCEP 协议、BGP 协议等。控制器用这些接口协议作为转控分离协议。

3. 东西向接口

用于 SDN 和其他网络进行互通，尤其是与传统网络进行互通。SDN 控制器必须和传统网络通过传统路由协议对接，需要跨域路由协议（BGP）。也就是说，控制器要实现类似传统的各种跨域路由协议，以便能够和传统网络进行互通。

4.11.5　SDN 的优势

与传统网络体系结构相比较，SDN 的优势如下：

（1）简化运维。SDN 提供可管理整个网络的单一管理界面，能够减少单独管理每台设备所需的时间，并避免人为错误。

（2）灵活、快速调整网络。通过 SDN 控制器可以快速重新配置网络，对网络的架构进行灵活的调整。

（3）运维经济性。SDN 控制器集成了虚拟和物理网络，可让管理员根据成本、性能、延迟和规模选择经过应用优化的硬件转发平面。

（4）网络透明度高。SDN 控制器作为网络的集中管理点，对网络的整体架构控制力很强，可以看到网络的全貌，便于在网络面进行整体设计与优化，提高整体的网络性能与网络透明度，也可提高网络故障定位能力。

4.12　实验

实验 1：路由器 IP 地址配置及直连网络

1. 实验目的

（1）理解 IP 地址。

（2）掌握路由器端口 IP 地址的配置方法。

（3）理解路由器的直连网络。

2. 基础知识

IP 地址是网络层中使用的地址，不管网络层下面是什么网络或什么类型的接口，在网络层看来，它只是一个可以用 IP 地址代表的接口地址而已。网络层依靠 IP 地址和路由协议将数据报送到目的 IP 地址主机。既然是一个地址，那么一个 IP 地址就只能代表一个接口，否则会造成地址的二义性；接口则不同，一个接口可以配置多个 IP 地址，这并不会造成地址的二义性。

路由器是互联网的核心设备，它在 IP 网络间转发数据报，这使得路由器的每个接口都连接一个或多个网络，而两个接口却不可以代表一个网络。路由器的一个配置了 IP 地址的接口所在的网络就是路由器的直连网络。对于直连网络，路由器并不需要额外对其配置路由，当其接口被激活后，路由器就会自动将直连网络加入路由表中。

常用配置命令如表 4-8 所示。

表 4-8　常用配置命令

命令格式	含　义
ip address IP 地址 子网掩码	在接口模式下给当前接口配置 IP 地址，如 ip address 192.168.1.1　255.255.255.0
show ip route	在特权模式下查看路由器的路由表
do show ip route	在非特权模式下查看路由器的路由表
no shutdown	在接口模式下激活当前接口

3. 实验流程

实验流程如图 4-43 所示。

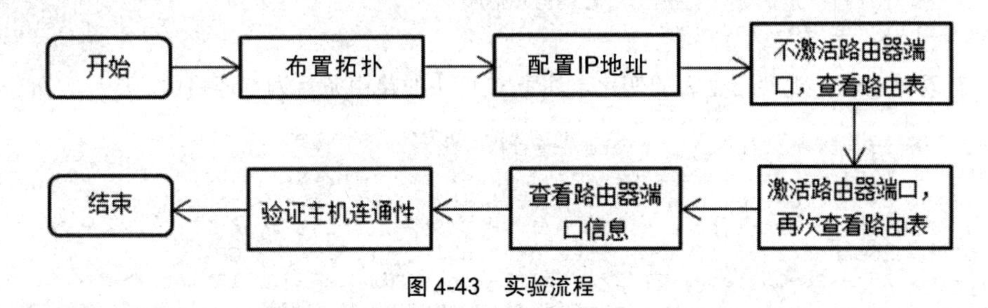

图 4-43　实验流程

4. 实验步骤

（1）布置拓扑，如图 4-44 所示，路由器连接了两个网络，通过 g0/0 端口连接网络 192.168.1.0/24，通过 g0/1 端口连接网络 192.168.2.254/24，这两个网络都属于路由器的直连网络。

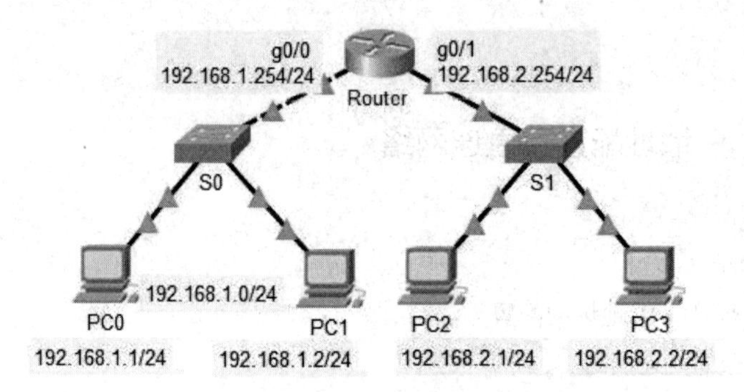

图 4-44 拓扑图

（2）配置路由器的 IP 地址。

```
Router>enable
Router#configure terminal
Enter configuration commands, one per line. End with CNTL/Z.
Router(config)#interface GigabitEthernet0/0
Router(config-if)#ip address 192.168.1.254 255.255.255.0
Router(config-if)#exit
Router(config)#interface GigabitEthernet0/1
Router(config-if)#ip address 192.168.2.254 255.255.255.0
Router(config-if)#end
```

（3）查看路由表。

```
Router#show ip route        //查看路由表，可以看到路由表是空的
Codes: L - local, C - connected, S - static, R - RIP, M - mobile, B - BGP
D - EIGRP, EX - EIGRP external, O - OSPF, IA - OSPF inter area
N1 - OSPF NSSA external type 1, N2 - OSPF NSSA external type 2
E1 - OSPF external type 1, E2 - OSPF external type 2, E - EGP
i - IS-IS, L1 - IS-IS level-1, L2 - IS-IS level-2, ia - IS-IS inter area
* - candidate default, U - per-user static route, o - ODR
P - periodic downloaded static route
Gateway of last resort is not set
```

（4）激活端口。

```
Router#configure terminal
Router(config)#interface GigabitEthernet0/1
Router(config-if)#no shutdown      //激活端口
Router(config-if)#exit
Router(config)#interface GigabitEthernet0/0
Router(config-if)#no shutdown
```

（5）查看路由表，观察路由表的变化，注意 C 打头的路由条目为直连路由。

```
Router(config-if)#do show ip route//查看路由表
Codes: L - local, C - connected, S - static, R - RIP, M - mobile, B - BGP
D - EIGRP, EX - EIGRP external, O - OSPF, IA - OSPF inter area
N1 - OSPF NSSA external type 1, N2 - OSPF NSSA external type 2
E1 - OSPF external type 1, E2 - OSPF external type 2, E - EGP
i - IS-IS, L1 - IS-IS level-1, L2 - IS-IS level-2, ia - IS-IS inter area
* - candidate default, U - per-user static route, o - ODR
P - periodic downloaded static route
Gateway of last resort is not set
192.168.1.0/24 is variably subnetted, 2 subnets, 2 masks
C 192.168.1.0/24 is directly connected, GigabitEthernet0/0      //直连路由
L 192.168.1.254/32 is directly connected, GigabitEthernet0/0    //路由器的 IP 地址
192.168.2.0/24 is variably subnetted, 2 subnets, 2 masks
C 192.168.2.0/24 is directly connected, GigabitEthernet0/1
L 192.168.2.254/32 is directly connected, GigabitEthernet0/1
```

（6）查看端口信息。

```
Router#show int g0/0        //查看端口信息
GigabitEthernet0/0 is up, line protocol is up (connected)
Hardware is CN Gigabit Ethernet, address is 0005.5e92.5401 (bia 0005.5e92.5401)
Internet address is 192.168.1.254/24
MTU 1500 bytes, BW 1000000 Kbit, DLY 10 usec,
reliability 255/255, txload 1/255, rxload 1/255
Encapsulation ARPA, loopback not set
Keepalive set (10 sec)
Full-duplex, 100Mb/s, media type is RJ45
output flow-control is unsupported, input flow-control is unsupported
ARP type: ARPA, ARP Timeout 04:00:00,
Last input 00:00:08, output 00:00:05, output hang never
Last clearing of "show interface" counters never
Input queue: 0/75/0 (size/max/drops); Total output drops: 0
Queueing strategy: fifo
Output queue :0/40 (size/max)
5 minute input rate 0 bits/sec, 0 packets/sec
5 minute output rate 0 bits/sec, 0 packets/sec
0 packets input, 0 bytes, 0 no buffer
```

（7）验证连通性。

从主机端使用 ping 命令来测试网络的连通性。

另外，若给 g0/1 端口配置 IP 地址为 192.168.1.3/24，则会弹出出错提示框，如图 4-45 所示，该 IP 地址和 g0/0 端口有重叠。也就是说，不同路由器端口所连接的不能是同一个网络。

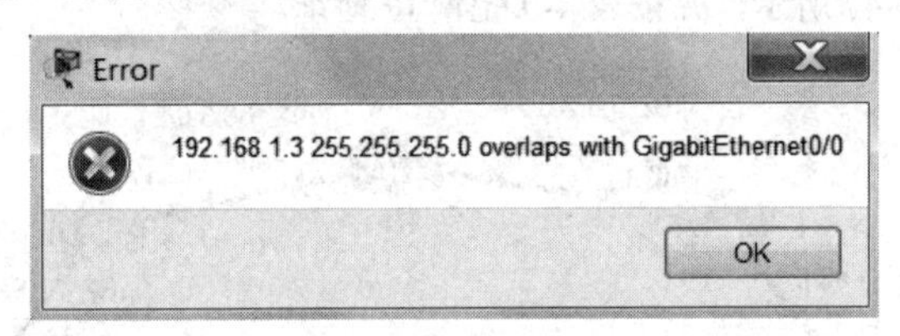

图 4-45　出错提示框

实验 2：静态路由与默认路由配置

1. 实验目的

（1）理解静态路由的含义。

（2）掌握路由器静态路由的配置方法。

（3）理解默认路由的含义。

（4）掌握默认路由的配置方法。

2. 基础知识

静态路由是指路由信息由管理员手工配置，而不是路由器通过路由算法和向其他路由器学习得到的。所以，静态路由主要适合网络规模不大、拓扑结构相对固定的网络使用，当网络环境比较复杂时，由于其拓扑或链路状态相对容易发生变化，因此需要管理员再手工改变路由，这对管理员来说是一个烦琐的工作，且网络容易受人的影响，对管理员来说，不论技术上还是纪律上都有更高的要求。

默认路由也是一种静态路由，它位于路由表的最后，当数据报与路由表中前面的表项都不匹配时，数据报将根据默认路由转发。这使得其在某些时候是非常有效的，例如，在末梢网络中，默认路由可以大大简化路由器的项目数量及配置，减轻路由器和网络管理员的工作负担。可见，静态路由的优先级高于默认路由的。

常用配置命令如下所示。

- 配置静态路由命令格式：

```
R0(config)#ip route 目的网络号 目的网络掩码 下一跳 IP 地址
```

- 配置默认路由命令格式：

```
R0(config)#ip route 0.0.0.0  0.0.0.0 下一跳 IP 地址
```

3. 实验流程

本实验配置静态路由和默认路由，要求各 IP 地址全部可达。实验流程如图 4-46 所示。

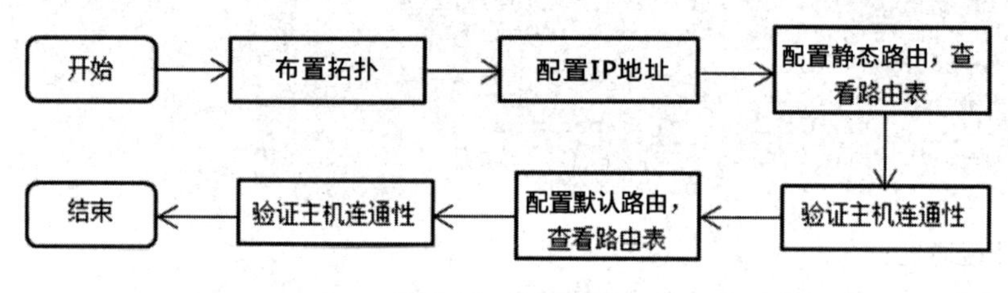

图 4-46 实验流程

4. 实验步骤

（1）网络拓扑如图 4-47 所示，并按表 4-9 配置 IP 地址。

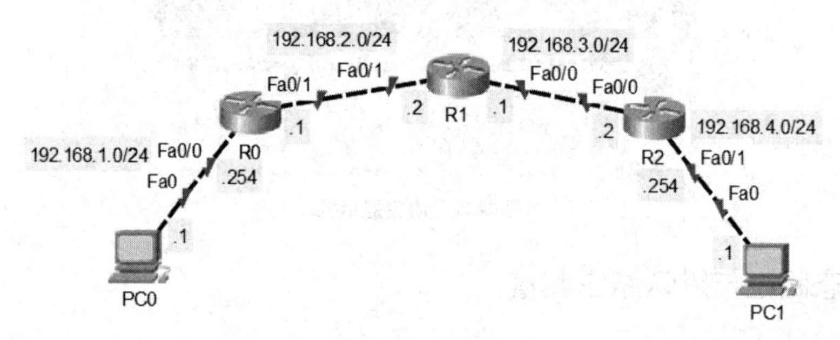

图 4-47 拓扑图

表 4-9 配置 IP 地址

设备名称	端口	IP 地址	默认网关
路由器 R0	Fa0/0	192.168.1.254/24	
	Fa0/1	192.168.2.1/24	
路由器 R1	Fa0/0	192.168.3.1/24	
	Fa0/1	192.168.2.2/24	
路由器 R2	Fa0/0	192.168.3.2/24	
	Fa0/1	192.168.4.254/24	
PC0	Fa0	192.168.1.1/24	192.168.1.254
PC1	Fa0	192.168.4.1/24	192.168.4.254

（2）静态路由配置。

路由器 R0 配置：

对于路由器 R0 来说，其有两个直连网络，分别是 192.168.1.0/24 和 192.168.2.0/24，这两个网络不需要配置静态路由。R0 不知道 192.168.3.0/24 和 192.168.4.0/24 这两个网络的路由，所以，需要在 R0 上配置这两个静态路由，这需要管理员人工判断下一跳地址。配置如下。

```
R0(config)#ip route 192.168.3.0 255.255.255.0 192.168.2.2
R0(config)#ip route 192.168.4.0 255.255.255.0 192.168.2.2
```

路由器 R1 配置：

```
R1(config)#ip route 192.168.1.0 255.255.255.0 192.168.2.1
R1(config)#ip route 192.168.4.0 255.255.255.0 192.168.3.2
```

路由器 R2 配置：

```
R2(config)#ip route 192.168.1.0 255.255.255.0 192.168.3.1
R2(config)#ip route 192.168.2.0 255.255.255.0 192.168.3.1
```

查看路由器的路由表，以 R1 为例，其中以 S 开头的为静态路由，以 C 开头的为直连路由（R0 和 R2 的路由表请自行分析）。

```
S 192.168.1.0/24 [1/0] via 192.168.2.1
C 192.168.2.0/24 is directly connected, FastEthernet0/1
C 192.168.3.0/24 is directly connected, FastEthernet0/0
S 192.168.4.0/24 [1/0] via 192.168.3.2
```

由 PC0 ping PC1，验证是否能 ping 通。

（3）默认路由配置。

对于路由器 R0 来说，其有两个直连网络，分别是 192.168.1.0/24 和 192.168.2.0/24，这两个网络不需要配置路由。通过前面的静态路由可知，R0 去 192.168.3.0/24 和 192.168.4.0/24 这两个网络的下一跳都是 192.168.2.2，所以，这两个静态路由可以由一条指向 192.168.2.2 的默认路由代替。在前面配置的基础上，将静态路由删除（静态路由前面加 no），再增加一条默认路由即可。

```
R0(config)#no ip route 192.168.3.0 255.255.255.0 192.168.2.2
R0(config)#no ip route 192.168.4.0 255.255.255.0 192.168.2.2
R0(config)#ip route 0.0.0.0 0.0.0.0 192.168.2.2
```

路由器 R2 的配置与 R0 类似。

```
R2(config)#no ip route 192.168.1.0 255.255.255.0 192.168.3.1
R2(config)#no ip route 192.168.2.0 255.255.255.0 192.168.3.1
R2(config)#ip route 0.0.0.0 0.0.0.0 192.168.3.1
```

查看路由器的路由表。以 R0 为例，其中，以 S*开头的为默认路由。

```
Gateway of last resort is 192.168.2.2 to network 0.0.0.0
C 192.168.1.0/24 is directly connected, FastEthernet0/0
C 192.168.2.0/24 is directly connected, FastEthernet0/1
S* 0.0.0.0/0 [1/0] via 192.168.2.2
```

由 PC0 ping PC1，验证是否能 ping 通。

实验 3：RIP 路由协议配置

1. 实验目的

（1）理解 RIP 路由的原理。

（2）掌握 RIP 路由的配置方法。

2. 实验流程

实验流程如图 4-48 所示。

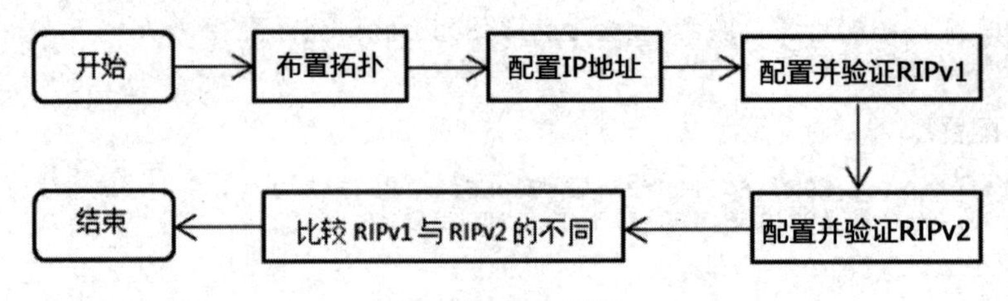

图 4-48 实验流程

3. RIPv1 实验步骤

（1）布置拓扑，如图 4-49 所示，并按表 4-10 配置各设备的 IP 地址。

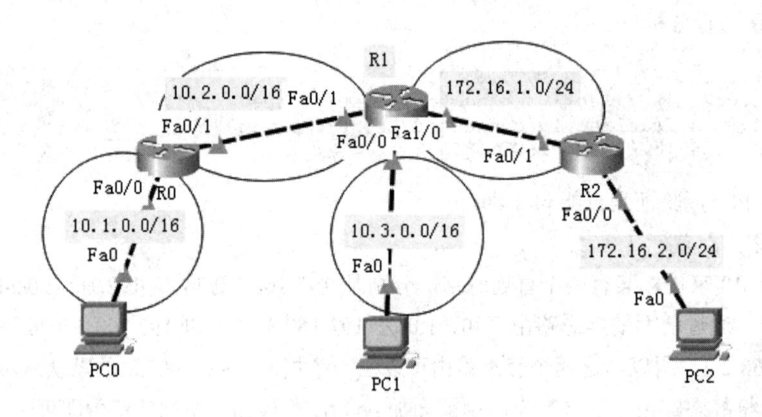

图 4-49 拓扑图

表 4-10 配置各设备的 IP 地址

设备名称	端口	IP 地址	默认网关
路由器 R0	Fa0/0	10.1.0.254/16	
	Fa0/1	10.2.0.1/16	
路由器 R1	Fa0/0	10.3.0.254/16	
	Fa0/1	10.2.0.2/16	
	Fa1/0	172.16.1.1/24	
路由器 R2	Fa0/0	172.16.2.254/24	
	Fa0/1	172.16.1.2/24	
PC0	Fa0	10.1.0.1/16	10.1.0.254/16
PC1	Fa0	10.3.0.1/16	10.3.0.254/16
PC2	Fa0	172.16.2.1/24	172.16.2.254/24

（2）在路由器上配置 RIPv1 路由。

配置 R0 的路由：

```
R0(config)#router rip
R0(config-router)#version 1
R0(config-router)#network 10.1.0.0
R0(config-router)#network 10.2.0.0
```

配置 R1 的路由：

```
R1(config)#router rip
R1(config-router)#version 1
R1(config-router)#network 10.2.0.0
R1(config-router)#network 10.3.0.0
R1(config-router)#network 172.16.1.0
```

配置 R2 的路由：

```
R2(config)#router rip
R2(config-router)#version 1
R2(config-router)#network 172.16.1.0
R2(config-router)#network 172.16.2.0
```

（3）查看路由器的路由表。

查看 R0 的路由表：

```
R0#show ip route
10.0.0.0/16 is subnetted, 3 subnets
C 10.1.0.0 is directly connected, FastEthernet0/0
C 10.2.0.0 is directly connected, FastEthernet0/1
R 10.3.0.0 [120/1] via 10.2.0.2, 00:00:07, FastEthernet0/1
R 172.16.0.0/16 [120/1] via 10.2.0.2, 00:00:07, FastEthernet0/1
```

在该拓扑中共有 5 个网络，在 R0 中只显示了 4 个，其中 172.16.0.0/16 是 R1 将 172.16.1.0/24 和 172.16.2.0/24 汇总的结果，汇总后再发送给 R0。路由汇总默认是开启的，也可以使用命令 no auto-summary 将自动汇总关闭。

查看路由器 R0 的 RIP 协议配置信息及 RIP 的一些参数：

```
R0#show ip protocols
Routing Protocol is "rip"
Sending updates every 30 seconds, next due in 18 seconds
Invalid after 180 seconds, hold down 180, flushed after 240
//RIP 的时间参数
Outgoing update filter list for all interfaces is not set
Incoming update filter list for all interfaces is not set
Redistributing: rip
Default version control: send version 1, receive 1
Interface                 Send    Recv   Triggered  RIP  Key-chain
FastEthernet0/0    1              1
FastEthernet0/1    1              1
//各接口发送和接收路由信息的统计次数
Automatic network summarization is in effect
Maximum path: 4
Routing for Networks:
10.0.0.0
//路由的网络号
Passive Interface(s):
Routing Information Sources:
Gateway      Distance      Last Update
10.2.0.2     120           00:00:14
//路由的源信息
Distance: (default is 120)
```

查看 R1 的路由表：

```
R1#show ip route
10.0.0.0/16 is subnetted, 3 subnets
R 10.1.0.0 [120/1] via 10.2.0.1, 00:00:17, FastEthernet0/1
C 10.2.0.0 is directly connected, FastEthernet0/1
C 10.3.0.0 is directly connected, FastEthernet0/0
172.16.0.0/24 is subnetted, 2 subnets
C 172.16.1.0 is directly connected, FastEthernet1/0
R 172.16.2.0 [120/1] via 172.16.1.2, 00:00:09, FastEthernet1/0
```

共 5 条路由，其中网络 10.1.0.0/16 和 172.16.2.0/24 是通过 RIP 学习得到的。

查看 R2 的路由表：

```
R2#show ip route
R 10.0.0.0/8 [120/1] via 172.16.1.1, 00:00:18, FastEthernet0/1
172.16.0.0/24 is subnetted, 2 subnets
```

```
C 172.16.1.0 is directly connected, FastEthernet0/1
C 172.16.2.0 is directly connected, FastEthernet0/0
```

R2 中只有一条路由是通过 RIP 学习得到的，而且学到的是通过汇总后的路由。

（4）查看 RIP 路由的动态更新。

查看 R0 的 RIP 动态更新：

```
R0#debug ip rip
RIP protocol debugging is on
R0#RIP: received v1 update from 10.2.0.2 on FastEthernet0/1
10.3.0.0 in 1 hops
172.16.0.0 in 1 hops
//从 Fa0/1 端口收到来自 10.2.0.2（路由器 R1）的 RIPv1 的更新包，内容如上所示
RIP: sending v1 update to 255.255.255.255 via FastEthernet0/0 (10.1.0.254)
RIP: build update entries
network 10.2.0.0 metric 1
network 10.3.0.0 metric 2
network 172.16.0.0 metric 2
//通过 Fa0/0 端口广播发送生成的 RIPv1 的更新包，内容如上所示。请注意观察，这个更新包是路由器刚刚收到 R1 传来的更新包后，根据距离向量算法重新生成的路由（详细算法请参阅《计算机网络》（第 8 版）教材 4.6.2 节第 160 页），再将其转发给邻居。这个邻居在这里是 PC0，实际上，对于主机来说，并不需要接收这样的路由更新。所以，可以将 Fa0/0 设置为被动接口，这样，路由器就不会从此接口发送路由更新了，但依旧可以接收更新包。如 R0(config-router)# passive-interface f0/0。运行此命令后，再次查看 RIP 的动态更新，将不会有从 Fa0/0 端口发送的更新，请自行验证
RIP: sending v1 update to 255.255.255.255 via FastEthernet0/1 (10.2.0.1)
RIP: build update entries
network 10.1.0.0 metric 1
//通过 Fa0/1 端口广播发送生成的 RIPv1 的更新包，内容如上所示。请注意这里只有 10.1.0.0 一个条目，而从 Fa0/0 端口发送的是 3 个路由条目。之所以如此，是因为在 RIP 中为了防环路进行了水平分割
```

另外，路由更新信息会霸屏，不需要时应及时将其关闭，运行如下命令即可：

```
R0#no debug ip rip
RIP protocol debugging is off
```

请自行解释并验证路由器 R1 和 R2 的路由更新信息。

（5）由 PC0 去 ping PC1 和 PC2，可以 ping 通，请自行验证。

本章小结

本章介绍了网络层的主要功能，并重点介绍了网络层的协议、IP 地址的表示方法、IP 报文首部的基本格式、分组的转发过程、互联网中的路由协议、IPv6 的特点和 IPv4 向 IPv6 的过渡方法。详细描述了网络地址转换（NAT）协议、虚拟专用网（VPN）、IP 多播路由和新型网络体系结构 SDN。

习题

一、选择题

1. 一般来说，用户上网要通过互联网服务提供商，其英文缩写为（ ）。

   A. IDC　　B. ICP　　C. ASP　　D. ISP

2. 管理计算机通信的规则称为（ ）。

   A. 协议　　B. 服务　　C. ASP　　D. ISO/OSI

3. 下列 IP 地址中属于 B 类地址的是（ ）。

   A. 98.62.53.6　　B. 130.53.42.10

   C. 200.245.20.11　　D. 221.121.16.12

4. 255.255.255.224 可能代表的是（ ）。

A. 一个 B 类网络号　　B. 一个 C 类网络中的广播

C. 一个具有子网的网络掩码　　D. 以上都不是

5. 三个网段 192.168.1.0/24、192.168.2.0/24、192.168.3.0/24 能够汇聚成下面哪个网段？（ ）

A. 192.168.1.0/22　　B. 192.168.2.0/22

C. 192.168.3.0/22　　D. 192.168.0.0/22

6. 下列哪一个协议是外部网关协议？（ ）

A. RIP　　B. EGP　　C. OSPF　　D. ETGRP

7. 在路由器进行互联的多个局域网的结构中，要求每个局域网的（ ）。

A. 物理层协议可以不同，但数据链路层及其以上的高层协议必须相同

B. 物理层、数据链路层协议可以不同，但数据链路层以上的高层协议必须相同

C. 物理层、数据链路层、网络层协议可以不同，但网络层以上的高层协议必须相同

D. 物理层、数据链路层、网络层及高层协议都可以不同

8. 动态路由选择和静态路由选择的主要区别是（ ）。

A. 动态路由选择需要维护整个网络的拓扑结构信息，而静态路由选择只需要维护部分拓扑结构信息

B. 动态路由选择可随网络通信量变化或拓扑变化而进行自适应的调整，而静态路由选择则需要手工去调整相关的路由信息

C. 动态路由选择简单且开销小，静态路由选择复杂且开销大

D. 动态路由选择使用路由表，静态路由选择不使用路由表

9. 关于链路状态协议的描述，（ ）是错误的。

A. 仅相邻路由器需要交换各自的路由表

B. 全网路由器的拓扑数据库是一致的

C. 采用洪泛技术更新链路变化信息

D. 具有快速收敛的优点

10. 在距离-向量路由协议中，（ ）最可能导致路由回路的问题。

A. 由于网络带宽的限制，某些路由更新数据报被丢弃

B. 由于路由器不知道整个网络的拓扑结构信息，当收到一个路由更新信息时，又将该更新信息发回给自己发送该路由信息的路由器

C. 当一个路由器发现自己的一条直接相邻链路断开时，没能将这个变化报告给其他路由器

D. 慢收敛导致路由器接收了无效的路由信息

二、填空题

1. 网络互联的解决方案有两种，一种是______，另一种是______；目前采用的是______。

2. 某 B 类网段子网掩码为 255.255.255.0，该子网段最大可容纳______台主机。

3. 地址解析协议（ARP）是以太网经常使用的地址解析方法，它充分利用了以太网的广播能力，将_______地址与_______地址进行动态转换。

4. IP 地址由 32 位二进制位构成，其组成结构为_______+_______。

5. A 类地址用前______位作为网络地址，后______位作为主机地址；B 类地址用前_____位作为网络地址，后______位作为主机地址；一个 C 类网络的最大主机数为______。

6. RIP 协议中的跳数最大值为________。

7. 目前 IPv4 向 IPv6 过渡的技术包括：________、________。

8. NAT的三种类型为：________、________、________。
9. IP多播通信必须依赖于IP多播地址，在IPv4中它是一个_____类IP地址。
10. SDN网络架构的三个接口为：_______、_______、_______。

三、问答题

1. 虚电路服务与数据报服务有什么异同？
2. 计算机网络中路由器的工作原理是什么？
3. 交换机的工作原理是什么？
4. IGP和EGP这两类协议的主要区别是什么？
5. 试简述RIP、OSPF和BGP路由选择协议的主要特点。
6. 什么是VPN？VPN有什么特点和优缺点？

四、综合题

1. 已知IP地址是128.14.35.7/20，求网络地址。
2. 设某路由器建立了如下路由表：

目的网络	子网掩码	下一跳
128.96.39.0	255.255.255.128	接口m0
128.96.39.128	255.255.255.128	接口m1
128.96.40.0	255.255.255.128	R2
192.4.153.0	255.255.255.192	R3
*（默认）	——	R4

现共收到5个分组，其目的地址分别为：

（1）128.96.39.10

（2）128.96.40.12

（3）128.96.40.151

（4）192.153.17

（5）192.4.153.90

请计算每个分组是如何转发的。（写出详细计算过程）

3. 试把以下的IPv6地址用零压缩方法写成简写形式。

（1）0000:0000:0F67:5482:ABO0:67AB:DB56:7332

（2）0000:0000:0000:0000:0000:0000:005C:ABDF

（3）0000:0000:0000:AB33:7358:0000:82BA:0298

（4）2289:00CF:0000:0000:0000:0064:0CD3:B256

4. 假定网络中的路由器B的路由表有如下的项目：

目的网络	距离	下一跳路由器
N1	7	A
N2	2	C
N5	8	F
N8	4	E
N9	3	F

现在 B 收到从 C 发来的路由信息：

目的网络	距离
N2	4
N3	8
N5	4
N8	3
N9	5

试求出路由器 B 更新后的路由表。

第 5 章 运输层

在 TCP/IP 网络体系结构中，网络层提供的服务是一种无连接的、尽最大努力实现主机到主机之间数据传送的服务，通信的主体是以 IP 地址为标识的主机。这种服务不保证传送的数据一定可以到达对方（数据可能会丢失），不保证发送数据的次序和接收数据的次序一致（数据可能先发后至），也不保证接收到的数据是没有被损坏的（数据可能在传送过程中发生变化）。

而应用层协议往往要求数据能够准确无误地在应用进程之间相互传递。单靠网络层既不能解决一台主机上可能运行的多进程间的通信，更不能保证通信的可靠性。

因此在网络层和应用层之间还需要运输层来实现进程与进程间的通信。

5.1 运输层提供的服务

运输层就是利用网络层提供的服务向应用层提供有效的、可靠的端到端即进程到进程之间的通信服务。所以运输层协议也被称为端到端协议（End-to-End Protocol）。

5.1.1 运输层的功能

运输层的基本功能可以概括为以下几点。

（1）实现端到端即进程到进程的数据通信。

（2）数据的封装/解封。

（3）可靠数据传输即差错控制，避免报文出错、丢失、延迟时间紊乱、重复、乱序。

（4）流量控制、拥塞控制。

（5）连接的建立与释放。

5.1.2 运输层端口与套接字

运输层的重要功能之一就是提供了面向进程的通信机制。因此，运输层协议必须提供某种方法来标识通信应用进程。TCP/UDP 协议采用端口（Port）概念来标识通信应用进程，如图 5-1 所示。

端口用一个 16 位端口号进行标识。

端口号只具有本地意义，即端口号只是为了标识本地计算机应用层中的各进程。在因特网中不同计算机的相同端口号是没有联系的。

（1）熟知端口，其数值一般为 0~1023。当一种新的应用程序出现时，必须为它指派一个熟知端口。

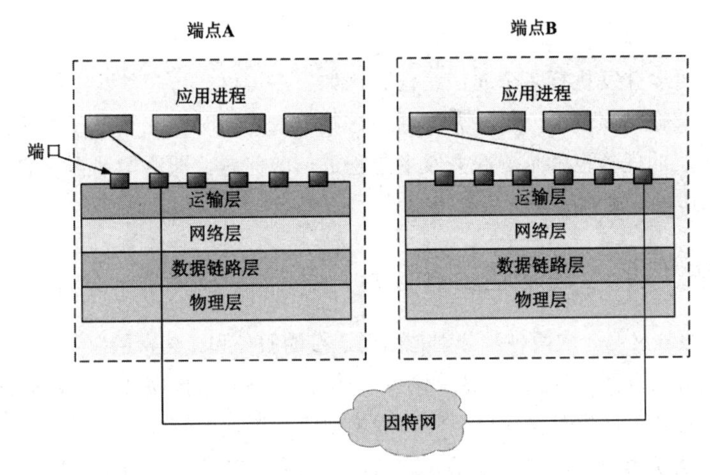

图 5-1　端到端的通信

（2）登记端口，其数值为 1024~49151。这类端口是 ICANN 控制的，使用这个范围的端口必须在 ICANN 登记，以防止重复。

（3）动态端口，其数值为 49152~65535。这类端口是留给客户进程选择作为临时端口的。

运输层最常用的熟知端口是 TCP 20 文件传输协议（FTP）的数据连接、TCP 21 文件传输协议的控制连接、TCP 23 远程登录服务（Telnet）、TCP 25 简单邮件传输协议（SMTP）、TCP 80 HTTP、TCP 110 电子邮件接收协议（POP3）、UDP 23 域名服务（DNS）等。查看本机正在运行的服务和已经建立的连接，以及对应的端口，可以在命令窗口（运行 cmd）下用 netstat - an 命令查看。

应用层通过运输层进行数据通信时，TCP 和 UDP 会遇到同时为多个主机上的应用程序进程提供并发服务的问题。多个 TCP 连接或多个应用程序进程可能需要通过同一个 TCP 协议端口传输数据。为了区别不同的应用程序进程和连接，许多计算机操作系统为应用程序与 TCP / IP 协议交互提供了称为套接字（Socket）的接口，以区分不同应用程序进程间的网络通信和连接。

为了区分不同的网络应用服务，就必须把主机的 IP 地址和端口号进行绑定后使用。主机 IP 地址和端口号的绑定组成了套接字。主机 IP 地址、端口号和套接字的对应关系如图 5-2 所示。

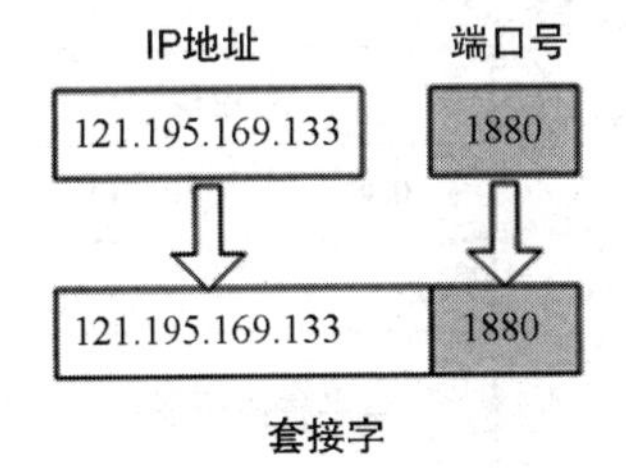

图 5-2　主机 IP 地址、端口号和套接字的对应关系

网络通信应用进程在开始任何通信之前都必须创建套接字。就像电话的插口一样，没有它就完全没办法通信。

生成套接字，主要有 3 个参数：通信的目的 IP 地址、使用的运输层协议（TCP 或 UDP）和使用的端口号。Socket 原意是“插座”。通过将这 3 个参数结合起来，与一个 Socket 绑定，应用层就可以和运输层通过套接字接口，区分来自不同应用程序进程或网络连接的通信，实现数据传输的并发服务。

Socket 可以看成在两个通信进程进行通信连接中的一个端点，一个程序将一段信息写入 Socket 中，该 Socket 将这段信息发送给另外一个 Socket，使这段信息能传送到其他通信进程中。

【特别提示】

同一台主机上可以并发执行多个通信进程。比如用户可以一边观赏网络电视、一边下载发表个人评论，甚至与朋友在网上聊天。这些并发通信进程就成为同时存在于一台主机上的多个发送端和接收端。因此运输层的任务也就是解决并发多进程通信的问题，即所谓端到端的通信。这些问题主要包括可靠性数据传输、进程寻址、流量控制等。

5.1.3 无连接的服务与面向连接的服务

运输层的基本服务又可分成两种，分别是面向连接的服务和无连接的服务。

面向连接的服务具有基于连接的流量控制、差错控制和分组排序功能，数据在这种服务方式下的传递是有序的和可靠的，但是这种服务的实现需要进行连接的建立、维护和终止，开销较大。面向连接服务以电话系统为模式。要和某个人通话，首先拿起电话，拨号码，通话，然后挂断。同样在使用面向连接的服务时，用户首先要建立连接，使用连接，然后释放连接。连接本质上像个管道：发送者在管道的一端放入物体，接收者在另一端按同样的次序取出物体；其特点是收发的数据不仅顺序一致，而且内容也相同。

无连接的服务不能保证可靠地按顺序提交，开销较小。因此在选择这两种服务时要根据具体的应用需求来决定。比如，当用户之间传输的数据量很大或者数据传输准确性要求很高时，就需要采用面向连接的服务。反之，对于数据传递量小、传递准确性要求不是很高的情况则可采用无连接的服务。无连接服务以邮政系统为模式。每个报文（信件）带有完整的目的地址，并且每一个报文都独立于其他报文，由系统选定的路线传递。在正常情况下，当两个报文发往同一目的地时，先发的先到。但是，也有可能先发的报文在途中延误了，后发的报文反而先收到；而这种情况在面向连接的服务中是不会出现的。

TCP/IP 的运输层有两个不同的协议：

（1）用户数据报协议（User Datagram Protocol，UDP）。

（2）传输控制协议（Transmission Control Protocol，TCP）。

两种协议共同构成 TCP/IP 协议的运输层，如图 5-3 所示。

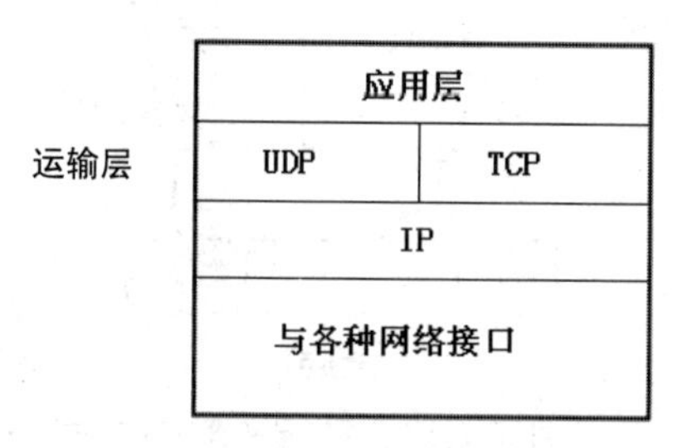

图 5-3 运输层的两种协议

5.2 用户数据报协议（UDP）

用户数据报协议，是面向报文的无连接运输层协议。

5.2.1 UDP 特点

UDP 协议有以下主要特点。

（1）UDP 在传送数据之前不需要先建立连接。对方的运输层在收到 UDP 报文后，不需要给出任何确认。虽然 UDP 不提供可靠交付，但在某些情况下 UDP 是一种最有效的工作方式。UDP 只在 IP 的数据报服务之上增加了很少一点的功能，即端口的功能和差错检测的功能。

（2）由于 UDP 没有拥塞控制，因此网络出现的拥塞不会使源主机的发送速率降低。这对某些实时应用是很重要的。很多的实时应用（如 IP 电话、实时视频会议等）要求源主机以恒定的速率发送数据，并且允许在网络发生拥塞时丢失一些数据，但不允许数据有太大的时延。UDP 正好适合这种要求。

（3）UDP 是面向报文的。这就是说，UDP 对应用程序交给的报文不再划分为若干个分组来发送，也不把收到的若干个报文合并后再交付给应用程序。应用程序交给 UDP 一个报文，UDP 就发送这个报文；而 UDP 收到一个报文，就把它交付给应用程序。应用程序必须选择合适大小的报文。

（4）UDP 支持一对一、一对多、多对一和多对多的交互通信。用户数据报只有 8 字节的首部开销，比 TCP 的 20 字节的首部要短。

5.2.2　UDP 数据报结构

UDP 协议的数据报报文结构如图 5-4 所示。

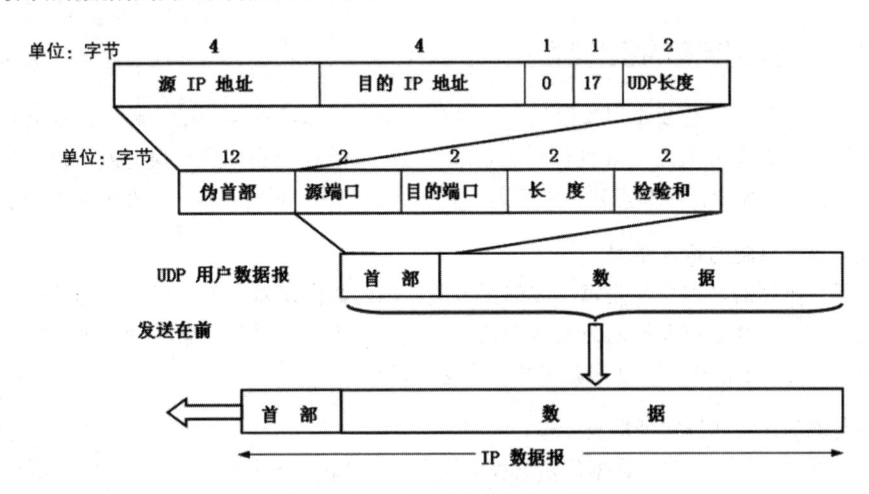

图 5-4　UDP 协议的数据报报文结构

用户数据报 UDP 有两个字段：数据字段和首部字段。首部字段有 8 个字节，由 4 个字段组成，每个字段都是两个字节。

在计算检验和时，临时把“伪首部”和 UDP 用户数据报连接在一起。伪首部仅仅是为了计算检验和的。

5.3　传输控制协议（TCP）

TCP 提供面向连接的服务。TCP 不提供广播或多播服务。由于 TCP 要提供可靠的、面向连接的传输服务，因此不可避免地增加了许多的开销。这不仅使协议数据单元的首部增大很多，还要占用许多的处理机资源。

5.3.1　TCP 特点

TCP 协议有以下一些主要特点。

（1）通信是全双工方式。

（2）发送方的应用进程按照自己产生数据的规律，不断地把数据块陆续写入到 TCP 的发送缓存中。TCP 再从发送缓存中取出一定数量的数据，将其组成 TCP 报文段（Segment）逐个传送给 IP 层，然后发送出去。

（3）接收方从 IP 层收到 TCP 报文段后，先把它暂存在接收缓存中，然后让接收方的应用进程从接收缓存中将数据块逐个读取。

（4）由于运输层的通信是面向连接的，因此 TCP 每一条连接上的通信只能是一对一的，而不可能是一对多、多对一或多对多的。

（5）TCP 的报文段的长度是不确定的。

（6）TCP 可以在发送自己的数据报文段的同时，捎带地把确认信息附上。

为了提高通信传输效率，发送数据报文段的一方，可以连续发送多个数据报文段，而不需要在收到一个确认后才发送下一个报文段。

例 5–1：简述 TCP 和 UDP 的主要区别。

解答：TCP 提供的是面向连接、可靠的字节流服务，并且有流量控制和拥塞控制功能。UDP 提供的是无连接、不可靠的数据报服务，无流量控制和拥塞控制。

5.3.2 TCP 可靠传输的工作原理

数据传输的可靠性就是要实现差错控制，避免报文在传输过程中出错、丢失、延迟时间紊乱、重复、乱序等。TCP 协议实现可靠性传输的基本方法除用“检验和”进行报文差错检测外就是确认与重传、连接管理、流量控制和拥塞控制机制。以下介绍确认与重传机制，其他机制后续详述。

1. 确认与重传机制的基本原理

确认与重传机制的基本思想是每一方都要为所传输的数据编号，编号以字节为单位。如果收到了编号正确的数据，那么就要给对方发送确认。在发出一个报文段后，就启动一个定时器，如果定时器时间到了但确认还没有来，那么就重传一次这个报文。

2. 数据传输的正常和异常情况及处理

在确认与重传机制中，对于数据传输过程可能出现的几种情况及相应的处理如图 5-5 所示。

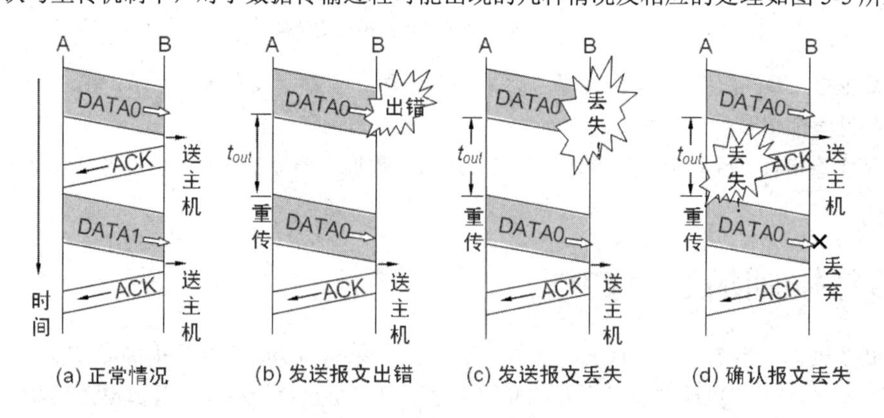

图 5-5 TCP 数据传输的情况和处理

1）正常情况。

接收端正常接收到数据报文后向发送端发回确认报文，发送端收到后继续发送下一数据报文。

2）报文段丢失。

发送方定时器超时，重传。

3）报文段里的数据出错。

接收方丢弃出错报文段，不发送确认。发送方定时器超时，重传。

4）确认报文在中途丢失，从而造成发送方无法收到确认的情况。

发送方定时器超时，重传，接收方将收到重复的报文段。接收方直接丢弃重复报文段，同时发送确认。

3. 重传定时器

在发送一个报文后，就会启动重传定时器。如果在定时器截止时间之前收到了确认，就将这个定时器复位。如果定时器时间到了，确认还没有收到，就重传该报文并将定时器复位。随着网络情况不断发生变化，重传定时器的时间设定也会跟随变化。

5.3.3 TCP 数据报结构

TCP 数据报结构如图 5-6 所示。

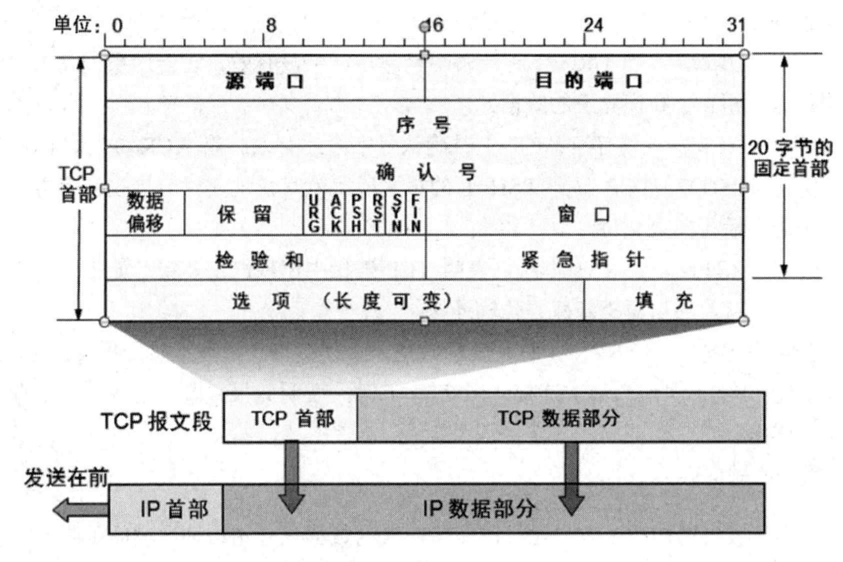

图 5-6　TCP 数据报结构

下面是对 TCP 数据报报文结构主要字段的解释。

1. 源端口和目的端口

源端口和目的端口就是用于对应发送端和接收端应用进程的。这两个值加上 IP 首部中的源端 IP 地址和目的端 IP 地址就可以唯一确定一个 TCP 连接。

2. 序号

在每条 TCP 通信连接上传送的每个数据字节都有一个与之相对应的序号，这是 TCP 协议实体的重要概念之一。以字节为单位递增的 TCP 序号主要用于数据排序、重复检测、差错处理及流量控制窗口等 TCP 协议机制，从而保证了传输任何数据字节都是可靠的。

TCP 序号不仅用于保证数据传送的可靠性，还用于保证建立连接（SYN 请求）和拆除连接（FIN 请求）的可靠性，每个 SYN 和 FIN 字段都要占一个单位的序号空间。

当建立一个新的连接时，SYN 标志变为 1。序号字段中包含由这个主机所选择的该连接的初始序号（Initial Sequence Number，ISN）。

既然每个传输的字节都被计数，就要确认序号是发送确认的一端所期望收到的下一个序号。因此，确认序号应当是上次已成功收到的数据字节序号加 1。只有 ACK 标志为 1 时，确认序号字段才有效。发送 ACK 无须任何代价，因为 32 位的确认序号字段和 ACK 标志一样，总是 TCP 首部的一部分。因此，可以看到一旦一个连接建立起来，那么这个字段就总被设置，ACK 标志也总被设置为 1。

TCP 为应用层提供全双工服务，这意味着数据能在两个方向上独立地进行传输。因此，连接的每一端必须保持每个方向上的传输数据序号。

3. 确认号

确认号字段——占 4 字节，是期望收到对方的下一个报文段的数据的第一个字节的序号。

4. 数据偏移

数据偏移占 4 位，它指出 TCP 报文段的数据起始处距离 TCP 报文段的起始处有多远，单位是字。

5. 标志位

TCP 协议根据报文的不同功能设置 6 个标志位 UAPRSF。

U 表示紧急位（URG）。当 URG=1 时，表明紧急指针字段有效。它告诉系统此报文段中有紧急数据，应尽快传送（相当于高优先级的数据）。

A 表示确认位（ACK）。只有当 ACK=1 时确认号字段才有效。当 ACK=0 时，确认号字段无效。

P 表示推送位（PSH）。TCP 收到 PSH=1 的报文段，就尽快地交付给接收应用进程，而不再等到整个缓存都填满了后再向上交付。

R 表示复位位（RST）。当 RST=1 时，表明 TCP 连接中出现严重差错（如由于主机崩溃或其他原因），必须释放连接，然后再重新建立传输连接。

S 表示同步位（SYN）。当 SYN=1 时，表示这是一个连接请求或连接接受报文。

F 表示终止位（FIN）。用来释放连接。当 FIN=1 时，表明此报文段的发送方的数据已发送完毕，并要求释放传输连接。

6. 窗口

2 个字节，由接收方通知发送方自己目前能够接收的数据量（由缓冲区空间限制），发送方据此设置发送窗口。

窗口是 TCP 实现流量控制的依据，将在本章 5.4 节详细介绍。在数据传输过程中，发送方按接收方通告的窗口尺寸和序号发送一定的数据量。接收方可根据接收缓冲区的使用状况动态地调整接收窗口，并在输出数据段或确认号字段时捎带着将新的窗口尺寸和起始序号（在确认号字段中指出）通告给发送方。

发送方将按新的起始序号和新的接收窗口尺寸来调整发送窗口，接收方也用新的起始序号和新的接收窗口大小来验证每一个输入数据段的可接收性。

7. 检验和

检验和覆盖了整个的 TCP 报文段：TCP 首部和 TCP 数据。这是一个强制性的字段，必须是由发送端计算和存储，由接收端进行验证的。

8. 紧急指针

紧急指针占 16 位。紧急指针指出在本报文段中的紧急数据的最后一个字节的序号。

9. 选项

选项字段长度可变。TCP 只规定了一种选项，即最大报文段长度（Maximum Segment Size，MSS）。

10. 填充

填充字段是为了使整个首部长度是 4 字节的整数倍。

5.3.4　TCP 的流量控制与滑动窗口协议

在建立连接时，TCP 连接的每一端都会为这个连接分配一定数量的缓存。当收到正确的字节后，就会将数据放入缓存。如果发送方继续快速地发送数据，缓存就会被充满，最后溢出。因此需要有一种机制来控制发送方发送数据的速度，保证接收缓存不溢出，这种机制称为流量控制。

上一节介绍的确认重传机制不仅实现了可靠数据传输，实际上也是一种简单的流量控制协议。发送方每发给接收方一个数据报文，就等待接收方确认收到的应答（ACK），在没有收到这个 ACK 之前，发送方不能发送第 2 个数据报。对发送方而言，如果在一段设定的时间内没有收到 ACK，则重新发送数据报。虽然这种方式传输数据可靠，但对带宽的利用率不高。

因此 TCP 协议按以下所谓滑动窗口方式一次发送一组数据报，更加有效地利用了带宽。

（1）发送方可以连续发送窗口中的所有数据包而不必等待 ACK，同时每发送一个数据包启动一个计时器。

（2）接收方每当成功接收一个数据报时，要向发送方发送一个 ACK。

（3）对于发送方而言，每收到一个 ACK 则窗口将滑动一次。发送窗口：发送方维持一个发送窗口，位于发送窗口内的分组都可被连续发送出去，而不需要等待接收方的确认。

（4）累积确认：接收方对按序到达的最后一个分组发送确认，表示到这个分组为止的所有分组都已正确收到了。

（5）Go-Back-*N*（回退 *N*）：表示需要再退回来重传已发送过的 *N* 个分组。

在图 5-7 中，一个窗口大小为 5 的滑动窗口，在连续发送 5 个数据报时不必等待应答信号。若在连续发送时收到了 ACK1，则窗口向前移动一格，此时可以发送第 6 个数据报。

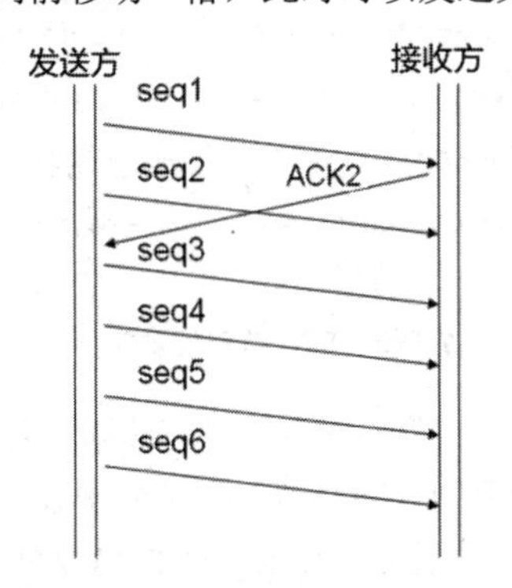

图 5-7　滑动窗口正常变化

如果第 2 个数据报在发送过程中丢失，而其他数据报都顺利发送，那么接收方只发出 ACK2，对于成功接收到的第 3、4、5、6 个数据报，对发送方的应答也是 ACK2，也就是说，接收方只对连续收到的数据报进行应答。发送方一直等待 ACK3，直到定时器超时，重新发送第 2 个数据报。当第 2 个数据报成功发送给接收方后，接收方将直接产生并发送 ACK7，发送方的滑动窗口移动到 seq6，如图 5-8 所示。

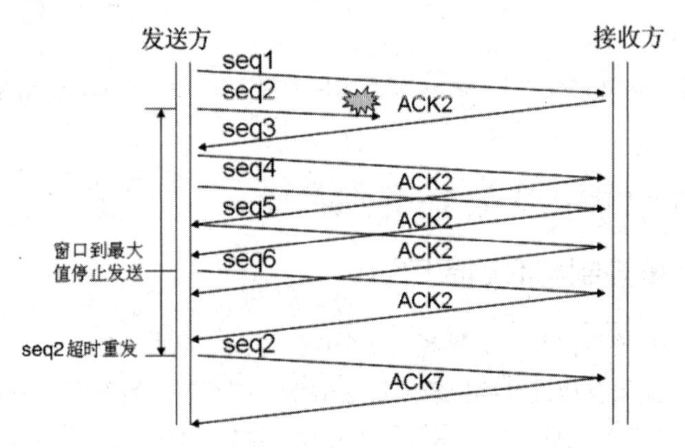

图 5-8 数据丢失滑动窗口停止变化，丢失的数据超时重传

TCP 协议利用首部中的窗口字段动态通知对方自己的接收缓存大小，使发送窗口根据接收方的调节而变化。窗口通告值增大时，发送方扩大发送窗口的大小，以便发送更多的数据。

窗口通告值减小时，发送方缩小发送窗口的大小，以便接收方能够来得及接收数据。

窗口通告值减小至零时，发送方将停止发送数据，直到窗口通告值重新调整为大于零的数值。

例 5–2：图 5-9 是一个利用可变窗口实现流量控制的实例。在建立连接时 B 向 A 发送，其 rwnd=400。其后 rwnd 依次改变成 300、100 和 0。问 A 各轮次可发送的字节是怎样变化的？

解答：根据累积确认、超时重传以及回退 *N* 协议，A 各轮次可发送字节范围随 B 的 rwnd 的变化而相应变化。

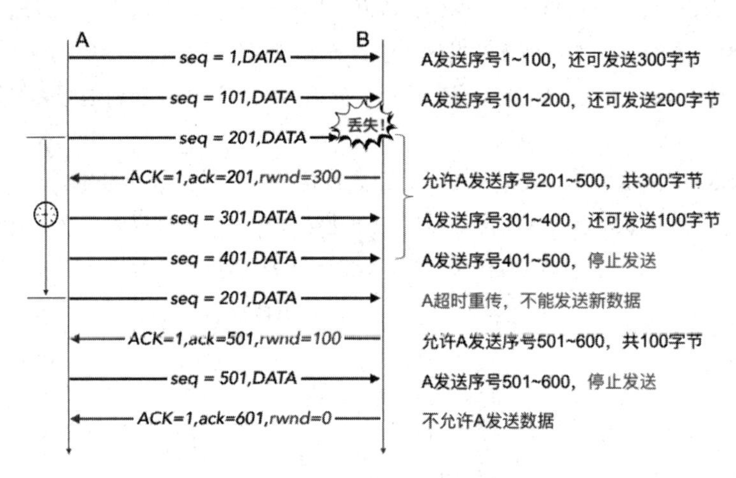

图 5-9 TCP 流量控制实例

例 5–3：在“滑动窗口”概念中，“发送窗口”和“接收窗口”的作用是什么？如果接收方的接收能力不断地发生变化，则采取何种措施可以提高协议的效率。

解答：“发送窗口”作用是限制发送方连续发送数据的数量，即控制发送方发送数据的平均速率。“接收窗口”反映了接收方当前接收缓存的大小，即接收方接收能力的大小。当接收方的接收能力不断地发生变化时，可以将接收窗口的大小发送给发送方，调节发送方的发送速率，避免因发送方发送速率太大或太小而导致接收缓存的溢出或带宽的浪费，从而提高协议的效率。

例 5–4：设发送端为 A，接收端为 B，忽略拥塞窗口，当前 A 的滑动窗口大小为 8 个分组单位，在连续发送编号为 1 到 6 的 6 个分组后，收到 B 确认已经收到 4 号分组的信息（按照累积确认方式），同时接收方窗口 rwnd 修改成了 5，问：

1）此时可以明确 B 已经收到的分组是哪些？

2）在下一次收到 B 的确认之前 A 还能够继续发送哪些分组？

3）如果发送窗口内的数据已经全部发送，之后就没有再收到 B 的确认，则 A 将执行什么操作？

要求说明每个问题的依据。

解答：1）根据累计确认协议，此时可以明确 B 已经收到的分组是 1～4。

2）因为当前 rwnd=5，在下一次收到 B 的确认之前 A 还能够继续发送的分组是 5～9。

3）根据超时重传和 GBN 协议，如果发送窗口内的数据已经全部发送，之后就没有再收到 B 的确认，则 A 将重传 5 号开始的旧数据。

5.3.5 TCP 的拥塞控制

拥塞（Congestion）是指互联网中的数据报过多，超过了中间节点（如路由器等）的最大容量，从而导致时延急剧增加，网络性能急速下降的现象。

而解决拥塞问题所采用的机制和采取的措施称为拥塞控制（Congestion Control）。

拥塞控制算法主要用于避免拥塞现象的发生。拥塞控制可以限制 TCP 向网络中注入数据的大小和速率。

流量控制中的接收窗口值 rwnd 是接收方通告值，只反映接收方的接收能力，不能体现中间节点的处理能力。

TCP 引入拥塞窗口（Congestion Window，cwnd），由发送方根据网络的情况设置，表示发送方允许发送的最大报文段。

从流量控制的角度，发送窗口一定不能超过接收窗口，实际的发送窗口的上限值应该等于接收窗口（rwnd）与拥塞窗口（cwnd）中最小的一个：Min(rwnd,cwnd)。

rwnd 与 cwnd 中较小的一个限制发送端的报文发送速率。

TCP 通常综合采用慢开始、拥塞避免、快速重传和快速恢复等拥塞控制算法。下面只对慢开始和拥塞避免算法做简要介绍。

慢开始算法要点：

1）建立连接后，准备发送数据时，拥塞窗口的大小初始值设置为 1（1 个报文段）；

2）收到确认后，将拥塞窗口大小设为 2；收到 2 个确认后，将拥塞窗口大小设为 4；

3）随后慢开始算法中的拥塞窗口 cwnd 会以指数方式快速增长，所以慢开始只是初值小，增长速度却很快。

为避免 cwnd 过快增长引起网络拥塞，设置慢开始阈值（ssthresh）。cwnd<ssthresh 时采用慢开始算法；cwnd>ssthresh 时采用拥塞避免算法，减慢窗口增长速度。

拥塞避免算法：每经过一个往返时延 RTT，只有当发送方收到对所有报文段的确认后，才将拥塞窗口的大小增加一个报文段。

拥塞避免算法按照线性方式缓慢增长，与慢开始算法相比，其增长速度放慢，直到网络出现拥塞为止。

如图 5-10 是一个拥塞控制实例，初始设定阈值为 16，前 5 次往返用慢开始算法，窗口的变化是 1、2、4、8、16，接着改用拥塞避免算法，窗口的值依次变成 17、18、19、20、21、22、23、24，是线性增长的，当窗口值达到 24 时出现超时，重新采用慢开始算法，但新的阈值改为出现超时时的窗口阈值 24 的一半 12。

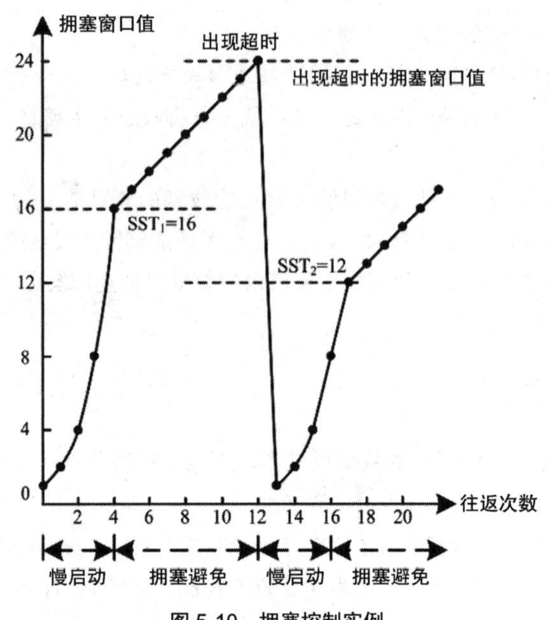

图 5-10　拥塞控制实例

例 5-5：简述 TCP 流量控制和拥塞控制的不同。

解答：流量控制解决因发送方发送数据太快而导致接收方来不及接收使接收方缓存溢出的问题。流量控制的基本方法就是接收方根据自己的接收能力控制发送方的发送速率。TCP 采用接收方控制发送方发送窗口大小的方法来实现在 TCP 连接上的流量控制。

拥塞控制就是防止过多的数据注入到网络中，这样可以使网络中的路由器或链路不过载。TCP 的发送方维持一个叫作拥塞窗口的状态变量。拥塞窗口的大小取决于网络的拥塞程度，当网络拥塞时减小拥塞窗口的大小，控制 TCP 发送方的发送速率。TCP 发送方的发送窗口大小取接收窗口和拥塞窗口的最小值。

例 5-6：TCP 使用慢开始和拥塞避免算法，设 TCP 的拥塞窗口阈值的初始值为 8（单位为 MSS）。从慢开始开始，当拥塞窗口上升到 12 时网络发生了超时。试画出每个往返时间 TCP 拥塞窗口的演变曲线图（横坐标单位为“往返次数”，纵坐标为拥塞窗口值）。说明拥塞窗口每一次变化的原因（画 15 个“往返次数”）。

解答：拥塞窗口的变化为：1，2，4，8，9，10，11，12，1，2，4，6，7，8，9，如图 5-11 所示。

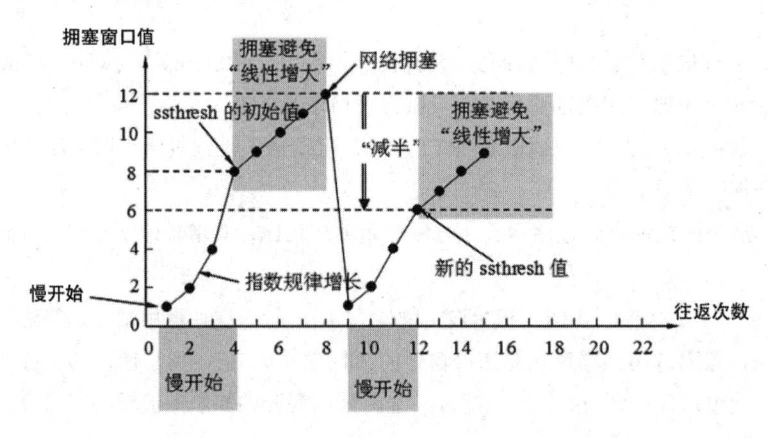

图 5-11　例题 5-6 解答图

5.3.6 TCP 的运输连接管理

TCP 是一个面向连接的协议，通信双方不论哪一方发送报文段，都必须首先建立一条连接，并在双方数据通信结束后关闭连接。

1. 连接的建立

TCP 连接采用三次握手方法，所谓三次握手是指通信双方三次交换报文，如图 5-12 所示。首先发送方向接收方发送报文，报文中的同步位 SYN＝1，表示向接收方提出连接请求，同时报文中的初始序号 seq=x，是发送方为自己选取的初始序列号。接收方收到此报文后，若同意连接，作为第 2 次握手，接收方向发送方回送同步位 SYN＝1、确认位 ACK=1、初始序列号 seq＝y，以及确认序号 ack＝x+1 的报文段，对发送方的连接请求进行确认。最后一次握手，发送方向接收方发送确认位 ACK=1、确认序号 ack=y+1 的报文段，对第 2 次握手时接收方发来的 SYN＝1 的报文进行确认，完成连接的建立。通常接收方主机的 TCP 服务器进程被动地等待连接建立请求，而发送方主机的 TCP 客户进程主动地发出建立连接的请求。

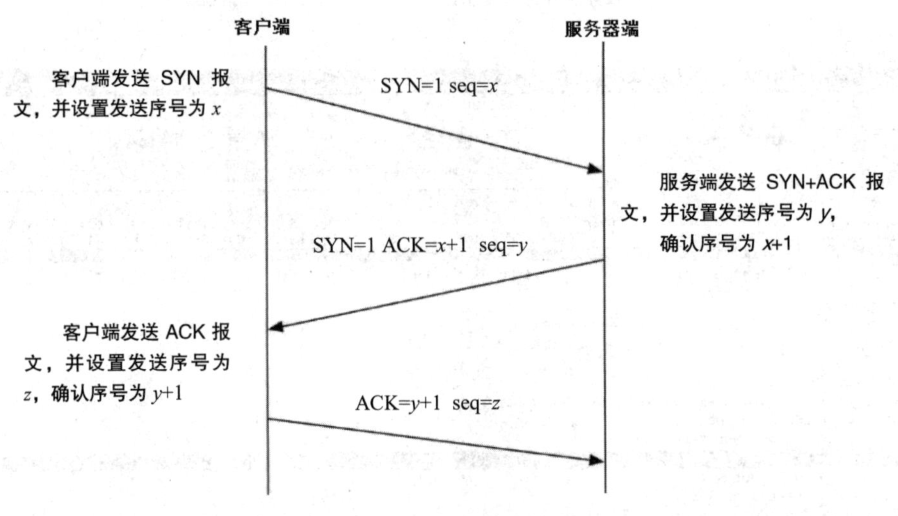

图 5-12 TCP 连接建立的过程

下面的图 5-13～图 5-15 是用协议分析软件 Wireshark 记录的 TCP 连接建立过程的实例。客户机 IP 地址是 110.179.150.113，源端口是 1139，服务器 IP 地址是 180.149.131.31，目的端口是 80。

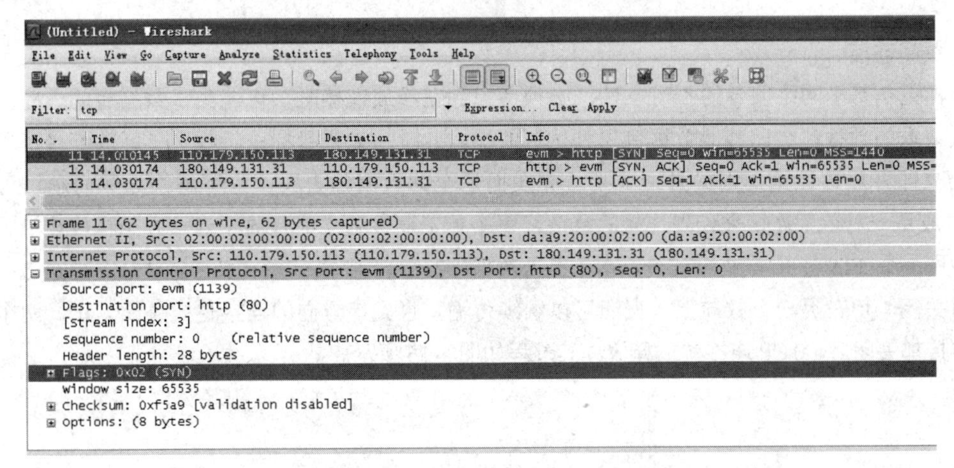

图 5-13 客户机向服务器发出连接请求（三次握手第一步 SYN 置位）

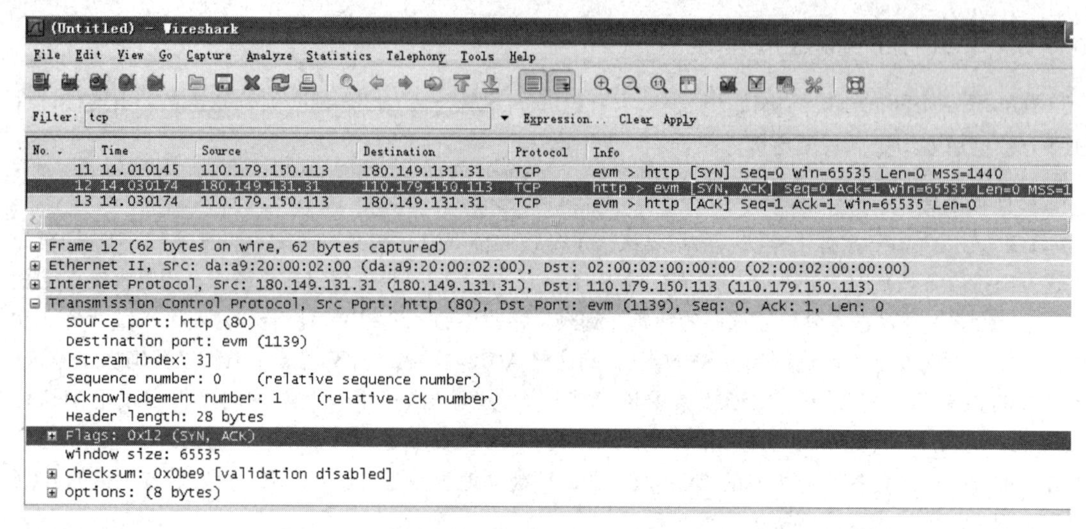

图 5-14 服务器应答（三次握手第二步 SYN、ACK 置位）

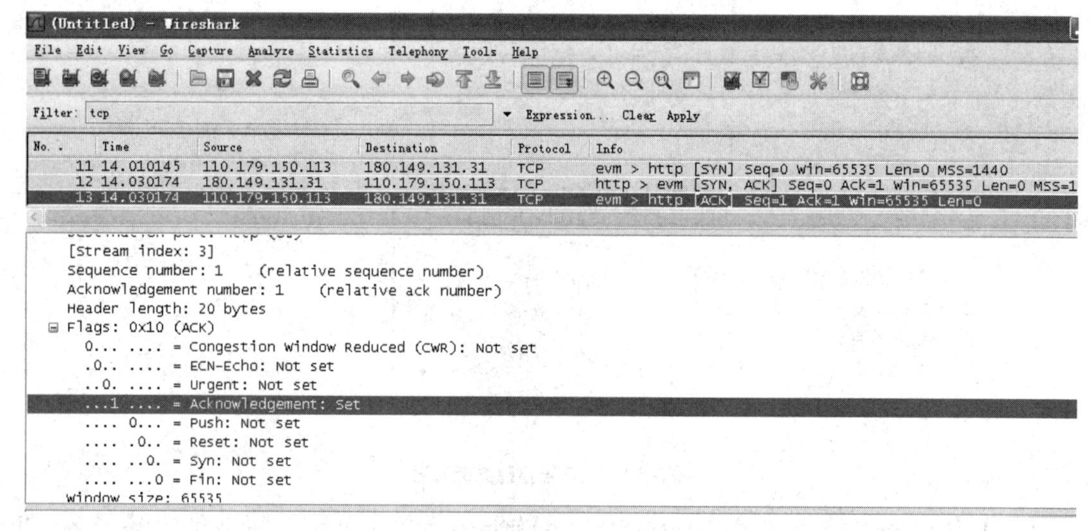

图 5-15 客户机应答（ACK 置位）

2. 关闭连接

同样也是基于网络服务的不可靠性，必须考虑到在释放连接时，可能由于数据包的失序而使释放连接请求的数据包会比其他数据包先到达目的端。此时，如果目标由于收到了释放连接请求的数据包而立即释放该连接，则势必造成那些先发而后至的数据包丢失。为了解决这些问题，可以把 TCP 看成是一对单工连接来处理连接的释放，每个单工连接独立地释放。当一方想释放连接时，向对方发送一个 FIN=1 的报文段，表示本方已无数据可发送。当 FIN 报文段被确认后，那个方向上的连接就关闭。但在另一个方向上数据还可以继续传输，直到该方向的连接也被关闭为止。两个方向上的连接都关闭后，TCP 连接就被释放。其过程如图 5-16 所示。

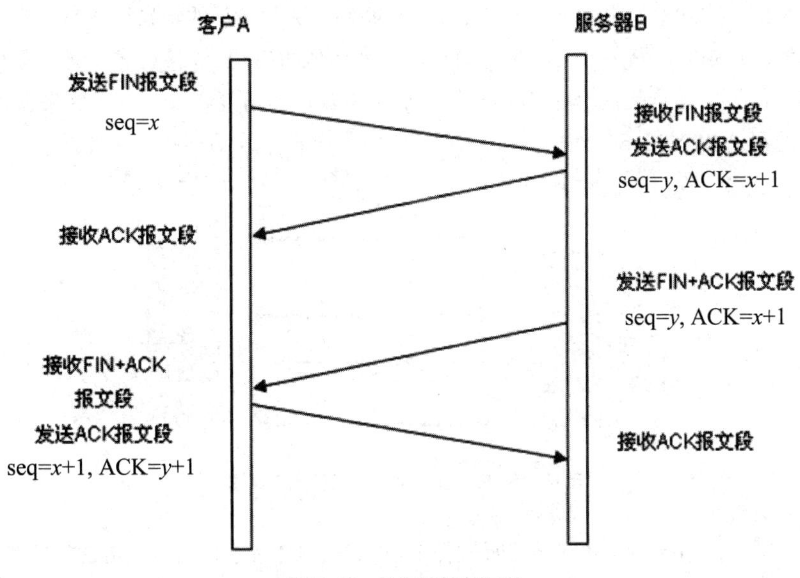

图 5-16　关闭连接的过程

5.3.7　TCP 连接管理协议缺陷

TCP 存在多种安全缺陷，会对网络造成潜在的危害。这里以 SYN Flood 攻击为例给以说明。这是一种利用 TCP 协议的固有缺陷对目标实施拒绝服务攻击（DoS）的一个典型实例。

面向连接的 TCP 三次握手是 SYN Flood 存在的基础。TCP 连接的三次握手过程如图 5-17 所示。在第一步中，客户端向服务器端提出连接请求。这时 TCP SYN 标志置位。客户端告诉服务器端序列号区域合法，需要检查。客户端在 TCP 报头的序列号区中插入自己的 ISN。服务器端收到该 TCP 分段后，在第二步以自己的 ISN 回应（SYN 标志置位），同时确认收到客户端的第一个 TCP 分段（ACK 标志置位）。在第三步中，客户端确认收到服务器端的 ISN（ACK 标志置位）。到此为止建立了完整的 TCP 连接，开始全双工模式的数据传输过程。

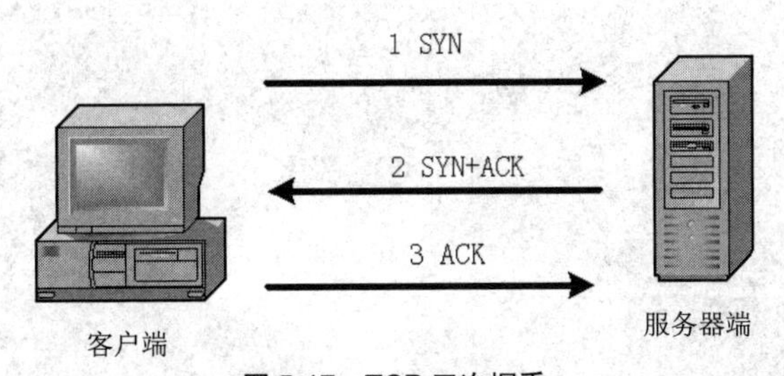

图 5-17　TCP 三次握手

如图 5-18 所示，假设一个客户向服务器发送了 SYN 报文后突然死机或掉线，那么服务器在发出 SYN+ACK 应答报文后是无法收到客户的 ACK 报文的（第三次握手无法完成），这种情况下服务器一般会重试（再次发送 SYN+ACK 给客户端），并等待一段时间后丢弃这个未完成的连接，这段时间称为 SYN Timeout，一般来说，这段时间是分钟的数量级（大约为 30 秒～2 分钟）；一个客户出现异常导致服务器的一个线程等待 1 分钟并不是什么很大的问题，但如果有一个恶意的攻击者大量模拟这种情况，服务器将为了维护一个非常大的半连接列表而消耗非常多的资源，即使是简单的保存并遍历也会消耗非常多的 CPU 时间和内存，何况还要不断地对这个列表中的 IP 地址进行

SYN+ACK 的重试。实际上如果服务器的 TCP/IP 栈不够强大，最后的结果往往是堆栈溢出崩溃。即使服务器的系统足够强大，服务器也将忙于处理攻击者伪造的 TCP 连接请求而无暇顾及客户的止常请求（毕竟客户的正常请求比率非常小）。此时从正常客户的角度看来，服务器失去响应，这种情况就是服务器受到了 SYN Flood 攻击。

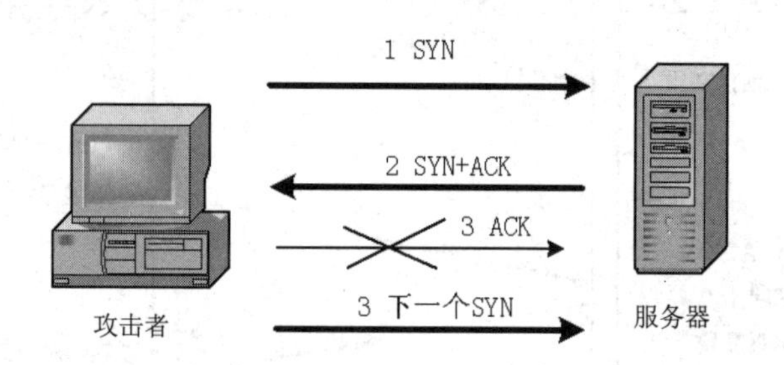

图 5-18 SYN Flood 恶意地不完成三次握手

以下是用攻击软件 xdos.exe 和网络监听软件 Sniffer Pro 4.7 对这种网络攻击进行的测试。

（1）在 PC A 上打开 Sniffer Pro 4.7，在 Sniffer Pro 4.7 中配置好捕捉从任意主机发送给本机的 IP 数据包，并启动捕捉进程。

（2）在 PC B 上打开命令行提示窗口，运行 xdos.exe，命令的格式：“xdos <目标主机 IP> 端口号-t 线程数[-s*<插入随机 IP>’]”（也可以用“xdos?”命令查看使用方法）。输入命令：xdos 192.168.2.10 80 -t 200 -s* 确定即可进行攻击，192.168.2.10 是 PC A 的地址。

（3）在 A 端可以看到 PC 的处理速度明显下降，甚至瘫痪死机，在 Sniffer Pro 4.7 的 Traffic Map 中看到大量伪造 IP 地址的主机请求与 A 的 PC 建立连接。如图 5-19 所示。

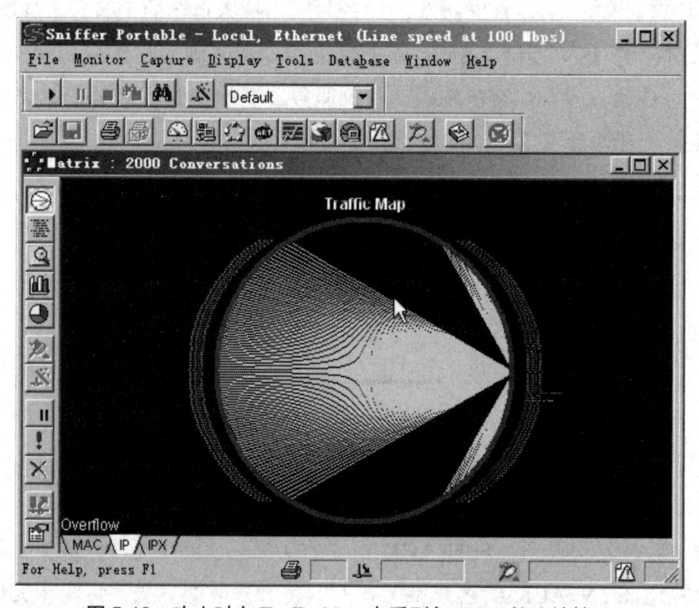

图 5-19 攻击时在 Traffic Map 中看到与 PC A 的连接情况

（4）B 停止攻击后，A 的 PC 恢复快速响应。打开捕捉的数据包，可以看到有大量伪造 IP 地址的主机请求与 A 的 PC 连接的数据包，且都是只请求不应答。以至于 A 的 PC 保持有大量的半开连接。运行速度下降直至瘫痪死机，拒绝为合法的请求服务。如图 5-20 所示。

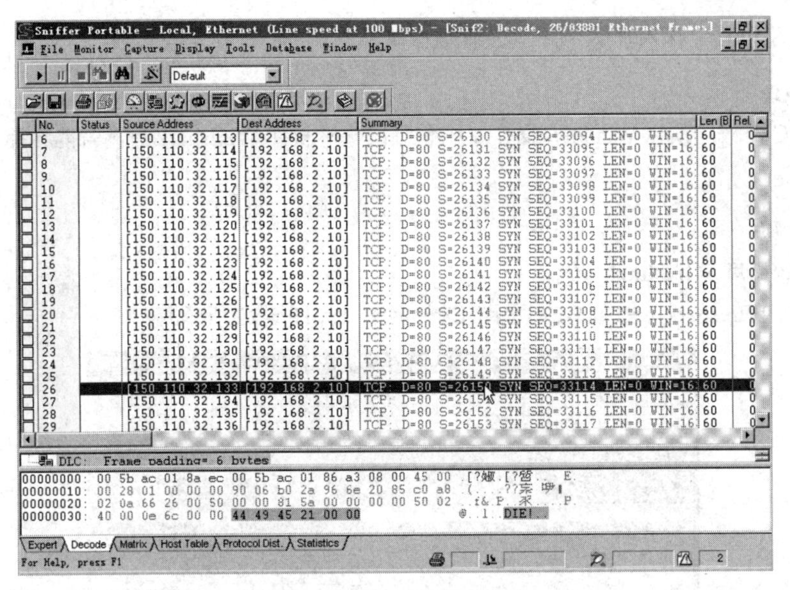

图 5-20 捕捉到攻击的数据包

网络中有一些服务器需要向外提供 WWW 服务，因而不可避免地成为 DoS 的攻击目标，可以从主机与网络设备两个角度去考虑防御这种 DoS 攻击。

1. 主机上的设置

几乎所有的主机平台都有防御 DoS 攻击的设置，总结一下，基本的有几种：

（1）关闭不必要的服务。

（2）限制同时打开的 SYN 半连接数目。

（3）缩短 SYN 半连接的超时（time out）时间。

（4）及时更新系统补丁。

2. 网络设备上的设置

1）防火墙

（1）禁止对主机的非开放服务的访问。

（2）限制同时打开的 SYN 最大连接数。

（3）限制对特定 IP 地址的访问。

（4）启用防火墙的防 DoS 的属性。

（5）严格限制对外开放的服务器的向外访问。

2）路由器

（1）对访问控制列表（ACL）进行过滤。

（2）设置 SYN 数据包流量速率。

（3）升级版本过低的 ISO。

5.4 实验

实验 1：TCP 协议报文分析实验（使用 Wireshark 工具捕获并分析 Telnet 报文）

1. 实验目的

学习 Wireshark 工具的基本使用方法，用 Wireshark 捕获并分析 Telnet 报文，观察 TCP 协议创建连接的三次握手过程，深入理解 TCP 连接管理协议。

2. 实验原理

给两台 PC 连网，预装 Windows 操作系统和协议分析软件 Wireshark 后，就能够捕获 TCP 连接全过程数据报文。

3. 实验步骤

1）安装和使用 Wireshark 软件

（1）运行 Wireshark，如图 5-21 所示，选择网卡（如图 5-22 所示）。

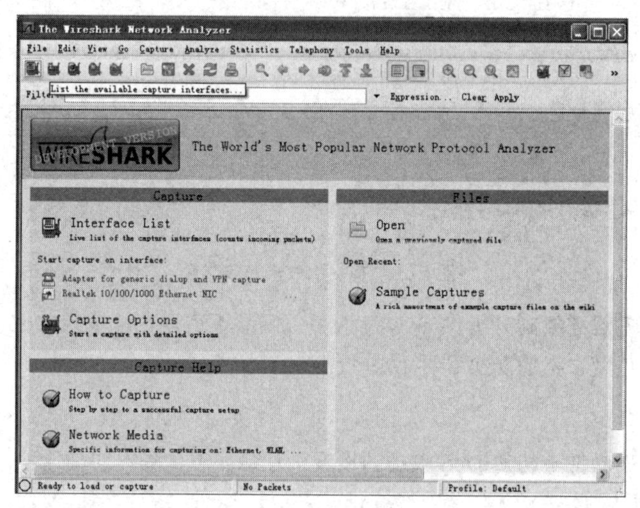

图 5-21 Wireshark 界面

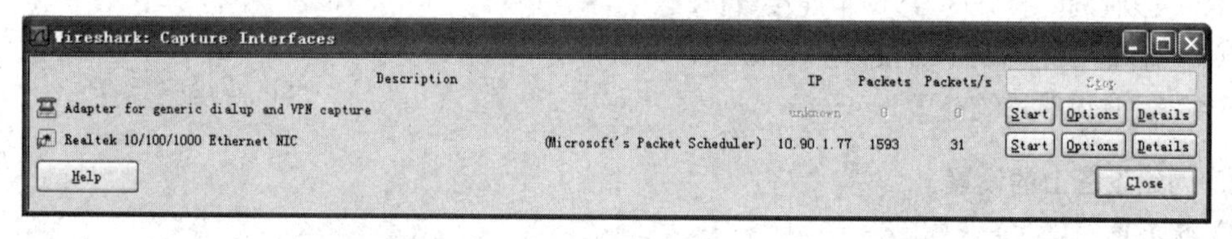

图 5-22 选择网卡

（2）出现所捕获的数据报，如图 5-23 所示。

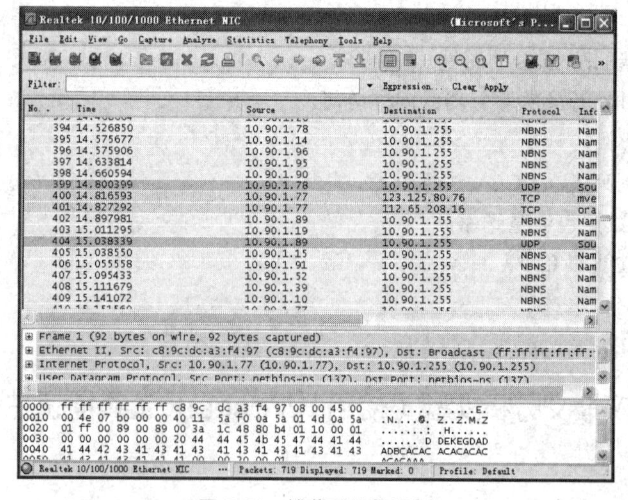

图 5-23 捕获到的数据报

（3）使用过滤器设定捕获条件（如图 5-24 所示）。设定了只捕获 ICMP 数据报后捕获到的 ICMP 数据报（如图 5-25 所示）。

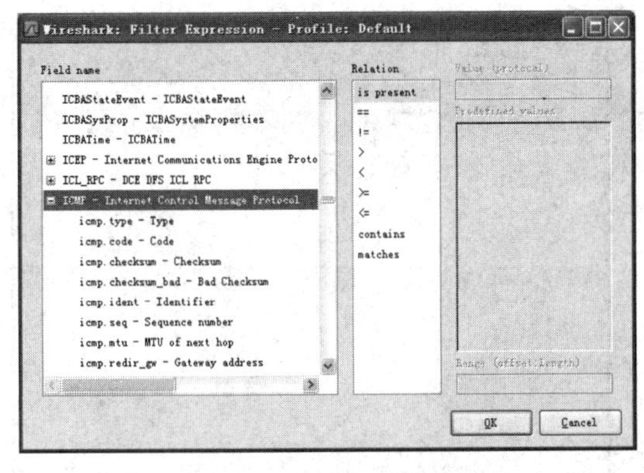

图 5-24　使用过滤器

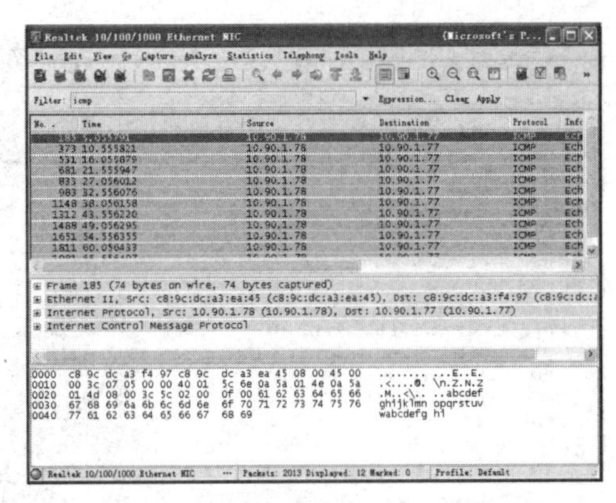

图 5-25　捕获到的 ICMP 数据报

2）配置和测试 Telnet 远程登录服务

（1）创建测试用户账户，令其隶属于系统管理员组，创建一个用于测试安全性的文本文件，这里取名 yin@88.txt，内容输入“Hello! world!!”，如图 5-26 及图 5-27 所示。

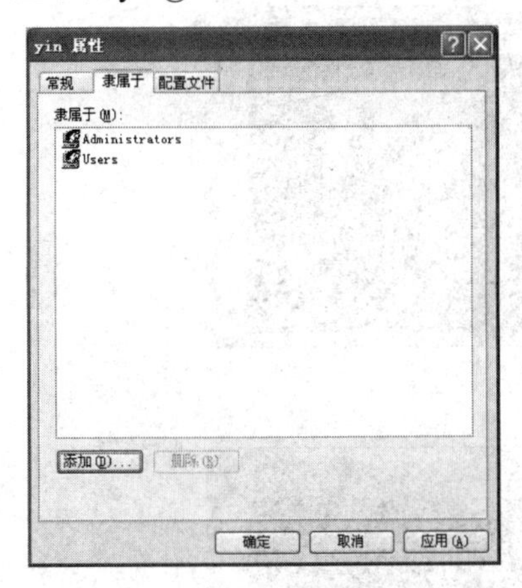

图 5-26　创建测试账户

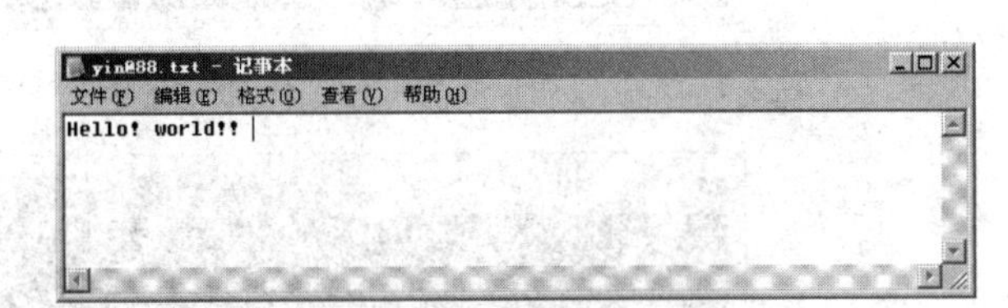

图 5-27　创建测试用文本文件

（2）在管理工具中的服务配置中找到 Telnet 服务并启动，如图 5-28 及图 5-29 所示。

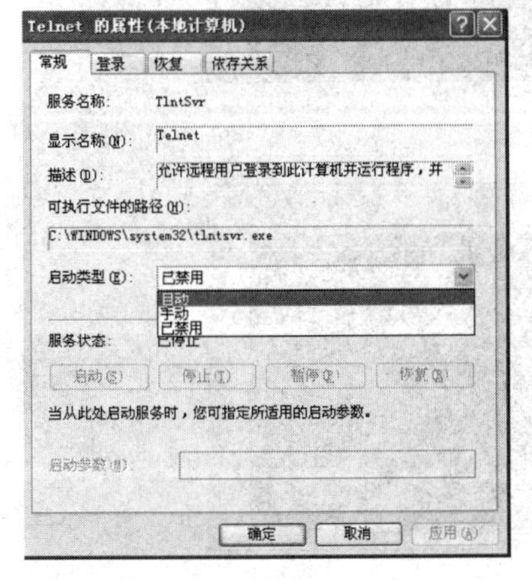

图 5-28　找到 Telnet 服务

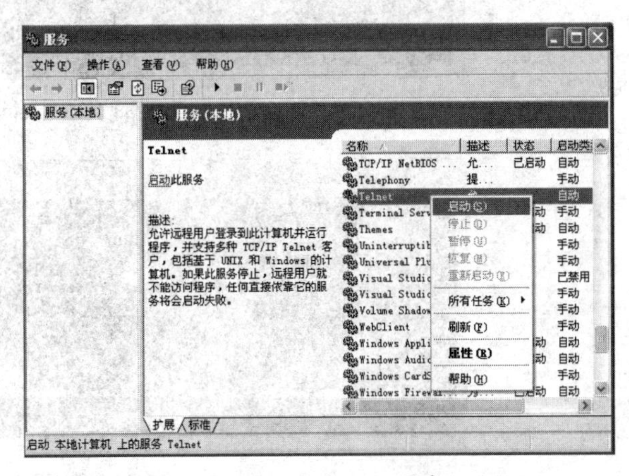

图 5-29　启动 Telnet 服务

（3）先在 Telnet 服务器上启动 Wireshark，并在过滤器上设定捕获 Telnet 数据报，如图 5-30 和图 5-31 所示。

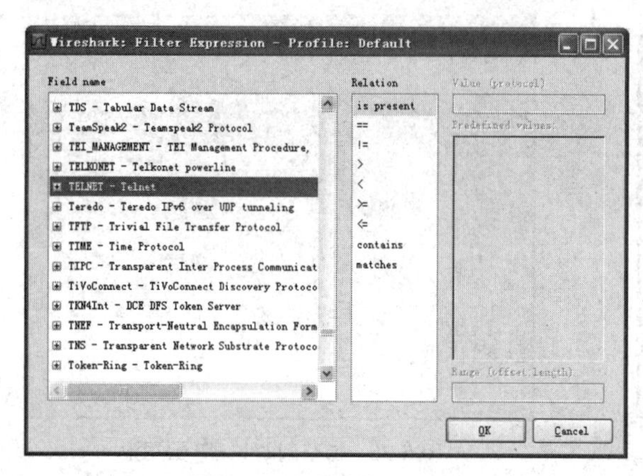

图 5-30 设定捕获过滤器

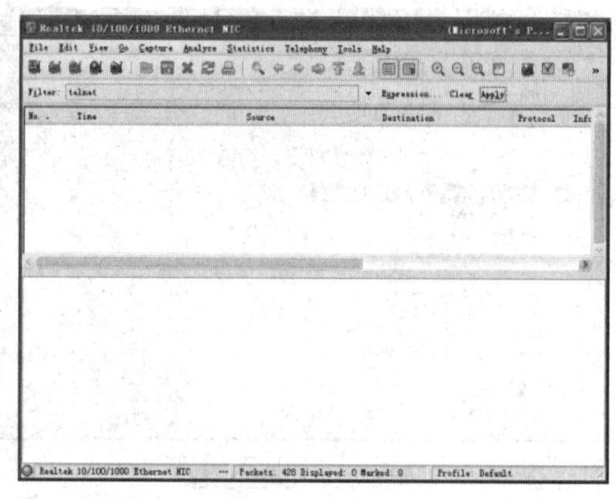

图 5-31 开始捕获

（4）在另一台 PC 上测试 Telnet，如图 5-32～图 5-35 所示。

图 5-32 测试 Telnet（1）

图 5-33 测试 Telnet（2）

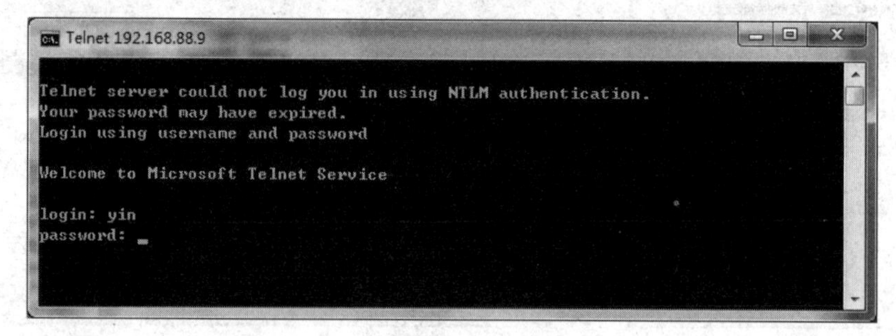

图 5-34 测试 Telnet（3）

```
Telnet 192.168.88.9
2013-05-21  19:50    <DIR>          My Documents
2013-05-21  19:52                 0 Sti_Trace.log
2013-05-25  16:58                15 yin@88.txt
2013-05-21  19:50    <DIR>          「开始」菜单
2013-05-21  19:50    <DIR>          桌面
               2 个文件             15 字节
               6 个目录 36,862,185,472 可用字节

C:\Documents and Settings\yin>type yin@88.txt
Hello! world!!
C:\Documents and Settings\yin>
```

图 5-35　测试 Telnet（4）

3）捕获并分析 Telnet 远程登录数据报

分析 Telnet 建立连接的三次握手协议，如图 5-36～图 5-38 所示。

```
3 0.000936 192.168.88.1 192.168.88.9 TCP 49707 > telnet [SYN] Seq=0 Win=8192 Len=0 MSS=1460
⊞ Frame 3 (66 bytes on wire, 66 bytes captured)
⊞ Ethernet II, Src: Vmware_c0:00:08 (00:50:56:c0:00:08), Dst: Vmware_02:08:cc (00:0c:29:02
⊞ Internet Protocol, Src: 192.168.88.1 (192.168.88.1), Dst: 192.168.88.9 (192.168.88.9)
⊟ Transmission Control Protocol, Src Port: 49707 (49707), Dst Port: telnet (23), Seq: 0, Le
    Source port: 49707 (49707)
    Destination port: telnet (23)
    [Stream index: 0]
    Sequence number: 0    (relative sequence number)
    Header length: 32 bytes
  ⊞ Flags: 0x02 (SYN)
    Window size: 8192
  ⊞ Checksum: 0xffb5 [validation disabled]

0010  00 34 03 bb 40 00 40 06  05 ae c0 a8 58 01 c0 a8   .4..@.@. ....X...
0020  58 09 c2 2b 00 17 6c c1  ef 00 00 00 00 00 80 02   X..+..l. ........
0030  20 00 ff b5 00 00 02 04  05 b4 01 03 03 02 01 01    ....... ........
0040  04 02                                              ..
```

图 5-36　三次握手协议（1）

```
4 0.003072 192.168.88.9 192.168.88.1 TCP telnet > 49707 [SYN, ACK] Seq=0 Ack=1 Win=64240 Len=
⊞ Frame 4 (66 bytes on wire, 66 bytes captured)
⊞ Ethernet II, Src: Vmware_02:08:cc (00:0c:29:02:08:cc), Dst: Vmware_c0:00:08 (00:50:56:c0:0
⊞ Internet Protocol, Src: 192.168.88.9 (192.168.88.9), Dst: 192.168.88.1 (192.168.88.1)
⊟ Transmission Control Protocol, Src Port: telnet (23), Dst Port: 49707 (49707), Seq: 0, Ack:
    Source port: telnet (23)
    Destination port: 49707 (49707)
    [Stream index: 0]
    Sequence number: 0    (relative sequence number)
    Acknowledgement number: 1    (relative ack number)
    Header length: 32 bytes
  ⊞ Flags: 0x12 (SYN, ACK)
    Window size: 64240
  ⊞ Checksum: 0x81d6 [validation disabled]
  ⊞ Options: (12 bytes)
  ⊞ [SEQ/ACK analysis]

0010  00 34 24 6f 00 00 80 06  e4 f9 c0 a8 58 09 c0 a8   .4$o.... ....X...
0020  58 01 00 17 c2 2b 7d f6  24 e9 6c c1 ef 01 80 12   X....+}. $.l.....
0030  fa f0 81 d6 00 00 02 04  05 b4 01 03 03 00 01 01   ........ ........
0040  04 02                                              ..
```

图 5-37　三次握手协议（2）

```
5 0.003633 192.168.88.1 192.168.88.9 TCP 49707 > telnet [ACK] Seq=1 Ack=1 Win=65700 Len=0
⊞ Frame 5 (60 bytes on wire, 60 bytes captured)
⊞ Ethernet II, Src: Vmware_c0:00:08 (00:50:56:c0:00:08), Dst: Vmware_02:08:cc (00:0c:29:02:0
⊞ Internet Protocol, Src: 192.168.88.1 (192.168.88.1), Dst: 192.168.88.9 (192.168.88.9)
⊟ Transmission Control Protocol, Src Port: 49707 (49707), Dst Port: telnet (23), Seq: 1, Ack:
    Source port: 49707 (49707)
    Destination port: telnet (23)
    [Stream index: 0]
    Sequence number: 1    (relative sequence number)
    Acknowledgement number: 1    (relative ack number)
    Header length: 20 bytes
  ⊞ Flags: 0x10 (ACK)
    Window size: 65700 (scaled)
  ⊞ Checksum: 0x7d69 [validation disabled]
  ⊞ [SEQ/ACK analysis]

0000  00 0c 29 02 08 cc 00 50  56 c0 00 08 08 00 45 00   ..)....P V.....E.
0010  00 28 03 bc 40 00 40 06  05 b9 c0 a8 58 01 c0 a8   .(..@.@. ....X...
0020  58 09 c2 2b 00 17 6c c1  ef 01 7d f6 24 ea 50 10   X..+..l. ..}.$.P.
0030  40 29 7d 69 00 00 00 00  00 00 00 00               @)}i.... ....
```

图 5-38　三次握手协议（3）

实验 2：基于端口的网络访问控制实验

1. 实验目的

通过本实验掌握创建基于端口的网络访问控制策略，实现对计算机网络服务系统的安全管理。

2. 实验原理

利用 TCP 的端口与通信应用进程的关系，可以实现访问控制。

3. 实验步骤

（1）在安装 Windows 的 PC1 上启动 Telnet 网络服务，将 PC1 的 IP 地址设置为 10.90.1.42。操作过程如图 5-39～图 5-41 所示。

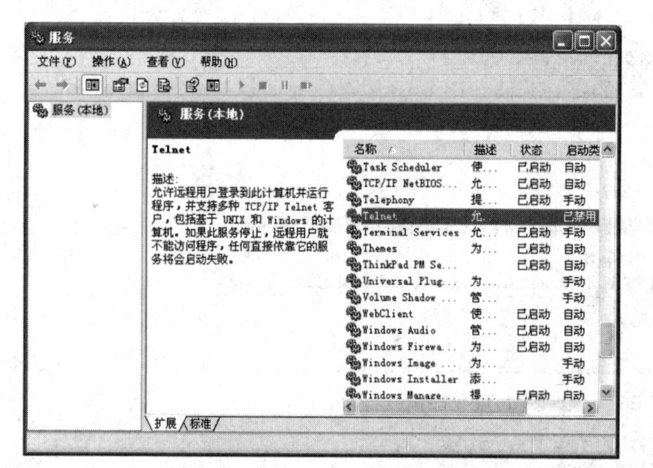

图 5-39 在管理工具下进入服务管理找到 Telnet

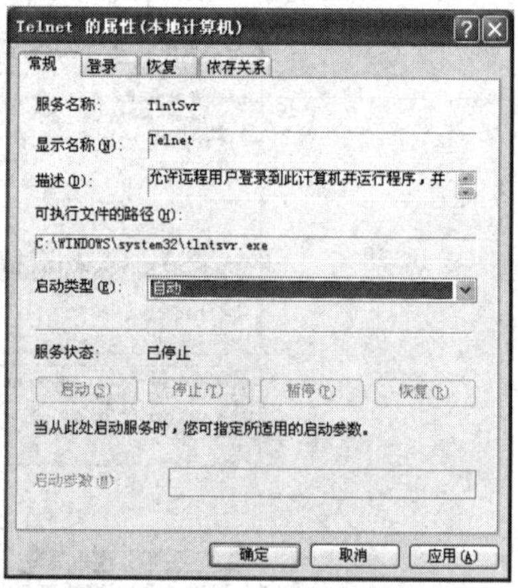

图 5-40 在属性设置中将启动类型由禁用改为自动

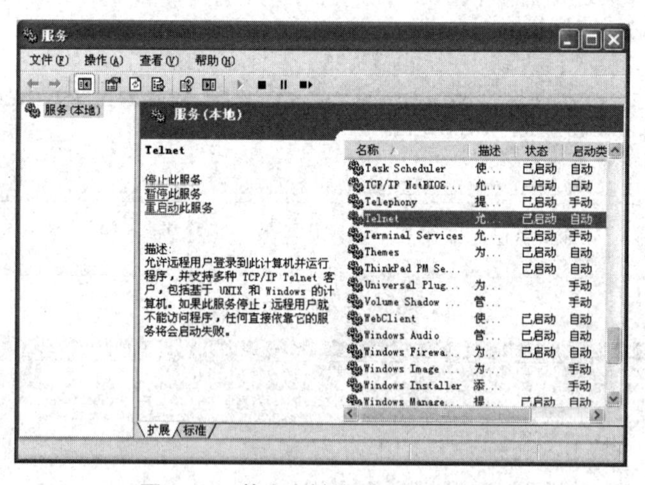

图 5-41 单击右键启动 Telnet 服务

（2）验证在创建并加载安全策略前 PC2 能够执行 Telnet 命令远程登录到 PC1 上。操作过程：①在命令提示符窗口下输入 telnet 10.90.1.42 命令；②提示密码发送方式选 y；③输入用户名和密码后成功登录到 PC1 上。注意要在 Telnet 服务器，也就是 PC1 上先创建一个用户，如 123，设置密码，并将其隶属于管理员。

（3）创建并加载基于 Telnet 服务端口 TCP 23 的访问控制策略。如图 5-42～图 5-52 所示。

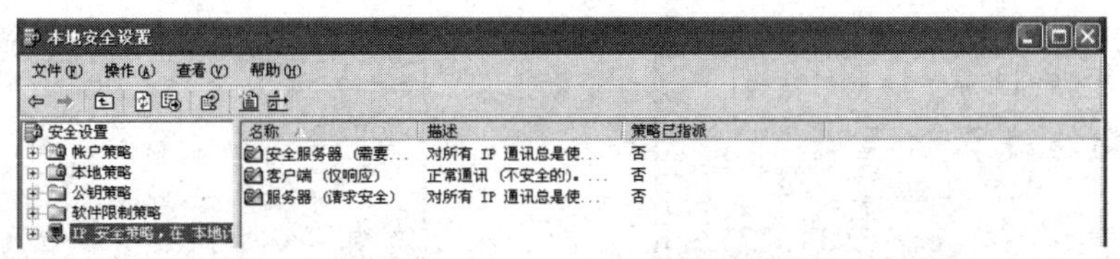

图 5-42　在管理工具中进入本地安全设置中的 IP 安全策略设置

图 5-43　单击右键创建新的 IP 安全策略，取名为“阻止远程登录本机”

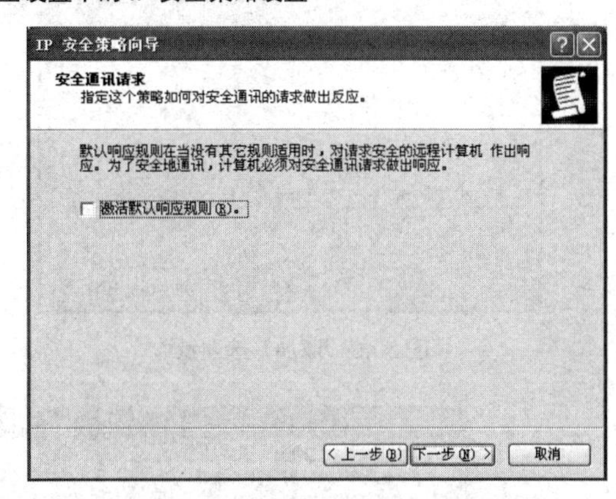

图 5-44　取消勾选“激活默认响应规则”

图 5-45　进入属性编辑，单击“添加”按钮

图 5-46　选中“所有 IP 通讯量”选项

图 5-47　编辑 IP 筛选器列表寻址属性

图 5-48　编辑 IP 筛选器列表协议属性

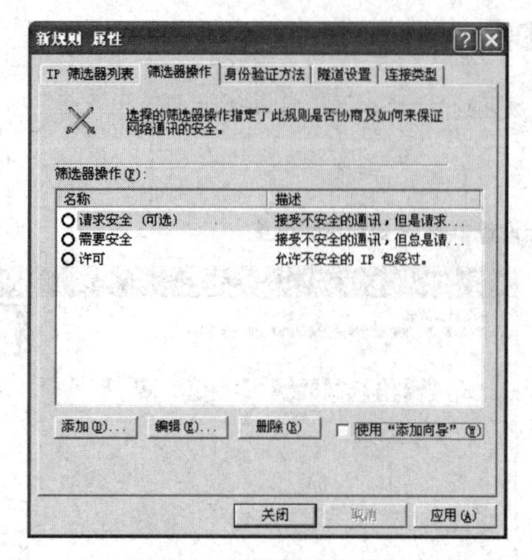

图 5-49　添加筛选器操作

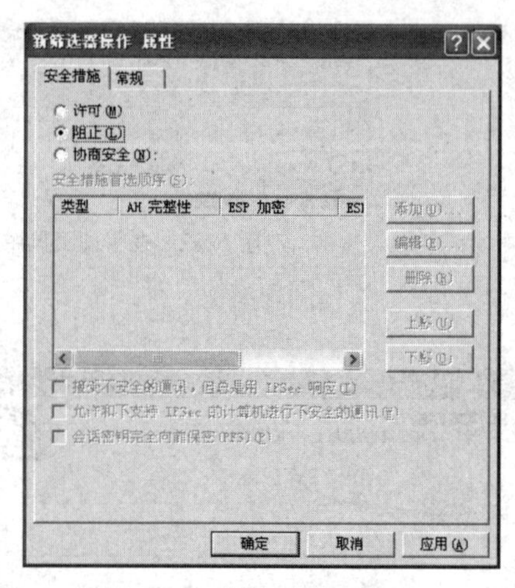

图 5-50　选中“阻止”选项

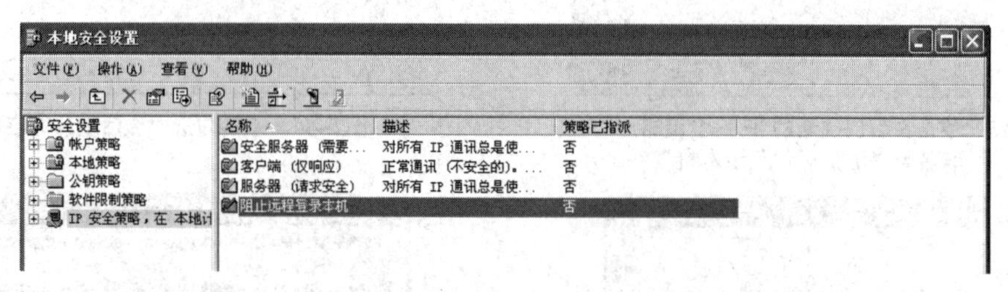

图 5-51　创建完成了新的安全策略“阻止远程登录本机”

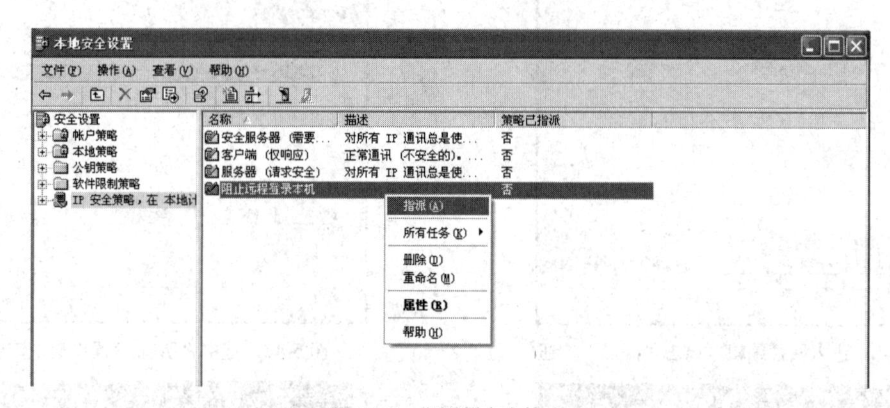

图 5-52　指派新安全策略

（4）验证指派安全策略后远程登录失败。访问控制策略生效后 PC2 不再能够登录到 PC1 上。

【实验小结】通常在操作系统、路由器、防火墙及其他网络设备或应用系统上，都是以运输层协议的端口来标识通信应用进程的，为了能够有效地管理控制这些进程，使其只为授权对象开放，就必须熟悉并掌握基于端口的网络访问控制技术。

5.5　本章小结

本章要求重点理解和掌握运输层的功能、运输层端口的作用、TCP 和 UDP 两种运输层协议首部格式及不同特点。接着介绍了 TCP 可靠传输的原理与实现、TCP 的流量控制与滑动窗口协议、TCP 的拥塞控制和 TCP 的传输连接管理。实验项目要求学会用网络监听工具捕获和分析运输层协议。

习题

一、选择题

1. 运输层的基本功能是将（ ）数据封装成运输层报文。
   A. 数据链路层　B. 应用层　C. 会话层　D. 网络层
2. （ ）是面向连接的服务。
   A. TCP　B. UDP　C. IP　D. 以太网
3. 运输层的端口是指（ ）。
   A. 服务器的端口　B. 路由器的端口
   C. 应用进程的标识　D.交换机的端口
4. TCP 协议用滑动窗口实现（ ）。
   A. 流量控制　B. 拥塞控制　C. 连接建立　D. 差错改正
5. 拥塞控制是根据（ ）的状况决定发送端向网络注入的数据大小和速率。
   A. 网络　B. 应用进程　C. 接收端　D. 网卡
6. 接收端在收到数据字节序号为 100 的报文后将向发送端发送确认号为（ ）的确认报文。
   A. 100　B. 101　C. 0　D. 1
7. 下面的关于传输控制协议表述不正确的是（ ）。
   A. 主机寻址　B. 进程寻址　C. 流量控制　D. 差错检测
8. TCP 协议采取的保证数据包可靠传递的措施不包括（ ）。
   A. 超时重传机制　B. 确认应答机制
   C. 校验和机制　D. 用户认证与加密机制
9. 滑动窗口的作用是（ ）。
   A. 流量控制　B. 拥塞控制　C. 路由控制　D. 差错控制
10. 慢开始和拥塞避免算法的作用是（ ）。
   A. 流量控制　B. 拥塞控制　C. 路由控制　D. 差错控制

二、填空题

1. 运输层的基本服务又可分成两种，分别是（ ）服务和（ ）服务。
2. （ ）和（ ）的绑定组成了套接字（Socket）。
3. 从流量控制的角度，发送窗口一定不能超过接收窗口，实际的发送窗口的上限值应该等于（ ）与（ ）中最小的一个。
4. TCP 连接采用三次握手方法。首先发送方向接收方发送报文，报文中的同步位 SYN＝( )，表示向接收方提出连接请求，同时报文中的初始序号 seq=x，是发送方为自己选取的初始序列号。接收方收到此报文后，若同意连接，作为第 2 次握手，接收方向发送方回送同步位 SYN＝( )、确认位 ACK=( )、初始序列号 seq＝y，以及确认序号 ack＝( )的报文段，对发送方的连接请求进行确认。最后一次握手，发送方向接收方发送确认位 ACK=( )、确认序号 ack=( )的报文段，对第 2 次握手时接收方发来的报文进行确认，完成连接的建立。

三、判断题

1. 用户数据报协议（UDP）属于应用层协议。（ ）
2. 运输层用进程编号（PID）来标识主机间通信的应用进程。（ ）

3. TCP 和 UDP 都具有差错检测功能。（ ）
4. TCP 和 UDP 都使用端口来标识主机间通信的应用进程。（ ）
5. 流量控制也就是拥塞控制。（ ）
6. UDP 协议是为 TCP 协议提供的一种服务。（ ）
7. DNS 使用 UDP 53 端口。（ ）
8. 只有 TCP 协议才使用 SYN 标志位。（ ）
9. TCP 的连接分请求和应答两个阶段。（ ）
10. 到目前为止尚未发现 TCP 协议的任何安全漏洞。（ ）

四、简答题

1. 试说明运输层在协议栈中的地位和作用，运输层的通信和网络层的通信有什么重要区别？为什么运输层是必不可少的？
2. 端口的作用是什么？
3. TCP 协议实现可靠性数据传输的方法有哪些？
4. 如何理解 TCP 协议中的滑动窗口？
5. UDP 协议针对哪些数据计算检验和？
6. 拥塞控制的常用算法有哪些？

五、综合题

1. 设发送端为 A，接收端为 B，忽略拥塞窗口，当前 A 的滑动窗口大小为 10 个分组单位，在连续发送编号为 1 到 5 的 5 个分组后，收到 B 以累积确认方式确认已经收到 3 号分组的信息，同时接收方窗口 rwnd 修改成了 3，问：

   （1）此时可以明确 B 已经收到的分组是哪些？

   （2）在下一次收到 B 的确认之前 A 还能够继续发送哪些分组？

   要求说明每个问题的依据。
2. 设 TCP 的 ssthresh 的初始值为 8（单位为报文段）。当拥塞窗口上升到 12 时网络发生了超时，TCP 使用慢开始和拥塞避免算法。试分别求出第 1 次到第 15 次传输的各拥塞窗口大小。

第 6 章 应用层

应用层是 OSI/RM 与 TCP/IP 体系结构的最高层，网络应用程序之间发送和接收数据需要经过应用层，应用层也是与用户最近的一层。

在计算机网络中，应用层的作用是解决某一类实际问题，如发送邮件、域名解析等。问题的解决需要不同主机上运行的应用进程之间协同工作，共同努力才可以完成，这种协同工作需要严格遵循相应的通信规则，即应用层协议。应用层的具体功能通过应用层协议实现。

需要注意的是，应用层协议并不是网络应用程序，应当说网络应用程序调用了应用层协议来完成自己的功能。如在 Web 应用中，浏览器和服务器之间进行通信，它们之间传递的信息通过 HTTP 协议来完成，而 HTTP 协议属于网络层的协议。当然，有些网络应用程序也可以直接调用应用层下面的一些协议，并非每一层协议都要调用，对此要灵活理解。

对于应用层协议应当了解下列内容：

（1）应用进程交换的报文类型，比如请求报文和响应报文；

（2）各种不同报文类型的语法规则，如报文中的各个字段及其详细描述；

（3）字段的语义，即包含在字段中信息的具体含义；

（4）应用进程何时、如何发送报文，以及对报文进行响应的具体规则。

应用层协议很多，本章主要介绍域名系统 DNS、超文本传送协议 HTTP、简单邮件传送协议 SMTP、邮件读取协议 POP3、动态主机配置协议 DHCP、文件传送协议 FTP 等。

6.1 网络终端应用模型

由第 1 章 1.1.2 节我们知道，互联网按工作方式分为两部分：网络的边缘部分和网络的核心部分。其中网络的边缘部分由连接在互联网上的端系统（主机）组成，用来产生数据、处理数据和实现资源共享。端系统之间通信方式主要有两种：客户/服务器（Client/Server，C/S）方式与对等（Point to Point，P2P）方式，这里针对应用层做简要描述。

6.1.1 客户/服务器方式

客户/服务器方式是应用层协议最常用的方式，如常见的 DNS 服务、DHCP 服务、Web 服务等。客户与服务器往往不在同一物理位置上。客户主动请求服务器提供服务，服务器监听客户发过来的请求，并响应请求，提供服务。

另外，在一些文献中，把运行客户机程序的机器称为客户，运行服务器程序的机器称为服务器，此时客户和服务器被当成是两台计算机硬件，对此，读者需结合上下文去理解。

6.1.2 P2P 方式

P2P 方式（也称对等方式，或点对点方式）是一种特殊的 C/S 方式。通信双方不再区分客户与服务器。只要两台计算机都运行了对等连接软件（P2P 软件），就可实现对等连接通信。P2P 的应用主要集中在文件分发、数据库系统及实时的音、视频会议中。

6.2 域名系统

6.2.1 概述

由网络层可知，互联网中的计算机彼此通信，需要根据目的 IP 地址进行路由转发才能到达。但是 IP 地址存在一定的局限性：

首先，IP 地址仅由数字组成，用户在识别和记忆上不方便。

其次，服务器的 IP 地址可能会发生变化。这时，就需将变动之后的新地址通知所有用户，这在一个用户数量庞大、开放性的互联网环境中很难做到。

要解决以上问题，可以给互联网上的主机起一个名字，即域名（Domain Name）。在应用中通过域名访问服务器，当服务器的 IP 地址发生变化时，域名可以不发生变化，只需要将变化后的 IP 地址映射到同样一个域名上即可。所以，计算机在通过 IP 地址发送数据包之前，就需完成目的主机域名向 IP 地址的解析。

上面的方法虽然解决了 IP 地址在应用中存在的一些问题，但相比较直接用 IP 地址来访问，其增加了 IP 地址和域名的映射环节，降低了通信效率。

那么，能否在 IP 数据报的首部添加域名字段，使计算机在处理 IP 数据报时一并做处理呢？

实际上，由于 IP 地址长度固定（IPv4 是 32 位，IPv6 是 128 位），而域名长度不固定，若在 IP 数据报的首部添加域名字段，则处理会非常困难。

在早期 ARPANET 年代，网络中主机数量很少，直接使用了计算机系统中的 Hosts 文件来处理，Hosts 文件中记录了计算机域名和 IP 地址的对应关系。通过检索本地 Hosts 文件，就可以查找出域名对应的 IP 地址。

伴随着互联网规模迅速扩大，网络中主机数量呈指数级增长，Hosts 文件已经无法满足域名解析需求，这就需要专门的网络服务系统实现域名解析，即域名系统（Domain Name System，DNS）[RFC 1032，RFC 1035]。域名系统是互联网使用的命名系统，作用是将一台主机在互联网上的域名转换成对应的 IP 地址或做反向解析。

6.2.2 域名的层次结构

从 1983 年开始，为了管理域名的命名空间，互联网采用了层次树状结构的命名方法，该结构如同一棵倒栽的树，每台主机都有一个唯一确定的层次结构的域名。命名空间中划分出一个个具体的范围，每一个范围对应一个域。在一个域下面又划分出若干子域，最终形成不同的层次域：顶级域、二级域、三级域等形式。

DNS 针对域名的命名方式有如下规定，每一个域名由标号（label）序列组成，标号之间使用“.”分隔。标号由字母、数字、符号“-”（非下画线）组成，长度不超过 63 个字符，字母不区分大小写。

层次最低的域名在整个域名的最左边，层次最高的域名在整个域名的最右边，完整域名的总长度不超过255个字符。

整个域名空间最顶端是“根域”，一般用“.”表示。接下来是顶级域名、二级域名、三级域名等。如 student.university.north.cn 是一个完整的域名，其中 cn 是顶级域名，north 是二级域名，university 是三级域名，student 是三级域 university 中的一台主机名。

DNS 中，每级域名由上一级的域名管理机构管理。DNS 没有规定一个域名中包含的下级域名数量，也没有规定每级域名具体代表的含义。顶级域名数量有限，不会随意变动，由互联网名称与数字地址分配机构（ICANN）管理，保证域名在互联网空间的唯一性。

顶级域名分三类：

第一类是国家与地区域名，比如 cn（中国）、uk（英国）、jp（日本）等。

第二类是通用类域名，如 com（公司企业）、net（网络服务机构）、org（非盈利性组织）、mil（美国军事部门）、asia（亚太地区）、jobs（人力资源管理者）、mobi（移动产品与服务的用户和提供者）等。

第三类是基础结构域名，该域名的顶级域名只有一个，即 arpa，用于反向域名解析系统（Reverse DNS、IP 地址到域名的解析），例如 170.15.25.13.in-addr.arpa，进行反向解析的 IP 地址最后要以 in-addr.arpa 结尾。许多 ISP 要求欲访问的 IP 地址有反向域名解析的结果，否则不对其提供服务。

不同国家可以自己确定本国顶级域名下所注册的二级域名。如日本的国家顶级域名为 jp，它将其企业机构和教育机构的二级域名定义为 co 和 ac，而不是 com 与 edu，而我国则使用 com 与 edu 分别表示企业机构和教育机构。我国将二级域名分为“类别域名”和“行政域名”两类。

“类别域名”有 7 个，分别为 ac（科研组织机构）、com（工、商、金融等类型的企业）、edu（中国教育机构）、gov（中华人民共和国政府机构）、mil（中国国防机构）、net（互联网提供机构）和 org（非盈利性组织机构）。

“行政域名”一共有 34 个，包括了我国的各个省、直辖市，自治区。比如 bj（北京市）、sh（上海市）、cq（重庆市）、sx（山西省）等。

互联网命名空间按照组织机构划分，与所在的物理网络无直接关系，和 IP 地址中的“子网”也没有关系。

6.2.3 域名服务器

提供域名解析的服务器称为域名服务器，完整的域名系统是由分布在各地的域名服务器组成的。

整个互联网从逻辑上看，是一个整体，意味着在互联网上可以用一台 DNS 服务器，将全网所有的域名与 IP 地址映射信息进行保存，实现网络中所有域名到 IP 地址的解析。但由于互联网的规模太大，若用一台 DNS 服务器接收网络上所有计算机的域名解析请求，会使得服务器负载过重，很难正常完成域名解析。而且一旦这台服务器出现问题，就无法通过域名的方式访问网络。

如同域名的管理一样，域名服务器也是划分层次的，但域名服务器的设置却不能完全和域名一一对应，因为这会造成域名服务器的数量太多，对整个域名系统而言，并非是一种高效的办法。

实际上，域名服务器的设置是按照权限来划分的，域名服务器管辖（或拥有权限的）的范围称为区（zone）。区可以由单位或组织机构根据情况划分。在一个区中的所有节点相互连通，每个区设权限域名服务器（authoritative name server）,负责该区范围内的主机域名到 IP 地址的映射关系。

那么，“域”和“区”又是什么关系呢？

“区”可能小于“域”，也可能等于“域”，但一定不会大于“域”。比如说公司 xyz，在顶级域 com 下面进行了注册，该公司下属部门有 a 和 b，部门 a 下面又有子部门 e，而部门 b 下面有子部门 t。若 xyz 公司仅划分一个区 xyz.com。此时，区 xyz.com 与域 xyz.com 的实际范围是一样的。xyz 公司也可以划分成两个区：a.xyz.com 和 b.xyz.com，这两个区隶属于同一个域 abc.com，分别管理 e 和 t 部门的主机域名。“区”其实是“域”的子集。

根据域名服务器的作用及层次，将域名服务器划分为如下四种类型：

（1）根域名服务器。根域名服务器处于互联网上域名服务器的最高层，是所有域名服务器中最重要的。根域名服务器知晓下层顶级域的域名服务器的 IP 地址。本地域名服务器对客户端提出的域名解析请求无法满足时，会去询问根域名服务器。若所有根域名服务器都瘫痪了，则整个互联网中的 DNS 系统就无法正常工作。全球根域名服务器使用了 13 个不同 IP 地址对应的域名，例如：a.rootservers.net, b.rootservers.net,…,m.rootservers.net。每个域名之下的根域名服务器都由专门的公司或美国政府的某个部门负责运营。虽然根域名服务器一共只有 13 个域名，但是并非仅仅由 13 台机器组成，如果仅有 13 台机器，是无法正常满足互联网上大量的 DNS 请求的。实际上，互联网中是由 13 套装置构成了 13 组根域名服务器。每一套装置将多个域名服务器安装在不同的地点，称为镜像根服务器，使用相同的域名。

（2）顶级域名服务器。顶级域名服务器负责管理该域名之下注册的所有的二级域名。当收到来自 DNS 客户端的查询请求时，会给出相应的应答，可能是最终的查询结果，也可能是下一步查询时，需要使用的中间 DNS 域名服务器的 IP 地址。

（3）权限域名服务器。负责一个区的域名服务器。当从一个权限域名服务器上无法得到查询结果时，会通知发出请求的 DNS 客户端，下一步应该找哪个权限域名服务器继续查询。

（4）本地域名服务器。当一台主机发出了 DNS 查询请求后，首先会向本地域名服务器发起请求。每个 ISP，或者一所大学、一个学院，都可以有本地域名服务器。从本地域名服务器可以直接查询到结果时，就不再需要去询问网络上其他的域名服务器。

DNS 在互联网上非常重要，如果 DNS 不能正常工作，就无法通过域名访问站点。为了提高 DNS 可靠性，域名服务器把数据复制若干份，保存到不同的域名服务器中，其中一个为主域名服务器，其他为辅域名服务器，这样可以提高域名服务器的可靠性。假如主域名服务器出故障，辅域名服务器就会接替主域名服务器，使 DNS 解析工作不中断。主域名服务器定期把数据复制到辅域名服务器中，实现主辅域名服务器的数据同步，保证域名解析的正确性。若要更改解析数据，只能在主域名服务器中更改，保证数据一致性。

6.2.4 域名的解析

DNS 采用客户/服务器模式工作，域名与 IP 地址的映射关系保存在 DNS 数据库中，互联网中的 DNS 被设计成分布式的联机数据库系统。

DNS 服务器端使用 UDP 的 53 号端口与 DNS 客户端进行通信。当 DNS 客户端要解析一个域名对应的 IP 地址时，会给 DNS 服务器的 UDP 53 号端口发送域名解析请求，然后 DNS 服务器会去查询 DNS 数据库，找到对应的 IP 地址，再以 DNS 应答响应的方式返回给 DNS 客户端。

域名解析有递归查询和迭代查询两种方式。

（1）递归查询

递归查询为默认查询方式，DNS 客户端直接向本地 DNS 服务器提出域名查询请求，DNS 服务器接收到查询请求后，给出应答，如图 6-1 所示。本地服务器如果不能正确查询到 IP 地址，会以 DNS 客户端的身份向其他权威的域名服务器查询，查询结果再返回给 DNS 客户端，递归查询最终的结果是得到正确的 IP 地址，或者是查询失败报错。

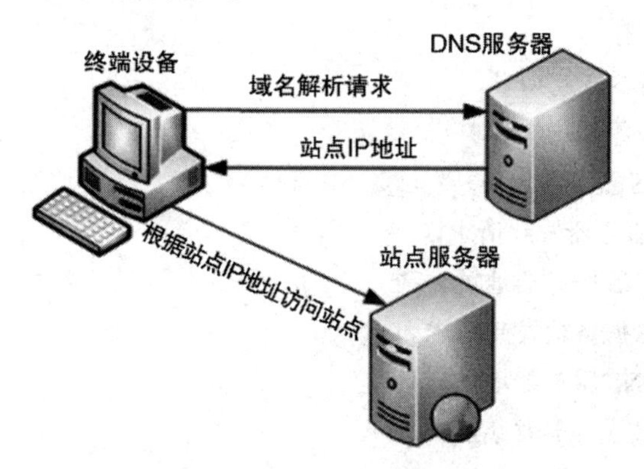

图 6-1　DNS 递归查询

（2）迭代查询

当客户端向本地 DNS 服务器查询失败时，本地 DNS 服务器会从根域名 DNS 服务器开始逐层查询，最终得到目标主机 IP 地址，再返回给客户端。如图 6-2 所示，要查询域名 www.phei.com.cn.的 IP 地址，首先，本地 DNS 服务器找到根域名 DNS 服务器的 IP 地址，然后根域名 DNS 服务器查找其下顶级域 cn 的 DNS 服务器的 IP 地址，由 cn 域的 DNS 服务器继续查找其下 com 域的 DNS 服务器的 IP 地址，通过该 IP 地址发起请求，找到其下 phei 域的 DNS 服务器的 IP 地址，最后在 phei 域下找到主机 www 的 IP 地址。最终客户端就得到了站点 www.phei.com.cn 的 IP 地址，而后通过 IP 地址发起访问。迭代查询方式下，根域名服务器收到本地域名服务器发出的迭代查询请求报文时，告诉本地域名服务器“你下一步要向哪个域名服务器去查询”。本地域名服务器通过这种迭代查询，得到最终需要解析域名的 IP 地址。

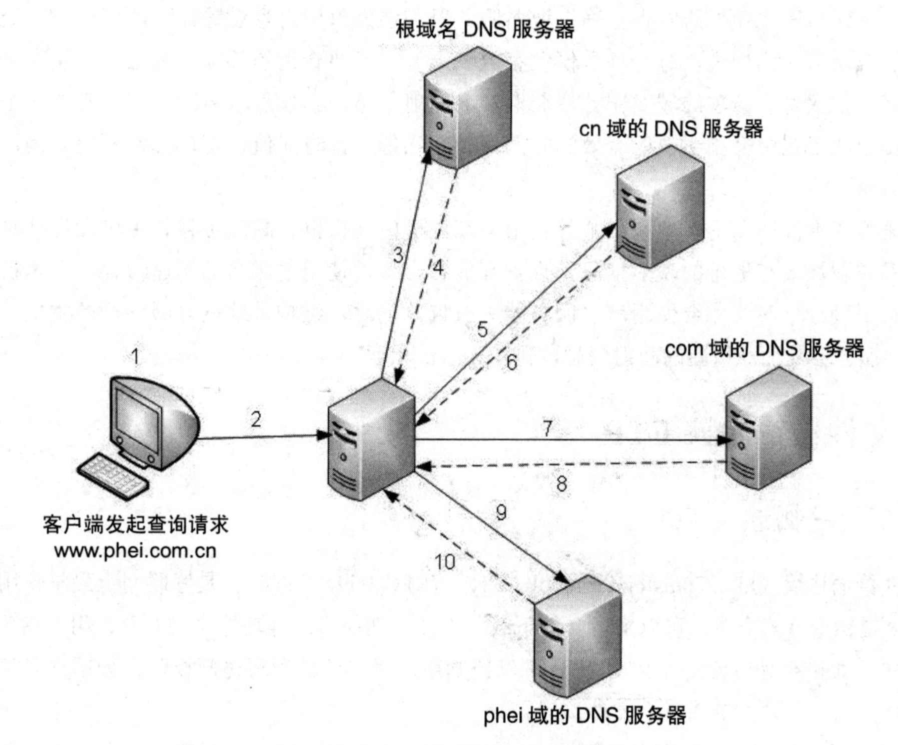

图 6-2　DNS 迭代查询

图 6-2 中数字所代表的过程如下：

1. 查看本机 DNS 缓存。
2. 向指定 DNS 服务器发起请求。
3. 向根域名 DNS 服务器发起请求。
4. 返回 cn 域的 DNS 服务器地址。
5. 向 cn 域的 DNS 服务器发起请求。
6. 返回 com 域的 DNS 服务器地址。
7. 向 com 域的 DNS 服务器发起请求。
8. 返回 phei 域的 DNS 服务器地址。
9. 向 phei 域的 DNS 服务器发起请求。
10. 返回 www.phei.com.cn 地址。

在域名服务器中广泛使用高速缓存（高速缓存域名服务器），目的是降低对根域名服务器的查询量，减少网络中 DNS 查询报文的数量，提高域名查询速度。高速缓存主要存储最近查询过的记录。在域名解析时，客户端或本地域名服务器首先查询高速缓存，若查询失败再进行上述的查询过程。这样可提高查询效率，降低查询成本。例如，不久前用户已经查询过域名为 z.abc.com 的 IP 地址，再次查询该域名时，本地域名服务器无须向根域名服务器重新查询 z.abc.com 的 IP 地址，只需要把上次存放在高速缓存中的查询结果（即 z.abc.com 的地址）直接告诉用户即可。

如果本地域名服务器的高速缓存中没有保存 z.abc.com 的 IP 地址，但是有顶级域名服务器的 IP 地址，则本地域名服务器就可以不查询根域名服务器，而是直接向 com 顶级域名服务器发起查询请求。这样可以很大程度上减轻根域名服务器的负荷，也能够减少互联网上的 DNS 查询请求和回答报文的数量。

为了保证高速缓存中的内容正确，域名服务器需要为每项内容设置计时器而且能够处理超过合理时间的数据项（比如说，每个项目仅仅存放三天）。当要查询的某项信息已经从缓存中删除时，就需重新去授权管理该项的域名服务器获取域名映射信息。当权限域名服务器回答了一个查询请求后，在相应的记录中会指明映射有效的时间值。适当增加该时间值，可以降低网络开销，提高域名转换的准确性。

高速缓存不仅存在于本地域名服务器中，在主机中同样也有高速缓存。主机在启动时从本地域名服务器获取域名和地址的映射信息，维护存放自己最近使用的域名的高速缓存，在本机的高速缓存中查询不到结果时，才会使用域名服务器去查询。同时，维护本地域名服务器的主机，应该定期检查域名服务器从而获取新的映射信息，删除无效的项。

6.3 文件传输协议 FTP

6.3.1 FTP 概述

文件传输协议（File Transfer Protocol，FTP）[RFC 959，STD9]，是互联网上最早使用的协议之一。FTP 提供交互式命令，可以实现文件下载、上传、切换目录等功能。FTP 允许用户指明文件的类型与格式，如指明是否使用 ASCII 码。可以控制用户对文件的读写访问权限，如用户必须经过授权，输入正确的口令，才能够对某个文件访问。

在互联网早期，作为网络中主要的应用协议，FTP 协议的通信量要远高于电子邮件和域名系统产生的通信量，大约占到整个互联网通信量的三分之一。

6.3.2 FTP工作原理

计算机网络的基本功能是数据通信和资源共享，这两个功能的实现，都需要把文件能够从一台计算机通过网络传输到另一台计算机中。看似简单的事情，实现起来却很困难。计算机之间传输文件会遇到如下的问题：

（1）不同文件系统存放数据的格式有所差异；

（2）不同文件系统的目录结构和文件的命名方法各不相同；

（3）相同的文件存取操作，在不同的操作系统上，实现的命令不同；

（4）不同操作系统，文件访问控制方法也不相同。

FTP协议基于运输层的TCP协议，屏蔽了不同计算机系统的差异性，解决了不同操作系统对文件处理不兼容的问题，适合异构网络环境中在计算机之间进行文件传输。FTP协议采用客户/服务器工作模式，服务器占用20和21两个端口。其中，20端口用于和客户端进行数据传输，21端口用于接收客户端的连接请求。多个客户进程可以同时与一个FTP服务器建立连接。FTP服务器进程由主进程和若干从属进程构成。主进程负责处理FTP连接请求，建立FTP连接，从属进程负责处理单个文件传输请求。

FTP工作流程如下：

（1）打开FTP服务器端口号为21的熟知端口，使得客户能够连接到该端口；

（2）FTP服务器监听客户进程发出的连接请求；

（3）客户进程发出请求后，服务器主进程启动从属进程，处理客户文件传输请求。在处理完客户进程后，从属进程终止。

（4）服务器主进程继续等待其他客户进程发来的FTP连接请求，主进程和从属进程并发执行。文件传输过程中，FTP的客户和服务器之间要建立两个并行的TCP连接：控制连接和数据连接，如图6-3所示。控制连接在整个会话过程中一直保持打开状态，FTP客户端发出的传输文件请求，会通过控制连接发送给服务器的控制进程，而后服务器创建数据传送进程实现数据连接，完成客户与服务器的数据传送，数据传输完毕后关闭数据连接，结束运行。

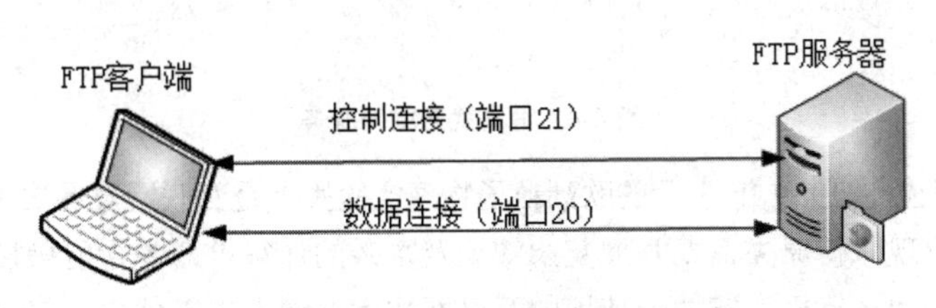

图6-3 FTP协议的两个连接

注意，客户向服务器发出连接建立请求后，需要知道服务器的熟知端口21，另外还需要告诉服务器自己所使用的另一个临时端口号，才能完成控制连接的建立。然后，服务器进程使用熟知端口号20与客户进程的临时端口号建立连接，完成数据连接的建立。FTP使用两个不同端口号，使得控制连接与数据连接不会产生混乱，协议实现起来简单、清晰。传输文件的同时还可以利用控制连接对文件的传输进行控制，从而提高了FTP的运行效率。

6.4 万维网 WWW

6.4.1 万维网概述

互联网中有着海量的资源，这里的资源是指互联网上可以访问到的任何元素，比如图片、文本、音视频等。如何从海量的资源中，方便、高效、准确地寻找到所需要的资源就显得尤为重要。

万维网（World Wide Web，WWW）的出现解决了上述问题。万维网不是一种新的计算机网络。万维网将分布在世界各地互联网中的资源链接到一起，形成一个大型、联机式的信息储藏所。用户只需要使用鼠标单击链接就可以方便地从互联网上的一个站点访问另一个站点，从而找到互联网上所需要的资源。

如图 6-4 所示，有 4 个万维网站点，每个万维网站点都包含若干文档，文档上有一些文字是以特殊方式显示的，当鼠标移动到这些文字上时，鼠标箭头变成手形，说明该位置有一个链接（link）（或称为超链接 hyperlink），用鼠标单击链接，就可以访问互联网上的另一个文档了。

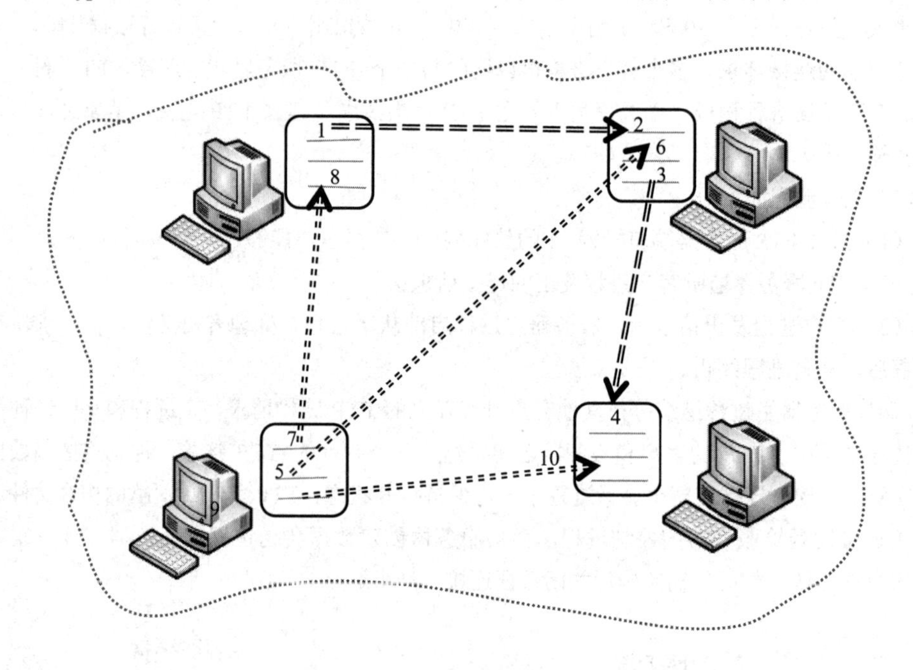

图 6-4 分布式万维网服务

万维网的概念诞生于 1989 年 3 月的欧洲粒子物理实验室，是互联网发展史中的一个非常重要的里程碑。万维网的出现，使原先需要掌握复杂知识及复杂的计算机命令才能操控的互联网，变得简单易用，原本仅由少数计算机专家才能使用的互联网成为普通人也能使用的信息资源，这些优点使得接入互联网的站点数量（资源）呈现指数级增长。

万维网是对超文本（hypertext）系统的扩充，它是一个分布式的超媒体（hypermedia）系统。所谓超文本是指内容中包含指向其他文档链接的文本（text），一个超文本可以由分布在世界各地的信息源链接而成，数目不受限制。用户通过一个链接就可以找到另外一个远在异地的文档，这个文档又可以链接到其他文档（依次类推）。这些文档位于世界上任何一个连入互联网上的超文本系统中。

超文本和超媒体的区别体现在文档的内容有所不同。超文本文档中只包含文本信息，但超媒体文档中除了文本信息还包括其他信息，比如图像、图形、声音、动画、视频图像等。

非分布式与分布式超媒体系统不一样。在非分布式超媒体系统中，所有的信息都存于单台计算机的磁盘中。各种文档都从本地获取，可以很容易地对文档之间的链接进行一致性检查。因此，在非分布式超媒体系统中，可以保证所有资源的链接是有效并且一致的。

万维网使用的是分布式的超媒体系统，大量的信息资源分布在整个互联网范围内。每台主机独立管理所拥有的文档，对这些文档的操作比如增加、删除、修改、更名都无须通知互联网中其他主机，这样会导致万维网文档之间的链接经常出现不一致的情况。例如主机 M 上的文档 A 原本包含了一个指向主机 N 上的文档 B 的链接，假如管理员在主机 N 中删除了 B 文档，则文档 A 中指向 B 文档的链接也就失效了（N 并不会去通知 M）。

万维网工作在客户/服务器模式下，平常访问网站时所使用的浏览器，如微软公司的 IE 浏览器（Internet Explorer）就是万维网客户进程，存放万维网文档的主机运行万维网服务器进程。客户进程发送请求给服务器进程，服务器进程向客户进程应答，返回客户所需要的万维网文档，客户在自己的浏览器中就可以看到传送回来的万维网文档，又称为页面（page）。

综上所述，万维网在工作过程中需要解决如下问题：

（1）互联网上分布的万维网文档如何标志。

（2）万维网上的各种链接应该用什么协议实现。

（3）不同作者创作的风格各异的万维网文档，怎样在互联网中不同的主机上准确地显示出来，用户如何能清楚地知道链接存在于什么位置。

（4）用户如何能够方便、快速找到所需资源。

针对第一个问题，在万维网中使用统一资源定位符（Uniform Resource Locator，URL）来标志万维上的文档，同时要确保每一个万维网文档在互联网范围内的 URL 是唯一的。第二个问题，要实现万维网上的各种链接有效使用，就需要万维网客户进程与万维网服务器进程之间的交互严格遵循相应的协议，这个协议就是超文本传输协议（Hyper Text Transfer Protocol，HTTP）。HTTP 是应用层协议，使用 TCP 连接实现可靠传输。在第三个问题的解决中使用了超文本标记语言（Hyper Text Markup Language，HTML）。通过使用 HTML，使万维网页面的制作者能够方便地通过链接从本页面的某个位置链接到互联网上其他万维网页面，而且能够在本地计算机的浏览器中显示出万维网页面的内容。针对第四个问题，用户可以利用各种互联网搜索工具在万维网上快捷地找到所需要的资源。接下来，我们将在后面的小节中进行详细讲解。

6.4.2　统一资源定位符 URL

统一资源定位符 URL 的作用是定位互联网上的资源。

URL 提供了一种在互联网上寻找资源的抽象方法。通过资源定位，用户可以对资源进行存取、查找、更新等操作。URL 是资源在互联网上的唯一标识，是资源对应的文件名从主机向互联网范围的扩展。

URL 由协议、主机名、端口、路径组成，即<协议>://<主机名>:<端口>/<路径>。

协议指明具体使用什么协议获取互联网资源。常用的协议有 HTTP、FTP 等。注意：协议后面需要“://”。

主机名是运行万维网服务器的计算机在互联网上的域名或 IP 地址，通常以“www”命名，但并没有强行规定。

端口指定访问对象所用的端口。端口的作用是用于描述所要访问的资源类型。通常端口可以被省略掉，因为这个位置的端口号，往往是协议的默认端口（比如 HTTP 的默认端口号为 80，FTP 的默认端口号为 21），所以可以省略。如果不使用默认端口，则需要写清楚所用端口号。

目前大多数浏览器默认使用的协议是 HTTP 协议，端口号是 80。所以用户在输入 URL 时就可以省略“http://www”。比如用户只要键入 phei.com.cn，浏览器就会替用户补充完整，变为 http://www.phei.com.cn。

路径指明要访问的文件在万维网服务器上的存放路径，与本地主机上的文件路径格式一致，从根目录“/”开始。例如 http://www.abc.com/view/sun.html。表示要访问的 Web 页面“sun.html”在服务器上的路径为“/view/sun.html”，即服务器根目录下面的 view 目录之下的 sun.html 文件。根目录路径在部署服务器时，会进行配置。如果访问的是网站的首页，则只需要输入网站的域名或 IP 地址，而不需要输入首页文件的路径，因为在部署服务器时指定了默认首页。比如要访问百度，就只需要输入“www.baidu.com”。就可以看到百度的网站首页。“路径”中的字符在 Windows 系统中不区分大小写，在 Linux 系统中严格区分大小写。

6.4.3 HTTP 与 HTTPS 协议

超文本传输协议 HTTP 是万维网上进行文件（包含文本、声音、图像，视频等各种形式的文件）交换所使用的协议。HTTP 提供了浏览器从万维网服务器获得万维网文档的方法，包括浏览器如何向万维网服务器提出请求，获得所需要的万维网文档以及万维网服务器如何给用户的浏览器传送回万维网文档。HTTP 是面向事务（transaction-oriented）的应用层协议，事务是指一系列的信息交换行为是一个不可分割的整体，即要么所有信息交换全部完成，要么一次交换都不进行。

HTTP 使用运输层的 TCP 协议，传输过程如图 6-5 所示，包括：

（1）万维网客户与服务器建立 TCP 连接；

（2）在建立的 TCP 连接上，客户向服务器发起 HTTP 请求，请求要访问的万维网文档；

（3）万维网服务器根据客户请求，给客户传送回所需的万维网文档；

（4）客户与服务器完成 HTTP 传输过程，释放 TCP 连接。

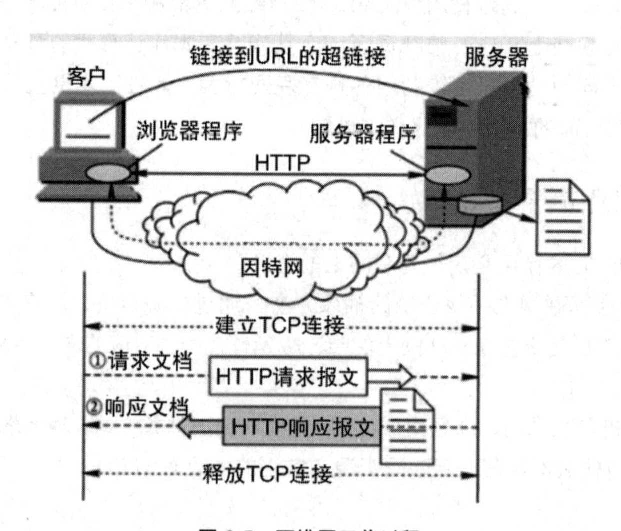

图 6-5 万维网工作过程

HTTP 协议是一种无状态协议，不会记录每次访问服务器的用户，也不会记录同一用户的访问次数。HTTP 对到访用户的任何状态信息都不会进行存储记录。这种设计简化了服务器的设计，提升了服务器性能，使服务器能够承受住大量 HTTP 的并发请求。目前使用的 HTTP 协议的版本是 HTTP

/1.1，该协议已经成为互联网建议标准[RFC 7231]。

超文本传输安全协议（Hyper Text Transfer Protocol Secure，HTTPS）。在 HTTP 的基础上增加了安全套接层（Secure Socket Layer，SSL）/运输层安全性协议（Transport Layer Security，TLS），提供通信加密以及服务器的身份鉴别功能。HTTPS 常用于网上支付以及敏感信息的传输。

HTTPS 的目标是在不安全的信道上创建一条安全信道，用以抵御窃听以及中间人攻击等行为。HTTPS 的信任链基于对预先在浏览器中安装的数字证书颁发机构（如 VeriSign）的信任（即“我信任证书颁发机构告诉我应该信任的内容”），数字证书是互联网中用于确定通信各方身份信息的一种数字认证方式。如需要确认到某网站的 HTTPS 链接是可信任的，需要落实如下内容：

（1）访问者保证浏览器已经正确安装了证书颁发机构，并且可以实现 HTTPS；

（2）访问者坚信证书颁发机构仅对合法网站信任；

（3）被访问站点能够提供有效数字证书，即该数字证书是由被信任的证书颁发机构签发的，大部分浏览器可以判断其证书是否无效，若无效会发出警告；

（4）该网站被数字证书正确验证其合法性。

HTTPS 与 HTTP 之间的区别如下：

（1）所使用的端口号不同，HTTP 使用默认端口号 80，而 HTTPS 使用默认端口号 443；

（2）使用 HTTP 进行的信息传输是明文传输，而使用 HTTPS 则是增加了安全特征的加密传输。

6.4.4　超文本标记语言 HTML

HTML 并非应用层协议，而是一种超文本标记语言，用于制作万维网页面。由于采用统一的标准[RFC 2854]，即使是不同的浏览器，在解释执行时也可以展示出相同的内容和效果，消除了不同计算机之间信息交流的差异。

Web 页面上的文本、图片等展现出的不同的样式都是通过 HTML 标记语言描述的，如一个 Web 页面上的标题、段落、列表，文字字体、大小、颜色等，还能够对图像、动画甚至音频内容进行设置。

HTML 标记语言非常简单，易于掌握。一个 HTML 文本包括文件头（Head）和文件主体（Body）两大部分构成。结构如下：

```
<HTML>
   <HEAD>
...
   </HEAD>
   <BODY>
...
   </BODY>
</HTML>
```

<HTML>表示 Web 页面的开始，</HTML>表示 Web 页面的结束，<HTML>与</HTML>成对出现（不区分大小写）。<HEAD>表示 Web 头开始，</HEAD>表示 Web 头结束。<BODY>表示 Web 主体开始，</BODY>表示 Web 主体结束。如图 6-6 所示，<title>与</title>标签中间的内容定义网页的标题，<h2>与</h2>标签中间的内容设置正文的标题，<h$_n$>标签表示正文标题字体大小，其中 n 可以取数字 1～6，数字 1 表示的字体最大，6 表示字体最小。<hr>标签表示当前位置插入一行水平线。<p>与</p>为段落标签。每一段的开始前用<p>，结束后用</p>。<img>标签的作用是告诉浏览器需要显示的图片，src 后面跟的是图片的链接，width 表示图片的宽度，align 表示图片对齐方式。<BODY>与</BODY>之间的内容会被浏览器解析显示出来，如图 6-7 所示。

```
<html>
  <head>
   <title>迎春花</title>
  </head>
 <body>
   <h2>迎春花</h2>
   <hr>
   <p><img src="images/yingchunhua.jpg" width="200" align="left" >迎春花原产于中国，现在在中国及世界各地广为栽培。迎春花喜光，稍耐阴，略耐寒，怕涝，喜温暖而湿润的气候，喜疏松肥沃和排水良好的沙质土壤，在酸性土壤上生长旺盛，碱性土壤上生长不良。迎春花的繁殖方式以扦插繁殖为主，也可用压条或分枝繁殖。迎春花叶片呈卵形或椭圆形；花单生于叶腋处，苞片呈披针形或椭圆形，花冠为金黄色，花瓣通常为倒卵形或椭圆形，花期在2~4月。迎春花因在百花之中开花最早，开花后即迎来百花齐放的春天而得名。</p>
  </body>
</html>
```

图 6-6　HTML 文档

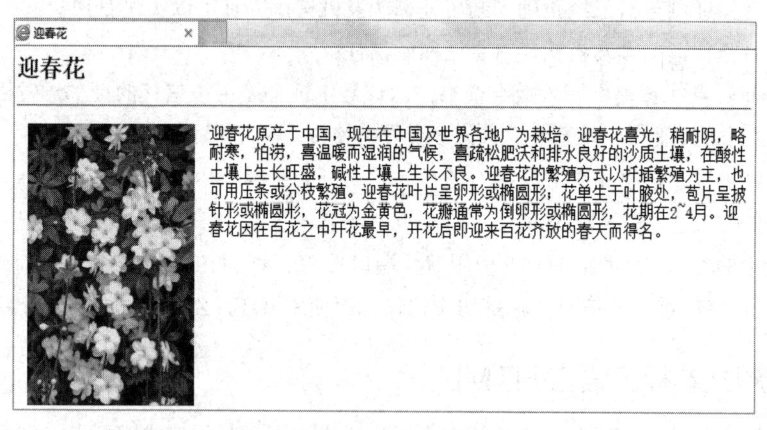

图 6-7　浏览器显示效果

6.5　远程终端协议 Telnet 与 SSH 协议

远程终端协议（Teletype network，Telnet）是互联网上最早使用的应用协议之一，是远程登录服务的正式标准协议。使用 Telnet，用户可以在自己的计算机上通过互联网登录远地主机。Telnet 使用运输层 TCP 协议建立连接并且提供传输服务，将用户对键盘的操作，传输到远地主机，操作的结果通过 TCP 连接返回给本地主机，用户在自己的计算机上就可以看到操作结果，虽然用户和远地主机之间通过互联网（相隔很远，中间会经过很多网络和路由器）相连，但通过使用 Telnet，用户能像操作本地主机一样操作远地主机，这给用户带来很大的便利。Telnet 也被称为远程登录协议。

Telnet 系统使用客户/服务器工作模式，由远程登录服务器、客户端和远程登录通信协议构成。Telnet 使用的端口号为熟知端口 23。

Telnet 远程登录时，会开启两个进程，在本地主机中运行 Telnet 客户进程，远地主机中运行 Telnet 服务器进程。

Telnet 连接建立的步骤如下：

（1）通过远地主机的域名或 IP 地址，与其建立连接；

（2）在登录界面根据系统提示输入用户名和口令，登录成功后，输入命令操作远地主机；

（3）工作完毕后，退出登录，断开与远地主机的连接，回到本地主机的操作界面。

Telnet 远程登录格式为：

Telnet <主机名> <端口号>

主机名可以是远地主机的域名，也可以是 IP 地址。一般 Telnet 采用的端口号是熟知端口 23，所以输入时可以省略端口号，但是如果指定了专用 Telnet 服务器端口号，登录时就需要输入该端口号。

Telnet 使用网络虚拟终端（Network Virtual Terminal，NVT）格式，如图 6-8 所示，NVT 能够屏蔽计算机系统之间的差异，适应不同操作系统的计算机。比如，文本中一行的结束命令，在部分系统中使用 ASCII 码的回车（CR），也有的系统使用换行（LF），还有的系统使用回车-换行（CR-LF）。再如，结束一个程序的运行，很多系统使用 Ctrl+C，但也有系统使用 Esc 按键。NVT 解决了这种差异性，定义了命令和数据如何通过互联网传输。

远程登录时，Telnet 客户程序将用户的数据和命令按照 NVT 格式进行转换，而后送交 Telnet 服务器端（远地主机），服务器端将收到的命令和数据从 NVT 格式转换为服务器端所能识别的格式。当服务器端向客户端（本地主机）返回结果时，服务器程序将服务器端使用的格式转换为 NVT 格式，然后发送给客户端，客户程序再从 NVT 格式转换成本地主机所能识别的格式。这样，在本地主机中就可以显示出正确的结果。

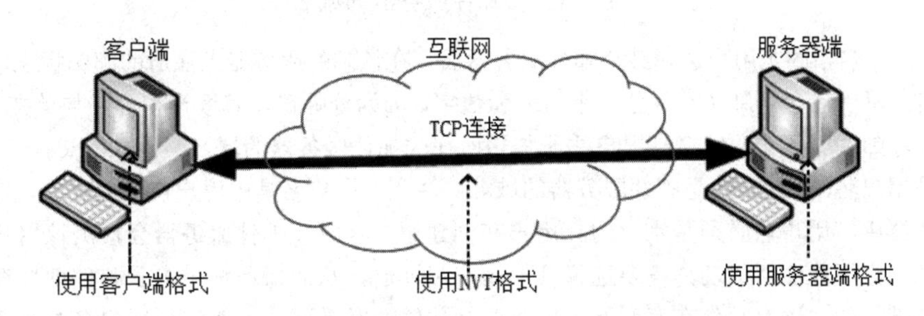

图 6-8　Telnet 使用网络虚拟终端 NVT 格式

NVT 格式并不复杂，在通信过程中统一使用 8 位的一字节。在具体运行时，NVT 使用 7 位 ASCII 码进行数据传输，当高位比特位为 1 时，即作为控制命令。ASCII 码中的 95 个可打印字符（字母、数字、符号等）的意义与 NVT 中的一样。但在控制字符中，NVT 仅仅使用了 ASCII 码的控制字符中有限的几个。另外，NVT 还定义了两个字符的 CR-LF 为标准的行结束控制符。用户按下回车键时，Telnet 客户就会把其转换成 CR-LF 进行传输，Telnet 服务器会把 CR-LF 转换成远地主机的行结束字符。

6.6 电子邮件

6.6.1 概述

电子邮件（E-mail）是一种现代化的电子通信手段，是互联网上使用最广泛的应用之一。传统的电话通信，主叫和被叫必须同时在场，严格同步才能完成通信过程，而电子邮件与普通邮件一样，是一种异步通信方式，不需同时在线。发件人通过电子邮件系统将邮件发送到收件人使用的电子邮件服务器，放在电子邮件服务器中收件人的邮箱（Mail Box）里，收件人在自己方便的时间登录邮箱接收邮件。电子邮件有如下特点：

（1）速度快。人工邮件一般需要几天时间才能送交目的方，而电子邮件只需要几秒钟就可以送达目的方。

（2）费用低。电子邮件发送信息的费用要比电话、传真以及人工邮件的费用低很多。

（3）内容多样。目前，电子邮件可以传输的内容包括图像、文字、视频、音频等多种格式的信息，因此电子邮件是多媒体信息传输的重要手段之一。

6.6.2 电子邮件格式

电子邮件的标准格式包括信封和内容两部分，即邮件头（Header）和邮件主体（Body）。邮件头包括发件人的电子邮件地址、接件人的电子邮件地址、发送日期、邮件标题、发送优先级等。其中收发双方的电子邮件地址是必须填的。邮件主体是发件人给收件人发送的具体邮件内容。

早期的电子邮件系统无法传输语音、视频、图像等信息，只能传输文本信息。现在的邮件系统通过互联网邮件扩充（Multipurpose Internet Mail Extensions，MIME）协议，可以传输语音、图像等多媒体信息。

E-mail 主体部分没有严格的格式要求，但是邮件头（信封部分）需要严格按格式书写，尤其电子邮件的地址，否则无法识别。

电子邮件地址的标准格式是：

<用户名>@邮件服务器的域名

其中，用户名指的是用户选择某个邮件服务器后，在该邮件服务器上注册的邮箱标识，也就是用户的邮箱名，可以包含字母（不区分大小写）和数字，@为分隔符，其读音和含义与英文“at”一样，表示“在”。邮件服务器的域名是用户注册邮箱所在的邮件服务器的域名。比如 gaosan@126.com，gaosan 就是用户名，126.com 是邮件服务器的域名。注意：用户名是由用户自己创建的，在用户注册的邮件服务器中，用户名必须是唯一的。用户在创建用户名时，邮件服务器会检测该用户名是否唯一，若不唯一则不能注册成功，需要选择其他用户名注册，从而保证每个电子邮件地址在整个互联网范围内是唯一的，这对邮件在互联网范围内成功传输非常重要。一般注册用户名时会选择一些比较容易记忆的字符串。

6.6.3 电子邮件构成

电子邮件系统的构成如图 6-9 所示，主要由用户代理（User Agent）、邮件服务器、简单邮件传输协议（Simple Mail Transfer Protocol，SMTP）和邮件读取协议（Post Office Protocol Version 3，POP3）几大部分构成。互联网中有大量的邮件服务器，这些邮件服务器构成了电子邮件基础结构的核心。为了简洁起见，图 6-9 只画出了两台服务器。

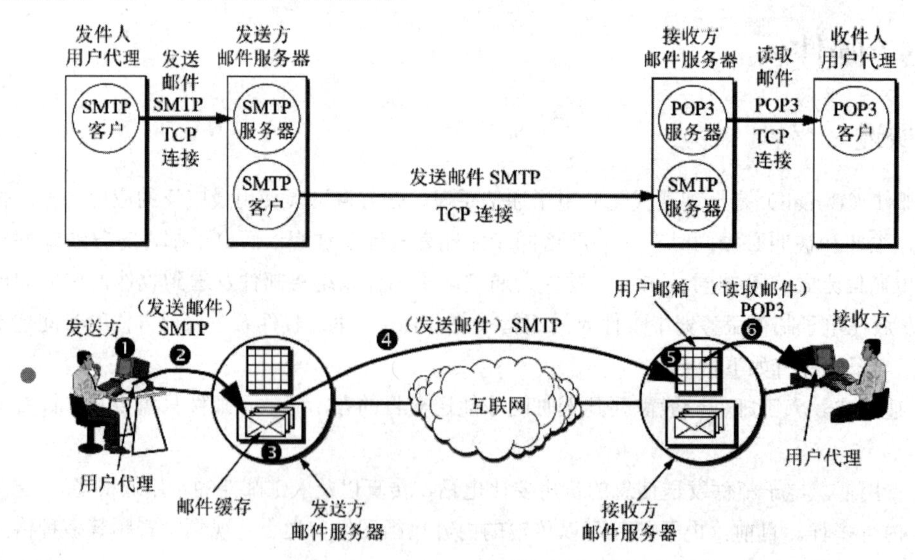

图 6-9　电子邮件系统的主要构成部件

用户代理（User Agent，UA）即电子邮件客户端程序，是电子邮件系统与用户的接口。用户代理用于撰写、发送、阅读、回复和保存邮件，比如 Hotmail、Outlook Express 等。发件人撰写完邮件后，用户代理通过 SMTP 将其发送到发件人注册的邮件服务器上，发件人的邮件服务器再通过 SMTP 将信件发送至接收人的邮件服务器中，收件人通过 POP3 将邮件从其邮箱下载到本地阅读。强调一点，如果发送和接收邮件时，是通过浏览器（比如 IE 浏览器）打开 Web 页面，然后登录邮件服务器，则在将邮件发送至邮件服务器和从邮件服务器接收邮件的两个阶段均使用的是 HTTP 而非 SMTP 与 POP3。

6.6.4　SMTP 与 POP3

SMTP 定义了两个相互通信的 SMTP 进程之间应该如何交换信息。SMTP 使计算机在发送或者中转邮件时能够找到下一个目的地，通过 SMTP 就可以将电子邮件发送到收件人的电子邮件服务器中。SMTP 的工作方式为客户/服务器方式，发送邮件的 SMTP 进程是 SMTP 客户，负责接收邮件的 SMTP 进程是 SMTP 服务器。

SMTP 工作过程主要包括建立连接、传输邮件和释放连接三个步骤。

1. 连接建立阶段

SMTP 客户端在发送邮件之前须先与 SMTP 服务器建立 TCP 连接，之后双方的 SMTP 报文均在此连接上进行。

发件人将邮件发送到其所注册的邮件服务器缓冲区后，SMTP 客户会对缓冲区进行定时扫描（比如 20 分钟扫描一次）。若发现缓冲区有邮件，则使用 SMTP 熟知端口号 25 与接收方的 SMTP 服务器建立 TCP 可靠连接。连接建立好后，SMTP 服务器发出“220 Service ready”（服务就绪指令）。然后 SMTP 客户向 SMTP 服务器发出 HELO 指令，并且附加发送方的主机名。若 SMTP 服务器已经做好接收准备，则向客户回复类似“250 OK”的应答指令，说明接收方同意接收请求，并且建立起会话连接。如果 SMTP 服务器无法正常使用，则会应答“421 Service not available”，或者连接出错，返回相应错误代码（比如“500”表示语法错误，命令无法识别）。假如在一定时间内（比如四天）邮件都无法发送成功，则邮件服务器会把这种情况告知发送方。另外 SMTP 还有一个特点，无论发送方与接收方的两个邮件服务器相隔距离有多远，也无论在邮件传输的过程中经过多少台路由器，TCP 连接都是在收发双方之间直接建立的。如果接收方邮件服务器由于出现故障不能正常工作，那么发送方邮件服务器只能等一段时间，才能再次尝试与该邮件服务器重新建立 TCP 连接，而不会找一个中间邮件服务器建立 TCP 连接。

2. 传输邮件阶段

连接建立好后，进入传输邮件阶段，发送方开始发送邮件。发送邮件时，SMTP 客户端通过命令实现邮件传输。比如使用 RCPT 命令，后面添加收件人地址。RCPT 命令的作用是确定对方是否做好接收邮件的准备，准备好才可以正式发送邮件。避免出现地址输入错误，仍然发送邮件，浪费通信资源。

命令发送完毕后，发送方收到了接收方发回的“250 OK”的应答，说明接收方的系统中存在此邮箱地址，否则会返回“550 No such user here”（不存在该用户），邮箱地址不存在。后面发送方就可以通过 DATA 命令正式传输邮件内容。邮件服务器会返回消息“345 Start mail input;end with <CRLF>.<CRLF>”。其中<CRLF>表示：“回车换行”。然后 SMTP 客户端发送邮件具体内容。发送完成，会再次发送<CRLF>.<CRLF>（在两个回车换行之间有一个点）表示邮件内容到此结束。若接收方收到邮件，则 SMTP 服务器返回信息“250 OK”，否则返回差错代码信息。如果接收方无法接收邮件，则服务器返回 421（服务器不可用），500（命令无法识别等）。

3. 连接释放阶段

发送方邮件发送完毕，SMTP 客户端发出 QUIT 命令。SMTP 服务器收到 QUIT 命令后返回“221（服务关闭）”消息。说明邮件传输过程结束，SMTP 释放 TCP 连接。

电子邮件系统使用运输层的 TCP 协议进行邮件传输，但是在发送邮件时，却会有发送失败的情形，这是为什么？

原因是对方服务器可能出现故障，无法正常工作，或者发送地址错误。虽然可以将邮件从自己的邮件客户端发送到自己注册的邮件服务器，但由于对方服务器故障，最终电子邮件无法通过 SMTP 到达对方服务器，提示发送失败。

SMTP 能够把邮件发送到发件人自己的邮件服务器，而后再推送到接收方的邮件服务器中。然而，由于接收方的邮件服务器并不知道收件人何时在线，所以不会主动将收到的邮件推送到收件人的个人主机上，所以要想与发件人发送邮件一样，在需要时再去接收邮件到本地主机，这需要使用 POP 协议。

POP 是一种极为简单、功能有限的用于接收电子邮件的协议，最早提出于 1984 年，经过若干版本更新，目前使用的是 1996 年发行的版本 POP3[RFC 1939，STD53]，绝大多数 ISP 都支持 POP3 协议。POP3 使用的是客户/服务器的工作方式。收件人的计算机中需要运行 POP3 客户进程作为 POP3 客户，收件人所连接的邮件服务器中运行 POP3 服务器进程，还需要运行 SMTP 服务器程序，以便接收发送方邮件服务器的 SMTP 客户程序发来的邮件。POP3 服务器需要通过用户身份鉴别比如输入用户名和口令后，才可以对邮箱进行读取操作。当用户从 POP3 服务器中读取了邮件后，POP3 服务器会把该邮件删除。但这种操作在某些情况下不是很方便。比如用户在读取邮件后来不及回复，过了几天该用户再次打开电脑准备回复邮件时，却发现该邮件已经从 POP3 邮件服务器上被删除掉了。为了解决这一问题，POP3 进行了功能的扩充，比如允许用户设置邮件读取后，保留在 POP3 服务器中的时间[RFC 2449]。

6.6.5 邮件扩充 MIME

SMTP 协议有如下缺点：

（1）SMTP 无法传输可执行文件，或者其他的二进制对象；人们曾经试图把二进制文件转换成 SMTP 使用的 ASCII 文本，比如 UNIX UUencode/UUdecode 方案，但最终都未形成正式标准。

（2）SMTP 对很多非英语国家的文字（如中文、法文、德文等）无法传送，因为 SMTP 局限于传输 7 位 ASCII 码；

（3）SMTP 服务器会拒绝传送超过一定长度的邮件；

（4）SMTP 具体实现并没有完全按照互联网标准。比如：对回车、换行进行删除和增加，对超过 76 个字符的处理会进行自动换行或者自动截断，邮件中多余空格会被删除。

（5）邮件中制表符 Tab 会被转换成若干个空格。

为了解决上述问题，专家们设计出了通用互联网邮件扩充（MIME）[RFC 2045-2049]，但 MIME 并非全新协议，而是对 SMTP 协议进行了扩充。MIME 继续使用原来的格式，但是增加了邮件主体结构，定义了传送非 ASCII 码编码规则。

MIME 包括以下三部分：

（1）扩充了 5 个新邮件首部字段，在原来的邮件首部中，可以包含这些新字段。这些字段对邮件主体的相关信息进行了描述；

（2）定义了很多邮件内容的格式，对多媒体电子邮件的表示法进行了标准定义；

（3）对传送编码方式进行了定义，能够对任何内容格式进行转换，同时不会被邮件系统改变。

MIME 加入的 5 个新邮件首部字段说明如下：

（1）MIME-Version：表明 MIME 的版本，目前是 1.0 版本。

（2）Content-Description：为可读字符串，表明邮件主体是否为图像或音视频。

（3）Content-ID：具有唯一性的邮件标识符。

（4）Content-Transfer-Encoding：决定传输邮件时，邮件主体所采用的编码方式。

（5）Content-Type：阐明邮件主体的数据类型与其子类型。

在内容传送编码（Content-Transfer-Encoding）中，最简单的编码形式就是 7 位 ASCII 码，并且每行限制最多 1000 个字符。邮件主体按这种 ASCII 码构成，MIME 不对其进行任何转换。

另外一种编码形式为 Quoted-Printable。当所传送的数据中存在少量非 ASCII 码的时候（比如汉字），可以用这种编码方式。这种编码方式的特点就是对于全部的可打印的 ASCII 码，除了特殊字符等号“=”外，均不改变原编码方式。

对于等号“=”、不可打印的 ASCII 码以及非 ASCII 的数据的编码方式的处理方法为：将每个字节的二进制代码用两个十六进制数字表示，而后在前面加一个等号“=”，比如汉字“系统”的二进制编码为：11001111 10110101 11001101 10110011（一共有 32 位，但是这四个字节都不为 ASCII 码），它的十六进制表示是 CFB5CDB3。如果用 Quoted-Printable 编码则表示为“=CF=B5=CD=B3”，这 12 个字符均是可打印的 ASCII 字符。等号“=”的二进制代码为 00111101，其十六进制表示为 3D，等号“=”的 Quoted-Printable 编码为“=3D”。在使用 Quoted-Printable 编码后，开销比原来增大了，比如在上面的例子中，原二进制编码占 32 位，通过 Quoted-Printable 编码后变为“=CF=B5=CD=B3”，这 12 个字符的二进制编码占 96 位，与之前的 32 位相比较，开销达到 300%。

可以采用 Base64 编码对于任意的二进制进行编码。Base64 编码首先将二进制代码以 24 位长为一个单元进行划分，将每一个 24 位长的单位再进行 6 位为一组的划分。每个 6 位组按如下方法进行 ASCII 码的转化。6 位二进制代码可以表示 64 个不同的值，即 0～63。用 A 来表示 0，用 B 来表示 1 等。在 26 个大写字母排列完成后，再对 26 个小写字母进行排列，然后是 10 个数字，最后用“+”来表示 62，用“/”表示 63。再用“==”即两个连在一起的等号和一个等号“=”分别来表示最后一组的代码只有 8 位或者 16 位。回车与换行均可省略，可以插入在任何地方。

以下是一个 Base64 编码的例子：

24 位长度的二进制代码　　010010010011000101111001
6 位为一组划分为 4 组　　010010 010011 000101 111001
其 Base64 编码为　　S T F 5
用 ASCII 进行编码发送　　01010011 01010100 01000110 00110101

可以看出，在采用 Base64 编码后，24 位的二进制代码变为 32 位，其开销是 8 位，为 32 位的 25%。

MIME 标准规定 Content-Type 必须包含两个标识符，内容类型（Type）和子类型（Subtype），中间需要用“/”分开。

MIME 目前处于草案标准阶段。MIME 允许收件人和发件人自定义专用内容类型。按照标准要求，专用内容类型选择名字需要以字符串 X-开始，这样可以更好地避免命名冲突。表 6-1 列出了 MIME Content-Type 的常用内容类型、子类型例子以及说明。

表 6-1 MIME Content-Type 的常用内容类型、子类型例子以及说明

常用内容类型	子类型举例	说明
Text（文本）	plain，html，xml，css	不同格式的文本
Image（图像）	gif，jpeg，tiff	不同格式的静止图像
Audio（音频）	basic，mpeg，mp4	可听见的声音
Video（视频）	mpeg，mp4，quicktime	不同格式的影片
Model（模型）	vrml	3D 模型
Application（应用）	octet-stream，pdf，JavaScript，zip	不同应用程序产生的数据
Message（报文）	http，RFC 822	封装的报文
Multipart（多部分）	mixed，alternative，parallel，digest	多种类型的组合

6.7 动态主机配置协议 DHCP

网络中的主机需要设置必要的网络参数才能连入互联网，这些参数包括 IP 地址、子网掩码、默认网关及域名服务器的 IP 地址。不同于网络适配器中的 MAC 地址（被固化在 ROM 只读存储器中，出厂时即存在），以上 IP 地址及参数需要被配置并保存在内存中，供相关协议调取。当网络中的计算机数量较少时，这些网络参数可以采用人工方式逐台配置。但人工配置会带来一些问题：

（1）工作量较大，会增加网络的运营成本；

（2）人工配置容易出现失误，且不容易管理。由于主机中的 IP 地址可以轻易被改变，会导致网络参数的错误配置。如分配了错误的 IP 地址，或者不同主机被设置了相同 IP 地址，导致 IP 地址错误或者 IP 地址冲突，使得计算机无法正常连入网络。

现在的网络大多采用动态主机配置协议（Dynamic Host Configuration Protocol，DHCP）[RFC 1541]来自动为主机分配上网参数，达到即插即用的连网效果，在整个过程中，不需要人为地手工参与。DHCP 工作方式为客户/服务器模式。服务器端自动为连入网络中的主机（客户）分配网络参数，使网络管理变得快捷、高效、准确，减少了出错的概率。

DHCP 特点如下：

（1）全部配置过程自动完成，客户端无须干预。

（2）DHCP 服务器负责管理所有配置信息，不仅能为客户端分配 IP 地址，还能够配置其他信息，比如 DNS 服务器等。

（3）DHCP 对 IP 地址的分配采用租期管理方式，从而提高 IP 地址的利用率。

（4）DHCP 使用广播进行报文交互，所以交互的报文一般无法跨网段，可以借助 DHCP 中继代理技术实现跨网段的 DHCP 服务。

DHCP 工作过程包括 DHCP 发现、地址提供、选择接收与确认接收等四个阶段，如图 6-10 所示。

（1）DHCP 发现阶段：DHCP 客户端发送 DHCP Discover 广播报文，目的是发现网络中的 DHCP 服务器。该广播报文采用运输层 UDP 协议，通过 68 端口发送，源地址为 0.0.0.0，目标地址为广播地址 255.255.255.255。

（2）地址提供阶段：网络中的 DHCP 服务器收到客户端发送的 DHCP Discover 报文后，在自己的 IP 地址池中按顺序选择一个 IP 地址，然后采用运输层 UDP 协议，通过 67 端口，将其与其他网络参数以广播的形式发送 DHCP Offer 报文。报文中目标地址为广播地址 255.255.255.255，源 IP 地址

为 DCHP 服务器的 IP 地址。

（3）选择接收阶段：DHCP 客户端接收到 DHCP Offer 报文后，根据其封装的目标 MAC 地址，判断是否发送给自己，如发送给自己则接收，反之丢弃。若收到网络中多台 DHCP 服务器发送来的 DHCP Offer，则选择接收第一个速度最快的 DHCP 服务器发送过来的 DHCP Offer，然后向服务器返回一个 DHCP Request 请求使用的广播报文。该报文中目标 IP 地址为 255.255.255.255，源 IP 地址为 0.0.0.0。以广播方式发送 DHCP Request 报文，是为了通知所有的 DHCP 服务器，它将选择某个 DHCP 服务器提供的 IP 地址，其他 DHCP 服务器可以重新将曾经分配给客户端的 IP 地址分配给其他客户端。

（4）确认接收阶段：DHCP 服务器收到 DHCP Request 报文后，若 IP 地址分配成功，则会给分配成功的计算机回复 DHCP ACK 确认报文。该报文中源 IP 地址是 DHCP 服务器的 IP 地址，目标 IP 地址是 255.255.255.255，否则回复 DHCP NAK 报文。

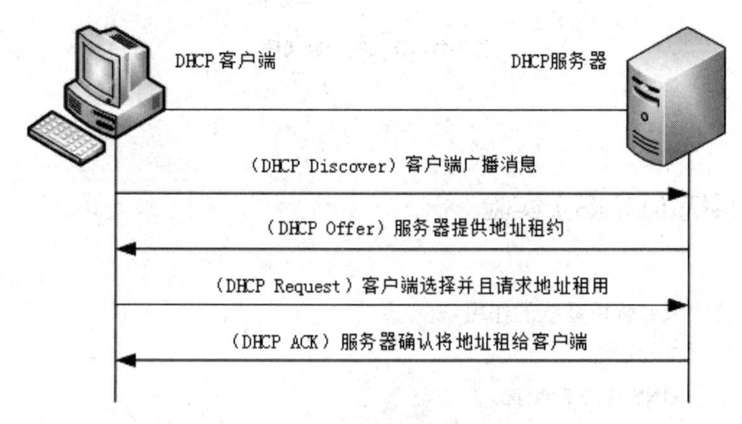

图 6-10　DHCP 协议工作过程

通过 DHCP 获取 IP 地址的方式，是一种租用地址的行为。DHCP 客户端向 DHCP 服务器获取地址之后，该地址在一个租期内有效。当地址的使用达到租期的一半时间时，客户端会向 DHCP 服务器发送一个续租的申请，要求更新租期。如果续租成功，则 DHCP 客户端对 IP 地址的使用进入一个新的租期，重置租期计时器，否则继续使用该地址。当租期达到百分之 87.5%时，DHCP 客户端会再次发出续租请求，若续租成功，则进入一个新的使用周期，否则为了防止地址租期已到，无法正常使用 IP 地址的情况，DHCP 客户端会向网络中的其他 DHCP 服务器重新发起申请地址的过程，获得新的 IP 地址。

一个规模较大的网络是由路由器连接不同的网段组成的。有时候 DHCP 服务器与客户端不在同一个网段，此时就需要跨网段去申请 IP 地址。但是由于发送以及接收的报文均为广播报文，因此无法跨越路由器，这种情况下就必须在每一个网段设置一台 DHCP 服务器，每一台 DHCP 服务器上均需进行配置管理，这会造成网络中过多的 DHCP 服务器，并非一个好的方式。另外，网络是动态的，网段发生变化时，也会造成 DHCP 服务器的变化，且将 DHCP 服务器分散到每个网段，增加了后期的管理和维护工作。

针对这种问题，DHCP 采用了中继代理的方式来解决。DHCP 中继代理实现了 DHCP 服务器集中管理，在整个网络中可以设置一台 DHCP 服务器，在每个网段设置一个 DHCP 中继代理。当需要跨网段去申请 DHCP 服务的时候，如图 6-11 所示，客户端发起 DHCP 请求给 DHCP 中继代理，DHCP 中继代理以单播的形式跨网段向其他网络中的 DHCP 服务器申请 DHCP 服务，DHCP 服务器收到请求后，再以单播的形式将应答返回给中继代理，最后由中继代理将应答包转发给 DHCP 客户端。由于单播可以跨网段跨路由器，使得 DHCP 服务器与客户端虽然不在同一网段，也可实现 IP 地址的分配与统一管理。

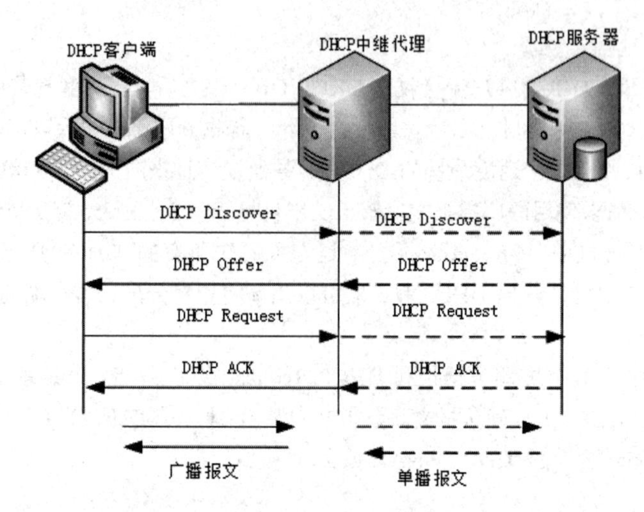

图 6-11 DHCP 中继代理

6.8 实验

实验 1：域名系统（DNS）实验

1. 实验目的

（1）理解因特网域名解析系统的作用。

（2）理解域名解析的过程。

（3）掌握简单的 DNS 服务器配置。

2. 基础知识

域名系统（Domain Name System，DNS）是因特网的一项核心服务，用来把域名翻译成 IP 地址。因特网的路由需要 IP 地址，绝大多数应用都是基于 IP 地址之上的应用，但对用户来说，直接使用 IP 地址去访问一些资源是比较困难的，用户更容易记忆一些有意义的域名，DNS 被用来提供域名和 IP 地址之间的翻译功能，当然对用户来说，这些都是透明的。

3. 实验流程

实验流程如图 6-12 所示。

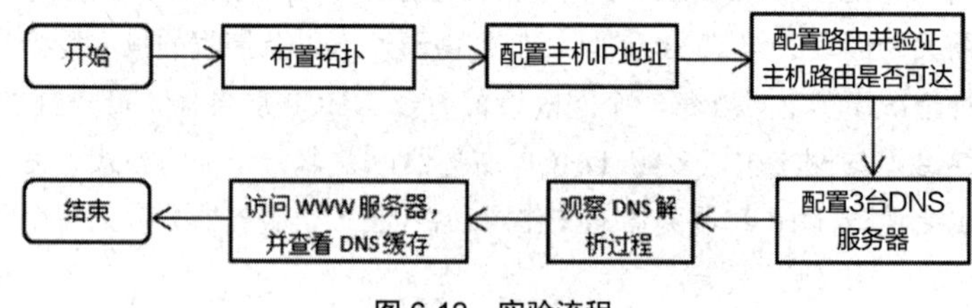

图 6-12 实验流程

4. 实验步骤

（1）布置拓扑，如图 6-13 所示，网络共划分为 5 个网段，共设置 3 台 DNS 服务器，1 台 Web 服务器。example.com 域由公司的 authority.example.com 服务器负责解析，公司 WWW 站点对外域名为 www.example.com，其有一个别名为 server.example.com。外面主机 Client 想请求域名解析，需先请求本地 DNS 服务器，再请求根域名服务器，注意观察实验过程。

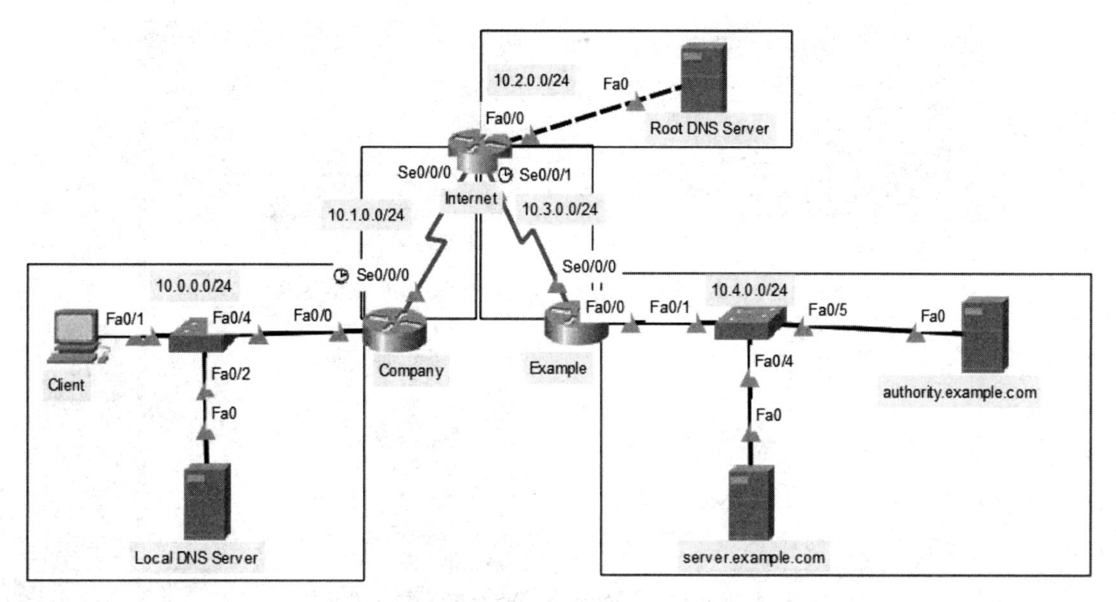

图 6-13　拓扑图

其 IP 地址规划如表 6-2 所示。

表 6-2　IP 地址规划

设备名称	接口	IP 地址	网关	备注
Company 路由器	Fa0/0	10.0.0.1/24		
	Se0/0/0(DCE)	10.1.0.1/24		需配置时钟频率
Internet 路由器	Fa0/0	10.2.0.1/24		
	Se0/0/0	10.1.0.2/24		
	Se0/0/1(DCE)	10.3.0.1/24		需配置时钟频率
Example 路由器	Se0/0/0	10.3.0.2/24		
	Fa0/0	10.4.0.1/24		
Client	Fa0	10.0.0.2/24	10.0.0.1/24	
Local DNS Server	Fa0	10.0.0.3/24	10.0.0.1/24	
Root DNS Server	Fa0	10.2.0.2/24	10.2.0.1/24	
authority.example.com	Fa0	10.4.0.2/24	10.4.0.1/24	
server.example.com	Fa0	10.4.0.3/24	10.4.0.1/24	

（2）配置路由。

省略。

由 Client（PC）分别 ping 通 4 台服务器，确保路由均可达。

（3）配置 DNS 服务器。

Local DNS Server 的 DNS 服务器添加过程记录如图 6-14 所示。

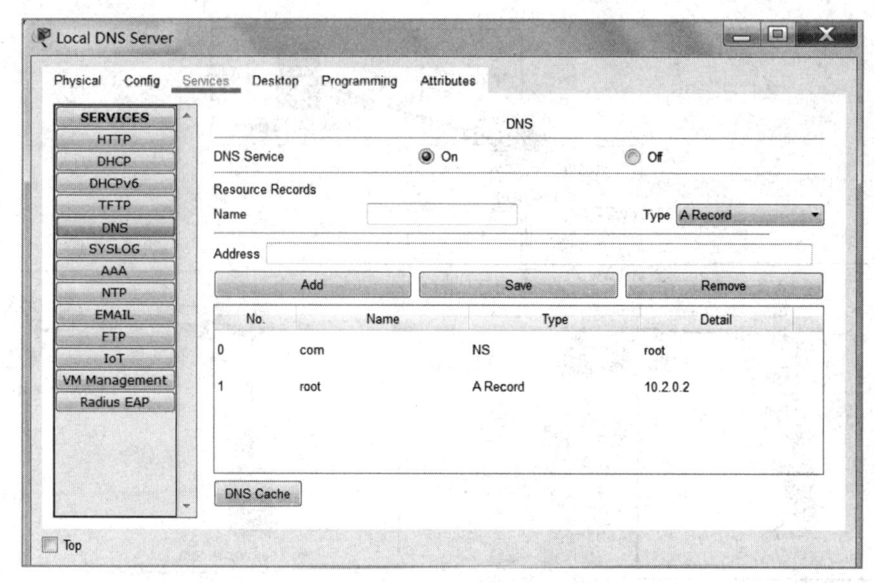

图 6-14 Local DNS Server 的 DNS 服务器添加过程记录

Root DNS Server 服务器的配置情况如图 6-15 所示。

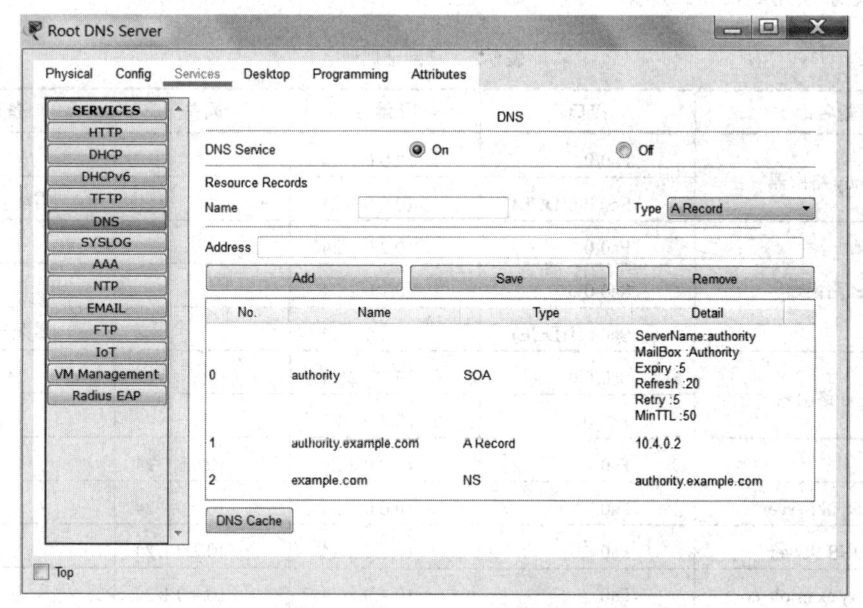

图 6-15 Root DNS Server 服务器的配置情况

authority.example.com 服务器的配置情况如图 6-16 所示。

在 SOA 记录中将 MinimumTTL 值设置为 30，意味着从 authority.example.com 中检索出保留在 Root DNS Server 中的记录和 Local DNS Server 缓存中的记录的时间为 30s。

（4）观察 DNS 服务过程。

由 Client（PC）ping 网址 www.example.com，先分析一下请求的过程。由于所 ping 的是一个域名，所以需要请求域名解析服务将域名翻译为 IP 地址。此时将请求 Client 中所设置的 DNS 服务器，即 Local DNS Server 提供域名解析服务，但根据前面的设置，该服务器中并没有所请求域名的记录，该域名包含在 com 域中，从 NS 记录中看出，应该去请求 root 的服务，显然，该 root 对应于 10.2.0.2，即 Root DNS Server。

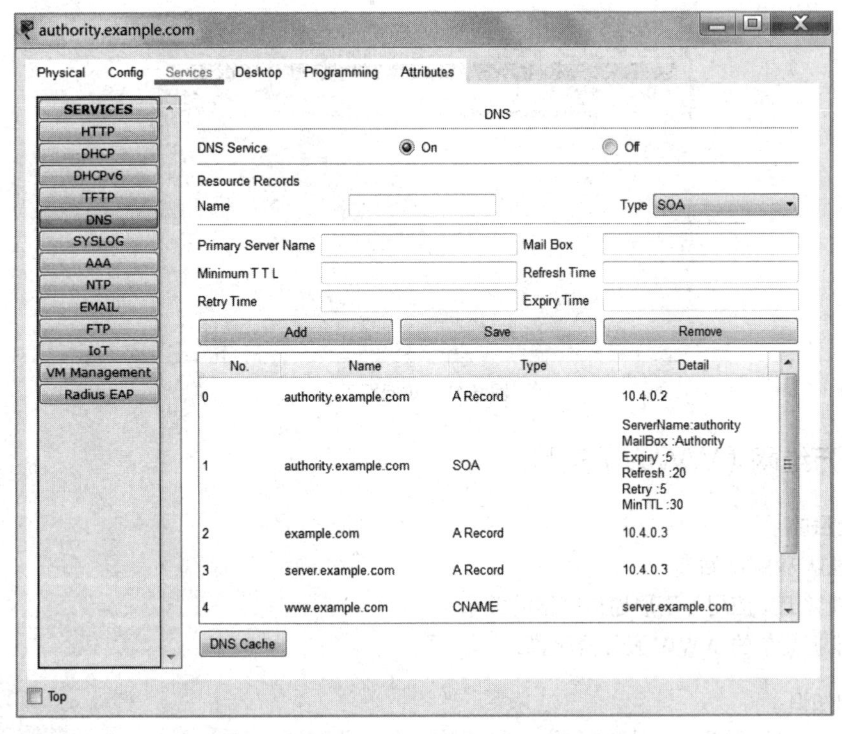

图 6-16　authority.example.com 服务器的配置情况

观察到 Root DNS Server 中也没有所请求域名的记录，由前面所介绍的知识可知，应该向 10.4.0.2，即 authority.example.com 服务器进一步查询。

在 authority.example.com 的第 4 条中找到该域名，但该域名对应了一个别名 server.example.com，进一步分析可知，其最终对应的 IP 地址为 10.4.0.3，最终将该地址返回到 Client 中。

以上过程在模拟模式下，可以清楚地看到这样一个递归的请求过程，如图 6-17 所示。

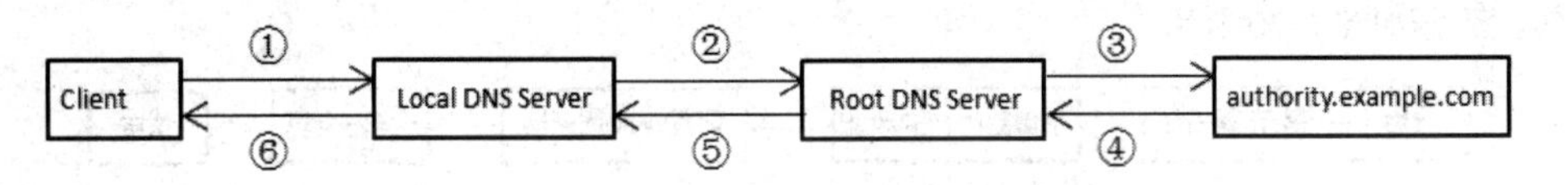

图 6-17　请求过程

（5）由 Client 的浏览器访问 http://www.example.com。

ping 命令结束后，由于 Local DNS Server 中已经有了该域名的记录，因此该记录默认保持 30s，如图 6-18 所示。此时马上用浏览器去访问该域名，可以发现直接从 Local DNS Server 中得到了解析结果。访问网页如图 6-19 所示。

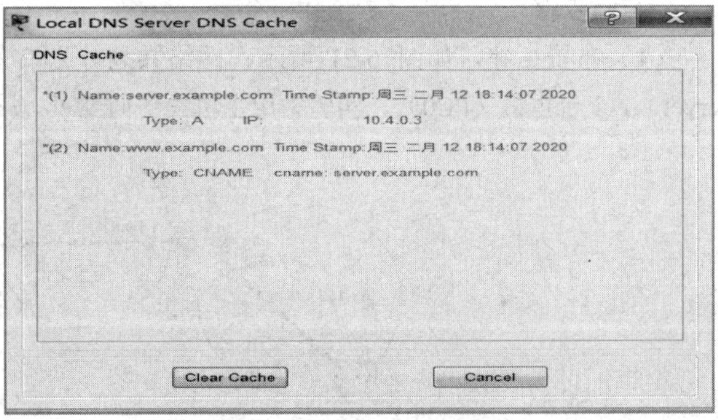

Local DNS Server DNS Cache

DNS Cache

*(1) Name:server.example.com Time Stamp:周三 二月 12 18:14:07 2020
Type: A IP: 10.4.0.3
*(2) Name:www.example.com Time Stamp:周三 二月 12 18:14:07 2020
Type: CNAME cname: server.example.com

Clear Cache　Cancel

图 6-18　默认保持 30s

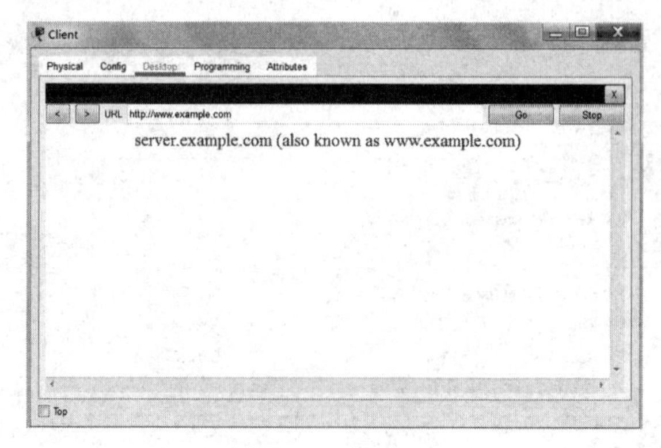

图 6-19 访问网页

实验 2：万维网（WWW）实验

1. 实验目的

（1）理解 WWW 站点。

（2）理解上层应用与下层通信网络的关系。

（3）掌握简单的 WWW 服务器配置。

2. 基础知识

万维网（WWW）是 World Wide Web 的简称，也称 Web、3W 等，是存储在 Internet 上各计算机中数量庞大的文档的集合。这些文档称为页面，它是一种超文本（Hypertext）信息，可以用于描述超媒体。文本、图形、视频、音频等多媒体，称为超媒体。Web 上的信息就是由彼此关联的文档组成的，通过超链接将它们连接在一起。利用链接从一个站点跳到另一个站点，这样普通人也能很方便地使用 Internet 上的资源。

3. 实验流程

实验流程如图 6-20 所示。

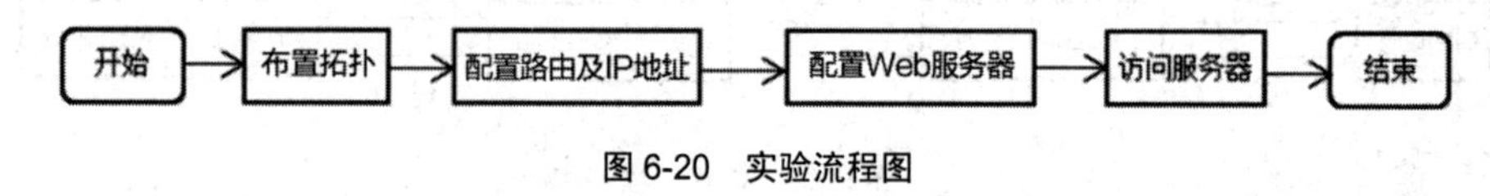

图 6-20 实验流程图

4. 实验步骤

（1）布置拓扑，如图 6-21 所示，网络共划分为 3 个网段，设置 1 台 Web 服务器（HTTP Server），1 台主机（PC0）。实验中用主机去访问 Web 服务器。

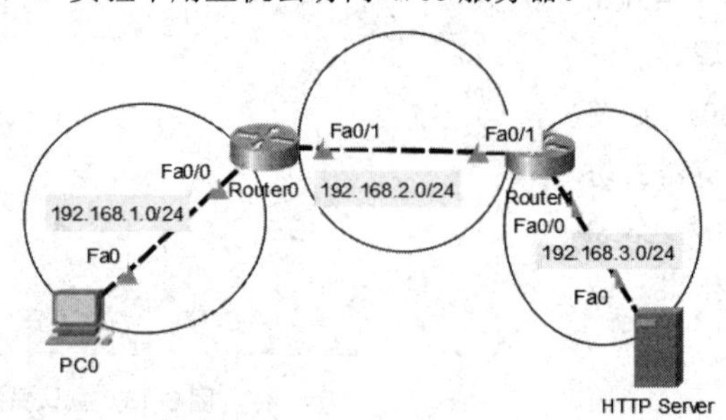

图 6-21 拓扑图

其 IP 地址规划如表 6-3 所示。

表 6-3　IP 地址规则

设备名称	接口	IP 地址	网关	备注
Router0	Fa0/0	192.168.1.254/24		
	Fa0/1	192.168.2.1/24		
Router1	Fa0/0	192.168.3.254/24		
	Fa0/1	192.168.2.2/24		
PC0	Fa0	192.168.1.1/24	192.168.1.254	
HTTP Server	Fa0	192.168.3.1/24	192.168.3.254/24	

（2）配置路由。

具体步骤省略。要求 PC0 能 ping 通 HTTP 服务器的 IP 地址。

（3）配置 HTTP 服务器。

如图 6-22 所示，可在此界面增加、移除或编辑文件。7.0 版本支持 JavaScript 和 CSS。

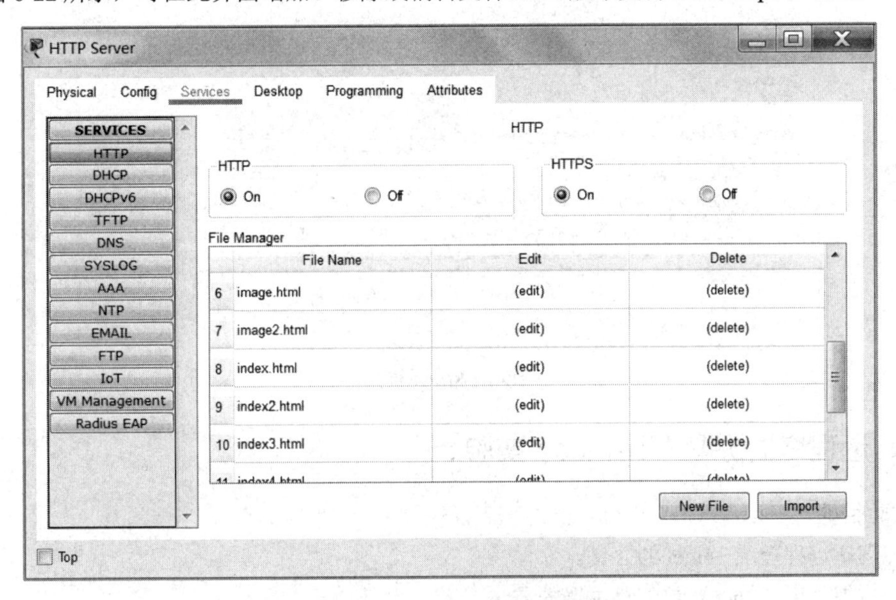

图 6-22　增加、移除或编辑文件

下面是 index.html 的代码：

```
<html>
<center><font size='+2' color='blue'>Cisco Packet Tracer</font></center>
<hr>Welcome to Cisco Packet Tracer. Opening doors to new opportunities. Mind Wide Open.
<p>Quick Links:
<br><a href='helloworld.html'>A small page</a>
<br><a href='copyrights.html'>Copyrights</a>
<br><a href='image.html'>Image page</a>
<br><a href='cscoptlogo177x111.jpg'>Image</a>
<br><br>
<b>Testing HTML pages with Javascript and Stylesheet</b>
<ul>
<li><button type="button" onclick="myFunction()">点此调用 javascript 方法</button>
<script>
function myFunction()
{
alert("你好，调用成功!");
}
</script>
<li><a href="index2.html">HTML page with an external javascript file (index2.html)</a>
<li><a href="index3.html">HTML page with an external stylesheet file (index3.html)</a>
```

```
    <li><a href="index4.html">HTML page with both external javascript and stylesheet files (index4.html)</a>
    <li><a href='image.html'>Image page: Test for a previously saved file with the image file in the directory of the pkt file</a>
    <li><a href='image2.html'>Image page: Test for with the image file imported in the PT Server</a>
    </html>
```

（4）访问 HTTP 服务器，自动打开 index.html，单击“点此调用 javascript 方法”按钮，调用一个 JavaScript 的方法，弹出小提示框，如图 6-23 所示。

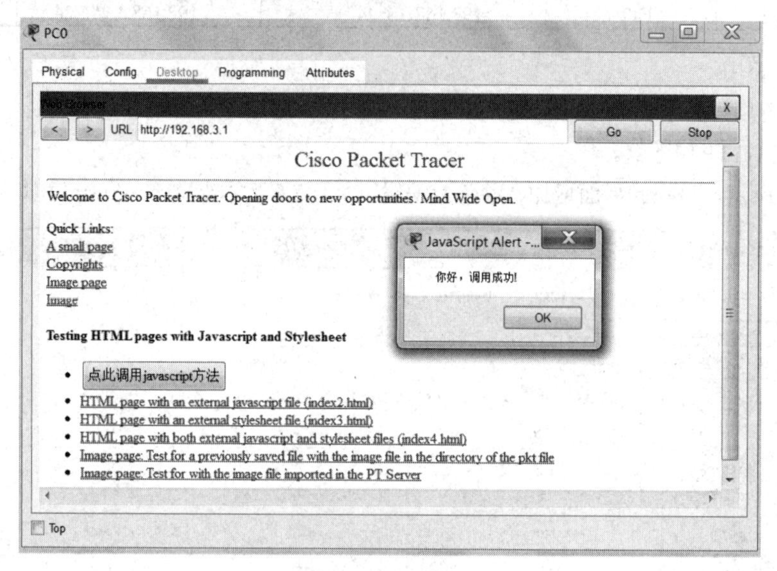

图 6-23　弹出小提示框

实验 3：远程终端协议（Telnet）实验

1. 实验目的

（1）理解远程登录 Telnet 的含义。

（2）掌握利用 Telnet 登录到路由器的方法。

2. 基础知识

Telnet 协议是 TCP/IP 协议族中的一员，是 Internet 远程登录服务的标准协议和主要方式。它可以从本地计算机登录到远程主机上，来远程操控主机，对用户来说，就好像直接在操控远程主机一样。

3. 实验流程

实验流程如图 6-24 所示。本实验从主机 PC0 上远程登录到路由器，之后可在 PC0 上对路由器进行操作配置。

图 6-24　实验流程

4. 实验步骤

（1）布置拓扑，如图 6-25 所示，为了简单明了，网络中只设了一个网段 192.168.1.0/24，关键是要确保路由可达。

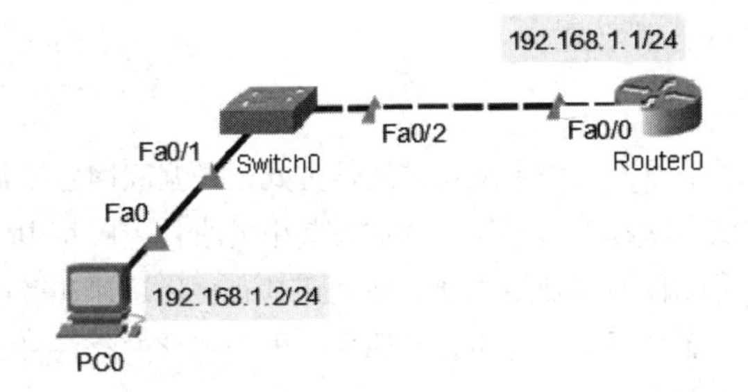

图 6-25　拓扑图

（2）配置路由器和主机的网络参数。

```
Router>enable
Router#configure terminal
Enter configuration commands,  one per line. End with CNTL/Z.
Router(config)#interface FastEthernet0/0
Router(config-if)#ip address 192.168.1.1 255.255.255.0
Router(config-if)#no shutdown
Router(config-if)#exit
Router(config)#enable secret 123
Router(config)#line vty 0 4
//进入路由器的线路模式，开通虚通道
Router(config-line)#password 123
//设置虚通道的密码
Router(config-line)#login
Router(config-line)#exit
```

（3）在 PC0 上打开命令行，输入 telnet 192.168.1.1，出现输入密码的提示后键入预先设置好的密码“123”。注意该密码在界面上是看不到的，这也是一种安全保护。之后就可以进入路由器的配置界面了，如图 6-26 所示。

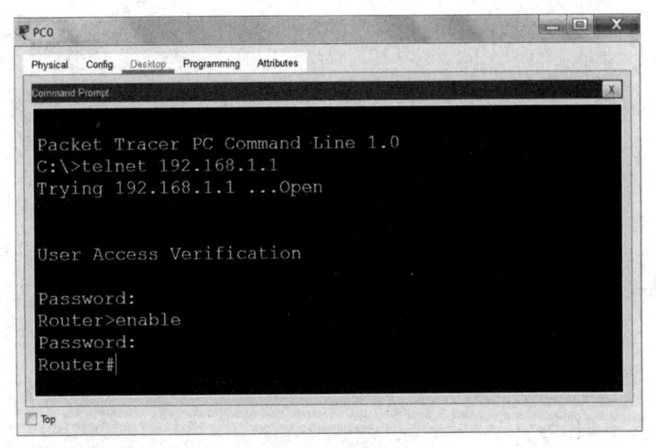

图 6-26　配置界面

另外，使用远程登录去登录配置路由器，必须配置 Enable Secret 密码，否则在进入用户模式后，无法继续进入特权模式进行配置。

实验 4：电子邮件实验

1. 实验目的

（1）理解电子邮件的含义。

（2）理解邮件系统的工作过程。

（3）掌握简单的邮件服务器配置。

2. 基础知识

电子邮件是一种用电子手段提供信息交换的通信方式，是互联网应用最广泛的服务之一。电子邮件把邮件发送到收件人使用的邮件服务器，并放在其中的收件人邮箱中，收件人可随时上网到自己所使用的邮箱读取。电子邮件不仅使用方便，而且还具有传递迅速和费用低廉的优点。现在电子邮件不仅可传送文字信息，而且还可附上声音和图像。电子邮件的存在极大地方便了人与人之间的沟通与交流，促进了社会的发展。

3. 实验流程

实验流程如图 6-27 所示。实验中两个主机用户可相互发送和接收邮件。

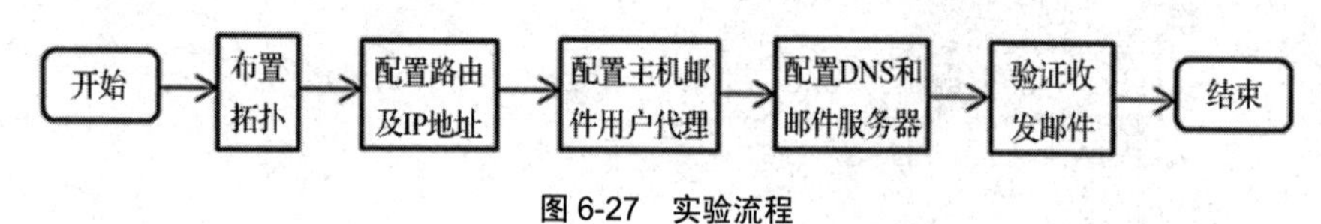

图 6-27 实验流程

4. 实验步骤

（1）布置拓扑，如图 6-28 所示，网络共划分为 3 个网段，设置 1 台 DNS 服务器，2 台 E-mail 服务器，2 台主机。

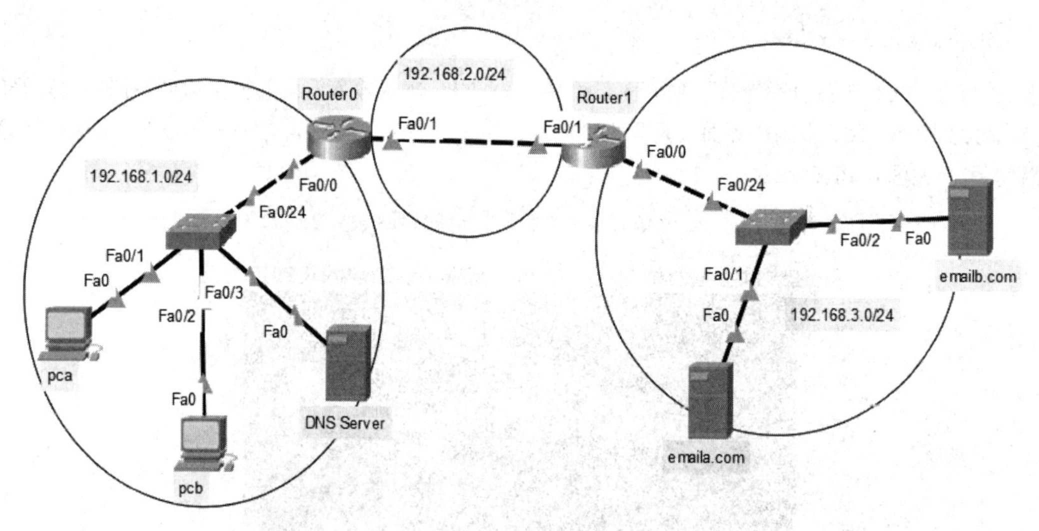

图 6-28 拓扑图

其 IP 地址规划如表 6-4 所示。

表 6-4 IP 地址规划

设备名称	接口	IP 地址	网关	DNS 服务器
Router0	Fa0/0	192.168.1.254/24		
	Fa0/1	192.168.2.1/24		
Router1	Fa0/0	192.168.3.254/24		
	Fa0/1	192.168.2.2/24		
pca	Fa0	192.168.1.1/24	192.168.1.254	192.168.1.3
pcb	Fa0	192.168.1.2/24	192.168.1.254	192.168.1.3
DNS Server	Fa0	192.168.1.3/24	192.168.1.254	192.168.1.3

续表

设备名称	接口	IP 地址	网关	DNS 服务器
emaila.com(Server)	Fa0	192.168.3.1/24	192.168.3.254	192.168.1.3
emailb.com(Server)	Fa0	192.168.3.2/24	192.168.3.254	192.168.1.3

（2）配置主机和服务器的网络参数，并配置路由，使网络全通。

具体配置略。

（3）配置主机端用户代理，即电子邮件客户端软件。打开 pca 的桌面，打开 E-mail，单击 Configure Mail，出现如图 6-29 所示的界面，如图填入参数，密码在这里设置为 pcapassword。配置完成后单击 Save 按钮保存。

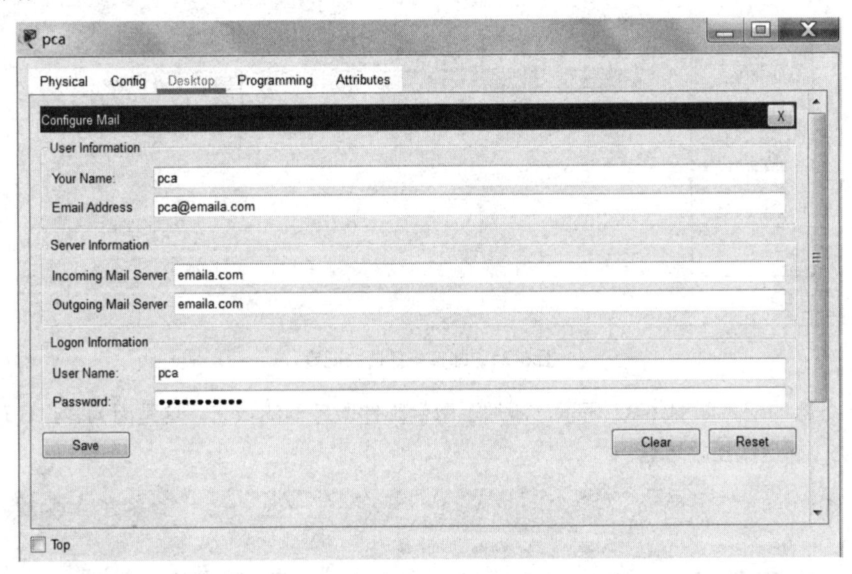

图 6-29　pca 的配置

pcb 的配置如图 6-30 所示。

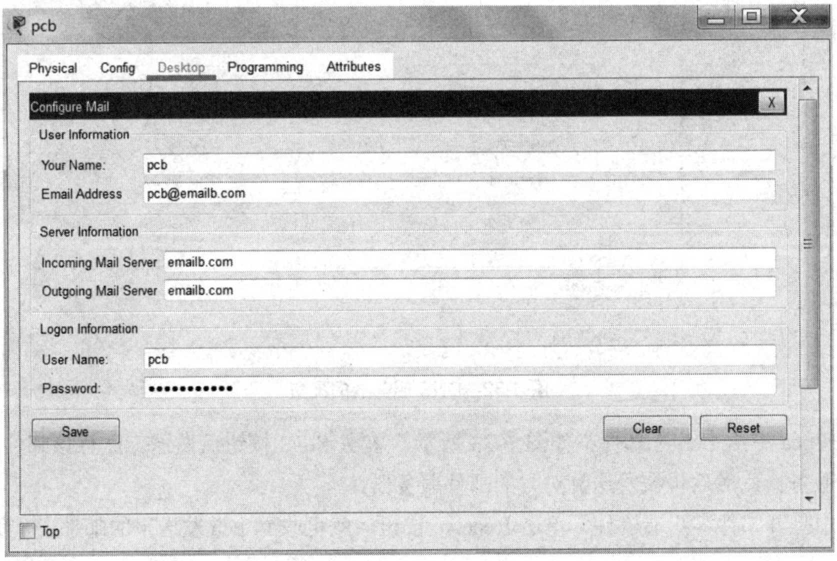

图 6-30　pcb 的配置

（4）配置服务器。

邮件服务器的配置以 emailb.com 为例，如图 6-31 所示，主要是将客户 pcb 的用户账号和密码添加进去。

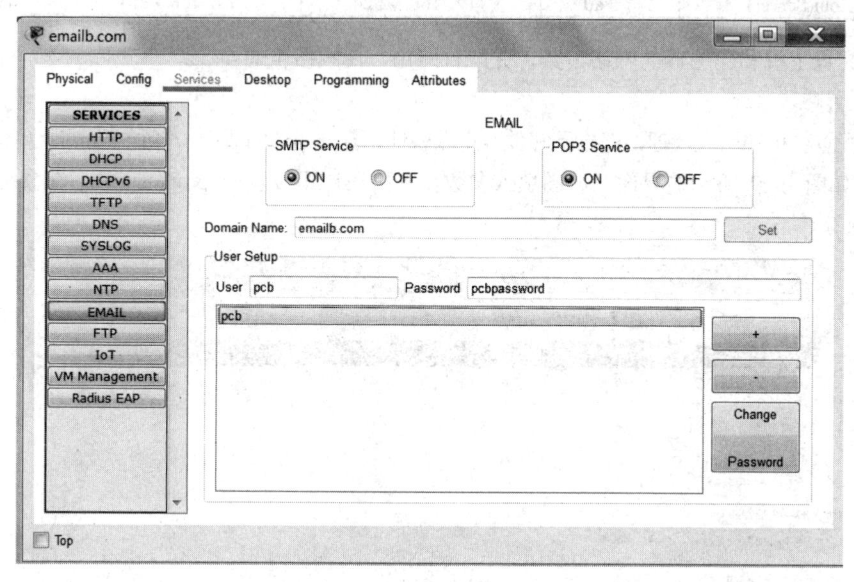

图 6-31 邮件服务器的配置

DNS 服务器的配置如图 6-32 所示，添加了两台邮件服务器的域名，这是因为客户代理端设置的 SMTP 和 POP3 都是添加的域名。

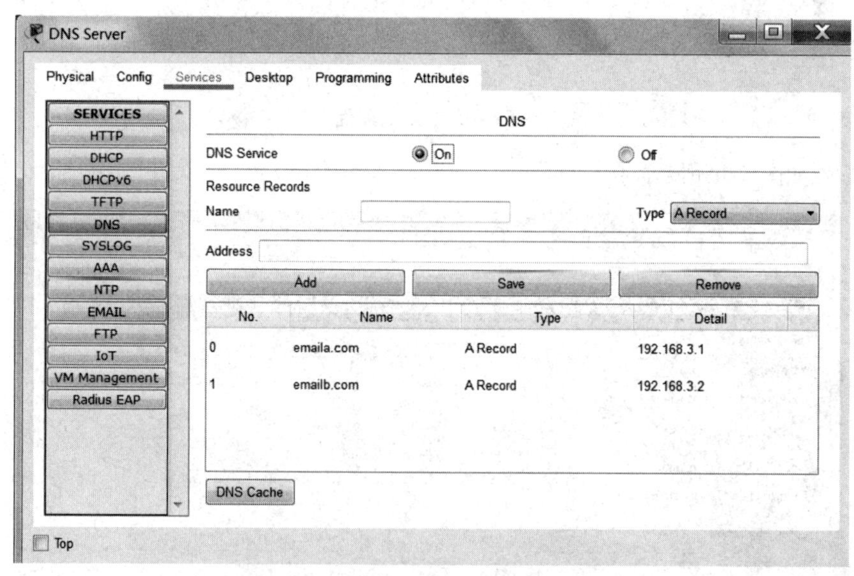

图 6-32 DNS 服务器的配置

（5）在 pca 中给 pcb 写邮件，如图 6-33 所示，单击 Send 按钮后发送。注意该邮件先被发送到自己的邮件服务器，然后再被发送到对方的邮件服务器。

在 pcb 中打开邮件客户端软件，单击 Receive 按钮，就可收到 pca 发送来的邮件了，如图 6-34 所示。

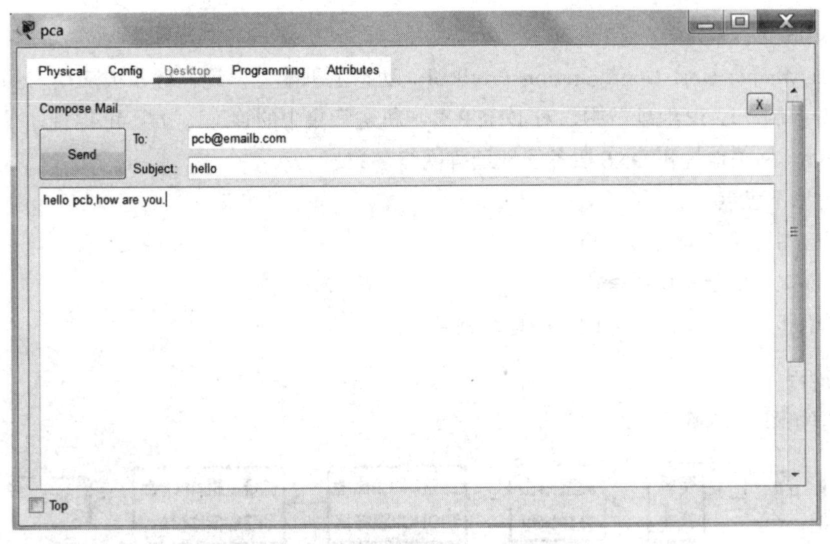

图 6-33　在 pca 中给 pcb 写邮件

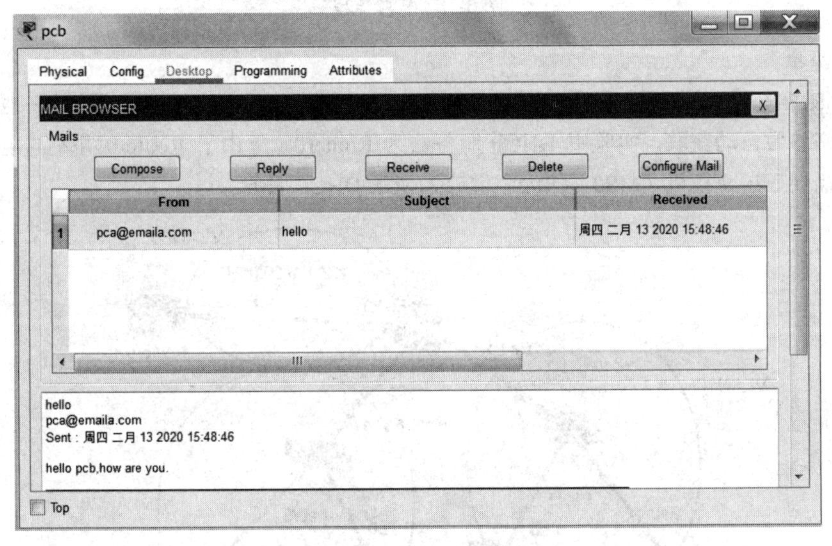

图 6-34　收到 pca 发送来的邮件

（5）切换到模拟模式下，只选中 SMTP 和 POP3 协议，由 pca 向 pcb 发送邮件，观察 SMTP 分组的轨迹。可以看到两件事，其一是 SMTP 分组在 pca 处封装，然后沿路由到达其邮件服务器 emaila.com，再由邮件服务器将回复沿路由发送到 pca；其二是由客户 pca 的邮件服务器 emaila.com 将邮件发送到客户 pcb 的邮件服务器 emailb.com 上。

在 pcb 中单击 Receive 按钮，可以观察到 pcb 处封装了 POP3 分组，该分组按路由到达 emailb.com 邮件服务器，再由邮件服务器将邮件送回 pcb。这样就完成了收发邮件的过程。

请读者自行观察。

实验 5：动态主机配置协议（DHCP）实验

1. 实验目的

（1）理解动态主机配置协议的含义。

（2）掌握 DHCP 服务器的配置。

2. 基础知识

DHCP（Dynamic Host Configuration Protocol，动态主机配置协议）通常被应用在局域网络环境中，由服务器控制一段 IP 地址范围，对 DHCP 客户机进行集中的管理，分配 IP 地址，使客户机动态地获得 IP 地址、网关地址和 DNS 服务器地址等网络参数。

DHCP 有以下优点：

（1）减轻网络管理人员的负担。

（2）能够提升地址的使用率。

（3）可以和其他（如静态分配）的地址共存。

3. 实验流程

实验流程如图 6-35 所示。

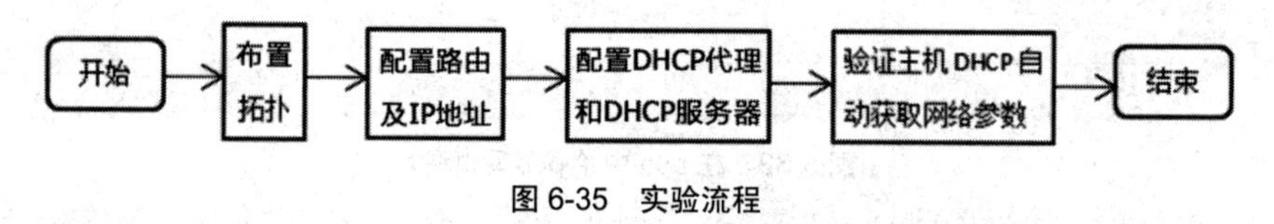

图 6-35　实验流程

4. 实验步骤

（1）布置拓扑，如图 6-36 所示，网络共划分为 3 个网段，设置 1 台服务器为 IP 地址静态划分、其余主机网络参数自动获取。实验中 DHCP 服务器为 Router0，但由于 Router0 并不与主机在相同网段，所以，需要三层交换机（MS0）作为中继代为请求 DHCP 服务。

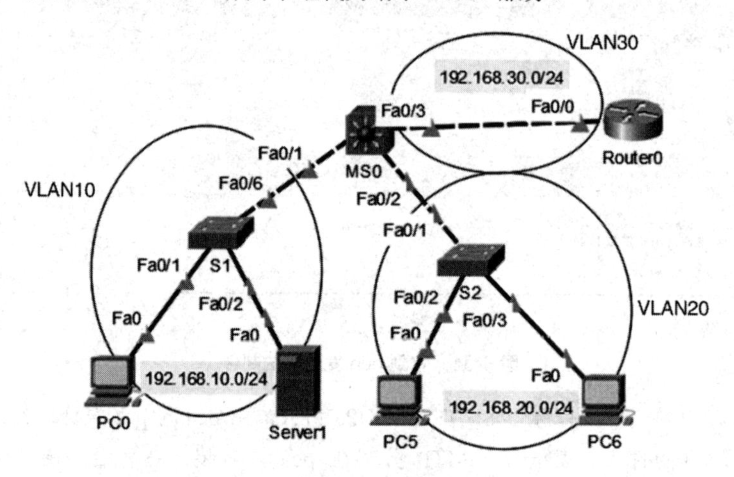

图 6-36　拓扑图

其 IP 地址规划如表 6-5 所示。

表 6-5　IP 地址规划

设备名称	接口	VLAN	IP 地址	网关
Router0	Fa0/0		192.168.30.2/24	
MS0	Fa0/1	trunk	192.168.3.254/24	
	Fa0/2	trunk	192.168.2.2/24	
	Fa0/3	30		
	VLAN 10		192.168.10.254/24	
	VLAN 20		192.168.20.254/24	
	VLAN 30		192.168.30.1/24	

续表

设备名称	接口	VLAN	IP 地址	网关
PC0	Fa0	10	自动获取	自动获取
Server1	Fa0	10	192.168.10.1/24	192.168.10.254
PC5	Fa0	20	自动获取	自动获取
PC6	Fa0	20	自动获取	自动获取

（2）配置路由。

三层交换机 MS0 的配置：

```
Switch>en
Switch#conf t
Enter configuration commands,  one per line. End with CNTL/Z.
Switch(config)#hostname MS0
MS0 (config)#int range f0/1-2
MS0 (config-if-range)#switch trunk encapsulation dot1q
MS0 (config-if-range)#switch mode trunk
MS0 (config-if-range)#exit
MS0 (config)#vlan 10
MS0 (config-vlan)#vlan 20
MS0 (config-vlan)#vlan 30
MS0 (config-vlan)#int f0/3
MS0 (config-if)#switch access vlan 30
//利用 SVI 来和路由器相连
MS0 (config-if)#exit
MS0 (config)#ip routing
MS0 (config)#int vlan 10
MS0 (config-if)#ip address 192.168.10.254 255.255.255.0
MS0 (config-if)#int vlan 20
MS0 (config-if)#ip address 192.168.20.254 255.255.255.0
MS0 (config-if)#int vlan 30
MS0 (config-if)#ip address 192.168.30.1 255.255.255.0
MS0 (config)#router rip
MS0 (config-router)#version 2
MS0 (config-router)#network 192.168.10.0
MS0 (config-router)#network 192.168.20.0
MS0 (config-router)#network 192.168.30.0
MS0 (config-router)#exit
```

路由器 Router0 的配置：

```
Router>enable
Router#configure terminal
Enter configuration commands,  one per line. End with CNTL/Z.
Router(config)#hostname Router0
Router0(config)#interface FastEthernet0/0
Router0(config-if)#ip address 192.168.30.2 255.255.255.0
Router0(config-if)#no shutdown
Router0(config-if)#exit
Router0(config)#router rip
Router0(config-router)#version 2
Router0(config-router)#network 192.168.30.0
```

```
Router0(config-router)#exit
```

（3）配置中继代理和 DHCP 服务器。

三层交换机 MS0 的配置：

```
MS0(config)#int vlan 10
MS0(config-if)#ip helper-address 192.168.30.2
//该接口作为 DHCP 中继，为该网段的主机指定上级 DHCP 服务器的地址
MS0(config-if)#int vlan 20
MS0(config-if)#ip helper-address 192.168.30.2
```

路由器 Router0 的配置：

```
Router0(config)#ip dhcp pool pool10
Router0(dhcp-config)#network 192.168.10.0 255.255.255.0
Router0(dhcp-config)#default-router 192.168.10.254
//配置 DHCP 地址池名称为 pool10，并说明地址池对应的网段、默认网关等需要的网络参数，该网段中的地址将
被自动分配
Router0(dhcp-config)#exit
Router0(config)#ip dhcp pool pool20
Router0(dhcp-config)#network 192.168.20.0 255.255.255.0
Router0(dhcp-config)#default-router 192.168.20.254
Router0(dhcp-config)#exit
Router0(config)#ip dhcp excluded-address 192.168.10.1 192.168.10.100
//从地址池中排除部分地址，作为保留，不被自动分配
```

路由器中共配置了两个地址池，分别给 VLAN 10 和 VLAN 20 分配网络参数。

（4）验证主机自动获取 IP 地址。

如图 6-37 所示，以 PC0 为例，可以自动获取 IP 地址。

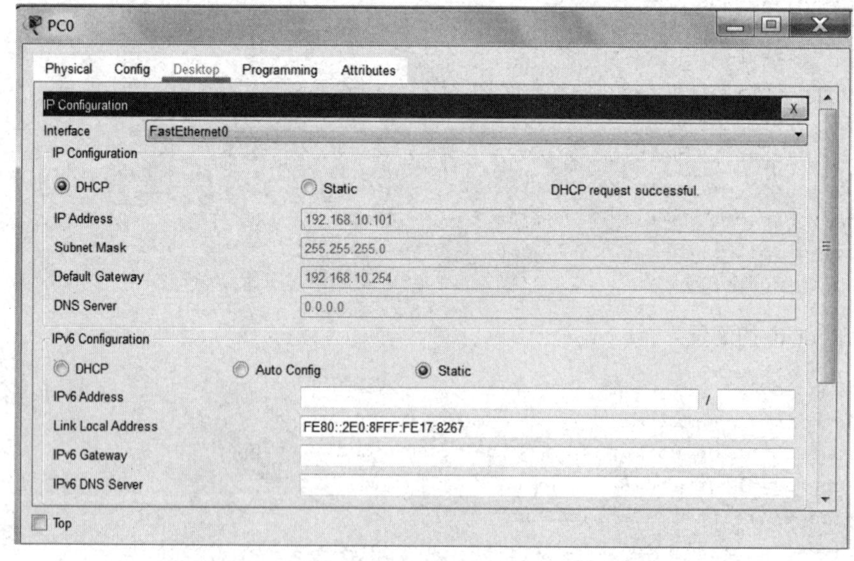

图 6-37　自动获取 IP 地址

读者可以在模拟状态下进一步观察 DHCP 服务的更多细节。

本章小结

本章主要介绍了应用层的功能与作用，具体讲述了域名系统 DNS、文件传输协议 FTP、万维网 WWW、远程终端 Telnet 与 SSH、电子邮件协议及动态主机配置协议 DHCP 的功能、作用、原理与配置实验。讲解了常见应用层协议的工作过程。

习题

一、选择题

1. 关于互联网，以下哪种说法是错误的（ ）
   A. 服务器利用 HTTP 协议提供 Web 服务
   B. 服务器利用 FTP 协议提供文件传输服务
   C. 服务器利用 DHCP 协议提供电子邮件服务
   D. 服务器利用 DNS 协议提供域名解析服务
2. 在 Internet 上浏览时，浏览器和 WWW 服务器之间传输网页使用的协议是（ ）。
   A. SMTP　　B. HTTP　　C. FTP　　D. Telnet
3. FTP 的意思是（ ）
   A. 文件传输协议　　B. 邮件接收协议
   C. 网络同步协议　　D. 域名解析协议
4. 中国的顶级域名中，表示教育机构的是（ ）
   A. net　　B. cn　　C. int　　D. edu
5. Internet 中 URL 的含义是（ ）
   A. 传输控制协议　　B. Internet 协议
   C. 简单邮件传输协议　　D. 统一资源定位符
6. 在互联网中，Web 服务器在进行信息发布时采用的语言是（ ）
   A. C++　　B. Java　　C. HTML　　D. DHCP
7. 当通过域名的方式访问 Web 站点时，需要通过（ ）将域名转换成 IP 地址。
   A. ARP　　B. DHCP　　C. FTP　　D. DNS
8. 以下哪个协议不是电子邮件使用的协议（ ）
   A. POP3　　B. PPP　　C. IMAP　　D. SMTP
9. 当局域网内的计算机需要自动获取 IP 地址等网络参数时可以通过（ ）服务器。
   A. IP　　B. SNMP　　C. DCHP　　D. DNS
10. 下列哪个协议可以应用于远程登录设备，并且操作设备。（ ）
   A. ARP　　B. DNS　　C. HTTP　　D. Telnet

二、判断题

1. 在电子邮件账号 sunny@126.com 中，126.com 表示的是邮件服务器的域名。（ ）
2. 远程登录使用 HTTP 协议。（ ）
3. ARP 协议用于将域名转换成 IP 地址。（ ）
4. 顶级域 org 表示商业组织。（ ）
5. HTTP 协议可以加密客户端和 Web 服务器之间通信的数据。（ ）

6. DHCP 请求包为单播形式。（ ）

7. 通过 Web 浏览器发送邮件时，从 Web 浏览器发送邮件到邮件服务器端采用的是 SMTP 协议。（ ）

8. URL 是由协议、主机名、端口、文件路径组成的。（ ）

9. POP3 协议用于在邮件服务器之间进行信件的传输。（ ）

10. FTP 是基于运输层的 UDP 协议。（ ）

三、问答题

1. DNS 协议的功能是什么？描述其工作原理。

2. 请说明 HTTP 协议与 HTTPS 协议之间的区别？分别适用于什么环境？

3. FTP 协议的作用是什么？说明其工作原理？

4. 远程登录 Telnet 的功能与特点是什么？

5. DHCP 的作用是什么？描述其工作原理。

6. 万维网的作用是什么？为什么说万维网的出现加快了互联网的推广与普及。

7. 电子邮件所使用的基本协议有哪些？请描述这些协议在电子邮件的收发过程中如何使用。

8. 请说明某台计算机要访问 www.baidu.com 的 DNS 的解析过程。

9. 应用层作为 TCP/IP 的最高层，其功能与作用是什么？

10. 描述互联网域名的结构是什么？一台计算机在互联网上的完整的计算机域名是如何得来的？

第 7 章 无线网络*

7.1 无线网络概述

7.1.1 无线网络的发展

近年来，无线通信技术得到了飞速发展，在全世界范围内使用移动电话的人数早已经远远超过了使用固定电话的人数，人们喜欢“移动”着打电话。对于计算机网络，人们也想随时随地、不受限制地上网，因此发展出很多无线传输技术，如无线局域网技术、蓝牙、ZigBee、蜂窝网络、移动 IP 等，无线网络的应用范围也随之扩大。使用电磁波在自由空间进行信息传输的网络称为无线网络。

无线网络的初步应用可以追溯到第二次世界大战期间，当时美国陆军采用无线电信号传输资料。他们研发出了一种无线电传输技术，并且采用高强度的加密技术，当初美军和盟军都广泛使用这种技术，许多学者从中得到了灵感。1971 年，夏威夷大学（University of Hawaii）的研究员创造了第一个基于封包式技术的无线电通信网络，称为 ALOHAnet 的网络，相当于早期的无线局域网。它包括了 7 台计算机，采用双向星型拓扑（Bi-Directional Star Topology），横跨 4 座夏威夷的岛屿，中心计算机放置在瓦胡岛（Oahu Island）上。这被认为是无线网络正式诞生了。

下面是无线网络发展的一些重要事件：

1864 年，英国人麦克斯韦提出了完整的电磁波理论；

1893 年，美国人特斯拉在圣路易斯首次公开演示了无线电通信；

1957 年，苏联成功发射了第一颗人造卫星；

1971 年，横跨 4 个岛屿的首个分组无线电网络 ALOHAnet 在夏威夷大学出现；

1983 年，蜂窝移动电话通信系统在美国芝加哥开通，随后欧洲开通了数字移动电话网；

1997 年，IEEE 发布了 IEEE 802.11 无线局域网标准；

2001 年，IEEE 发布了 IEEE 802.16 无线城域网标准；

2002 年，IEEE 发布了 IEEE 802.15 无线个人网标准；

2010 年，国际电信联盟确定第 4 代移动通信（4G）的国际标准；

2019 年，第 5 代移动通信（5G）在我国和其他国家陆续开始商用；

2020 年，我国北斗卫星基本发射完毕，建成北斗三号卫星导航系统。

7.1.2 无线网络的分类

1. 按覆盖范围分类

1）无线个域网

无线个域网（Wireless Personal Area Network，WPAN）一般指短距离通信的小范围网络，如手机和耳机通过无线相连，电脑和无线键盘、无线鼠标的连接，以及和打印机等的无线连接等。

2）无线局域网

无线局域网（Wireless Local Area Network，WLAN）可分为有固定基础设施和无固定基础设备两大类。

有固定基础设施的 WLAN 标准是 IEEE 802.11，包含预先建立的基站等固定基础设施和若干移动站。

无固定基础设施的 WLAN 称为自组织网络，应用较多的是移动自组织网络（MANET），由一些可以移动的彼此平等的节点组成，节点之间可以相互通信，组成一个临时的无线局域网，不需要预先建立固定基础设施。在军事和民事领域有着广阔的应用前景。如地面的汽车群，军事上的坦克群、战机群、舰艇群等。

3）无线城域网

无线通信的便捷性促使对无线网络的覆盖范围有更大的需求。以 IEEE 802.16 为代表的无线城域网技术被提出，其单个基站的覆盖范围可达几十千米，可组成城市规模大小的无线网络，通常被称为城域网。

4）无线广域网

类似卫星通信网络或蜂窝移动通信网络等均覆盖了广阔的区域，被称为无线广域网。

7.2 无线局域网 WLAN

7.2.1 无线局域网的特点及组成

无线局域网利用电磁波在空气中的传播来发送和接收数据，而无须有线传输介质。无线网络不是为了替代有线网络，而是对有线网络方式的 种补充和扩展。与有线网络相比，无线局域网具有以下特点：

（1）安装便捷。一般在网络建设中，施工周期最长、对周边环境影响最大的就是网络布线工程。在施工过程中，往往需要破墙掘地、穿线架管。而无线局域网最大的优势就是免去或减少了网络布线的工作量，一般只要安装一个或多个接入点（Access Point，AP）设备，就可建立覆盖整个建筑或地区的局域网络。

（2）使用灵活。在有线网络中，网络设备的安放位置受网络信息点位置的限制。而一旦无线局域网建成后，在无线网的信号覆盖区域内任何一个位置都可以接入网络。

（3）经济节约。由于有线网络缺少灵活性，这就要求网络规划者尽可能地考虑未来发展的需要，这就往往导致要预设大量利用率较低的信息点。而一旦网络的发展超出了设计规划，又要花费较多的费用进行网络改造，而无线局域网可以避免或减少以上情况的发生。

（4）易于扩展。无线局域网有多种配置方式，能够根据需要灵活选择。这样，无线局域网就能胜任从只有几个用户的小型局域网到上千用户的大型网络，并且能够提供像“漫游”等有线网络无法提供的特性。由于无线局域网具有多方面的优点，所以发展得十分迅速。已经在医院、商店、工厂和学校等场合得到了广泛应用。

无线局域网由站、无线介质、无线接入点或基站、分布式系统等组成。

（1）站。指主机或终端，其上安装有无线网络接口（无线网卡等）及相关网络软件等。站在无线通信范围内可以移动，其通信距离受天线辐射能力及周围环境地形的制约。

（2）无线介质。指无线电磁波的载体，即自由空间。

（3）接入点（Access Point, AP）。AP 用来连接各站，为所连接站的数据通信提供转发服务。一个 AP 覆盖的范围称为一个基本服务组（BSS），一个 BSS 包括一个接入点和若干站，是 802.11 标准规定的无线局域网的最小构件。通常情况下，AP 会通过有线接口同有线网络连接，完成无线站同有线网络的连接。

（4）分布式系统（DS）。单个 BSS 无线覆盖的范围非常有限，只能提供 BSS 内部站点间的通信，为了扩大覆盖范围，可通过分布式系统 DS 将多个 BSS 连接起来，构成一个扩展服务组（ESS）。DS 通过入口连接骨干网，入口可以识别有线网络和 WLAN 的帧，入口是一个逻辑接入点，可以是单一设备，也可以集成到 AP 中。

7.2.2 802.11 局域网拓扑结构

WLAN 的拓扑结构主要有两种，即分布对等式拓扑和基础结构式拓扑。

1. 分布对等式拓扑

对等模式拓扑用于自组织型 WLAN 中，拓扑中不需要无线集中接入点 AP，也不需要预先的固定基础设施，站点间是对等的、分布式的，可随时构建，如图 7-1 所示。这种无须 AP 的 BSS 被称为 IBSS。由于各站点需要竞争公用信道，所以，当站点数过多时，可能会对网络性能造成较大影响。

对等式拓扑网络不能采用全连接的拓扑结构。其原因是对于两个移动节点而言的，某一个节点可能会暂时处于另一个节点传输范围之外，接收不到另一个节点的传输信号，因此无法在这两个节点之间直接建立通信。

对等式拓扑网络适合小范围、小规模的网络，临时组网方便，经常用于军事通信和抢险救灾等。

2. 基础结构式拓扑

BSS 基础结构的无线网络拓扑如图 7-2 所示。

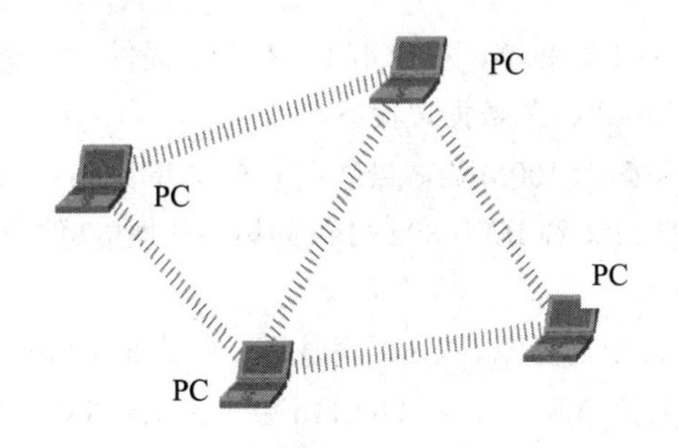

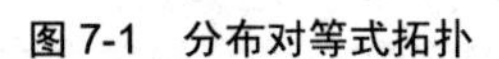
图 7-1 分布对等式拓扑

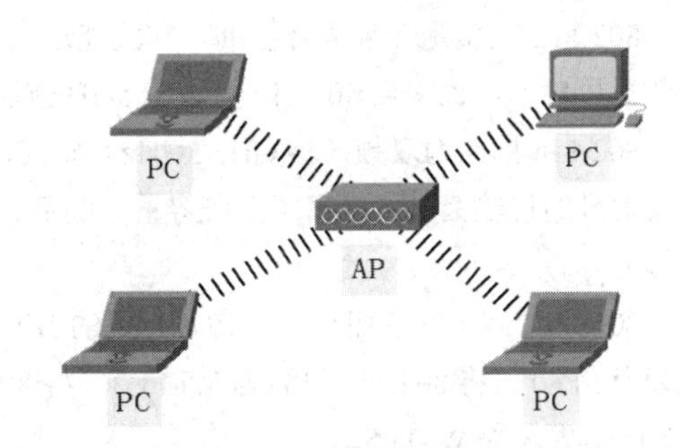

图 7-2 基础结构式拓扑

两个 BSS 通过 DS 连接在一起，形成一个 ESS，如图 7-3 所示。其中分配系统使用了以太网，也可以是点对点链路或其他无线网络，ESS 通过分配系统通往其他网络，如互联网等。

目前无线路由器作为无线局域网中的设备，被大量用在末端无线网络中用来接入互联网。无线路由器除了具有 AP 接入的功能，还具有许多其他功能，如支持 DHCP 客户端、VPN、防火墙、WEP 加密等，而且还实现了网络地址转换（NAT）功能。

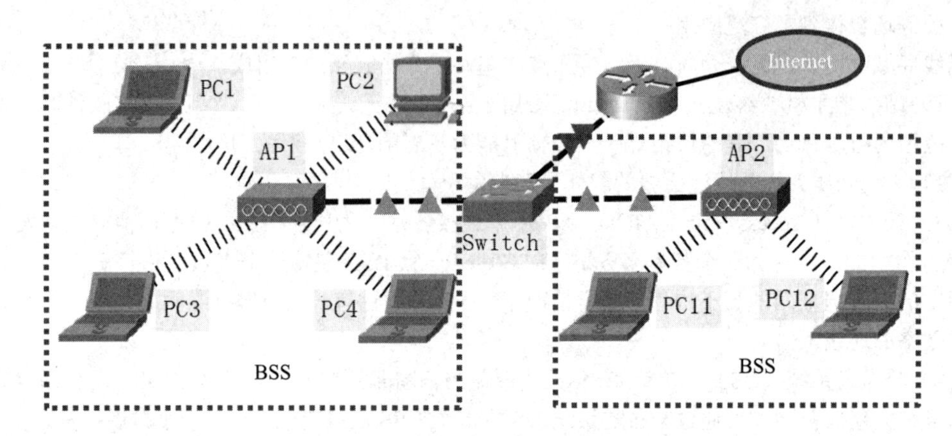

图 7-3 ESS 基础结构式拓扑

7.2.3 802.11 标准系列

1997 年制定的 IEEE 802.11 是第一代无线局域网标准之一，主要用于解决办公室局域网和校园网中用户与用户终端的无线接入，业务主要限于数据存取。该标准定义了单一的 MAC 层和多样的物理层，速率最高只能达到 2Mb/s。为了在速率和传输距离上有更好的表现，IEEE 小组又相继推出了 802.11b 和 802.11a 两个新标准。

802.11b 也称为 Wi-Fi，其采用 2.4GHz 直接序列扩频，最大数据传输速率为 11Mb/s，无须直线传播。支持动态速率转换，当射频情况变差时，可将数据传输速率降低为 5.5Mb/s、2Mb/s 或 1Mb/s。支持的范围在室外可达 300 米，在办公环境中最长为 100 米。802.11b 使用与以太网类似的连接协议和数据包确认，来提供可靠的数据传送和网络带宽的有效使用。

802.11a 标准是 802.11b 的后续标准，其工作在 5GHz 频段上，物理层速率可达 54Mb/s。可提供 25Mb/s 的无线 ATM 接口和 10Mb/s 的以太网无线帧接口，以及 TDD/TDMA 的空中接口，支持语音、数据、图像业务，一个扇区可接入多个用户，每个用户可带多个用户终端。

事实上，为了得到更高的性能，IEEE 在 802.11 的基础上进行了很多的扩展，形成了一系列的标准。

802.11g 其实是一种混合标准，它既能适应传统的 802.11b 标准，在 2.4GHz 频率下提供 11Mb/s 的数据传输率，也符合 802.11a 标准在 5GHz 频率下提供 56Mb/s 的数据传输率。

802.11n 标准为双频（2.4GHz/5GHz）模式，数据传输率为 100Mb/s，最高可达 600Mb/s，扩大了无线信号的传输范围，提高了系统容量。随后，IEEE 802.11ac 和 IEEE 802.11ax 的标准使性能更进一步提升。

2018 年，Wi-Fi 联盟宣布，将新一代的 IEEE 802.11ax 更名为 Wi-Fi 6，同时将以前的 802.11b 更名为 Wi-Fi 1，将 802.11a 更名为 Wi-Fi 2，将 802.11g 更名为 Wi-Fi 3，将 802.11n 更名为 Wi-Fi 4，将 802.11ac 更名为 Wi-Fi 5。

7.2.4 802.11 局域网的 MAC 层协议

MAC 层通过共享访问介质来实现数据传输服务，保障数据传输的可靠性，这是通过两种访问机制来实现的，即分布式协调功能（Distributed Coordination Function，DCF）和点协调功能（Point Coordination Function，PCF）。其中，PCF 属于无竞争访问协议，适用于节点安装了控制器的网络，是可选协议，是否实现由各硬件厂家决定。DCF 需要竞争信道，是 MAC 层必备的功能，如图 7-4 所示。本节主要介绍 DCF。

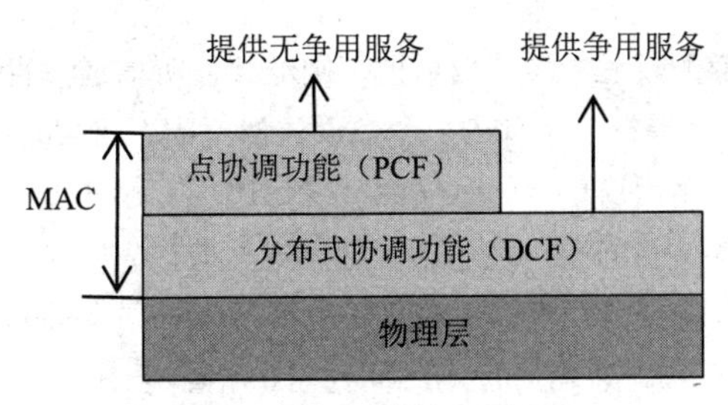

图 7-4　802.11 的 MAC 层

1. CSMA/CD

IEEE 802.3 中采用 CSMA/CD 协议来解决共享介质的数据传输问题，对于无线局域网来说，同样也属于在共享介质上进行数据传输，是否也能采用 CSMA/CD 协议呢？

CSMA/CD 协议的主要特点是检测信道是否空闲，如果空闲就发送数据，并在传输的过程中不间断地检测信道是否发生了冲突。一旦发现冲突，就马上停止发送，并执行退避算法。在 802.11 中也使用了类似的思想，但却无法完全使用 CSMA/CD 协议，这是由无线局域网的几个通信特点决定的。

（1）信号强度的问题。无线信号从源站发出到接收站的过程中，无线介质的动态范围很广，会产生较大的衰减，导致发送端无线适配器识别困难，不适合边发送边检测冲突的算法。

（2）隐蔽站的问题。所谓隐蔽站是指双方彼此检测不到对方的信号，但却有可能导致冲突的发生。隐蔽站发生碰撞的情况如图 7-5 所示。

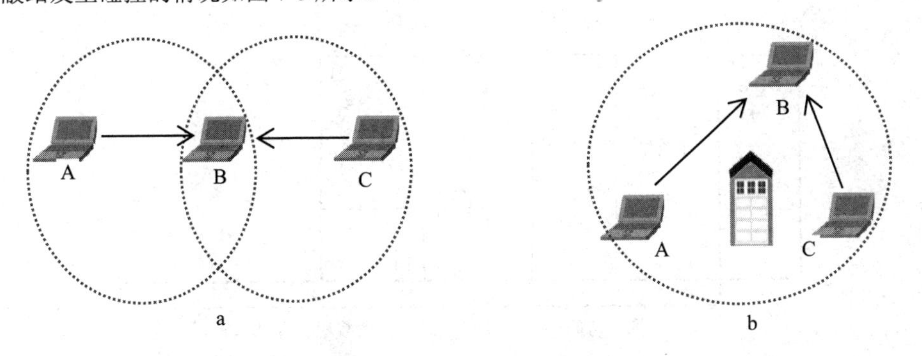

图 7-5　隐蔽站发生碰撞情况

在图 7-5 中，A 和 C 同时向 B 发送数据，会发生碰撞，对于 A 和 C 来说，它们都是对方的隐蔽站，在图 7-5（a）中，A 和 C 由于超出了对方信号的辐射范围，探测不到对方的信号，当 A 发送信号到 B 时，C 可能会探测到信号是空闲的，因而也向 B 发送信号，导致冲突发生。在图 7-5（b）中，A 和 C 同样互为隐蔽站，由于建筑物的阻挡，它们无法探测到对方的信号，导致在和 B 通信时可能发生碰撞。

因此，在 802.11 中，可以保留 CSMA 的思想，却不能保留冲突检测。事实上，在 802.11 中使用了碰撞避免的算法，这里碰撞避免的意思是尽量减少碰撞发生的概率。但一旦开始发送，就要把一帧发送完毕。另外，鉴于无线信道的通信质量不如有线信道，为了提高传输的可靠性，在 802.11 中还使用了停止等待协议，需要等待对方的确认才能继续传送下一帧。

先不考虑帧间间隔（IFS）的区别，CSMA/CA 的工作流程如下：

（1）发送站在发送数据前，首先监听信道，若信道空闲，需等待一个 IFS，若信道继续空闲，则立即发送数据。

（2）在（1）中监听信道的过程中，若信道忙，则继续监听信道，直到信道空闲。

（3）当信道转入空闲时，等待一个 IFS，若信道依然空闲，则发送数据；若信道转为忙，则执行二进制指数退避算法，进入争用窗口，同时继续监听信道。

另外，针对隐蔽站带来的碰撞问题，发送站在送出数据前，先发送一段请求传送帧（Request To Send，RTS）到目标站，并等待目标站对该请求的回应帧（Clear To Send，CTS），握手同意后，发送站即可发送数据帧，帧中都包含通信所需的时间通告，相当于对信道进行预约，其他站点接收到此信息后，会推迟发送，避免了收发双方后面的数据传输发生碰撞。

在上述算法中，没有考虑帧的优先级。为了降低碰撞的发生，提高传输效率，在 802.11 中针对不同类型的帧设计了不同的 IFS，这使得 802.11 中的帧有了事实上的优先级属性，因为拥有较短的 IFS 的帧可以优先获得发送权。802.11 设计了三种不同的 IFS：

（1）短帧间间隔（SIFS）。这是最短的帧间间隔，具有最高的优先级，用于将帧尽快发送出去，典型值为 10μs。

（2）点协调帧间间隔（PIFS）。在 PCF 机制中使用，如中央控制器查询帧。PIFS 长度大于 SIFS。

（3）分布协调帧间间隔（DIFS）。在 DCF 机制中使用，异步帧争用访问控制权时的帧间间隔，是最长的 IFS，典型值为 50μs。

基本接入方法及三种时隙示意图如图 7-6 所示。

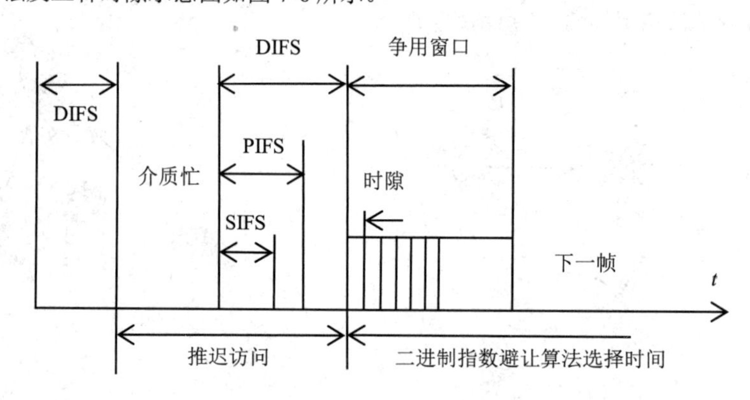

图 7-6 基本接入方法及三种时隙示意图

下面是几种不同帧间间隔的典型情况：

（1）发送站 A 在获得访问控制权后，发送自己的数据帧 DATA_A，接收站 B 在收到 DATA_A 后，本来应立即向 A 站返回对 DATA_A 的确认帧 ACK，但由于接收站 B 需进行一些相应的处理，如进行 CRC 校验等，校验无差错才能回复确认 ACK，这需要一点时间，即 SIFS。由于 SIFS<PIFS<DIFS，所以，当信道中各站都检测到空闲时，确认 ACK 由于其具有最短的帧间间隔，从而会先获得访问控制权。这样，在时间段（DATA_A+SIFS+ACK）内，拥有更长帧间间隔的帧无法获得访问控制权限，不能发送自己的数据帧，避免了更多的碰撞，整体上提高了效率。

（2）发送站 A 发送 RTS，经过 SIFS 后，接收站 B 回复 CTS，又经过 SIFS 后，发送站 A 发送 DATA_A，接收站 B 收到 DATA_A 后，再经过一个 SIFS，向发送站 A 发送对 DATA_A 的确认 ACK。

在此时间段内，其他站均需推迟发送。

（3）PCF 是一个无竞争访问协议，所有工作站均服从中心控制器的控制，帧间间隔使用 PIFS，适用于安装有中心控制器的网络。中心控制器用轮询法询问每个站有无数据要发送，获得发送权的站可以发送，其他站不可以发送数据，从而避免了冲突的发生。

2. RTS/CTS

针对隐蔽站带来的碰撞问题，发送站在送出数据前，先发送一段请求传送帧 RTS 到目标站，并等待目标站对该请求的回应帧 CTS，握手同意后，发送站即可发送数据帧，帧中都包含通信所需的时间通告，相当于对信道进行预约，其他站点接收到此信息后，会推迟发送，避免了收发双方后面的数据传输发生碰撞。

例如，发送站 A 发送 RTS，经过 SIFS 后，接收站 B 回复 CTS，又经过 SIFS 后，发送站 A 发送 DATA_A，接收站 B 收到 DATA_A 后，再经过一个 SIFS，向发送站 A 发送对 DATA_A 的确认 ACK。在此时间段内（RTS+SIFS+CTS+SIFS+DATA_A+SIFS+ACK），接收到双方时间预约的其他站均需推迟发送，如图 7-7 所示。

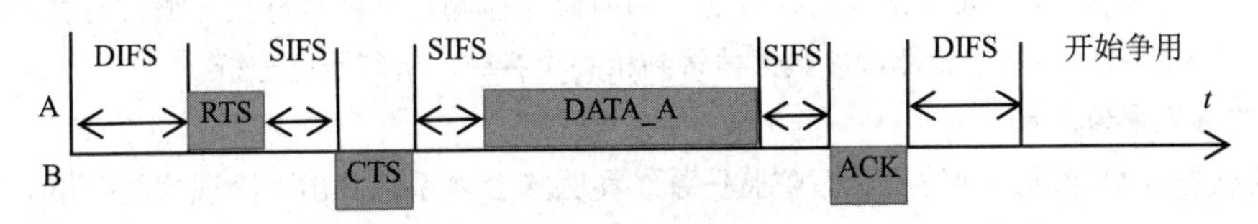

图 7-7　对信道进行预约

由于增加了 RTS-CTS 的预约机制，尽管 RTS 和 CTS 的帧都很短，但依然使得 802.11 的通信效率下降了。如果不使用 RTS-CTS 的预约机制，则会导致碰撞的增加，也会降低通信效率。信道预约不是强制的，各站可自行决定是否使用。显然，如果数据帧的长度太短，信道预约机制会浪费信道的资源，导致通信效率的降低。

7.3　其他无线网络及技术

1. 蓝牙

蓝牙作为一种小范围无线连接技术，能在设备间实现方便快捷、灵活安全、低成本、低功耗的数据通信和语音通信，因此它是实现无线个域网通信的主流技术之一。能在包括移动电话、PDA、无线耳机、笔记本电脑及相关外设等众多设备之间进行无线信息传输。

蓝牙使用 IEEE 802.15 协议，工作在全球通用的 2.4GHz ISM（即工业、科学、医学）频段，适用于全球范围内用户无界限的使用，解决了蜂窝式移动电话的国界障碍。蓝牙技术产品使用方便，利用蓝牙设备可以搜索到另外一个蓝牙技术产品，迅速建立起两个设备之间的联系。蓝牙的首次配对需要用户通过 PIN 码验证，PIN 码一般仅由数字构成，且位数很少，一般为 4～6 位。PIN 码在生成之后，设备会自动使用蓝牙自带的 E2 或者 E3 加密算法来对 PIN 码进行加密，然后进行身份认证。

蓝牙传输距离较短，蓝牙技术的主要工作范围在 10 米左右，经过增加射频功率后的蓝牙技术，可以在 100 米的范围进行工作，只有这样才能保证蓝牙在传播时的工作质量与效率，提高蓝牙的传播速率。另外，在蓝牙技术连接过程中，还可以有效地降低该技术与其他电子产品之间的干扰，从而保证蓝牙技术可以正常运行。蓝牙技术不仅有较高的传播质量与效率，同时还具有较高的传播安全性。

蓝牙作为一种短距离无线通信技术，正有力地推动着低速率无线个人区域网络的发展，主要有以下一些应用。

1）车载设备间的通信

将蓝牙技术应用到车载免提系统中，利用手机作为网关，打开手机蓝牙功能与车载免提系统，只要手机在距离车载免提系统的 10 米之内，都可以自动连接，控制车内的麦克风与音响系统，从而实现全双工免提通话。

在车载蓝牙娱乐系统中，将 USB 技术、音频解码技术、蓝牙技术等相融合，利用汽车内部麦克风、音响等，播放储存在 U 盘中的各种音频。以 CAN 为基础连接车载系统中的网络，可以实现车载信息娱乐系统的运行。

在车载诊断系统中可以依靠蓝牙远程技术，及时对车辆进行检查，如对汽车发动机进行实时监测，帮助车辆时刻掌握不同功能模块的具体运行情况，一旦发现系统运行不正常，就利用设定好的计算方法准确判断出现故障的原因与故障类型，将故障诊断代码上传到车载运行系统存储器中。

2）工业生产中的应用

在数控机床中安装支持蓝牙技术的监控设施，为数控机床用户生产提供方便，同时也维护了数控机床生产的安全。技术人员根据携带的蓝牙监控设备，随时监控与管理机床运行，发现数控机床生产问题并及时处理。在工业零部件磨损方面，利用蓝牙检测软件结合磨损检测材料进行实验研究，及时利用蓝牙无线传输将磨损检测程度数据传输到相关设备中，进行智能分析。

3）医药领域中的应用

随着现代医疗事业的蓬勃发展，医院监护系统和医疗会诊系统的出现为现代医疗事业的发展做出突出贡献，但在实际应用过程中也存在一些问题，例如，当前对重症病人的监护设备都采用有线连接，当病人有活动需求时难免会影响监控仪器的正常运行，但是蓝牙技术的出现可以有效改善上述情况，不仅如此，蓝牙技术还在诊断结果传输与病房监护方面起着重要作用。

2. ZigBee

ZigBee 无线通信技术是基于蜜蜂相互间联系的方式而研发的一项应用于互联网通信的网络技术，其基于 IEEE 的 802.15.4 无线标准。通常用在无线个域网或机器人间的组网中。相较于传统网络通信技术，ZigBee 无线通信技术表现出更为高效、便捷的特征。作为一项近距离、低成本、低功耗的无线网络技术，尤为适用于数据流量偏小的业务，该技术可便捷地在一些固定式、便携式移动终端中进行安装。

ZigBee 网络的理论最大节点数为 2 的 16 次方，即 65536 个节点，网络中的任意节点之间都可以进行数据通信，并具有自动修复功能。当节点移动时，节点间的网络连接关系也会发生变化，节点的网络通信模块可以通过重新搜索通信对象，通过确定它们之间的联系来重置原始网络。只要节点在网络模块通信的范围内自动找到对方，它们就可以快速形成互联的网络。

ZigBee 技术的先天性优势，使得它在物联网行业逐渐成为一种主流技术，在工业、农业、智能家居等领域得到大规模的应用。例如，它可用于厂房内进行设备控制、采集粉尘和有毒气体等数据。在农业方面，可以实现温度、湿度、pH 值等数据的采集并根据数据分析的结果进行灌溉、通风等操作。在矿井中，可实现环境检测、语音通信和人员位置定位等功能。

3. 移动 IP

当使用手机访问互联网时，用户已经习惯了一边移动一边通信，但从计算机网络的发展来看，计算机站点的地理位置一般是固定不动的，在一定时期内，站点都有一个固定的 IP 地址来访问互联网。随着电子技术及各种软、硬件的发展，在计算机网络中，逐渐出现了诸如笔记本电脑等轻薄电脑产品，为了方便处理公务，人们经常边移动边上网，这就要求站点的 IP 地址做出改变，以便能和环境中的网络相连。移动IP技术就是让计算机在互联网中不受限制地漫游，也被称为移动计算机技术。

在上述移动站点中，我们希望在移动通信的过程中保持IP地址不变。比如，主机中存在着许多TCP连接，随着IP地址的改变，会导致断掉当前连接，重新建立新的TCP连接，这会消耗大量的资源。

需要注意的是，移动IP技术指在通信中保持IP地址不发生改变的一种技术，当用户出差，到了另一个环境，从而配置了新的IP地址来上网，或者DHCP给用户分配了新的IP地址，在这种情况下，用户仍然是使用一个传统的IP地址上网技术，并非这里说的移动IP技术。

解决移动IP问题的基本思路与处理蜂窝移动电话呼叫相似，使用漫游、位置登记、隧道、鉴权等技术，从而使移动节点使用固定不变的IP地址，一次登录即可实现在任意位置，包括移动节点从一个IP网络漫游到另一个IP网络时保持与IP主机的单一连接，使通信持续进行。

移动IP包括以下一些移动IP术语。

1）移动代理

分为归属代理（Home Agent）和外区代理（Foreign Agent）。归属代理至少有一个接口在归属网上，当移动节点离开归属网时，它通过IP通道（IP Tunnel）把数据包传给移动节点，并且负责维护移动节点的当前位置信息，往往由归属网络上的路由器来承担。外区代理往往指移动节点当前所在网络上的路由器，它向已登记的移动节点提供选路服务。当使用外区代理转交地址时，外区代理负责解除原始数据包的隧道封装，取出原始数据包，并将其转发到该移动节点。对于那些由移动节点发出的数据包而言，外区代理可作为已登记的移动节点的默认路由器使用。

2）移动IP地址

移动IP地址分为归属地址和转交地址。归属地址用来识别端到端连接的静态地址，是移动节点与归属网连接时使用的地址。不管移动节点连至网络的何处，其归属地址均保持不变。

转交地址即隧道终点地址，其可能是外区代理转交地址，也可能是驻留本地的转交地址。外区代理转交地址是外区代理的一个地址，移动节点利用它进行登记。在这种地址模式中，外区代理就是隧道的终点，它接收隧道数据包，解除数据包的隧道封装，然后将原始数据包发送到移动节点。由于这种地址模式可使很多移动节点共享同一个转交地址，而且不对有限的IPv4地址空间提出不必要的要求，所以这种地址模式被优先使用。驻留本地的转交地址是一个临时分配给移动节点的地址。它由外部获得（如通过DHCP），移动节点将其与自身的一个网络接口相关联。当使用这种地址模式时，移动节点自身就是隧道的终点，执行解除隧道功能，取出原始数据包。一个驻留本地的转交地址仅能被一个移动节点使用。转交地址是仅供数据包选路使用的动态地址，也是移动节点与外区网连接时使用的临时地址。每当移动节点接入到一个新的网络，转交地址就发生变化。

3）位置登记（Registration）

移动节点必须将其位置信息向其归属代理进行登记，以便被找到。在移动IP技术中，依不同的网络连接方式，有两种不同的登记规程。一种是通过外区代理进行登记。即移动节点向外区代理发送登记请求报文，外区代理接收并处理登记请求报文，然后将报文中继到移动节点的归属代理，归属代理处理完登记请求报文后向外区代理发送登记答复报文（接受或拒绝登记请求），外区代理处理登记答复报文，并将其转发到移动节点。另一种是直接向归属代理进行登记，即移动节点向其归属代理发送登记请求报文，归属代理处理后向移动节点发送登记答复报文（接受或拒绝登记请求）。登记请求报文和登记答复报文使用用户数据报协议（UDP）进行传送。当移动节点收到来自其归属代理的代理通告报文时，即可判断其已返回到归属网络。此时，移动节点应向归属代理撤销登记，在撤销登记之前，移动节点应配置适用于其归属网络的路由表。

4）代理发现（Agent Discovery）

移动 IP 定义了两种发现移动代理的方法：一是被动发现，即移动节点等待本地移动代理周期性地广播代理通告报文；二是主动发现，即移动节点广播一条请求代理的报文。使用代理发现，可使移动节点检测到它何时从一个 IP 网络漫游或切换到另一个 IP 网络。

所有移动代理都应具备代理通告功能，并对代理请求做出响应。所有移动节点必须具备代理请求功能。但是，移动节点只有在没有收到移动代理的代理通告，并且无法通过链路层协议或其他方法获得转交地址的情况下，才可发送代理请求报文。

5）隧道技术（Tunneling）

当移动节点在外区网上时，归属代理需要将原始数据包转发给已登记的外区代理。这时，归属代理使用 IP 隧道技术，将原始 IP 数据包封装在转发的 IP 数据包中，从而使原始 IP 数据包原封不动地转发到处于隧道终点的转交地址处。在转交地址处取出原始数据包，并将原始数据包发送到移动节点。当转交地址为驻留本地的转交地址时，移动节点本身就是隧道的终点，它自身进行解除隧道，取出原始数据包的工作。RFC 2003 和 RFC 2004 各自定义了一种利用隧道封装数据包的技术。

下面介绍移动 IP 的工作原理。

移动代理（包括外区代理和归属代理）周期性地广播代理通告报文，移动节点可以收到这些信息。另外，移动节点通过代理请求报文，可有选择地向本地移动代理请求代理通告报文。

移动节点收悉这些代理通告后，分辨其在归属网上，还是在某一外区网上。当移动节点检测到自己位于归属网上时，那么它不需要移动服务就可工作。假如移动节点从登记的其他外区网返回归属网时，通过交换其随带的登记请求报文和登记答复报文，移动节点需要向其归属代理撤销其外区网登记信息。

当移动节点检测到自己已漫游到某一外区网时，它获得该外区网上的一个转交地址。这个转交地址可能通过外区代理的通告获得，也可能通过外部分配机制获得。离开归属网的移动节点通过交换其随带的登记请求报文和登记答复报文，向归属代理登记其新的转交地址，另外它也可能借助于外区代理向归属代理进行登记。

发往移动节点归属地址的数据包被其归属代理接收，归属代理利用隧道技术封装该数据包，并将封装后的数据包发送到移动节点的转交地址，由隧道终点（外区代理或移动节点本身）接收，解除封装，并最终传送到移动节点。

需要注意的是，无论移动节点在归属网内还是在外区网中，IP 主机与移动节点之间的所有数据包都是用移动节点的归属地址的，转交地址仅用于与移动代理的联系，而不被 IP 主机所觉察。

7.4 实验

实验 1：构建 WLAN 基础结构网络（BSS）

1. 实验目的

（1）理解 CSMA/CA 协议的目的和作用。

（2）掌握配置 BSS 网络。

2. 实验原理

接入点 AP 用来连接各站，为所连接站的数据通信提供转发服务。一个 AP 覆盖的范围称为一个基本服务组（BSS），一个 BSS 包括一个接入点和若干站，是 802.11 标准规定的无线局域网的最小构件。

3. 实验流程

本实验流程如图 7-8 所示。

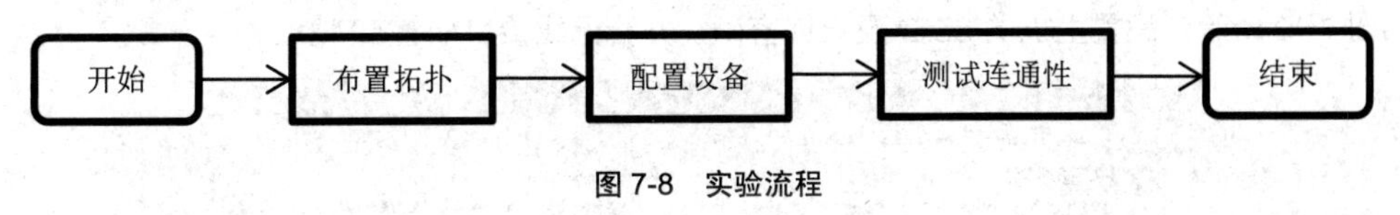

图 7-8　实验流程

4. 实验步骤

1）布置拓扑

在 Packet Tracer 主界面下部网络设备选择区中单击“Wireless Devices”，在右侧无线设备区中选择并布置 AP-PT 设备，作为 WLAN 中的 AP 设备，并选择四台终端主机，拓扑结构如图 7-9 所示。

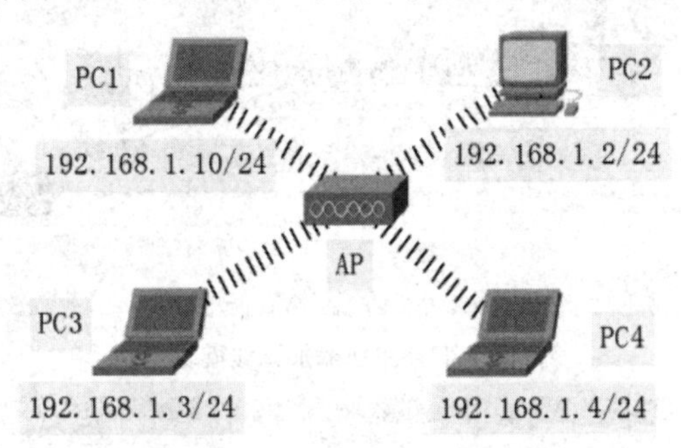

图 7-9　BSS 结构拓扑图

2）配置 AP 信息

单击 AP 设备，如图 7-10 所示，默认包含两个端口，单击 Port1 无线端口进行配置。这里 SSID 配置为 myapssid，认证选择 WEP 方式，密码要求不少于 10 位字符长度，这里键入“1234567890”，其他选择默认。其中 SSID 即使不设置也会有一个默认的 SSID 值，认证也可以不选。

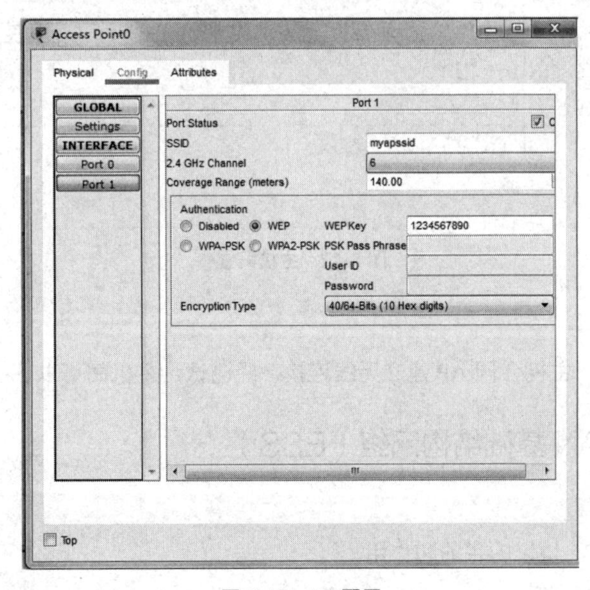

图 7-10　AP 配置

3）配置终端主机信息

单击主机，出现如图 7-11 所示的界面。主机默认是以太网口，没有无线模块，所以先给主机添加无线模块，按图中所标顺序，先单击关闭电源；然后将网卡移除；再将 WPC300N 无线模块添加到主机上，该模块提供一个 2.4GHz 的无线接口，最后再开机。

如图 7-12 所示，配置主机的 SSID 及认证密码，并给无线接口配置 IP 地址。

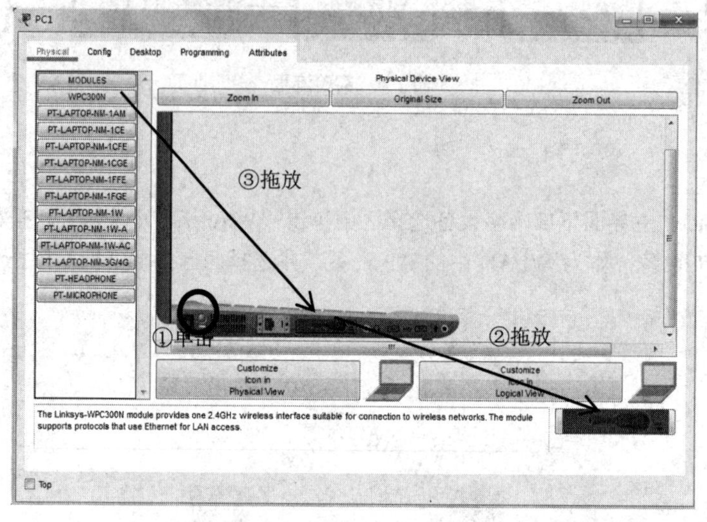

图 7-11 主机添加无线模块

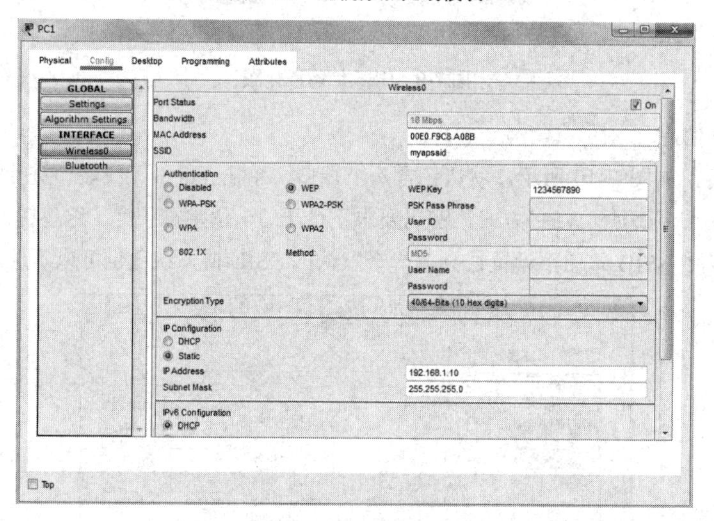

图 7-12 主机配置

4）测试连通性

经过前几步设置后，主机会同 AP 建立无线连接，经测试，主机间可以 ping 通。

实验 2：构建 WLAN 基础结构网络（ESS）

1. 实验目的

（1）理解 CSMA/CA 协议的目的和作用。

（2）掌握配置 ESS 网络。

2. 实验原理

分布式系统（DS）。单个 BSS 无线覆盖的范围非常有限，只能提供 BSS 内部站点间的通信，为了扩大覆盖范围，可通过分布式系统 DS 将多个 BSS 连接起来，构成一个扩展服务组（ESS）。DS 通过入口连接骨干网，入口可以识别有线网络和 WLAN 的帧，是一个逻辑接入点，可以是单一设备，也可以集成到 AP 中。

3. 实验流程

本实验流程如图 7-13 所示。

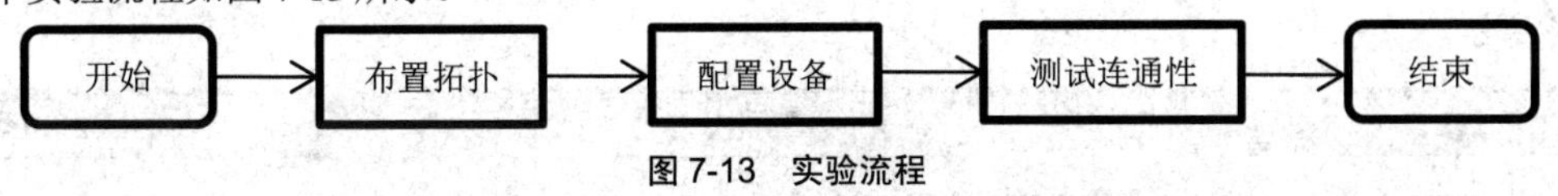

图 7-13　实验流程

4. 实验步骤

1）布置拓扑

在 Packet Tracer 主界面下部网络设备选择区中单击“Wireless Devices”，在右侧无线设备区中选择并布置两台 AP-PT 设备，每台 AP 及所连接主机构成一个 BSS，选择一台以太网二层交换机将两个 BSS 连接起来，成为一个 ESS。拓扑结构如图 7-14 所示。

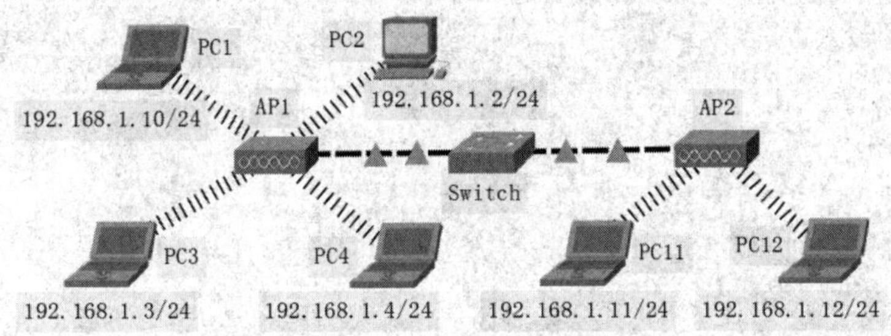

图 7-14　ESS 拓扑图

2）配置 AP 信息

AP1 配置如实验 1 的图 7-10 所示。

AP2 配置如图 7-15 所示，为区别于 AP1，AP2 中将 SSID 设置为 myap2ssid，并关闭连接认证。

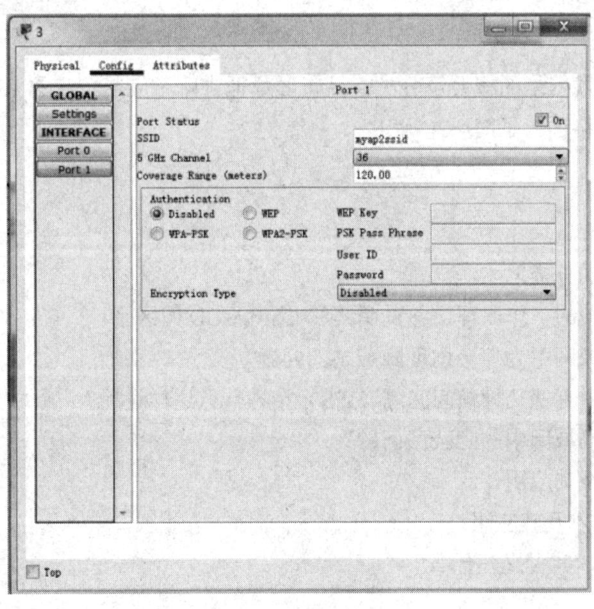

图 7-15　AP2 配置

3）配置终端主机信息

参考实验 1，给各主机添加无线模块，并按照拓扑图 7-14 所示配置无线接口的 IP 地址，其中连接 AP2 的主机不需要配置认证密码。

4）测试连通性

经过前几步设置后，主机会同 AP 建立无线连接，主机间可以 ping 通。PC1 ping PC11 的结果如图 7-16 所示。

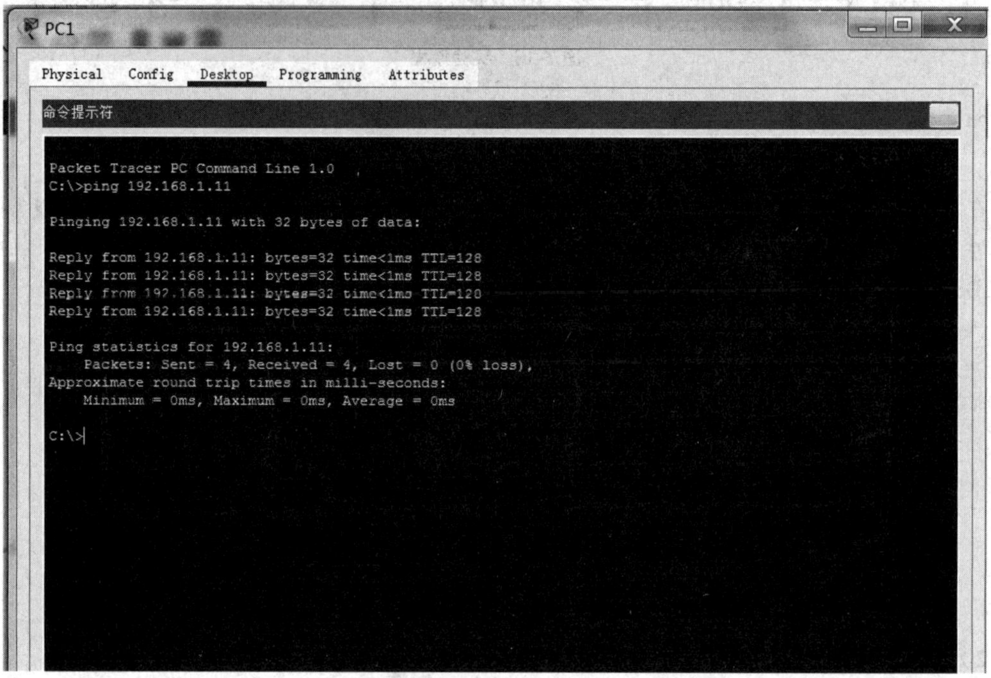

```
PC1
Physical  Config  Desktop  Programming  Attributes
命令提示符

Packet Tracer PC Command Line 1.0
C:\>ping 192.168.1.11

Pinging 192.168.1.11 with 32 bytes of data:

Reply from 192.168.1.11: bytes=32 time<1ms TTL=128
Reply from 192.168.1.11: bytes=32 time<1ms TTL=128
Reply from 192.168.1.11: bytes=32 time<1ms TTL=128
Reply from 192.168.1.11: bytes=32 time<1ms TTL=128

Ping statistics for 192.168.1.11:
    Packets: Sent = 4, Received = 4, Lost = 0 (0% loss),
Approximate round trip times in milli-seconds:
    Minimum = 0ms, Maximum = 0ms, Average = 0ms

C:\>
```

图 7-16 连通性测试结果

7.5 本章小结

本章首先介绍了无线网络的概要及分类，并较详尽地讲解了应用较广的 IEEE 802.11 无线局域网，最后对部分其他无线网络进行了简要介绍。

习题

1. 简述无线网络的分类。
2. 简述 CSMA/CA 的工作原理，并说明其和 CSMA/CD 的区别。
3. 请说明无线局域网中为何会出现隐蔽站的问题。
4. 在 CSMA/CA 中有哪几种帧间间隔（IFS）？为什么这样设计？
5. 如何解决无线局域网中的隐蔽站问题？
6. 简述蓝牙技术及其应用。
7. 简述 ZigBee 技术及其应用。
8. 什么是移动 IP，其含义是什么？

第 8 章 计算机网络的新技术*

随着互联网的快速发展，越来越多的新技术部署在互联网上。本章主要介绍物联网技术，包括物联网的基本概念，物联网体系结构和物联网中的关键技术；大数据技术，包括大数据技术的基本概念，大数据技术体系和大数据关键技术；云计算，包括云计算的概念，云计算的基本框架，云计算的支撑技术；区块链，包括区块链的概念，区块链的基本框架和区块链的支撑技术；5G 技术，包括 5G 技术的概念，5G 技术的基本框架和 5G 技术的支撑技术。

8.1 物联网技术

物联网（Internet of Things，IoT）是新一代信息技术的重要组成部分，也是新一代 IT 技术飞速发展的标志之一，被称为继计算机、互联网之后信息科技产业的第三次革命，被视为互联网技术的拓展和延伸。

8.1.1 物联网的基本概念

1. 物联网的兴起

关于物联网的起源，公认的说法是由麻省理工学院 Auto-ID 实验室的 Ashton 教授在 1999 年最早提出的 EPC，也就是早期的物联概念，当时被称之为“传感网”。1999 年在美国召开的移动计算机网络和国际会议提出“传感网是下一个世纪人类面临的又一个发展机遇”，此后传感网逐步进入学术界和工业界，成为全球研究的热点。

2. 物联网的定义

物联网概念最早是由麻省理工学院提出的，其对物联网的定义为：物理网就是通过射频识别技术（RFID）和条形码等信息传感媒介把实际物品与互联网连接起来，实现智能化识别和管理，是将 RFID 技术与互联网相结合的产物。物联网是在互联网的基础上发展起来的，因此物联网可以理解为互联网概念的升华，将连接对象从人与人扩展到物与物，将从前人与人之间的信息传输扩展到人与物、甚至物与物之间的信息传输。人与物、物与物的互联会使得人更加便捷地集中管理和控制真实物体，实现智能化的管理与控制。

国际电信联盟（International Telecommunication Union，ITU）对物联网的定义为：物联网主要解决物品与物品（Thing to Thing）、人与物品（Human to Thing）、人与人（Human to Human）之间的互联。这样就实现了物品与物品之间、人与物品之间以及人与人之间的信息联通，即万物互联的理想状态。我国对物联网有如下阐述：物联网是通过传感设备，按照约定的协议，把各种网络连接起来，进行信息交换和通信，以实现智能化识别、定位、跟踪、监控和管理的一种网络。

综上所述，我们可以将物联网理解为通过二维码、射频识别技术等传感设备把物体与互联网相连接，实现人与物的互联互通状态，从而实现智能化的控制与交互。

3. 物联网的基本特点

1）全面感知

利用无线射频识别（RFID）、传感器、定位器和二维码等手段可以随时随地对物体进行信息采集和获取。感知包括传感器的信息采集、协同处理、智能组网，甚至信息服务，以达到控制、指挥的目的。

2）可靠传递

可靠传递是指通过各种电信网络和因特网融合，对接收到的感知信息进行实时远程传送，实现信息的交互和共享，并进行各种有效的处理。在这一过程中，通常需要用到现有的电信运行网络，包括无线和有线网络。

由于传感器网络是一个局部的无线网，因而无线移动通信网、3G 网络是作为承载物联网的一个有力的支撑。

3）智能处理

智能处理是指利用云计算、模糊识别等各种智能计算技术，对随时接收到的跨地域、跨行业、跨部门的海量数据和信息进行分析处理，提升对物理世界、经济社会各种活动和变化的洞察力，实现智能化的决策和控制。

4. 与物联网相关的概念

物联网是信息技术水平和科技创新能力发展到一定阶段的聚合性产物，物联网的发展伴随着信息产业的进步，同时结合了互联网、传感网等多种技术，许多基础性技术蕴含其中。下面对其相关的概念进行介绍。

1）物联网与传感网

传感网又称为传感器网，最早由美国军方在 1978 年提出，当时局限于由若干具有无线通信能力的传感器节点自组织构成的网络。随着近年来科技水平的不断发展，现在说到的传感网，常指无线传感网（Wireless Sensor Network，WSN），是由大量静止或移动的传感器以自组织和多跳的方式构成的无线网络。通过无线传感网，可以随时随地获取大量可靠的现实世界的信息。物联网是从物的角度对这种事物进行表述的，传感网是从技术和设备的角度对这种事物进行表述的。物联网的设备是所有物体，突出的是一种信息技术，它建立的目的是为人们提供高层次的应用服务。传感网的设备是传感器，突出的是传感器技术和传感器设备，它建立的目的是更多地获取海量的信息。

2）物联网与互联网

互联网（Internet），又称国际网络，指的是网络与网络之间所连接成的庞大网络，这些网络以一组通用的协议相连，形成逻辑上的单一巨大国际网络。通常 internet 泛指互联网，而 Internet 则特指因特网。这种将计算机网络互相连接在一起的方法可称作“网络互联”，在这基础上发展出覆盖全世界的全球性互联网络称为互联网，即是互相连接在一起的网络结构。物联网指的是通过射频识别（RFID）、红外传感器等信息传感设备，把任何物品与互联网相连接起来并进行信息交换和通信，以实现对事物的智能化识别、定位、跟踪、监控和管理的一种网络。物联网是互联网的延伸，它利用通信技术把传感器、控制器、机器、人员和其他物体通过新的方式连在一起，形成人与物、物与物的相关联，而它对于实体端和信息端的云计算等相关传感设备的需求，使得产业内的联合成为未来的必然的发展趋势，也为实际应用的领域打开了无限可能。

3）物联网与泛在网

物联网与其他网络之间的关系如图 8-1 所示。互联网与物联网相结合，便可以称为“泛在网”。利用物联网的相关技术（如射频识别技术、无限通信技术、智能芯片技术、传感器技术、信息融合技术等），以及互联网的相关技术（如软件技术、人工智能技术、大数据技术、云计算技术等），可以实现人与人的沟通、人与物的沟通以及物与物的沟通，使沟通的形态呈现多渠道、全方位、多角度的整体态势。这种形式的沟通不受时间、地点、自然环境、人为因素等的干扰，可以随时随地自由进行。泛在网的范围比物联网还要大，除了人与人、人与物、物与物的沟通，它还涵盖了人与人的关系、人与物的关系、物与物的关系。可以这样说，泛在网包含了物联网、互联网、传感网的所有内容，以及人工智能和智能系统的部分范畴，是一个整合了多种网络的更加全面的网络系统。传感网是泛在网、物联网的组成部分，而物联网又是在泛在网络发展的物联阶段，各种网络之间相互协作融合是泛在网发展的终极目标。

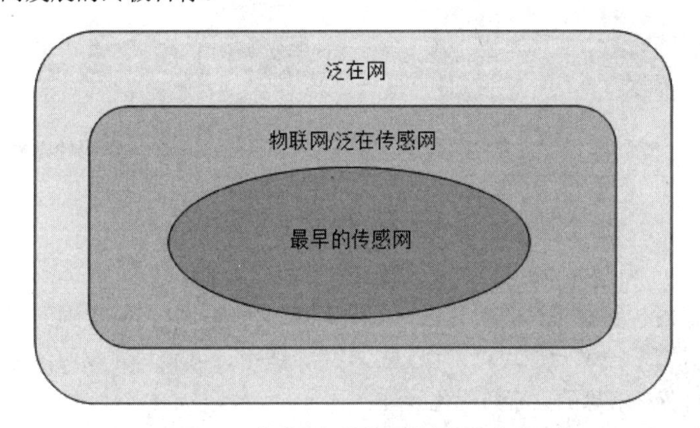

图 8-1 物联网与其他网络之间的关系

8.1.2 物联网的体系结构

物联网是在互联网和移动通信网等网络通信的基础上，针对不同领域的需求，利用具有感知、通信和计算的智能物体自动获取现实世界的信息，将这些对象互联，实现全面感知、可靠传输、智能处理，构建人与物、物与物互联的智能信息服务系统。目前普遍公认的物联网体系结构如图 8-2 所示，主要由三个层次组成：感知层、网络层和应用层。

1. 感知层

感知层是实现物联网全面感知的基础。以射频识别技术、传感器、二维码等为主，利用传感器收集设备信息，利用射频识别技术在一定范围内实现发射和识别。主要是通过传感器识别物体，从而采集数据信息。比如，工业过程的控制、汽车应用方面的传感器。汽车方面，汽车能够显示汽油还有多少，这就需要能够检测到汽油液面高度的传感器，还有就是汽车在停车情况下，如果有谁震动到它，汽车就会发出警报，这就需要能够感应振动的传感器。食品监测方面的传感器：要检测某种食品含有的危害物质浓度有多大？是否超标？也需要浓度传感器来检测。感知层涉及的主要技术包括传感器技术、物品标识技术（RFID 和二维码）和短距离无线传输技术（蓝牙和 ZigBee）等。

图 8-2 物联网体系结构图

2. 网络层

网络层主要负责对传感器采集的信息进行安全无误的传输，并将收集到的信息传输给应用层。同时，网络层“云计算”技术的应用可确保建立实用、适用、可靠和高效的信息化系统和智能化信息共享平台，实现对各种信息的共享和优化管理。

网络通信技术主要实现物联网数据信息和控制信息的双向传递、路由和控制，重点包括低速近距离无线通信技术、低功耗路由、自组织通信、无线接入 M2M 通信增强、IP 承载技术、网络传送技术、异构网络融合接入技术以及认知无线电技术。

通信网络是实现“物联网”必不可少的基础设施，安置在动物、植物和物品上的电子介质产生的数字信号可随时随地通过无处不在的通信网络传送出去。只有实现各种传感网络的互联、广域的数据交互和多方共享，以及规模性的应用，才能真正建立一个有效的物联网。

3. 应用层

应用层主要解决信息处理和人机界面的问题，也即输入输出控制终端。例如，手机、智能家居的控制器等，主要通过数据处理及解决方案来提供人们所需的信息服务。应用层针对的是直接用户，为用户提供丰富的服务及功能，用户也可以通过终端在应用层定制自己需要的服务：比如查询信息、监视信息、控制信息等。

8.1.3 物联网的关键技术

物联网形式多样，变化复杂，涉及广泛，从信息感知、信息传输、信息应用的过程来看，涉及众多关键技术，具体包括射频识别技术、传感器技术、嵌入式技术、无线通信技术、中间件技术、人工智能技术等。

1. 射频识别技术

射频识别技术是物联网中让“物品传输信息”的关键技术，射频识别标签上存储着物品的信息，通过无线网络把它们自动采集到信息系统中，以实现物品的识别。射频识别技术也称为电子标签，是一种无线通信技术，可以通过无线电信号识别特定目标并读写相关数据，而不需要在识别系统与特定目标之间建立机械或者光学接触，因此，它是一种非接触式的自动识别技术。射频识别系统主要由电子标签、读写器和天线等部分组成。

- 电子标签：由耦合元件及芯片组成，每个标签具有唯一的电子编码，附着在物体上标识目标对象。
- 阅读器：读取（有时还可以写入）标签信息的设备，可设计为手持式或固定式。
- 天线：在标签和读取器间传递射频信号。

2. 传感器技术

传感器技术同计算机技术与通信技术一起被称为信息技术的三大支柱。国家标准 GB/T 7665-1987 对传感器的定义为：能感受规定的被测量件并按照一定的规律转换成可用信号的器件或装置，通常由敏感元件和转换元件组成。传感器是一种检测装置，能感受到被测量的信息，并能将检测到的信息，按一定规律转换成为电信号或其他所需形式的信息输出，以满足信息的传输、处理、存储、显示、记录和控制等要求。它是实现自动检测和自动控制的首要环节。

因为电信号具有高精度、高灵敏度、便于传输、放大及反馈并连续可测、可遥测、可储存等许多优点，所以一定意义上可以把传感器归纳为一种能感受外界信息（力、热、声、光、磁、气体、湿度等），并按一定的规律将其转换成易处理的电信号的装置。

从物联网角度看，传感技术是衡量一个国家信息化程度的重要标志。传感技术是关于从自然信源获取信息，并对之进行处理和识别的一门多学科交叉的现代科学与工程技术。

把物联网中的传感器与传统传感器相比较，发现其最大的不同是物联网中的传感器一般具有一定的智能性，比如它可以把信号传递出去，通过与传感器连接的传输介质将传感器感知得到的信号传递给处理中心进行判断处理，因此物联网中的传感器通常被称为“智能传感器”。

3. 嵌入式技术

一般认为，嵌入式技术是指以应用为中心，以计算机技术为基础，软硬件可裁剪，适应应用系统对功能、可靠性、成本、体积、功耗严格要求的专用计算机系统。嵌入式是一种专用的计算机系统，作为装置或设备的一部分。通常，嵌入式系统是一个存储在 ROM 中的嵌入式处理器控制板上的控制程序。事实上，所有带有数字接口的设备，如手表、微波炉、录像机、汽车等，都使用嵌入式系统，有些嵌入式系统还包含操作系统，但大多数嵌入式系统都是由单个程序实现整个控制逻辑的。

物联网与嵌入式系统关系密切，无论是智能传感器、无线网络，还是计算机技术中信息显示和处理，都包含了大量嵌入式系统和应用。相比于传统的嵌入式系统，物联网中的嵌入式技术更为复杂，对系统的实时性以及计算精度要求更高。

4. 无线通信技术

无线通信是利用电磁波信号可以在自由空间中传播的特性进行信息交换的一种通信方式，近年来在信息通信领域中，发展最快、应用最广的就是无线通信技术；在移动中实现的无线通信又通称为移动通信，人们把二者合称为无线移动通信。无线通信主要包括微波通信和卫星通信。微波是一种无线电波，它传送的距离一般只有几十千米。但微波的频带很宽，通信容量很大。微波通信每隔几十千米要建一个微波中继站。卫星通信是利用通信卫星作为中继站在地面上两个或多个地球站之间或移动体之间建立微波通信联系。

5. 中间件技术

中间件技术在物联网系统中发挥着不可替代的作用，可以说是物联网系统的灵魂。随着计算机技术的飞速发展，各种各样的应用软件需要在各种平台之间进行移植，或者一个平台需要支持多种应用软件和管理多种应用系统，软、硬件平台和应用系统之间需要可靠和高效的数据传递或转换，使系统的协同性得以保证。

这就需要一种构筑于软、硬件平台之上，同时对更上层的应用软件提供支持的软件系统，而中间件正是在这个环境下应运而生的。

由于中间件技术仍处于发展阶段，对其并没有统一的精确定义。目前公认的说法是：中间件是一种独立的系统软件或服务程序，分布式应用软件借助这种软件在不同的技术之间共享资源。中间件位于客户机/服务器的操作系统之上，管理计算资源和网络通信。从中间件的定义可以看出，中间件是一类软件，而非一种软件；中间件不仅仅实现互联，还要实现应用之间的互操作；中间件是基于分布式处理的软件，定义中特别强调了其网络通信功能。

物联网中间件是业务应用程序和底层数据获取设备之间的桥梁，它封装 RFID 读写器管理、数据管理、时间管理等通用功能。利用中间件技术，可以实现软件复用，降低应用系统的开发成本，缩短开发周期。

6. 人工智能技术

随着信息产业的不断发展，数据规模也呈现出爆炸式增长的态势。在大数据时代的背景下，单纯依靠人脑的计算已经无法满足时代发展的节奏，而计算机拥有强大的计算能力，如何使计算机能够像人类一样去智能计算就成为了当前的研究热点。人工智能（Artificial Intelligence，AI）是研究人类智能活动规律的技术，它是研究如何让计算机去完成以往需要人的脑力才能胜任的工作，训练计算机能够模拟人类的智能行为和智能思考的技术理论。人工智能是计算机科学的一个分支，它企图了解智能的实质，并生产出一种新的能以与人类智能相似的方式做出反应的智能机器，该领域的研究包括机器人、语言识别、图像识别、自然语言处理和专家系统等。

人工智能对于物联网产生的推动作用：一是基于深度学习等技术使物联网应用显得更智能、更人性化，极大拓宽了物联网的应用范围、应用深度和智能程度；二是在工业生产上通过将应用机器人、深度学习等技术结合，实现产品生产过程精准化控制、减少产品缺陷、提高产品精度，有助于高精度、小型化、智能化的芯片和感应器件的研发生产。通过网络连接大量不同的设备及装置，嵌入在各个产品中的传感器不断地将新数据上传至云端服务器；云计算提供虚拟化弹性扩展的资源，通过大数据分析、深度学习等技术，从海量原始数据中获取业务潜在的知识、规律并反过来指导生产，推动生产方式的优化调整或业务的变革，在节能减排、农业生产、智慧医疗、自动驾驶等领域得到广泛应用。

8.1.4 物联网的发展现状

物联网的问世是社会进步的产物，符合经济社会发展的方向，物联网技术在帮助人类提高生产效率的同时，能够方便人类的社会生活，促进人与地球和谐共生及可持续发展。世界各国都非常重视物联网的发展与更新，物联网涉及下一代信息网络的关键技术，一些国家已投入巨大成本研究物联网技术；我国政府也高度重视物联网产业的创新，目前对于物联网的研究，全球仍处于探索和应用并存的阶段，要实现全球性的万物互联，还有很长的路要走。

美国提出“智慧地球”概念，引发全球物联网关注热潮，将物联网上升为国家创新战略的重点之一。先进的硬件设计制造技术，以及趋于完善的通信互联网络均为物联网的发展创造了良好的条件。目前，美国已经开始在工业、农业、军事、医疗、环境监测、建筑、空间和海洋探索等领域开展物联网应用积累。欧盟发布《物联网——欧洲行动计划》，提出了包括芯片、技术研发等在内的 14 项框架内容。欧盟在技术研发、指标制定、应用领域、管理监控、未来目标等方面陆续出台了较为全面的文件，建立了相对完善的物联网政策体系。尤其在智能交通应用方面，欧盟依托其车企的传统优势，通过联盟协作在车联网的研究应用中遥遥领先。韩国十分重视物联网产业化发展，不断加大其在物联网核心技术以及微机电系统（MEMS）传感器芯片、宽带传感设备的研发。目前，韩国物联网产业主要集中在首尔地区，首尔集中了全国 60%以上的物联网企业。韩国物联网的优势在于其消费类智能终端、RFID、NFC 产品与相应的技术解决方案。

我国就物联网发展也出台了多项国家政策及规划，推进物联网产业体系不断完善。《物联网“十二五”发展规划》《关于推进物联网有序健康发展的指导意见》《关于物联网发展的十个专项行动计划》，以及《中国制造 2025》等多项政策不断出台，并指出“掌握物联网关键核心技术，基本形成安全可控、具有国际竞争力的物联网产业体系，成为推动经济社会智能化和可持续发展的重要力量。”

8.1.5　物联网的应用

物联网在促进经济发展的同时，也给人们的生产、生活带来了极大的便利。随着科技水平的不断发展，物理网应用已经渗透到社会生活的各个领域，对人们的生活方式也产生了极大的影响。

1. 自动驾驶

早期提出的“自动驾驶”概念主要是指人类通过无线电波下发指令遥控车辆的方向盘、离合器、制动器等机械部件来控制汽车行驶。随着物联网和人工智能技术的发展，依靠高精度的传感器、实时可靠的通信系统以及通过深度学习越来越成熟的控制程序，一个集环境感知、车辆智能控制、辅助驾驶等功能于一体的自动驾驶系统，使机动车辆可以在没有人类主动操作下自动安全上路行驶。百度、谷歌等公司都已经有试验车型运行。

2. 智能销售

智慧零售通过运用互联网、物联网技术，感知消费者的消费习惯，预测消费趋势，引导生产制造，为消费者提供多样化、个性化的产品和服务。现在很多无人超市就利用了人脸识别、货物识别、轨迹识别等物联网技术。在应用了智能零售系统的某些店铺还能通过人脸识别自动分析会员信息，并推荐相关产品。

3. 智能家居

智能家居通过物联网技术将家中的音视频系统、照明系统、窗帘系统、空调系统、其他家电系统等设备连接到一起，提供家电控制、照明控制、电话远程控制、室内外遥控、防盗报警、环境监测、暖通控制、红外转发以及可编程定时控制等多种功能和手段。现在智能家居应用最普遍的就是智能音箱了，比如天猫精灵、小度在家、Alexa 等。

4. 智慧物流

智慧物流是指通过智能硬件、物联网、大数据等智慧化技术与手段，提高物流系统分析决策和智能执行的能力，提升整个物流系统的智能化、自动化水平。目前已经应用在智能分拣设备、智能快递柜、无人配送车等领域。

8.1.6 物联网的安全挑战

物联网在给人们的生活带来巨大便利的同时，也面临着诸多的挑战。物联网除了具有传统网络的安全问题，还会产生新的安全问题。例如，对物体进行交互和感知的数据应具备的保密性、可靠性和完整性，未经授权不允许进行跟踪等。与其他传统网络相比，物联网感知节点大都部署在无人监控的场景中，具有能力弱、资源受限等特点。此外，在物联网的感知末端和接入网中，大部分采用了无线传输技术，极易被窃听，同时物联网末梢设备的能源和处理能力有限，不能采用复杂的安全机制。这些都导致很难直接将传统计算机网络的安全算法和协议应用于物联网，导致物联网安全问题比较突出。

1. 僵尸网络的攻击

近年来，物联网设备中的僵尸网络有所增加。当黑客远程控制联网设备并将其用于非法目的时，就会出现一个僵尸网络。企业会在不知情的情况下将其设备作为僵尸网络的一部分进行配置。问题是许多组织缺乏实时安全解决方案来跟踪此类设备。

2. 更多的物联设备

传统互联网应用中，安全人员只专注于保护移动设备和计算机。如今，物联网设备激增，全球联网设备达到数百亿台。越来越多的物联网设备意味着企业的安全漏洞越来越多，这对安全人员来说是一个日益严峻的挑战。

3. 薄弱的数据加密

尽管加密是防止黑客访问数据的一个很好的方法，但它也是物联网安全的主要挑战之一。这些设备缺乏传统计算机所具备的存储和处理能力。其结果是攻击数量增加，黑客可以轻松操纵为保护数据而设计的算法。

4. 小规模攻击

尽管安全人员专注于防止大规模攻击，但实际上，小规模攻击可能是更严重的物联网安全挑战之一。小规模攻击更难检测到，并且很容易在企业不知情的情况下发生。黑客可以攻击常见的企业设备，例如打印机和摄像头。

8.2 大数据技术

随着互联网产业的不断发展，社会各行各业逐步走上了信息化的道路并积累了海量的数据。随着物联网和云计算技术的兴起，数据仍在以前所未有的速度增长和积累，第三次信息化浪潮涌动，大数据时代已经到来。

8.2.1 大数据技术的基本概念

1. 大数据定义

关于大数据的定义，不同的机构从不同的角度定义如下：

大数据是需要新的处理模式才能具有更强的决策力、洞察发现力和流程优化能力的海量、高增长率和多样化的信息资产。

——高德纳（Gartner）咨询有限公司

大数据指的是大小超出常规的数据库工具获取、存储、管理和分析能力的数据集。

——麦肯锡公司

大数据一般会涉及两种或两种以上的数据形式，它需要收集超过 100TB（$1TB=2^{10}GB$）的数据，并且是高速实时数据流；或者是从小数据开始，但数据每年增长率至少为 60%。

——国际数据公司

不难看出，以上对于大数据的描述都体现了数据量之大，大到无法通过人工或计算机在合理的时间内达到截取、管理、处理并整理成为人们所能解读的形式。因此我们可以把大数据理解为：大数据是指无法在一定时间范围内用常规软件工具进行捕捉、管理和处理的数据集合，是需要用新处理模式才能具有更强的决策力、洞察发现力和流程优化能力的海量、高增长率和多样化的信息资产。

2. 大数据特征

大数据的特征及其内涵如表 8-1 所示。

表 8-1　大数据的特征及其内涵

特　征	内　涵
大量（Volume）	数据量的存储单位从过去的 GB 到 TB，甚至达到 EB
多样（Variety）	数据类型从过去的单一到复杂多样，包括结构性数据、非结构性数据等
高速（Velocity）	大数据采集和处理速度较快，能够满足实时性应用的计算要求
价值（Value）	将原始数据经过采集、清洗、提取以及分析后得到的数据具有较高的价值和意义

1）大量（Volume）

大数据的特征首先就是数据规模大。随着互联网、物联网、移动互联技术的发展，人和事物的所有轨迹都可以被记录下来，数据呈现出爆发性增长。

2）多样（Variety）

数据来源的广泛性，决定了数据形式的多样性。大数据可以分为三类，一是结构化数据，如财务系统数据、信息管理系统数据、医疗系统数据等，其特点是数据间因果关系强；二是非结构化的数据，如视频、图片、音频等，其特点是数据间没有因果关系；三是半结构化数据，如 HTML 文档、邮件、网页等，其特点是数据间的因果关系弱。

3）高速（Velocity）

数据的高增长速率和高处理速度是大数据高速性的重要体现。与以往的报纸、书信等传统数据载体生产传播方式不同，在大数据时代，大数据的交换和传播主要是通过互联网和云计算等方式实现的，其生产和传播数据的速度是非常迅速的。另外，大数据还要求处理数据的响应速度要快，例如，上亿条数据的分析必须在几秒内完成。数据的输入、处理与丢弃必须立刻见效，几乎无延迟。

4）价值（Value）

大数据的核心特征是价值，其实价值密度的高低和数据总量的大小是成反比的，即数据价值密度越高数据总量越小，数据价值密度越低数据总量越大。任何有价值的信息的提取依托的就是海量的基础数据。当然目前大数据背景下有个未解决的问题，如何通过强大的机器算法更迅速地在海量数据中完成数据的价值提纯。

8.2.2　大数据技术体系

大数据从数据源开始，经过分析、挖掘到最终获得价值一般需要经过 6 个主要环节，包括数据收集、数据存储、资源管理与服务协调、计算引擎、数据分析和数据可视化，大数据技术的基本框架如图 8-3 所示。

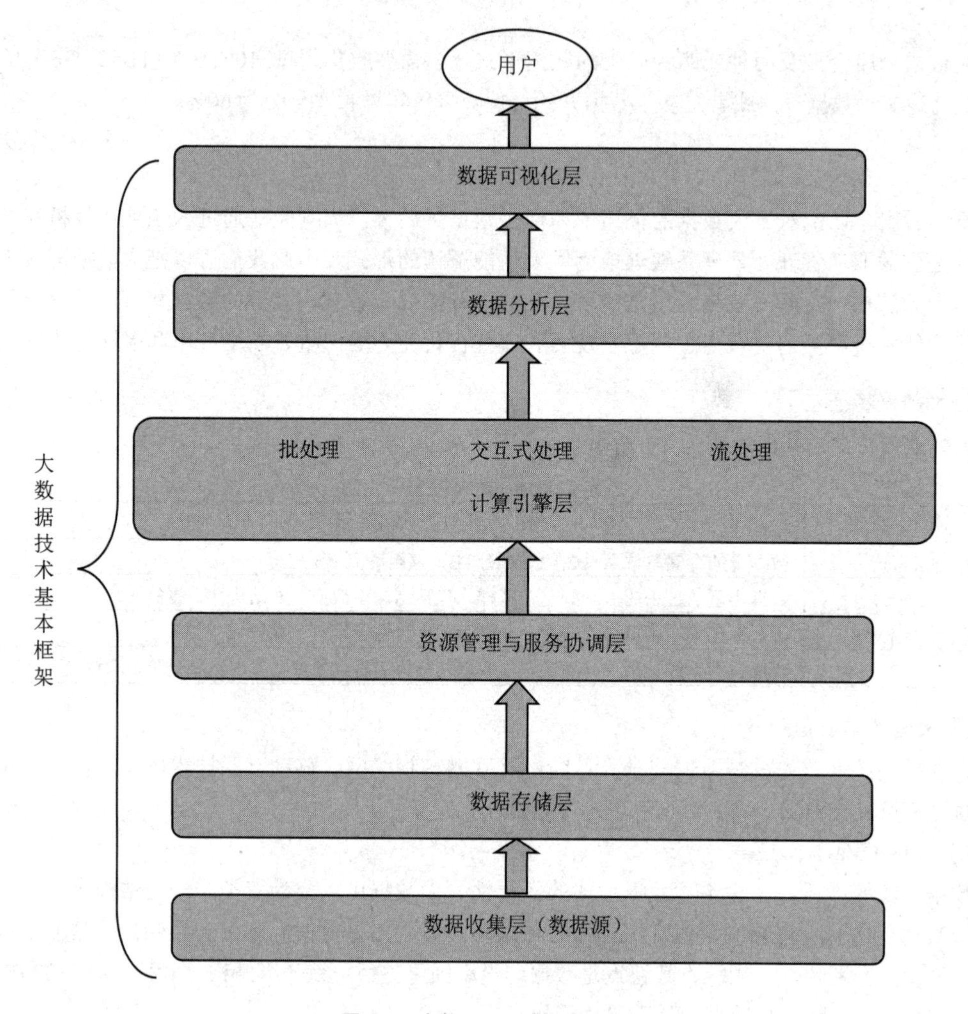

图 8-3　大数据技术基本框架图

1. 数据收集层（数据源）

由直接跟数据源对接的模块构成，负责将数据源中的数据近实时或实时收集到一起。

2. 数据存储层

主要负责海量结构化与非结构化数据的存储。传统的关系型数据库（比如 MySQL）和文件系统（如 Linux 文件系统）：因在存储容量、扩展性及容错性等方面的限制，很难适应大数据应用场景。大数据时代，对数据存储层的扩展性、容错性及存储模型等有较高要求。

3. 资源管理与服务协调层

为了解决存在的资源利用率低、运维成本高和数据共享困难等问题，在集群中引入资源管理与服务协调层。

4. 计算引擎层

针对不同应用场景，单独构建一种计算引擎，每种计算引擎只专注于解决某一类问题，进而形成了多样化的计算引擎。总体上讲，可按照对时间性能的要求，将计算引擎分为三类：

- 批处理：对时间要求最低，一般处理时间为分钟到小时级别，甚至天级别，它追求的是高吞吐率，即单位时间内处理的数据量尽可能大，典型的应用有搜索引擎构建索引、批量数据分析等。
- 交互式处理：对时间要求比较高，一般要求处理时间为秒级别，这类系统需要跟人进行交互，因此会提供类似 SQL 的语言便于用户使用，典型的应用有数据查询、参数化报表生成等。
- 流处理：对时间要求最高，一般处理延迟在秒级以内，典型的应用有广告系统、舆情监测等。

5. 数据分析层

数据分析层是指直接跟用户的应用程序进行对接，为其提供易操作易使用的数据处理工具。如应用程序 API、类 SQL 查询语言、数据挖掘 SDK 等。

6. 数据可视化层

数据可视化层是运用计算机图形学和图像处理技术，将数据转换为图形或图像在屏幕上显示出来，并进行交互处理的理论、方法和技术。

8.2.3　大数据技术

大数据技术是指伴随着大数据的采集、存储、分析和应用的相关技术，是一系列使用非传统的工具来对大量的结构化、半结构化和非结构化数据进行处理，从而获得分析和预测结果的一系列数据处理和分析的技术。

讨论大数据技术时，需要首先了解大数据的基本处理流程，主要包括数据采集、存储、分析和结果呈现等环节。数据无处不在，互联网网站、政务办公系统、自动化生产系统、监控摄像头、传感器等，随时都在不断产生数据。这些分散在各处的数据，需要采用相应的设备或软件进行采集。采集到的数据通常无法直接进行数据分析和处理，因为对于来源众多、类型多样的数据而言，数据缺失和语义模糊等问题是不可避免的，因而必须采取相应措施有效解决这些问题，此时就需要进行数据预处理，把数据变成一个可用的状态。数据经过预处理以后，会被存放到文件系统或数据库系统中进行存储与管理，然后利用数据挖掘工具对数据进行处理分析，寻找数据的内在分布规律，最后采用可视化工具为用户呈现分析结果。在整个数据处理过程中，还必须注意隐私保护和数据安全问题。

1. 大数据采集技术

大数据采集技术是指通过 RFID 数据、传感器数据、社交网络交互数据及移动互联网数据等方式获得各种类型的结构化、半结构化及非结构化的海量数据的技术。因为数据源多种多样，数据量大，产生速度快，所以大数据采集技术也面临着许多技术挑战，必须保证数据采集的可靠性和高效性，还要避免重复数据。

2. 大数据预处理技术

大数据预处理技术主要是指完成对已接收数据的辨析、抽取、清洗、填补、平滑、合并、规格化及检查一致性等操作。因获取的数据可能具有多种结构和类型，数据抽取的主要目的是将这些复杂的数据转化为单一的或者便于处理的结构，以达到快速分析处理的目的。

通常数据预处理包含 3 个部分：数据清理、数据集成和变换及数据规约。

1）数据清理

数据清理主要包含遗漏数据处理（缺少感兴趣的属性）、噪声数据处理（数据中存在错误或偏离期望值的数据）和不一致数据处理。遗漏数据可用全局常量、属性均值、可能值填充或者直接忽略该数据等方法处理。噪声数据可用分箱（对原始数据进行分组，然后对每一组内的数据进行平滑处理）、聚类、计算机人工检查和回归等方法去除噪声。

2）数据集成和变换

数据集成是指把多个数据源中的数据整合并存储到一个一致的数据库中。这一过程中需要着重解决 3 个问题：模式匹配、数据冗余、数据值冲突检测与处理。由于来自多个数据集合的数据在命名上存在差异，因此等价的实体常具有不同的名称。对来自多个实体的不同数据进行匹配是处理数据集成的首要问题。数据冗余可能来源于数据属性命名的不一致，可以利用皮尔逊积矩来衡量数值属性，对于离散数据可以利用卡方检验来检测两个属性之间的关联。数据值冲突问题主要表现为，来源不同的统一实体具有不同的数据值。数据变换的主要过程有平滑、聚集、数据泛化、规范化及属性构造等。

3）数据规约

数据规约主要包括数据方聚集、维规约、数据压缩、数值规约和概念分层等。使用数据规约技术可以实现数据集的规约表示，使得数据集变小的同时仍然近于保持原数据的完整性。在规约后的数据集上进行挖掘，依然能够得到与使用原数据集时近乎相同的分析结果。

3. 大数据存储及管理技术

在大数据时代，从多种途径获得的原始数据常常缺乏一致性，结构混杂，并且数据不断增长，这造成了单机系统的性能不断下降，即使不断提升硬件配置也难以跟上数据增长的速度。这导致传统的处理和存储技术失去可行性。大数据存储及管理技术重点研究复杂结构化、半结构化和非结构化大数据管理与处理技术，解决大数据的可存储、可表示、可处理、可靠性及有效传输等几个关键问题。

4. 大数据处理模式

大数据的处理模式可以分为流处理模式和批处理模式两种。批处理是先存储后处理，而流处理则是直接处理。

1）批处理模式

谷歌公司在 2004 年提出的 MapReduce 编程模型是最具代表性的批处理模式。MapReduce 模型首先将用户的原始数据源进行分块，然后分别交给不同的 Map 任务去处理。Map 任务从输入中解析出键/值（key/value）对集合，然后对这些集合执行用户自行定义的 Map 函数以得到中间结果，并将该结果写入本地硬盘。Reduce 任务从硬盘上读取数据后，会根据 key 值进行排序，将具有相同 key 值的数据组织在一起。最后，用户自定义的 Reduce 函数会作用于这些排好序的结果，并输出最终结果。MapReduce 的核心设计思想有两点：一是将问题分而治之，把待处理的数据分成多个模块分别交给多个 Map 任务去并发处理。二是用计算推导数据而不是用数据推导计算，从而有效地避免数据传输过程中产生的大量通信开销。

2）流处理模式

在流处理模式中，数据的价值会随着时间的流逝而不断减少。因此，其主要目标就是尽可能快地对最新的数据做出分析并给出结果。流处理模式将数据视为流，将源源不断的数据组成数据流。当新的数据到来时就立刻处理并返回所需的结果，因此，流处理模式更加适合于对实时性要求较高的应用，如金融市场的交易行为、事务的实时统计等。

5. 大数据分析及挖掘技术

大数据处理的核心就是数据分析，通过数据分析提取出更多智能的、有价值的数据信息。大数据分析技术是利用分布式编程模型和计算框架，结合如分类、聚类、回归分析等机器学习和数据挖掘算法，实现对海量数据的分析和计算的。

6. 数据可视化

数据可视化是将数据以不同的视觉表现形式展现在不同系统中，使得操作者能够清晰直观地看出数据的内在规律，帮助人们更好地理解数据，掌握数据的本质。

8.2.4　大数据技术的发展和现状

当前大数据技术的研究发展状况主要体现在基础理论、关键技术、应用实践、数据安全等四个方面。在基础理论方面，目前相关专家与研究人员尚未解决一些基本的理论问题。例如当前学术界对于大数据技术的科学定义、结构模型、数据理论体系等基本问题并未有确切的认识和判定标准，在数据质量和数据计算效率的评估活动中，也缺乏一个统一的标准，这就直接造成了技术人员在数据质量评价活动中工作效率低下的问题。在关键技术研究方面，大数据的数据格式的转化、数据转移和数据处理等问题，变为亟需解决的核心问题。在应用实践研究方面，目前大数据在实际生活应用主要体现为数据管理、数据搜索分析和数据集成，这些也都处于研究的初期。在数据安全方面，大数据的发展也导致数据的安全漏洞数量及类型逐年上升，黑客的攻击手段也日趋复杂，因此用户隐私和数据保护问题仍然是今后的研究重点之一。

8.2.5　大数据技术的应用

大数据的价值本质上体现为：提供了一种人类认识复杂系统的新思维和新手段。在网络信息技术大发展背景之下，数据使得现象成为可量化的信息元素。通过对网络数据的重新审视，为我们提供了一个重新认识现实世界的新方法，甚至是一个渗透到生活中所有领域的新的世界观。大数据技术的优势及其广泛应用也为信息化时代高校思想政治教育工作提供了新的方向，为社会各个领域的创新提供了新的思路。当前大数据技术已经融入社会生活的各个领域之中，极大地促进了社会的生产和科技的进步，同时改变了人们的生活方式。

1. 思政教育改革

大数据可促进高校思政教育形式的多样化。传统的思政教育大多以书本、广播、电视等形式进行内容的传播，容易导致信息量不足、传递不及时等情况，很难达到思想引领的切实目的。现如今，教师可以有多种渠道获得学生对现实问题的看法、关注倾向及思想状态等，可根据数据分析结果合理调整和选择课程内容、课程脉络、课程案例素材等，使讲授内容与学生身心发展更具贴合度。此外，借助大数据技术的线上学习方式得到迅速发展，替代课堂教学的新模式逐渐产生，思政教育已经逐步从平面教材走向了网络平台。如“慕课”“课堂派”“翻转课堂”等更具交互性的电子媒介，既丰富了学生的自主学习途径，也可提升学生的独立思考能力，加深对知识的理解和领会。

大数据技术在高校思政教育中应用的理论研究已有一定基础。理论界对大数据技术应用于高校思政教育的现实价值形成了普遍共识，认为利用大数据技术的诸多优势为高校思政教育创新发展提供了新的方向。诸多学者认为，虽然尚不能定论大数据的应用到底能够在高校思政教育中产生多大的推动作用，但是运用大数据在保持思政教育的核心作用、把握时代潮流、增强数据安全意识等方面至关重要。

2. 电商销售

大数据技术在日常生活中的电商和零售业也有很多应用。商家在产品上架之前可以对影响购买者购买能力的一些重要因素进行预测。例如，在超市中我们可以利用大数据技术对顾客购买商品的关联性进行分析，典型的包括对超市中啤酒和尿布销售量的关联情况进行分析以达到更好的销售效果；在电商销售领域，商家利用大数据技术对用户的喜好以及近期的关键字进行识别，精准推送商品广告，提高商品曝光度。另外，还可以将大数据技术应用到营销活动管理、客户忠诚度分析、供应链管理和分析、市场和用户细分方面，并将分析结果应用于销售中。

3. 政府办公

通过运用大数据分析手段，政府可以快速分析群众所需以及了解群众意见，同时能够对繁杂的数据进行高效的整理和计算，进一步提高办公效率。在政府的环保监管工作中，政府可以将雾霾监测历史数据、集成气象记录、遥感、企业或者汽车废气排放清单和环保策略的执法数据整合形成一个雾霾案例数据库。该数据库可以采用大数据技术进行分析，得出规律以便及时开展雾霾预警或者制定出相对有效的雾霾缓解策略，等等。

4. 节能减排

通过运用大数据分析技术，能够帮助能源部门分析能源使用规律，更好地制定能源使用策略。以电能为例，我们可以利用传感器对每个电网内的电压、电流、频率等重要指标和重要操作进行记录。这样，除能够有效预防安全事故外，还可以分析发电、电能供应、电力需求以及电力消耗这四者的关系，以便制定合理用电收费标准。如区分企业和个人用户或不同用户类型的分时段用电计划，以减少电能浪费。所以将大数据技术应用于能源领域对于能源的节约和国家可持续发展具有重要意义。

5. 应对大范围突发事件

大数据技术能够在较短时间内处理大规模的数据，其强大的计算能力为应对社会层面大范围的突发事件提供了新的思路。2020 年新型冠状病毒疫情席卷全球，给人类社会带来了极大的冲击和影响，通过使用大数据分析技术，可以迅速排查出确诊病例的时空伴随者，快速地掌握密切接触者的流动情况，大幅度提高疫情防控工作的效率。

8.2.6 大数据技术的安全挑战

1. 大数据平台服务用户众多、场景多样，传统安全机制的性能难以满足需求

大数据场景下，数据从多个渠道大量汇聚，数据类型、用户角色和应用需求更加多样化，访问控制面临诸多新的问题。首先，多源数据的大量汇聚增加了访问控制策略制定及授权管理的难度，过度授权和授权不足现象严重。其次，数据多样性、用户角色和需求的细化增加了客体的描述困难，传统访问控制方案中往往采用数据属性（如身份证号）来描述访问控制策略中的客体，非结构化和半结构化数据无法采取同样的方式进行精细化描述，导致无法准确为用户指定其可以访问的数据范围，难以满足最小授权原则。大数据复杂的数据存储和流动场景使得数据加密的实现变得异常困难，海量数据的密钥管理也是亟待解决的难题。

2. 大数据平台的大规模分布式存储和计算模式导致安全配置难度成倍增长

开源 Hadoop 生态系统的认证、权限管理、加密、审计等功能均通过对相关组件的配置来完成，无配置检查和效果评价机制。同时，大规模的分布式存储和计算架构也增加了安全配置工作的难度，对安全运维人员的技术要求较高，一旦出错，会影响整个系统的正常运行。据 Shodan 互联网设备搜索引擎的分析显示，大数据平台服务器配置不当，已经导致全球大量数据泄露或存在数据泄露风险，

泄露案例最多的国家分别是美国和中国。近年针对 Hadoop 平台的勒索攻击事件，在整个攻击过程中并没有涉及常规漏洞，而是利用平台的不安全配置，轻而易举地对数据进行操作。

3. 传统隐私保护技术因大数据超强的分析能力面临失效的可能

在大数据环境下，企业对多来源、多类型数据集进行关联分析和深度挖掘，可以复原匿名化数据，从而获得个人身份信息和有价值的敏感信息。因此，为个人信息圈定一个“固定范围”的传统思路在大数据时代已不再适用。在传统的隐私保护技术中，数据收集者针对单个数据集孤立地选择隐私参数来保护隐私信息。而在大数据环境下，由于个体以及其他的相互关联的个体和团体的数据分布广泛，数据集之间的关联性也大大增加，从而增加了数据集融合之后的隐私泄露风险。传统的隐私保护技术如 *k*-匿名和差分隐私等并没有考虑到这种情况。

4. 数据采集环节成为影响决策分析的新风险点

在数据采集环节，大数据体量大、种类多、来源复杂的特点为数据的真实性和完整性校验带来困难，目前，尚无严格的数据真实性和可信度鉴别和监测手段，无法识别并剔除掉虚假甚至恶意的数据信息。若黑客利用网络攻击向数据采集端注入脏数据，会破坏数据真实性，故意将数据分析的结果引向预设的方向，进而实现操纵分析结果的攻击目的。

8.3　云计算

8.3.1　云计算的概念

目前人们常使用的有阿里云、百度云、华为云、腾讯云等，不经意间“云”出现在大众的视野中。在不使用文件数据时，可以将这些文件上传云保存，需要使用的时候下载下来，“云”实质上是一个网络，使用者随时可以获取“云”上的资源。云计算（Cloud Computing）是分布式计算的一种，一些人狭义地将云计算定义为效用计算（Utility Computing）的最新版本，通过互联网提供虚拟服务器，是一种提供资源的网络。其他人则广义地认为在防火墙之外操作的任何东西都是“在云端”。如图 8-4 所示，云计算是与计算机信息技术、软件、互联网相关的一种服务，云计算将各种计算资源集合起来，通过软件实现自动化管理，快速为用户提供所需要的各种资源。

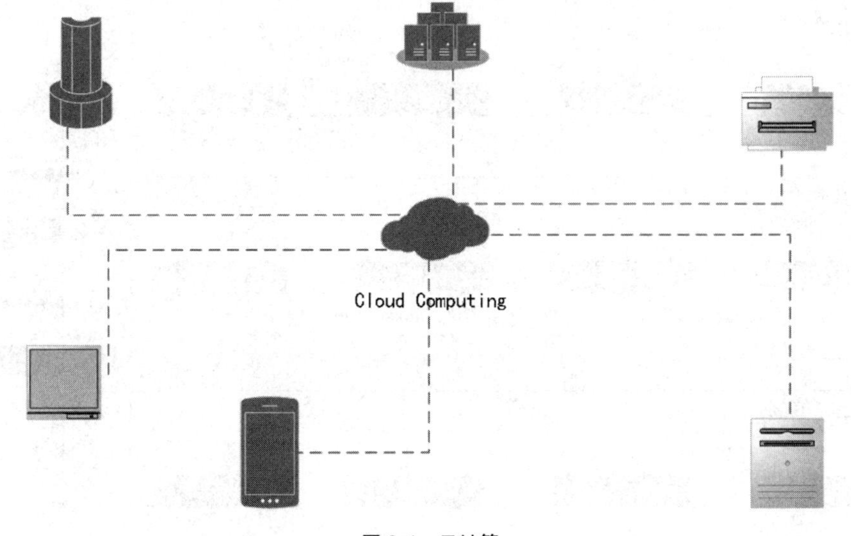

图 8-4　云计算

总之，云计算不是一种全新的网络技术，而是一种全新的网络应用概念。它的核心就是互联网，通过互联网，云计算作为应用提供给用户，通过分布式计算等技术，使计算由多台设备（非本地计算机或远程服务器）共同完成，如图 8-5 所示。而用户不必知道如何运作，服务器在哪里。

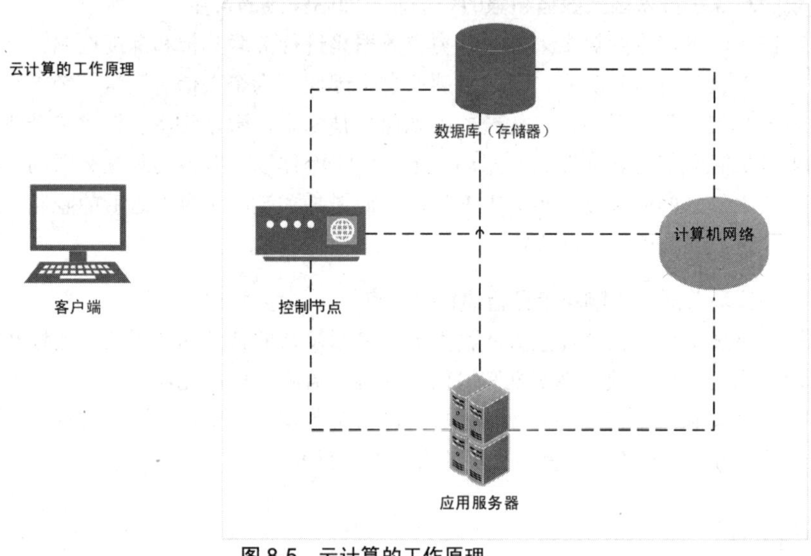

图 8-5　云计算的工作原理

8.3.2　云计算的基本框架

一般来说，比较公认的云架构划分为基础设施层（Infrastructure as a Service，IaaS）、平台层（Platform as a Service，PaaS，中间层）和软件服务层（Software as a Service，SaaS，显示层）横向的三个层次。还有纵向的一层，称为管理层，是为了更好地管理和维护横向的三层，如图 8-6 所示。

1. 基础设施层（IaaS）

基础架构，或称基础设施（Infrastructure）是云的基础。它由服务器、网络设备、存储磁盘等物理资产组成。在使用 IaaS 时，用户并不实际控制底层基础架构，而是控制操作系统、存储和部署应用程序等。

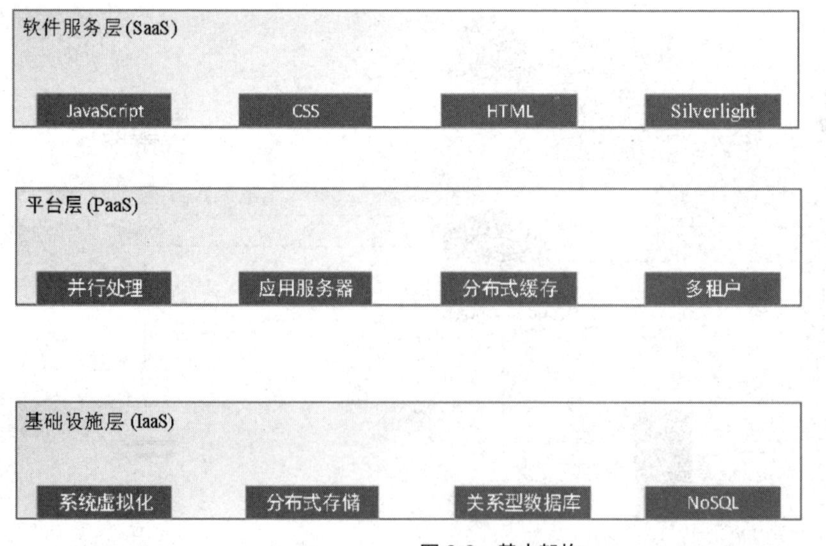

图 8-6　基本架构

通过 IaaS 这种模式，用户可以从供应商那里获得他所需要的计算或者存储等资源来装载相关的应用，并只需为其所租用的那部分资源进行付费，而同时这些基础设施烦琐的管理工作则交给 IaaS 供应商来负责。IaaS 层服务向 PaaS 层、SaaS 层提供开放 API 接口调用。

2. 平台层（PaaS）

PaaS 是一种云计算模型，它为客户提供一个完整的云平台（硬件、软件和基础架构），以用于开发、运行和管理应用程序，而无须考虑在本地构建和维护该平台通常会带来的成本、复杂性和不灵活性。PaaS 提供商将服务器、网络、存储、操作系统软件、数据库、开发工具等一切工具都托管在其数据中心上。 通常，客户可以支付固定费用来为指定数量的客户提供指定数量的资源，客户也可以选择“按使用量付费”定价模式以仅为他们使用的资源付费。 如果 PaaS 客户必须构建和管理自己的本地平台，那么这两种选择都能让 PaaS 客户以更低的成本更快地构建、测试、部署运行、更新和扩展应用程序。PaaS 解决方案包含三个主要部分：（1）云基础架构，包括虚拟机 (VM)、操作系统软件、存储、网络、防火墙；（2）用于构建、部署和管理应用程序的软件；（3）图形用户界面（GUI），开发团队可以在其中完成整个应用程序生命周期内的所有工作。

3. 软件服务层（SaaS）

软件服务层为商用软件提供基于网络的访问。由云提供商开发和维护云应用软件，提供自动软件更新，并通过互联网以即用即付费的方式将软件提供给客户。由于 SaaS 层离普通用户非常接近，所以在 SaaS 层所使用到的技术，大多耳熟能详，下面是其中最主要的五种：

（1）HTML：标准的 Web 页面技术，现在主要以 HTML4 为主，但是即将推出的 HTML5 会在很多方面推动 Web 页面的发展，如视频和本地存储等方面。

（2）JavaScript：一种用于 Web 页面的动态语言，通过 JavaScript，能够极大地丰富 Web 页面的功能，最流行的 JavaScript 框架有 jQuery 和 Prototype。

（3）CSS：主要用于控制 Web 页面的外观，而且能使页面的内容与其表现形式之间进行优雅的分离。

（4）Flash：业界最常用的 RIA（Rich Internet Applications）技术，能够在现阶段提供 HTML 等技术所无法提供的基于 Web 的富应用，而且在用户体验方面，非常不错。

（5）Silverlight：来自微软的 RIA 技术，由于其可以使用 C#来进行编程，所以对开发者非常友好。

SaaS 是通过云使用的应用软件，可以使用应用程序，而无须设置用于运行该应用程序的基础架构以及维护该应用程序。大多数 Web 应用程序都被视为 SaaS。每个 SaaS 产品都包含托管它所需的 IaaS 资源，并且至少包含运行它所需的 PaaS 组件。

8.3.3　云计算的支撑技术

云计算系统运用了许多技术，关键技术有编程模式、海量数据管理技术、分布式海量数据存储技术、虚拟化技术、云计算平台管理技术等。

1. 虚拟化技术

虚拟化技术，用户能以单个物理硬件系统为基础创建多个模拟环境或专用资源。在一台计算机上同时运行多个逻辑计算机，每个逻辑计算机可运行不同的操作系统，并且应用程序都可以在相互独立的空间内运行而互不影响，从而显著提高计算机的工作效率。云计算中的虚拟化指的是 IaaS 层虚拟化解决方案，而不是虚拟机技术。IaaS 层虚拟化解决方案，要符合 IaaS 层的基础特点，除最基础的虚拟化软件之外，还包括共享存储服务、镜像服务、身份认证服务、统一监控服务和收费管理等其他配套的服务。当然，既然是 IaaS 服务，就必须支持对外 API 接口开放，支持定制开发。虚拟化技术是一套解决方案。虚拟化创建了网络和池化资源，但还需要其他管理软件和操作系统软件来创建用户接口、置备虚拟机以及控制/分配资源。虚拟化使用软件的方法重新定义划分 IT 资源，可以实现 IT 资源的动态分配、灵活调度、跨域共享，提高 IT 资源利用率，使 IT 资源能够真正成为社会基础设施，满足各行各业中灵活多变的应用需求。虚拟化技术指的是软件层面的实现虚拟化的技术，整体上分为开源虚拟化和商业虚拟化两大阵营。典型的代表有 Xen、KVM、WMware、Hyper-V、Docker 容器等。Xen 和 KVM 是开源免费的虚拟化软件；WMware 是付费的虚拟化软件；Hyper-V 是微软的收费虚拟化技术；Docker 是一种容器技术，属于一种轻量级虚拟化技术。

2. 分布式海量数据存储

分布式存储最早是由谷歌（Google）提出的，其目的是通过廉价的服务器来提供适用于大规模、高并发场景下的 Web 访问问题。它采用可扩展的系统结构，利用多台存储服务器分担存储负荷，利用位置服务器定位存储信息，它不但提高了系统的可靠性、可用性和存取效率，还易于扩展。

云计算系统由大量服务器组成，同时为大量用户服务，因此云计算系统采用分布式存储的方式存储数据，用冗余存储的方式（集群计算、数据冗余和分布式存储）保证数据的可靠性。冗余的方式通过任务分解和集群，用低配机器保证超级计算机的性能，进而降低成本，这种方式保证分布式数据的高可用、高可靠和经济性，即为同一份数据存储多个副本。云计算系统中广泛使用的数据存储系统是谷歌的 GFS 和 Hadoop 团队开发的 GFS 的开源实现 HDFS。HDFS 在开始设计的时候，就已经明确它的应用场景就是大数据服务。主要的应用场景有：对大文件存储的性能比较高，适合低写入、多次读取的业务。HDFS 采用多副本数据保护机制，使用普通的 X86 服务器就可以保障数据的可靠性，不推荐在虚拟化环境中使用。

3. 海量数据管理技术

云计算需要对分布的、海量的数据进行处理、分析，因此，数据管理技术必须能够高效地管理大量的数据。云计算系统中的数据管理技术主要是谷歌的 Big Table 数据管理技术和 Hadoop 团队开发的开源数据管理模块 HBase。由于云数据存储管理形式不同于传统的 RDBMS 数据管理方式，如何在规模巨大的分布式数据中找到特定的数据，也是云计算数据管理技术所必须解决的问题。同时，由于管理形式的不同造成传统的 SQL 数据库接口无法直接移植到云管理系统中来，目前一些研究在关注为云数据管理提供 RDBMS 和 SQL 的接口，如基于 Hadoop 子项目 HBase 和 Hive 等。另外，在云数据管理方面，如何保证数据安全性和数据访问高效性也是研究关注的重点问题之一。

4. 编程模式

云计算提供了分布式的计算模式，客观上要求必须有分布式的编程模式。云计算采用了一种思想简洁的分布式并行编程模型 MapReduce。Hadoop 是谷歌 MapReduce 的一个 Java 实现。MapReduce 是一种简化的分布式编程模式，让程序自动分布到一个由普通机器组成的超大集群上并发执行。就如同 Java 程序员可以不考虑内存泄露一样，MapReduce 的 Run-Time 系统会解决输入数据的分布细节，跨越机器集群的程序执行调度，处理机器的失效，并且管理机器之间的通信请求。这样的模式允许程序员可以不需要有什么并发处理或者分布式系统的经验，就可以处理超大的分布式系统资源。MapReduce 是一种编程模型和任务调度模型。主要用于数据集的并行运算和并行任务的调度处理。在该模式下，用户只需要自行编写 Map 函数和 Reduce 函数即可进行并行计算。其中，在 Map 函数中定义各节点上的分块数据的处理方法，而在 Reduce 函数中定义中间结果的保存方法以及最终结果的归纳方法。

5. 云计算平台管理

云计算平台管理整体分为以下六大部分：

➢ 物理层：包括运行云平台所需要的云数据中心机房运行环境，以及计算、存储、网络、安全设备。

➢ 资源抽象与控制层：通过虚拟化技术，负责对底层硬件资源进行抽象，对底层硬件故障进行屏蔽，统一调度计算、存储、网络、安全资源池。

➢ 云服务层：提供 IaaS 层云服务，IaaS 层云服务包括云主机、存储（云数据盘、对象存储）、云数据库服务、云防火墙、云负载均衡和云网络。

➢ 云安全防护：为物理层、资源抽象与控制层、云服务层提供全方位的安全防护。

➢ 云运维层：为平台的运维提供设备管理、配置管理、备份管理、日志管理、监控与报表等。

➢ 云服务管理：主要面向云管理员，对云平台提供给租户的云服务器进行配置与管理。

云计算资源规模庞大，服务器数量众多并分布在不同的地点，同时运行着数百种应用，如何有效地管理这些服务器，保证为所有用户提供不间断的服务是一个巨大的挑战。云计算系统的平台管理技术能够使大量的服务器协同工作，方便进行业务部署和开通，快速发现和恢复系统故障，通过自动化、智能化的手段实现大规模系统的可靠运营。

8.3.4　云计算发展的现状

1. 全球云计算发展现状及趋势

近年来各国政府在国家层面上，对于云计算的发展越来越重视。美国的云计算概念发展较早，在美国政府颁布《联邦云计算战略》后，美国的云计算成为美国政府的信息化战略之一，并将此作为建设开放政府，降低 IT 开支的重要手段，目前，美国云计算产品与技术成熟度较高，美国云服务企业占据全球较大份额云服务市场，如图 8-7 所示。2011 年起，欧盟开始制定云计算发展战略，并将云计算技术列入“欧洲数字化议程”的重要组成部分。俄罗斯云计算应用较早，SaaS 市场比较大，IaaS 发展很快。新加坡已经将云计算列为战略重点之一，目前已经发展成为亚洲的数据中心枢纽。整体来看，北美、欧洲、亚太地区云计算市场发展较为成熟。

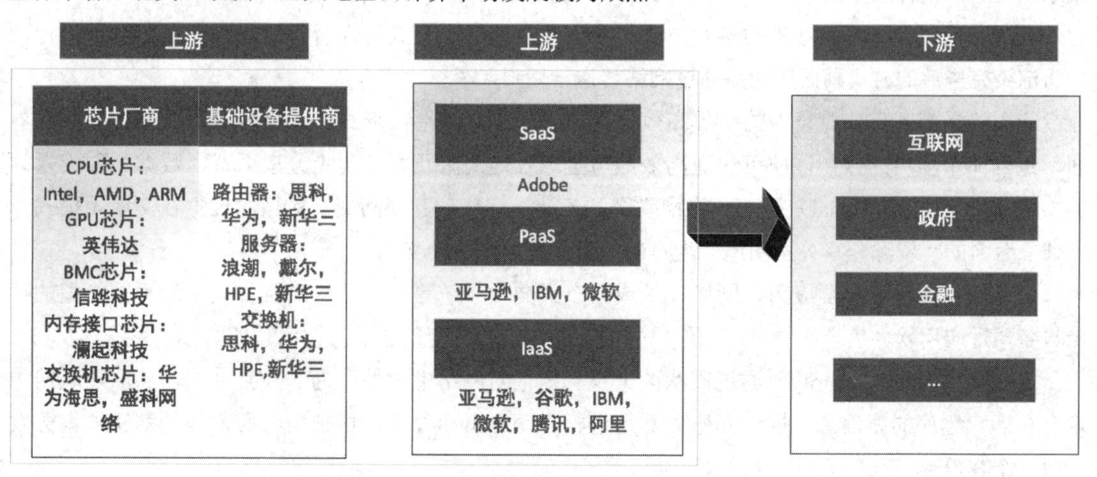

图 8-7　云计算产业

2. 国内云计算发展现状及趋势

云计算自进入我国市场以来，从国内客户普遍对云计算认知度比较低到越来越多的厂商开始涉足云计算领域，再到 SaaS 模式的应用逐渐成为主流，中国云计算处于不断发展之中。2018—2020 年期间，我国云计算的主要用户集中在互联网、金融、政府等领域，云计算行业的市场规模增速均在30%以上，呈高速增长态势。国家鼓励在具备条件的行业领域和企业范围内，探索大数据、人工智能、云计算、数字孪生、5G、物联网和区块链等新一代数字技术应用和集成创新，再一次明确了云计算在实现行业或企业数字化转型的重要地位。2021 年 11 月，工信部印发《"十四五"信息化和工业化深度融合发展规划》，提出培育并推广工业设备"上云解决方案"，明确聚焦高耗能设备、通用动力设备、新能源设备等重点设备，加快优质设备"上云解决方案"培育。各行业加快云计算与产业之间的融合，实现供应链和上下游业务的网络化协同，加速企业数字化转型。根据中国信息通信研究院的云计算发展调查报告，2019 年我国已经应用云计算的企业占比达到 66.1%，我国公有云的市场规模已反超私有云市场规模。2021 年中国云计算市场规模达到 2330.6 亿元。随着 5G、物联网、区块链等技术的不断迭代优化，越来越多企业开始向"云"迁移，传统企业和私有云、互联网企业和公有云之间的密切关系将被打破，企业对不同的云计算模式需求增加，用户对不同类型的业务系统和应用场景的需求也越来越广泛。未来，我国云计算行业仍将保持高速发展态势。

8.3.5 云计算的应用

金融云是利用云计算的模型构成原理，将金融产品、信息、服务分散到庞大分支机构所构成的云网络中，提高金融机构迅速发现并解决问题的能力，提升整体工作效率，改善流程，降低运营成本。

制造云是云计算向制造业信息化领域延伸与发展后的落地与实现，用户通过网络和终端就能随时按需获取制造资源与能力服务，进而智慧地完成其制造全生命周期的各类活动。

教育云是"云计算技术"在教育领域中的应用，包括了教育信息化所必需的一切硬件计算资源，这些资源经虚拟化之后，向教育机构、从业人员和学习者提供一个良好的云服务平台。

医疗云是指在医疗卫生领域采用云计算、物联网、大数据、5G 通信、移动技术以及多媒体等新技术基础上，结合医疗技术，使用"云计算"的理念来构建医疗健康服务云平台。

云游戏是以云计算为基础的游戏方式，在云游戏的运行模式下，所有游戏都在服务器端运行，并将渲染完毕后的游戏画面压缩后通过网络传送给用户。

云会议是基于云计算技术的一种高效、便捷、低成本的会议形式。使用者只需要通过互联网界面，进行简单易用的操作，便可快速高效地与全球各地团队及客户同步分享语音、数据文件及视频。

云社交（Cloud Social）是一种将物联网、云计算和移动互联网交互应用的虚拟社交应用模式，以建立著名的"资源分享关系图谱"为目的，进而开展网络社交。

云存储是指通过集群应用、网格技术或分布式文件系统等功能，将网络中大量的不同类型的存储设备通过应用软件集合起来协同工作，共同对外提供数据存储和业务访问功能的一个系统。

云安全（Cloud Security）通过网状的大量客户端对网络中软件行为的异常监测，获取互联网中木马、恶意程序的新信息，推送到服务器端进行自动分析和处理，再把病毒和木马的解决方案分发到每一个客户端。

云交通是指在云计算之中整合现有资源，并能够针对未来的交通行业发展整合将来所需求的各种硬件、软件、数据。

8.3.6　云计算安全挑战

（1）**数据泄露：**许多数据泄露都归因于云平台，数据泄露是最严重的云安全威胁。

（2）**缺乏云安全架构和策略：**企业往往会选择并非针对其设计的云安全基础架构和云计算运营策略。

（3）**内部威胁：**无论是疏忽还是有意，内部人员（包括现任和前任员工、承包商和合作伙伴）有可能会导致数据丢失、系统停机、客户信心降低和数据泄露等。

（4）**不安全的接口和 API：**尤其是当与用户界面相关联时，API 漏洞是不法分子窃取用户或员工凭据的热门途径。

（5）**数据丢失：**许多数据泄露都归因于云平台，其中最引人注目的事件之一就是 Capital One 公司的云计算配置错误。

（6）**配置错误和变更控制不足：**资产设置不正确，就很容易受到网络攻击。权限过大和使用默认凭据也是出现数据漏洞的另外两个主要来源。无效的变更控制可能会导致云计算配置错误。

（7）**滥用和恶意使用云计算服务：**云计算具有很强的扩展性和刚需性，可以为用户提供一种全新的体验，但是它也可以被威胁者恶意利用。遭到破坏和滥用的云计算服务可能导致费用额外支出。

（8）**身份、凭证、访问和密钥管理不足：**不正确的凭据保护，缺乏自动的加密密钥、密码和证书轮换，缺少多因素身份验证，弱密码。

（9）**控制平面薄弱：**如果安全措施不当，当控制平面被破坏后，可能会导致数据丢失、监管罚款和其他后果，以及品牌声誉受损。

（10）**不成熟的技术：**大量的云计算服务都处于人工智能、机器学习的前沿，这些服务在满意度、性能、可靠性方面还有待提高。

8.4　区块链

8.4.1　区块链的概念

区块链（Blockchain）技术最早应用于比特币项目中，比特币是区块链技术的一个应用。区块链是一个共享的、不可篡改的账本，旨在促进业务网络中的交易记录和资产跟踪流程。资产可以是有形的（如房屋、汽车、现金、土地），也可以是无形的（如知识产权、专利、版权、品牌）。区块链的核心机制就是分布式系统，区块链采用了分布式数据库的特征，本质是一个去中心化的数据库。几乎任何有价值的东西都可以在区块链网络上进行跟踪和交易，从而降低各方面的风险和成本。区块链并不是一项单一的技术，而是一个新技术的组合。其中每项技术都各司其职，解决了不同难题，组合在一起形成了区块链。区块作为区块链的基本结构单元如图 8-8 所示，区块由区块头和包含了交易数据的区块主体两部分组成。

中国区块链技术与产业发展论坛给的定义为：区块链是分布式数据存储、点对点传输、共识机制、加密算法等计算机技术的新型应用模式。区块链的应用前景受到各行各业的高度重视，被认为是继大型机、个人计算机（PC）、互联网、移动社交网络之后计算范式的第五次颠覆式创新。

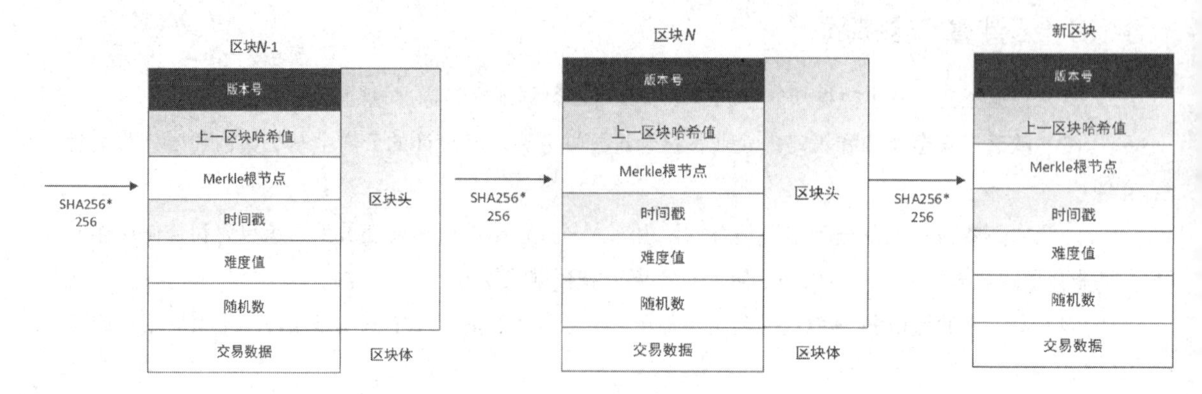

图 8-8 区块链的原理

区块链的主要特征如下。

（1）**去中心化**：网络上没有绝对的调控器。每个节点负责整个网络，并且所有节点都相等。数据平均记录在每个节点上。

（2）**集体维护**：如果需要在区块链上接受并收集交易，则应将其识别为有效交易，并且网络上的所有参与者都必须遵循相同的规则，这称为共识。每个节点都遵循这一共识，并共同统治整个系统。

（3）**透明而匿名**：区块链是共享账本。任何参与者都可以知道所有权的变化。资产的来源和目标是可追溯的。任何人都可以访问某些信息。但是，在交易过程中不需要用户的个人信息。因此，用户在网络上是匿名的。

（4）**不变性和不可逆性**：每个块都包含前一个的信息。只能添加块，不能省略。一旦记录在数字分类账上，任何人都不可能修改交易，从而确保网络的安全性。

8.4.2 区块链的基本框架

区块链的架构自下而上分为六层，如图 8-9 所示，分别是数据层、网络层、共识层、激励层、合约层和应用层。

（1）数据层：区块链是通过区块（Block）存储数据，每个数据节点之间都包含所有数据。数据层封装了底层数据区块以及相关的数据加密和时间戳等基础数据和基本算法。

（2）网络层：包括分布式组网机制、数据传播机制和数据验证机制等。实现区块链网络中节点与节点之间的信息交流，主要包括 P2P 组网机制、数据传播和验证机制。

（3）共识层：主要封装网络节点的各类共识算法，目前已经出现了十余种共识机制算法，其中最为知名的有工作量证明机制（PoW）、权益证明机制（PoS）、股份授权证明机制（DPoS）等。

（4）激励层：主要包括经济激励的发行机制和分配机制等，提供一些激励措施，鼓励节点参与记账，保证整个网络的安全运行，通过共识机制胜出取得记账权的节点能获得一定的奖励。

（5）合约层：主要封装各类脚本、算法和智能合约，是区块链可编程特性的基础。

（6）应用层：封装了区块链的各种应用场景和案例。

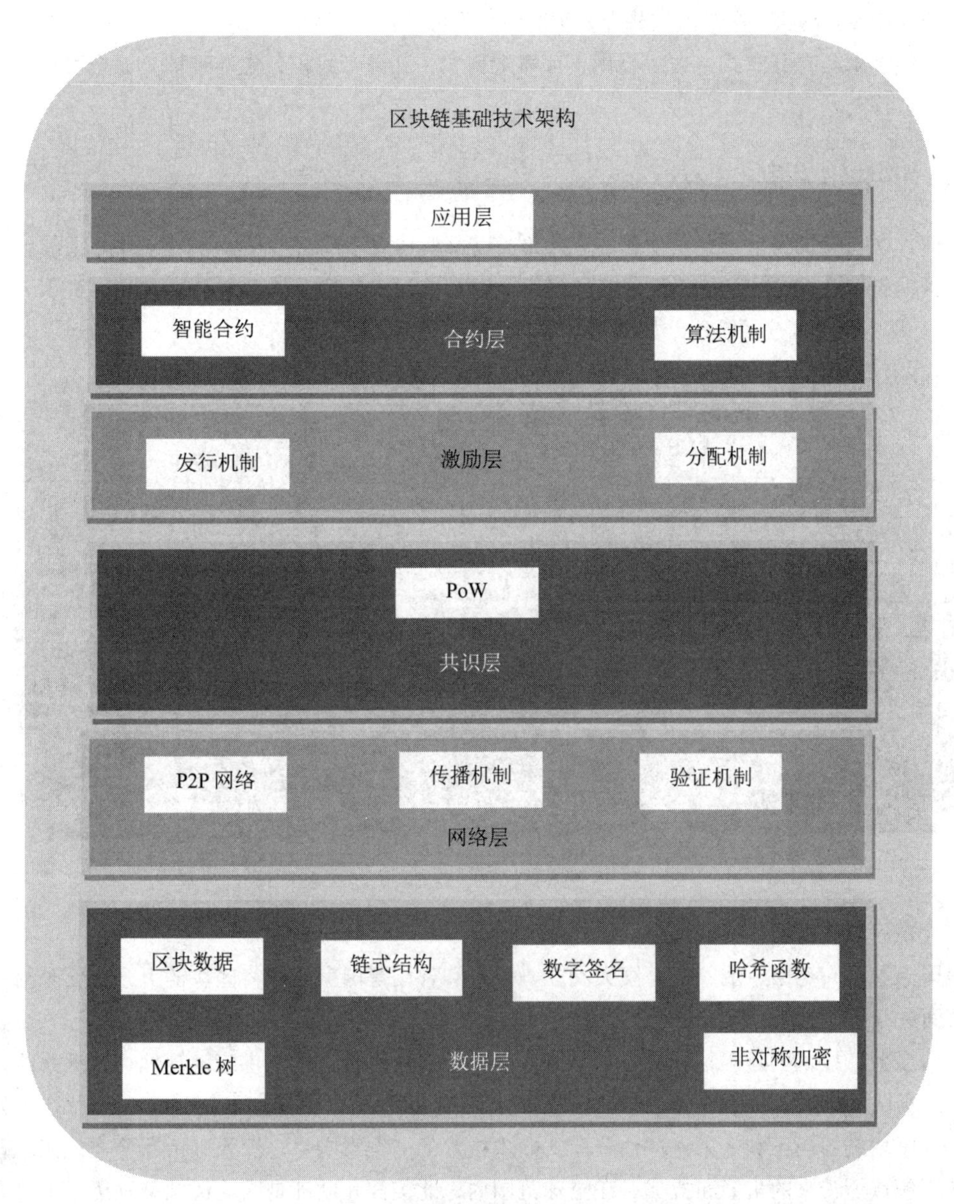

图 8-9　区块链技术框架

8.4.3　区块链的支撑技术

（1）共识机制：这既是认定的手段，也是防止篡改的手段。常用的共识机制主要有 PoW、PoS、DPoS、PBFT、PAXOS 等。

（2）密码学技术：密码学技术是区块链的核心技术之一，目前的区块链应用中采用了很多现代密码学的经典算法，主要包括哈希算法、对称加密、非对称加密、数字签名等。

（3）分布式存储：区块链是一种点对点网络上的分布账本，每个参与的节点都将独立完整地存储写入区块数据信息。

（4）智能合约：智能合约是基于这些可信的不可篡改的数据，可以自动执行一些预先定义好的规则和条款。智能合约允许在没有第三方的情况下进行可信交易，只要一方达成了协议预先设定的目标，合约将会自动执行交易，这些交易可追踪且不可逆转。

区块链技术具有分布式、去中心化、可靠数据库、开源可编程、集体维护、安全可信、交易准匿名等诸多特点，

8.4.4 区块链发展的现状

目前，区块链的发展已经历了区块链 1.0（以可编程数字加密货币体系为主要特征的区块链模式）、区块链 2.0（依托智能合约、以可编程金融系统为主要特征的区块链模式），进入到区块链 3.0 阶段，即广泛创新应用阶段，如图 8-10 所示。

图 8-10 区块链的发展

1. 全球区块链发展现状

美国、英国、德国、俄罗斯、澳大利亚、日本和韩国等国家已经将区块链上升为国家战略，从国家层面进行各项立法。德国政府于 2019 年 9 月发布《德国国家区块链战略》，明确了在金融、投资、公共服务、技术创新等领域的行动措施。美国已就区块链技术在供应链管理、政务系统、清结算系统等领域展开探索。2019 年 10 月 8 日，欧盟联合研究中心（Joint Research Centre, JRC）发布报告——《区块链的当下和未来：评估分布式账本技术的多维影响》，深入分析了分布式账本技术对多个应用领域所带来的机会和挑战。在全球范围内，北美洲和欧洲是区块链领域顶级学者分布最集中的地区，其次是东亚地区。其中北美洲主要集中在美国的东西海岸；欧洲主要分布于德国、荷兰、意大利、法国等国家；亚洲主要分布于中国、日本和新加坡等国家。

2. 中国区块链发展现状

我国区块链技术应用和产业已经具备良好的发展基础，涌现了一批有代表性的区块链应用。《中国区块链应用发展研究报告（2020）》指出，我国区块链专业人才不足，也极大限制了区块链技术规范标准化进程及产业的快速发展，国内高校正在积极推出区块链专业课程，弥补人才短板。《关于加快推动区块链技术应用和产业发展的指导意见》围绕区块链应用场景、企业培育、产业集聚区、人才队伍等提出了 2025 年短期目标，主要包括：区块链应用渗透到经济社会多个领域，在产品溯源、数据流通、供应链管理等领域培育一批知名产品；培育 3～5 家具有国际竞争力的骨干企业和一批创新引领型企业；打造 3～5 个区块链产业发展集聚区；形成支撑产业发展的专业人才队伍等。

国家各部委及地方政府也在抓紧推进区块链的应用，2020 年上半年，国家各部委发布了与区块链相关的 26 项政策；超过 22 个省市自治区政府将区块链产业发展写入政府工作报告，地方政府几乎每个月都有专项区块链政策出台。

8.4.5 区块链的应用

区块链的应用大体如图 8-11 所示。更详细的应用如下介绍。

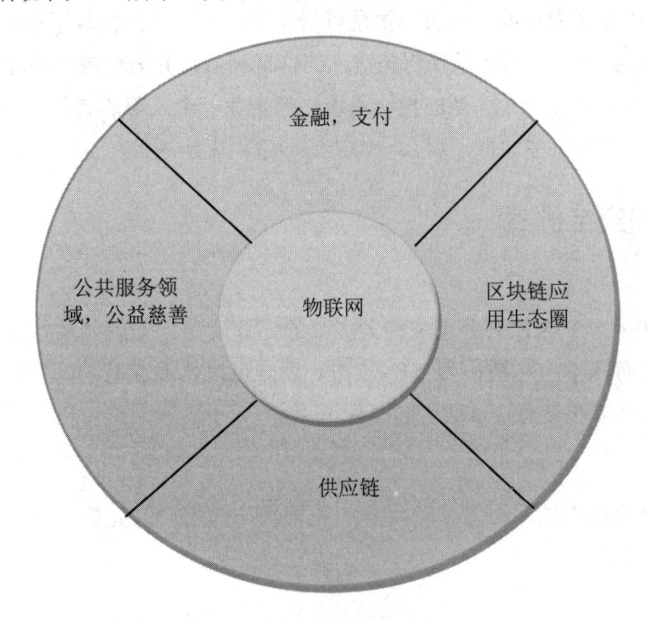

图 8-11 区块链的应用

- 金融服务：区块链带来的潜在优势包括降低交易成本、减少跨组织交易风险等。区块链在国际汇兑、信用证、股权登记和证券交易所等金融领域有着潜在的巨大应用价值。将区块链技术应用在金融行业中，能够省去第三方中介环节，实现点对点的直接对接，从而在大大降低成本的同时，快速完成交易支付。比如 VISA 推出基于区块链技术的 VISA B2B Connect，它能为机构提供一种费用更低、更快速和更安全的跨境支付方式来处理全球范围的企业对企业的交易。
- 物联网和物流：区块链在物联网和物流领域也可以天然结合。通过区块链可以降低物流成本，追溯物品的生产和运送过程，各方可以获得一个透明可靠的统一信息平台，从而提高供应链管理的效率。当发生纠纷时，举证和追查也变得更加清晰和容易。
- 公共服务：区块链提供的去中心化的完全分布式 DNS 服务通过网络中各个节点之间的点对点数据传输服务就能实现域名的查询和解析，可用于确保某个重要的基础设施的操作系统和固件没有被篡改，可以监控软件的状态和完整性，并确保使用了物联网技术的系统所传输的数据没有经过篡改。
- 数字版权：通过区块链技术，可以对作品进行鉴权，证明文字、视频、音频等作品的存在，保证权属的真实、唯一性。
- 保险领域：通过智能合约的应用，既无须投保人申请，也无须保险公司批准，只要触发理赔条件，就可实现保单自动理赔。

- 公益：区块链上存储的数据，高可靠且不可篡改，天然适合用在社会公益场景。公益流程中的相关信息，如捐赠项目、募集明细、资金流向、受助人反馈等，均可以存放于区块链上，并且有条件地进行透明的公开公示，方便社会监督。
- 溯源防伪：将产品信息/物流信息加入区块链，使供应链上下游企业全部纳入追溯体系，可以构建来源可查、去向可追、责任可究的全链条可追溯体系。
- 医疗行业：用区块链技术来保存个人病历信息，就有了个人医疗的完整历史数据，看病也好，对自己的健康做规划也好，有历史数据可供使用，而这个数据真正的掌握者是患者自己，不是某个医院或第三方机构。从而保护病人的切身利益，并简化跨医院就医难度。
- 身份验证：如果建立一个大型的契约系统，把企业、个人等所有的电子公章和电子签名的数据上链，并且在系统中通报，那么一切造假印章将无所遁形。

8.4.6 区块链的安全挑战

1. 51%攻击

在比特币中，如果一个人控制节点中绝大多数的计算资源，他就能掌控整个比特网络并可以按照自己的意愿修改公有账本。这被称为 51%攻击。黑客可以修改交易的顺序并阻止交易被确认，他们甚至可以撤销之前完成的交易，从而引起混乱。

2. 网络钓鱼攻击

黑客在网络钓鱼攻击中的目标是窃取用户的凭据，访问用户的凭据和其他敏感信息可能会对用户和区块链网络造成损害。

3. 区块链端点漏洞

区块链端点的漏洞是区块链安全中另一个重要的安全问题，如图 8-12 所示。区块链网络的端点是用户与区块链交互的地方：在计算机和手机等电子设备上，黑客可以通过观察用户行为和目标设备来窃取用户的密钥。这是最明显的区块链安全问题之一。

4. 密钥安全隐患

区块链技术一大特点就是不可逆、不可伪造，但前提是私钥是安全的。

5. P2P 网络安全威胁

区块链系统以 P2P 网络为基础，针对 P2P 网络，攻击者可以发动 Eclipse 日食攻击、分割攻击、延迟攻击、窃听攻击、拒绝服务攻击，进而造成整个区块链系统的安全出现问题。

6. 共识机制挑战

对于区块链中的共识算法，是否能实现并保障真正的安全，需要更严格的证明和时间的考验。采用的非对称加密算法可能会随着数据、密码学和计算技术的发展而变得越来越脆弱，未来可能具有一定的破解性。

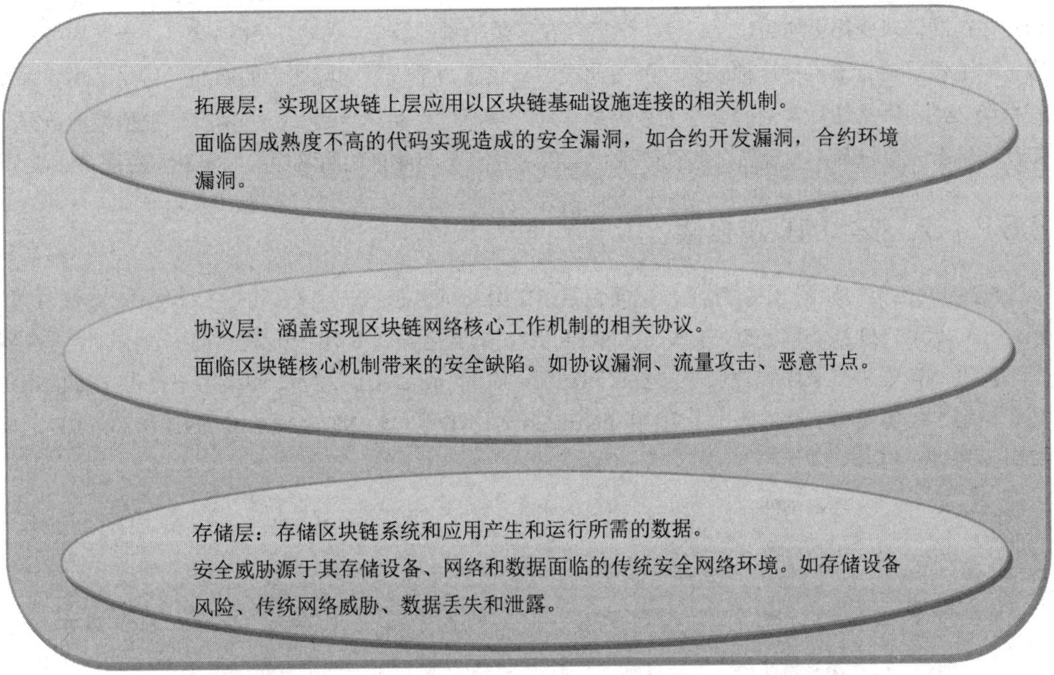

拓展层：实现区块链上层应用以区块链基础设施连接的相关机制。
面临因成熟度不高的代码实现造成的安全漏洞，如合约开发漏洞，合约环境漏洞。

协议层：涵盖实现区块链网络核心工作机制的相关协议。
面临区块链核心机制带来的安全缺陷。如协议漏洞、流量攻击、恶意节点。

存储层：存储区块链系统和应用产生和运行所需的数据。
安全威胁源于其存储设备、网络和数据面临的传统安全网络环境。如存储设备风险、传统网络威胁、数据丢失和泄露。

图 8-12 区块链的安全挑战

8.5 5G 技术

8.5.1 5G 技术的概念

从 1G 到 4G，移动通信的核心是人与人之间的通信，个人的通信是移动通信的核心业务。但是 5G 的通信不仅仅是人的通信，由于物联网、工业自动化、无人驾驶技术的被引入，通信从人与人之间的通信开始转向人与物的通信，直至机器与机器的通信。5G 是一种异构网络，也被称为下一代网络，它由不同的小单元或节点组成，以提供更好的通信质量。5G 无线通信技术是 4G 技术的升级，同时也是 4G 技术的代替和创新，因为对于未来互联网的应用来说，5G 技术能够为数据传输提供更好的保障和支持，防止移动数据信息的丢失和泄露，保护信息传输系统不受破坏。目前 5G 无线通信技术已经被认为是一种先进的数据信息传输方式，同时它也改变了人们旧有的信息传播理念。利用这种通信技术设计出来的应用软件应运而生，被广泛应用到我们的生产和生活中。所以，我们在各类通信技术应用软件的开发设计方面也有了不小的进步。

5G 网络将会满足高速移动和全面连接的社会要求，通过连接对象和设备的激增为各种新型服务和相关业务模式带来便利，实现各行业和垂直市场的自动化（例如电子医疗、车联网、智慧城市等）。5G 不仅支持以人为中心的应用（如虚拟和增强现实），也将支持机器对机器（Machine-to-Machine，M2M）和机器对人类（Machine-to-Human，M2H）应用的通信需求，使我们的生活更安全、更方便。为此，5G 网络必须具有多样化的功能，满足全面的关键性能指标（Key Performance Indicator，KPI）要求。

为了实现上述功能，3GPP 在 5G 网络整体架构设计中通过引入网络切片技术来满足灵活性。首先，3GPP 向运营商提供“面向客户”的按需网络切片，满足垂直行业对专用电信网络服务的需求。

其次，将这种以客户为中心的服务水平协议（Service Level Agreement，SLA）映射到面向资源的网络切片描述的需求变得更加明显。以往，运营商在有限数量的服务/片类型（移动宽带、语音服务和短信服务）上以手动方式执行这种映射。随着此类客户请求数量以及相应切片的增加，移动网络管理和控制框架必须对网络切片实例的整个生命周期管理实现高度自动化。最后，利用多域数据源的数据分析算法，结合安全机制，实现在公共基础架构上部署具有不同虚拟化网络功能的定制网络服务。

8.5.2 5G 技术的基本框架

5G 的网络架构如图 8-13 所示，主要包括 5G 接入网和 5G 核心网，其中 NG-RAN 代表 5G 接入网，5GC 代表 5G 核心网。5G 接入网（NG-RAN）主要包含以下两个节点：（1）gNB，为 5G 网络用户提供 NR 的用户平面和控制平面协议和功能。（2）ng-eNB，为 4G 网络用户提供 NR 的用户平面和控制平面协议和功能，其中 gNB 和 gNB 之间、gNB 和 ng-eNB 之间、ng-eNB 和 ng-eNB 之间的接口都为 Xn 接口。

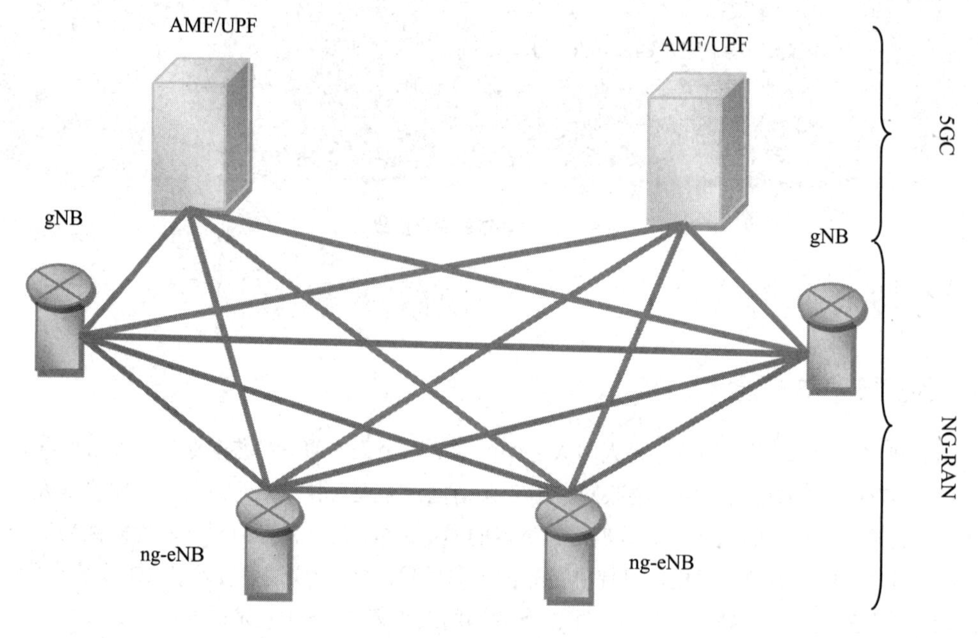

图 8-13 5G 传输框架

gNB 和 ng-eNB 的主要功能有以下几点：

（1）无线资源管理相关功能：无线承载控制、无线接入控制、连接移动性控制、上行链路和下行链路中 UE 的动态资源分配（调度）。

（2）数据的 IP 头压缩，加密和完整性保护。

（3）在用户提供的信息不能确定到 AFM 的路由时，在 UE 附着处选择 AMF。

（4）将用户平面数据路由到 UPF。

（5）提供控制平面信息向 AMF 的路由。

（6）连接设置和释放。

（7）寻呼消息的调度和传输。

（8）广播消息的调度和传输。

（9）移动性和调度的测量和测量报告配置。

（10）上行链路中的传输级别数据包标记。

（11）会话管理。

（12）QoS 流量管理和无线数据承载的映射。

（13）支持处于 RRC_INACTIVE 状态的 UE。

（14）NAS 消息的分发功能。

（15）无线接入网络共享。

（16）双连接。

（17）支持 NR 和 E-UTRA 之间的连接。

5G 的核心网中的 AMF 负责访问和移动管理功能；UPF 负责 5G 核心网用户平面数据包的路由和转发；SMF 用于负责会话管理功能。其中 AMF 的主要功能是 NAS 信令终止、NAS 信令安全性、AS 安全控制、用于 3GPP 接入网络之间的移动性的 CN 间节点信令、空闲模式下 UE 可达性（包括控制和执行寻呼重传）、注册区管理、支持系统内和系统间的移动性、访问认证及授权（包括检查漫游权）、移动管理控制、SMF（会话管理功能）选择。UPF 的主要功能为系统内外移动性锚点、分组路由和转发、数据包检查和用户平面部分的策略规则实施、上行链路分类器支持将流量路由到数据网络、分支点以支持多宿主 PDU 会话、用户平面的 QoS 处理（如包过滤、门控、UL/DL 速率执行）、上行链路流量验证（SDF 到 QoS 流量映射）、下行链路分组缓冲器和下行链路数据通知触发。SMF 的主要功能是会话管理；UE 的 IP 地址分配和管理、选择和控制 UP 功能、配置 UPF 的传输方向（将传输路由到正确的目的地）、控制政策执行和 QoS 的一部分、下行链路数据通知。

8.5.3　5G 技术的支撑技术

5G 的核心技术为以下五个方面。

1. 毫米波

5G 是彻底改变通信方式、在不同领域支持自动化的无线通信关键实现技术。为了实现 5G 网络，需要一个高频段，3GPP 将 5G 频率定义在 3GHz 到 300GHz 的范围内。

目前 5G 对于毫米波的利用主要在规定的几个频段之中。由于毫米波的距离较短，需要不同的小单元来覆盖区域；因此，引入了不同类型的小细胞，如 picocell 和 femtocell。大规模 MIMO 指在发射端和接收端分别使用多个发射天线和接收天线，使信号通过发射端与接收端的多个天线传送和接收，从而改善通信质量。

5G 为超密集网络提供良好的连通性，并提供超低延迟（约 1ms）、在 GHz 范围内（1 ~ 10GHz）的高数据速率、高频谱效率和高能量效率。由于良好的连接，它使任何地方都成为 Wi-Fi 区域。在现实生活中使用的所有设备都可能连接到 5G 网络，即每平方公里可以有数百万台设备连接到 5G 网络。对于网络连接，每个设备都有自己特定的 IP 地址，因此 IPv4 不能为所有连接的设备提供单独的 IP 地址，因为它最多只能提供 2^{32} 个设备的 IP 地址；因此，5G 支持 IPv6 覆盖所有连接的设备，IPv6 可以提供多达 2^{128} 个设备的 IP 地址。5G 还支持全球无线电波（WWW）。

2. 小基站

5G 基站是 5G 网络的核心设备，提供无线覆盖，实现有线通信网络与无线终端之间的无线信号传输。基站的架构、形态直接影响 5G 网络如何部署。由于频率越高，在信号传播过程中的衰减也越大，因此 5G 网络的基站密度将更高。5G 基站建设组网多采用混合分层网络，这样就可以保证 5G 网络的易管理、可扩展和高可靠性，能够满足 5G 基站的高速数据传输业务。同时由于 5G 主要是实现数据业务传输，因此 5G 基站需要适应高楼大厦、河流湖泊、山区峡谷的复杂应用环境，为了保证 5G 基站建设的良好性和完整性，5G 基站建设需要 MR 技术、64QAM 技术和 MIMO 技术的支撑。

（1）MR 是一种无线通信环境评估技术，其可以将采集到的信息发送给网络管理员，由网络管理员评判报告的价值，以便能够优化无线网络通信性能。MR 技术应用包括覆盖评估、网络质量分析、越区覆盖分析、网络干扰分析、话务热点区域分析和载频隐性故障分析。MR 可以渲染移动通信上下行信号强度，发现网络覆盖弱盲区，这样做不但客观准确，还可以节省大量的时间、资源，能够及时发现网络覆盖问题，为网络覆盖优化提供进一步的依据。MR 可以实现 24 小时×7 天实时数据采集，完成上下行无线网络质量分析，反映全网通话质量的真实情况，提高全网通话后续数据支持。无线网络建设时，如果越区覆盖范围过大，将会干扰其他小区通信质量，MR 可以直观地发现小区覆盖边界，判断是否存在越区覆盖，调整无线网络结构。话务热点区域分析可以实现话务密度、分布和资源利用率指标分析，实现关联性综合分析，制定容量站点、扩容站点的精确规划。

（2）64QAM 技术能够合理地提升 SINR，针对 5G 网络进行科学规划和设计，降低 5G 网络部署的复杂度，可以降低重叠覆盖引起的同频干扰及弱覆盖问题，在满足 5G 网络广覆盖的要求下，增加覆盖的深度，提升 5G 网络的综合覆盖率，从而实现热点区域连续覆盖、无缝覆盖，这样不仅能够让更多的用户接入到 5G 网络，同时还可以享受到高质量的通信服务。64QAM 在 5G 网络通信中的应用分为两个步骤，分别是调制和解调。64QAM 调制过程如下：64QAM 能够将输入的 6 比特数据组成一个映射；通过多电平正交幅度调制生成一个 64QAM 中频信号；通过并串转换，将两路并行码流改变为一路串行码流，可以增加一倍速率，码流从二进制形式改变为八进制形式，接着可以输出调制而成的 RF 信号。64QAM 解调过程如下：5G 网络传输信号时，由于受到自然环境或载波自身的限制，信号传输难免受到噪声干扰导致信号发生畸变，如果畸变很小则可以直接判断为 0 或 1，如果畸变比较严重，无法直接判断信号，就可以采用硬判断和软判断方法，以准确、快速地识别信号。在进行 5G 网络基站建设时需要部署大量的无线设备，这些无线设备的数量非常多，安装部署地点也非常复杂，彼此之间会产生相互干扰问题。造成干扰的原因主要包括：①设备本身存在故障，在 5G 网络运行时频道经常发射错误的信号，影响自身信号质量；②5G 网络设备安装与配置严重不规范，影响 5G 信号发射的灵敏度。5G 网络干扰主要是指无线电干扰，这些干扰包括互调干扰、带外干扰。因此在 5G 基站建设时，设计、施工人员需要从源头上解决信号存在干扰的问题，这样既可以保障信号的稳定性，也可以大大地提高管理效率。具体来说，首先对基站无线电发射设备进行全电磁检测，将设备自身造成的干扰降到最低；其次是定期加强对发电设备的检查，一旦发现问题就及时进行处理，进而减少信号存在的干扰。

3. 大规模 MIMO

MIMO（Multiple-Input Multiple-Output，多入多出）技术，亦称为多天线技术。通过在通信链路的收发两端设置多个天线来充分利用空间资源，MIMO 能提供分集增益以提升系统的可靠性，提供复用增益以增加系统的频谱效率，提供阵列增益以提高系统的功率效率，近 20 年来 MIMO 技术一直是无线通信领域的主流技术之一。MIMO 技术目前已被第三代合作伙伴计划（The 3rd Generation Partnership Project，3GPP）的 LTE/LTE-Advanced 与电气电子工程师协会的 WiMAX 等 4G 标准采纳。但是，现有 4G 系统基站配置天线数较少（一般不超过 8），MIMO 性能增益受到极大限制。针对传统 MIMO 技术的不足，美国贝尔实验室的 Marzetta 于 2010 年提出了大规模 MIMO 概念。在大规模 MIMO 系统中，基站配置数十至数百根天线，较传统 MIMO 系统天线数增加 1～2 个数量级；基站充分利用系统的空间自由度，使相同时频资源能同时服务若干用户。

4. 波束形成

按照不同的准则，可以将波束形成算法分为很多种类。根据基于的对象不同，可以将波束形成算法分为以下 3 类。

（1）基于方向估计的自适应算法。这类算法分为两种情况。第一种情况，参考用户信号方向已知。这时可根据不同的准则（如线性约束最小方差准则、最大似然准则和最大信噪比准则等）计算自适应权值。第二种情况，参考用户信号方向未知。这时可根据多信号分类（MUSIC）、旋转不变技术信号参数估计（ESPRIT）等方法估计信号 DOA。这类方法虽然在分析上较方便，但是存在运算复杂度高、对误差敏感度高等问题。

（2）基于训练信号或者参考信号的方法。这类算法不需要估计信号到达方向，对天线本身的结构也没有太多的限制。但是这类算法存在的问题是发射训练信号需要先验载波和符号的恢复，因此在同信道干扰的情况下应用比较困难，而且发射训练信号会降低频谱的利用率。

（3）基于信号结构的波束形成方法。这类算法利用信号的时域特性来计算权值，利用了恒模特性、有线集码、循环平稳特性和高阶统计量等，对误差比较稳健、不需要信号的方向信息。但是，这类算法存在的问题是收敛速度较慢。

5. 同时同频全双工

5G 同时同频全双工（Co-time Co-frequency Full Duplex，CCFD）技术是指设备的发射机和接收机占用相同的频率资源同时进行工作，使得通信双方在上、下行可以在相同时间使用相同的频率，突破了现有的频分双工和时分双工模式，是通信节点实现双向通信的关键之一。与现有的频分双工和时分双工方式相比，同时同频全双工技术能够将无线资源的使用效率提升近一倍，从而显著提高系统吞吐量和容量。

8.5.4　5G 技术发展的现状

1. 5G 与 4G 的比较

（1）传输速率提高 10 到 100 倍，达到 10Gbps。

（2）网络容量大大提高了，可以连接的设备数比 4G 提高 1000 倍。

（3）端到端的时延减小 10 倍，可以达到毫秒级。

（4）频谱效率提高了，比 4G 在同样带宽下传输的数据量提高 5 到 10 倍。

（5）频率更高，工信部初步确定我国的 5G 频率是 3.3GHz～3.6GHz/4.8GHz～5GHz。

（6）微基站广泛使用，室内移动通信。

（7）用户间直接通信，不像传统的通信必须经过基站转发，有点像对讲机：数据直接通信，但信令还要走基站。

2. 5G 引进的新技术和特点

（1）SDN，软件定义网络。

（2）SDR，软件无线电技术。超密集异构网络，比如在球场、高密度小区、高密度办公区、校园，满足小面积大量终端的需求。

（3）自组织网络技术（Self-Organizing Network），传统移动通信网络中，主要依靠人工方式完成网络部署及运维，自组织网络技术解决的关键问题主要有以下两点：①网络部署阶段的自规划和自配；②网络维护阶段的自优化和自愈合。

（4）内容分发网络（Content Distribution Network，CDN），在 5G 中，面向大规模用户的音频、

视频、图像等业务急剧增长，网络流量的爆炸式增长会极大地影响用户访问互联网的服务质量，内容分发网络是在传统网络中添加新的层次，即智能虚拟网络。CDN 系统综合考虑各节点连接状态、负载情况以及用户距离等信息，通过将相关内容分发至靠近用户的 CDN 代理服务器上，实现用户就近获取所需的信息，使得网络拥塞状况得以缓解。

（5）D2D 通信，设备到设备通信（Device-to-Device Communication），信号不走基站了，是不是可以不交电话费了？想得美！频率还用着呢。D2D 是未来 5G 网络中的关键技术之一，它可以提升系统性能、增强用户体验、减轻基站压力。

（6）M2M 通信，机器到机器通信（Machine to Machine）。

（7）信息中心网络（Information-Centric Network，ICN）。ICN 所指的信息包括实时媒体流、网页服务、多媒体通信等，而信息中心网络就是这些片段信息的总集合。

（8）移动云计算。移动网络中的移动智能终端以按需、易扩展的方式连接到远端的服务提供商，获得所需资源，主要包含基础设施、平台、计算存储能力和应用资源。

8.5.5 5G 的应用

国际标准化组织 3GPP 定义了 5G 的三大场景。其中，eMBB 指 3D/超高清视频等大流量移动宽带业务，mMTC 指大规模物联网业务，uRLLC 指无人驾驶、工业自动化等需要低时延、高可靠连接的业务。5G 的具体应用场景如图 8-14 所示。

图 8-14 5G 的具体应用场景

（1）eMBB（enhanced Mobile Broadband，增强移动宽带）。在现有移动宽带业务场景的基础上，能提升用户体验。典型应用包括超高清视频、虚拟现实、增强现实等。关键的性能指标包括 100Mbps 用户体验速率（热点场景可达 1Gbps）、数十 Gbps 峰值速率、每平方千米数十 Tbps 的流量密度、500km/h 以上的移动性等。

（2）mMTC（massive Machine-Type Communication，海量机器类通信）。主要是人与物之间的信息交互。典型应用包括智慧城市、智能家居等。这类应用对连接密度要求较高，同时呈现行业多样性和差异化。

（3）uRLLC（ultra Reliable Low Latency Communication，高可靠低时延通信）。典型应用包括

工业控制、无人机控制、智能驾驶控制等，这类场景聚焦对时延极其敏感的业务，高可靠性也是其基本要求。

通过 3GPP 的三大场景定义我们可以看出，对于 5G，世界通信业的普遍看法是它不仅应满足快速要求，还应满足低时延这样更高的要求，尽管高速依然是它的一个组成部分。从 1G 到 4G，移动通信的核心是人与人之间的通信，个人的通信是移动通信的核心业务。但是 5G 的通信不仅仅是人的通信，而且是物联网等业务被引入后，通信从人与人之间通信，开始转向人与物的通信，直至物与物之间的通信。

5G 的三大场景显然对通信提出了更高的要求，不仅要解决一直需要解决的速率问题，把更高的速率提供给用户；而且对功耗、时延等提出了更高的要求，一些方面已经完全超出了我们对传统通信的理解，把更多的应用能力整合到 5G 中。这就对通信技术提出了更高要求。5G 所带来的技术变革将提供诸如 3D 视频、超高清显示屏、增强现实、自动驾驶汽车、智能家居等应用场景。

8.5.6　5G 技术安全挑战

针对 5G 技术的安全分析主要可分为三部分内容，关键技术、应用场景以及结构性安全分析。

1．关键技术安全分析

关键技术安全分析主要针对 5G 中采用的网络虚拟化以及网络切片等关键技术进行安全性分析。

软件定义网络控制器的安全问题：SDN 的网络规则都采用控制器来完成，而绝大多数的控制器缺乏安全保护机制。SDN 可编程性：由于 SDN 的可编程性，攻击者可利用这一特性，编写恶意控制逻辑代码。

计算、存储以及网络资源共享化带来的风险：由于资源的共享化，会导致数据安全出现问题，比如，某一网络资源被多个功能调用，不同功能对数据的调用，可能会导致数据在不同功能间的横向传播；硬件设备虚拟化后，会将传统的硬件设备软件化，导致传统的硬件物理边界消失，带来软件安全的问题。攻击者可能会利用软件漏洞，发起攻击，这样也可能导致病毒的扩散。

网络切片技术的安全分析，可以分为用户与切片间、不同切片间、切片内网络功能间的安全。其中，用户和切片间的安全，包括用户认证与用户通信安全，用户认证需保证接入用户的合法性，防止非法用户接入；用户通信安全需保证用户通信的合法性，防止数据被篡改。不同切片间的安全：某一切片遭受到攻击时，不应该影响到别的切片，比如在某一切片遭受到 DoS 攻击时，其他切片也可以正常访问。同时，终端设备同时连接不同切片时，要防止切片间的数据泄露。切片内网络功能间的通信应保证安全，注意通信的鉴权、验证。

边缘计算更加接近物理设施，更容易受到攻击，存在隐私安全的问题。比如，攻击者可以利用已攻破的边缘设施，获取设备隐私信息。同时，边缘计算平台上部署的应用会共享资源，单一应用被攻破可能会影响到其他应用。

开放网络意味着开放攻击接口。在没有安全验证机制的接口内，攻击者几乎可以为所欲为。所以需建立具有有效安全验证机制的安全接口，以防止攻击者进行攻击。另外，这也会带来互联网通用协议的安全性问题，比如可能出现利用通用协议漏洞攻击设备的情况。

2．应用场景安全分析

如图 8-15 所示，eMBB 对带宽要求较高；uRLLC 更侧重于低时延的高效传输，例如车联网和工业互联网；mMTC 聚焦于连接密度较高的应用场景，例如智慧城市、智慧农业等。

增强移动宽带（eMBB）
聚焦于对带宽要求较高的业务
当前安全防护技术对超大流量应对能力有限

高可靠低时延通信（uRLLC）
侧重于低时延高安全性的通信业务
既需保证高级别的安全措施又不能增加通信时延

海量机器类通信（mMTC）
聚焦连接密度较高的应用场景
设备繁多且异构性强，有些设备计算能力优先，需要轻量级的算法，且需要解决多类型设备的安全验证问题

图 8-15 5G 应用场景安全

3. 结构性安全分析

5G 结构性安全威胁主要有 7 种，如表 8-2 所示。

表 8-2 5G 结构性安全分析

威胁种类	具体内容
空口威胁	窃听、信令/数据篡改；重放、假冒攻击；伪基站、信号干扰、侧信道攻击
gNB 威胁	非授权端口访问、越权访问；恶意植入、系统篡改；基于微基站发起攻击
核心网安全威胁	信令风暴、DoS 攻击；网络功能非授权访问、越权访问；切片非法接入、跨切片攻击
网络能力开放威胁	接口非授权访问；资源滥用；基于恶意应用发起攻击
终端侧威胁	安全要素窃取、伪造；恶意终端发起攻击；设备漏洞、恶意程序
MEC 威胁	恶意软件植入；资源滥用、DoS 攻击；数据窃取、内容篡改
虚拟网络平台威胁	SDN 管理指令/会话劫持、窃听、数据/规则篡改；资源滥用、DoS 攻击；数据窃取、内容篡改

本章小结

21 世纪是计算机井喷式发展的黄金时代，也是计算机网络的新技术不断快速更新迭代的重要节点，物联网、大数据、云计算、区块链和 5G 技术的应用与发展给人类社会创造了巨大的发展契机，多种网络新技术的交叉相融，使在原本技术框架内无法实现的新兴产业得到了技术支撑。对于物联网技术来说它的出现改变了工业自动化的窘迫现状，结合 5G 所带来的网络超高带宽，解决了工业生产中海量基础数据和并发所带来的信息传输问题。新技术的产生和融合才是未来发展的新机遇。

习题

1. 物联网的基本特点有哪些？
2. 物联网和互联网有哪些区别？
3. 大数据的定义是什么？大数据的出现能解决哪些问题？
4. 大数据的特点有哪些？
5. 请简述云计算的基本框架。
6. 云计算在安全领域面临哪些问题？
7. 区块链有哪些应用场景？
8. 请简述区块链为什么安全。
9. 5G 技术的应用场景是什么？
10. 5G 技术的核心有哪几点？